Para Alec e Sophia

Sumário

Prefácio

Se ainda havia dúvidas quando o século XX teve início, no final do século elas não existiam mais: quando se trata de demonstrar a verdadeira natureza da realidade, a experiência comum é enganadora. Pensando bem, isso não chega a ser tão surpreendente. Para nossos ancestrais, que colhiam frutos na floresta e caçavam no campo, a capacidade de calcular o comportamento quântico dos elétrons ou de determinar as implicações cosmológicas dos buracos negros teria dado poucas vantagens na luta pela sobrevivência. Mas ter um cérebro maior certamente ajudou. E, com o crescimento progressivo de nossas faculdades intelectuais, cresceu também o poder de explorar nosso entorno com maior profundidade. Em nossa espécie, alguns se dedicaram a construir equipamentos para ampliar o alcance de nossos sentidos. Outros preferiram usar um método sistemático de detectar e expressar padrões — a matemática. Com esses instrumentos, começamos a olhar por trás das aparências.

O que encontramos causou mudanças radicais em nossa visão do cosmo. Com discernimento na física e rigor na matemática, guiados e ratificados pela experimentação e pela observação, concluímos que o espaço, o tempo, a matéria e a energia entrelaçam-se em um repertório de comportamentos que é diferente de tudo o que mostra a experiência direta. E, agora, análises penetrantes dessas e de outras descobertas estão nos levando ao que pode ser a próxima revolução do conhecimento: a possibilidade de que nosso universo não seja único. *A realidade oculta* explora essa possibilidade.

Ao escrever este livro, não presumi que o leitor tenha grandes conhecimentos de física e matemática. Ao contrário, como em meus livros anteriores, usei metáforas e analogias, entremeando-as com passagens históricas, para fazer um relato acessível de algumas das ideias mais estranhas que, se forem corretas, serão também as mais reveladoras da física moderna. Muitos dos conceitos aqui cobertos requerem que o leitor abandone modos confortáveis de pensar e contemple aspectos inéditos da realidade. É uma viagem ainda mais excitante, e compreensível, pelas curvas e desvios imprevisíveis do caminho que a ciência foi abrindo. Escolhi cuidadosamente alguns deles para compor uma paisagem de ideias que, entre picos e vales, vai do cotidiano ao mais insólito.

Uma diferença de método com relação a meus livros anteriores é que não incluí capítulos preliminares para desenvolver sistematicamente os fundamentos em áreas como a relatividade especial e geral e a mecânica quântica. Na maior parte dos casos, apresentei elementos sobre esses temas apenas quando eram necessários. Quando vejo que um desenvolvimento algo mais profundo é necessário para que o livro possa ser autossuficiente, advirto o leitor mais experiente e indico as seções que podem ser puladas.

Por outro lado, as páginas finais de diversos capítulos apresentam um tratamento mais rigoroso do material, que alguns leitores poderão considerar mais difícil. No início dessas seções, ofereço aos leitores menos familiarizados um breve resumo e a opção de saltar para a frente, sem solução de continuidade. No entanto, encorajo todos a lerem essas seções, tanto quanto o interesse e a paciência permitirem. As descrições podem ser algo mais técnicas, mas o texto é escrito para um público amplo e requer como único pré-requisito o desejo de prosseguir na leitura.

A esse respeito, as notas são diferentes. Os leitores novatos podem dispensá-las por completo; já os mais experientes encontrarão nelas esclarecimentos e ampliações que considero importantes, mas demasiado pesados para incluir no texto principal. Muitas das notas são destinadas aos leitores que têm alguma instrução formal em matemática ou física.

Na preparação de *A realidade oculta*, beneficiei-me de comentários críticos e de feedback oferecidos por vários amigos, colegas e familiares que leram o livro inteiro ou alguns capítulos. Gostaria de agradecer especialmente a David Albert, Tracy Day, Richard Easther, Rita Greene, Simon Judes, Daniel Kabat, David Kagan, Paul Kaiser, Raphael Kasper, Juan Maldacena, Katinka Matson, Maulik Parikh, Marcus Poessel, Michael Popowits e Ken Vineberg. É sempre um prazer trabalhar com meu editor na Knopf, Marty Asher, e agradeço a Andrew Carlson pela precisão com que “pastoreou” o livro nos estágios finais da produção. As maravilhosas ilustrações de Jason Severs aperfeiçoaram muitíssimo a apresentação e lhe agradeço tanto pelo talento quanto pela paciência. Também é um prazer expressar minha gratidão a meus agentes literários, Katinka Matson e John Brockman.

No desenvolvimento do tratamento dado ao material coberto no livro, beneficiei-me de muitas conversas com diversos colegas. Além dos já mencionados, gostaria de agradecer especialmente a Raphael Bousso, Robert Brandenberger, Frederik Denef, Jacques Distler, Michael Douglas, Lam Hui, Lawrence Krauss, Janna Levin, Andrei Linde, Seth Lloyd, Barry Loewer, Saul Perlmutter, Jürgen Schmidhuber, Steve Shenker, Paul Steinhardt, Andrew Strominger, Leonard Susskind, Max Tegmark, Henry Tye, Cumrun Vafa, David Wallace, Erick Weinberg e Shing-Tung Yau.

Comecei a escrever meu primeiro livro de divulgação científica, *O universo elegante*, no verão de 1996. Nos quinze anos desde então decorridos, participei de uma inesperada e frutífera inter-relação entre o foco de minhas pesquisas técnicas e os tópicos cobertos em meus livros. Agradeço a meus alunos e colegas da Universidade Columbia por criar um ambiente vibrante de pesquisas, ao Departamento de Energia pelo financiamento dado à minha pesquisa científica e também ao falecido Pentii Kouri por seu generoso apoio a meu centro de pesquisas em Columbia, o Institute for Strings, Cosmology and Astroparticle Physics [Instituto para Cordas, Cosmologia e Partículas Astrofísicas].

Finalmente, agradeço a Tracy, Alec e Sophia por fazerem com que este seja o melhor de todos os universos possíveis.

1. Os limites da realidade
Sobre mundos paralelos

Se o quarto da casa onde cresci tivesse um espelho só, meus sonhos de infância poderiam ter sido muito diferentes. Mas havia dois. Cada manhã, quando eu abria o armário para pegar minhas roupas, o espelho da porta ficava alinhado com o da parede e criava uma série aparentemente infindável de reflexos do que quer que estivesse situado entre ambos. Eu ficava absorto, deliciado de ver as imagens sobrepostas que ocupavam os planos paralelos de vidro e que iam até onde a vista alcançava. Todas as imagens pareciam mover-se ao mesmo tempo, mas eu sabia que essa era uma simples consequência das limitações da percepção humana; ainda criança aprendi que a velocidade da luz é finita. Assim, com os olhos da mente, eu observava as viagens da luz, indo e vindo. Meus movimentos com a cabeça e com os braços ecoavam silenciosamente entre os espelhos, cada qual refletindo a imagem anterior e gerando a seguinte. Às vezes, eu imaginava que uma de minhas imagens, mais irreverente, mais para o fim da linha, recusava-se a entrar em forma e interrompia a série, criando uma nova realidade que informava as que se seguiam. Na escola, nos momentos de calma, às vezes pensava na luz que emitira pela manhã, como se ela continuasse a viajar entre os espelhos, sem parar, e então embarcava em uma de minhas imagens refletidas e entrava em um mundo paralelo imaginário, feito de luz e movido a fantasia.

É claro que as imagens refletidas não têm ideias próprias. Mas esses sonhos infantis, com suas realidades paralelas imaginárias, ecoam também com um tema de importância crescente na ciência moderna — a possibilidade de que existam outros mundos além dos que conhecemos. Este livro explora essas possibilidades em uma viagem refletida através da ciência dos universos paralelos.

UNIVERSO E UNIVERSOS

Houve um tempo em que "universo" significava "tudo o que existe". Tudo. A noção de mais de um universo, mais de um "tudo o que existe", era vista como uma contradição em termos. No entanto, uma série de desenvolvimentos teóricos foi pouco a pouco qualificando a interpretação de "universo". O significado da palavra, hoje, depende do contexto. Por vezes, ela ainda se refere a tudo o que existe. Outras vezes, ela se aplica apenas àquelas porções da totalidade a que alguém como você e eu pode, em princípio, ter acesso. Em outras situações, ainda, ela denota domínios isolados, que são parcial ou totalmente, temporária ou permanentemente inacessíveis a nós. Neste sentido, a palavra relega nosso universo à categoria de membro de um conjunto grande; talvez infinitamente grande.

Com sua hegemonia assim diminuída, "universo" deu lugar a outros termos, no afã de captar o ambiente maior em que a totalidade da realidade está contida. *Mundos paralelos*, ou *universos paralelos*, ou *múltiplos universos*, ou *universos alternativos*, ou *metaverso*, *megaverso*, ou *multiverso* — todos são sinônimos e todos são termos usados para incluir não só nosso universo, mas todo um espectro de outros universos que podem existir no espaço mais amplo.

Você terá notado que os termos são um tanto vagos. Em que consiste exatamente um mundo, ou um universo? Que critérios podem distinguir regiões que são consideradas diferentes partes de um mesmo universo daquelas que podem ser vistas como um outro universo de pleno direito? Talvez um dia nosso conhecimento de múltiplos universos amadureça o suficiente para que possamos dar respostas precisas a essas perguntas. Por agora, evitaremos lutas em torno de definições abstratas e adotaremos a linha com a qual o juiz Potter Stewart ficou famoso ao definir "pornografia". Enquanto a Suprema Corte dos

Estados Unidos se empenhava em definir um padrão, Stewart declarava: "Quando eu vejo, eu sei".

Afinal de contas, chamar um determinado domínio ou outro de universo paralelo é apenas uma questão de palavras. O que importa, o que constitui o cerne do tema, é saber se existem domínios que desafiam as convenções, sugerindo que aquilo que sempre pensamos ser *o* universo é apenas um componente de uma realidade muito maior, talvez muito mais estranha e basicamente oculta.

VARIEDADES DE UNIVERSOS PARALELOS

Um fato marcante (que, em parte, é o que me impele a escrever este livro) é que muitos dos desenvolvimentos mais importantes da física teórica — relativística, quântica, cosmológica, computacional, unificada — nos têm levado a considerar uma ou outra variedade de universo paralelo. Com efeito, os capítulos que se seguem traçam um arco narrativo que percorre nove variações sobre o tema do multiverso. Cada uma delas vê nosso universo como parte de um todo surpreendente e maior, mas a compleição desse todo e a natureza dos universos que o compõem diferem fortemente entre elas. Em algumas, os universos paralelos estão apartados de nós por enormes extensões de espaço ou de tempo; em outras, eles flutuam a apenas milímetros de distância; e ainda em outras, a própria noção de sua localização parece destituída de sentido. Um arco similar de possibilidades aparece também no que concerne às leis que comandam tais universos paralelos. Em alguns casos, as leis são iguais às nossas; em outros, elas parecem diferentes, mas têm a mesma origem; em outros mais, as leis têm forma e estrutura diferentes de tudo o que nossa ciência já identificou. Imaginar quão ampla a realidade pode ser é algo que nos entusiasma e, ao mesmo tempo, nos faz mais humildes.

Algumas das primeiras incursões pelos mundos paralelos ocorreram na década de 1950, graças ao trabalho de pesquisadores interessados em certos aspectos da mecânica quântica — teoria desenvolvida para explicar os fenômenos que ocorrem no reino microscópico dos átomos e das partículas subatômicas. A mecânica quântica quebrou o molde da mecânica clássica, que a antecedeu, ao firmar o conceito de que as previsões científicas são necessariamente probabilísticas. Podemos prever a probabilidade de alcançar um determinado resultado, ou outro, mas em geral não podemos prever qual deles acontecerá. Essa quebra de rumo com relação a centenas de anos de pensamento científico já é suficientemente chocante, mas há outro aspecto da teoria quântica que nos confunde ainda mais, embora desperte menos atenção. Depois de anos de criterioso estudo da mecânica quântica, e depois da acumulação de uma pletora de dados que confirmam suas previsões probabilísticas, ninguém até hoje soube explicar por que razão apenas uma das muitas resoluções possíveis de qualquer situação que se estude torna-se real. Quando fazemos experimentos, quando examinamos o mundo, todos estamos de acordo em que deparamos com uma realidade única e definida. Contudo, mais de um século depois do início da revolução quântica, não há consenso entre os físicos quanto à razão e à forma de compatibilizar esse fato básico com a expressão matemática da teoria.

Com o passar dos anos, esse hiato substancial em nossa compreensão inspirou muitas propostas criativas, mas a mais surpreendente estava entre as primeiras. Talvez, segundo essa sugestão, a noção familiar de que qualquer experimento específico tenha apenas um único resultado seja errônea. A matemática que está na base da mecânica quântica — ou, pelo menos, uma de suas perspectivas possíveis — sugere que *todos* os resultados possíveis acontecem, cada um deles concretizando-se em seu próprio universo separado. Se um cálculo quântico prevê que uma partícula pode estar aqui, ou ali, então, em um universo ela *está* aqui, e em outro ela *está* ali. E em cada um desses universos há uma cópia de sua pessoa, que testemunha esse, ou aquele, resultado e pensa — incorretamente — que a realidade que vê é a única que existe. Quando se pensa que a mecânica quântica está presente em todos os processos físicos, da fusão de átomos no Sol às centelhas neurais que compõem a estrutura do pensamento, vê-se com clareza que as implicações da proposta são profundas. Ela nos diz que não há estradas que não estejam sendo trafegadas. Mas cada uma dessas estradas — cada uma dessas realidades — é oculta para todas as demais.

Essa interpretação fascinante da mecânica quântica, denominada *Muitos Mundos*, tem atraído interesse nas décadas recentes. Mas as pesquisas mostram que se trata de um arcabouço sutil e espinhoso (como veremos no capítulo 8). Assim, até hoje, depois de mais de cinquenta anos de investigações, a proposta permanece controversa. Alguns estudiosos dos temas quânticos argumentam que ela é comprovadamente correta, enquanto outros afirmam, com igual convicção, que suas conexões matemáticas simplesmente não funcionam.

A incerteza científica não impediu que essa versão inicial de universos paralelos fosse explorada na literatura, no cinema e na televisão com histórias sobre terras desconhecidas e presentes alternativos, que até hoje se sucedem. (Minhas favoritas, desde os tempos de criança, são *O Mágico de Oz*, *A felicidade não se compra*, o episódio de *Jornada nas estrelas* denominado "A cidade à beira da eternidade", o conto de Borges "O jardim dos caminhos que se bifurcam" e, mais recentemente, *De caso com o acaso* e *Corra, Lola, corra*.) Essas e muitas outras obras da cultura popular ajudaram, coletivamente, a integrar o conceito de realidades paralelas ao espírito de nosso tempo e a difundir o interesse do público pelo tópico. Mas a mecânica quântica é apenas uma das diversas maneiras pelas quais o conceito de universos paralelos surge na física moderna. Na verdade, nem será a primeira que discutiremos.

No capítulo 2, começarei por um caminho diferente que leva aos universos paralelos e que talvez seja o mais simples de todos. Veremos que, se o espaço se estende até o infinito — proposição consistente com todas as observações e que faz parte do modelo cosmológico favorecido por muitos físicos e astrônomos —, então deve haver ambientes afastados de nós (provavelmente *muito* afastados) em que cópias de você próprio, de mim e de tudo o mais vivem versões alternativas da realidade que aqui experimentamos.

O capítulo 3 será uma viagem mais profunda no seio da cosmologia: a teoria inflacionária, ideia que propõe a ocorrência de um enorme surto de expansão espacial super-rápida durante os momentos iniciais do universo, gera sua própria versão de mundos paralelos. Se ela estiver correta, como sugerem as mais sofisticadas observações astronômicas, o surto que criou nossa região do espaço pode não ter sido o único. Em vez disso, agora mesmo a expansão inflacionária em âmbitos distantes pode estar criando universos e mais universos e continuar a fazê-lo por toda a eternidade. E mais: cada um desses universos-balões tem sua própria extensão espacial infinita e contém, assim, um número infinito de mundos paralelos como os que aparecem no capítulo 2.

No capítulo 4, nossa trilha faz uma curva em direção à teoria de cordas. Após uma breve exposição a respeito dos aspectos básicos, faço um relato sobre a situação atual dessa abordagem, que visa a unificar todas as leis da natureza. Apoiados nessa apresentação, exploramos nos capítulos 5 e 6 os desenvolvimentos recentes da teoria de cordas, que sugerem três tipos novos de universos paralelos. Um deles é o cenário dos *mundos-brana*, que propõe que nosso universo é um dos potencialmente muitos "blocos" que flutuam em um espaço com maior número de dimensões, semelhantes às fatias de um pão de proporções cósmicas.[1] Se tivermos sorte, este caminho pode levar ao encontro de um sinal observável no Grande Colisor de Hádrons, que opera em Genebra, Suíça, em um futuro não muito distante. Uma segunda variedade surge de possíveis choques entre mundos-brana, que destroem tudo o que eles continham e dão início a algo como um novo big bang em cada um deles. Como se se tratasse de duas mãos gigantescas batendo palmas, esse processo poderia ocorrer repetidas vezes: as branas colidem, quicam, voltam a atrair-se gravitacionalmente e colidem de novo, em um processo cíclico que gera novos universos paralelos, não no espaço, mas no tempo. O terceiro cenário é o da "paisagem" da teoria de cordas, baseado no enorme número de formas e tamanhos possíveis que podem tomar as dimensões espaciais extras requeridas pela teoria. Veremos que, em conjunto com o multiverso inflacionário, a paisagem de cordas aponta para um vasto conjunto de universos nos quais todas as formas possíveis de dimensões extras se concretizam.

No capítulo 6, veremos como essas considerações iluminam um dos fatos observacionais mais surpreendentes do último século: o espaço parece estar impregnado de uma energia uniformemente difusa, que pode bem ser uma versão da famosa constante cosmológica de Einstein. Essa observação inspirou grande parte das pesquisas recentes sobre universos paralelos e é responsável por um dos debates mais intensos das últimas décadas, que se refere à natureza do que torna as explicações científicas aceitáveis.

O capítulo 7 amplia esse tema com uma pergunta genérica sobre se a consideração de outros universos além do nosso pode ser realmente vista como um ramo da ciência. Essas ideias poderão um dia ser testadas? Se as invocarmos com vistas a resolver problemas até aqui não solucionados, estaremos realmente fazendo progresso, ou apenas empurrando os problemas para baixo de um tapete cósmico convenientemente inacessível? Procurei deixar claros os aspectos essenciais das perspectivas de choques, mas também ressaltei meu próprio ponto de vista de que, em certas condições específicas, os universos paralelos incluem-se, sem dúvida, dentro do escopo da ciência.

A mecânica quântica, com sua versão dos Muitos Mundos para os universos paralelos, é o tema do capítulo 8. Farei um resumo das características fundamentais da mecânica quântica para abordar, então, seu problema mais temível: como extrair resultados definidos a partir de uma teoria cujo paradigma básico permite a existência de realidades mutuamente contraditórias em uma névoa probabilística amorfa, mas matematicamente precisa. Andaremos cuidadosamente pelos meandros de um raciocínio que busca uma resposta ancorando a realidade quântica na própria profusão de mundos paralelos que ela engendra.

No capítulo 9 avançamos ainda mais profundamente na realidade quântica e chegamos à versão que considero a mais estranha de todas as propostas de universos paralelos. Ela emerge gradualmente de trinta anos de estudos teóricos sobre as propriedades quânticas dos buracos negros. Esse trabalho culminou na última década com um incrível resultado da teoria de cordas, que contém a notável sugestão de que tudo o que constitui nossa experiência é apenas uma projeção holográfica de processos que ocorrem em uma superfície distante, que nos envolve. Se você se der um beliscão, o que você sente é real, mas será um reflexo de um processo paralelo que tem lugar em uma realidade diferente e distante.

Finalmente, no capítulo 10, ocupa o palco a possibilidade ainda mais fantástica de universos artificiais. Nossa primeira preocupação será saber se as leis da física nos dão a capacidade de criar novos universos. Veremos, a seguir, universos criados não com hardware, mas com software — universos que poderiam ser simulados em computadores superavançados —, e investigaremos se é possível ter certeza de que não estamos vivendo em uma simulação preparada por alguém ou algo. Isso leva a outra proposta de universos paralelos, que é a mais aberta de todas e que tem origem na comunidade filosófica: a de que todos os universos possíveis se concretizam em algum lugar do que seria, com certeza, o maior de todos os multiversos. A discussão se desdobra naturalmente em uma indagação sobre o papel da matemática na ação de desvendar os mistérios da ciência e, em última análise, sobre nossa capacidade, ou incapacidade, de alcançar um conhecimento cada vez mais profundo da realidade.

O tema dos universos paralelos é altamente especulativo. Nenhum experimento ou observação comprovou que qualquer das versões dessa ideia exista na natureza. Portanto, meu objetivo ao escrever este livro não é convencer o leitor de que fazemos parte de um multiverso. Eu próprio não estou convencido — e, de maneira geral, ninguém deveria estar convencido — de qualquer coisa que não esteja firmemente apoiada em fatos e dados. Dito isso, acho interessante e instigante que numerosos desenvolvimentos da física, se levados às suas consequências extremas, acabem conduzindo a alguma variação do tema dos universos paralelos. Não estou dizendo que os físicos estão de plantão, com redes de caçar multiversos na mão, buscando colher qualquer teoria que passe voando e que possa produzir, ainda que atabalhoadamente, um paradigma de universos paralelos. Ao contrário, todas as propostas de universos paralelos que estudaremos com seriedade derivam diretamente do raciocínio matemático presente nas teorias desenvolvidas para explicar dados e observações convencionais.

Minha intenção, portanto, é expor, com clareza e concisão, os passos intelectuais e o encadeamento teórico que levaram a física a considerar, a partir de perspectivas diversas, a possibilidade de que nosso universo seja um dentre muitos. Desejo que você apreenda o conceito de que as pesquisas científicas modernas — e não as fantasias catóptricas de minha infância — sugerem com naturalidade essa extraordinária possibilidade. Quero mostrar-lhe como certas observações aparentemente confusas podem tornar-se eminentemente compreensíveis no contexto de um ou outro modelo de universo paralelo. Ao mesmo tempo, descreverei os pontos críticos ainda não resolvidos, que têm mantido inconcluso este caminho. Meu objetivo é que, quando você terminar a leitura do livro, sua percepção de como pode ser a realidade — sua perspectiva sobre como as fronteiras da realidade poderiam ser, um dia, reconfiguradas pelos desenvolvimentos científicos de nossos dias — seja mais rica e mais vívida.

Algumas pessoas reagem contra a ideia de mundos paralelos. No entender delas, se fizermos parte de um multiverso, nosso lugar e nossa importância no cosmo ficam marginalizados. Minha opinião é outra. Não vejo mérito em medir nossa significância por nossa abundância relativa. Ao contrário, o que é gratificante em nossa condição humana, o que é excitante em nossa participação no reino da ciência, é a capacidade que temos de usar o pensamento analítico para superar as distâncias mais vastas, viajando ao espaço exterior e ao espaço interior — e, se algumas das ideias que encontraremos neste livro mostrarem-se corretas, talvez até além de nosso próprio universo. Para mim, a profundidade de nosso entendimento, conquistado a partir de nosso ponto de vista solitário na quietude fria e negra de um cosmo inóspito, é o que reverbera através de toda a extensão da realidade e marca nossa chegada.

2. Duplos sem fim
O multiverso repetitivo

Se você saísse viajando pelo cosmo, afastando-se cada vez mais, estaria percorrendo um espaço que se desenrola indefinidamente, ou veria que ele termina de maneira abrupta? Ou, quem sabe, você acabaria dando uma volta completa e regressando ao ponto de origem, como sir Francis Drake quando circum-navegou a Terra? Ambas as possibilidades — um cosmo que se estende indefinidamente, ou um cosmo enorme, mas finito — são compatíveis com todas as nossas observações e, nas últimas décadas, os principais pesquisadores as estudaram com vigor. Apesar de todo esse exame minucioso, a hipótese de que o universo seja infinito leva a uma conclusão estonteante, que tem recebido relativamente pouca atenção.

Nas distâncias enormes de um cosmo infinito, há uma galáxia que se assemelha exatamente à Via Láctea, que tem um sistema solar igual ao nosso, com um planeta que é a cópia perfeita da Terra, com uma casa que não pode ser distinguida da sua, habitada por alguém que tem a mesma aparência que você, que está lendo este livro e imaginando que, agora mesmo, em uma galáxia distante, você chega ao fim desta frase. E não existe apenas essa cópia: em um universo infinito, as cópias também têm um número infinito. Em algumas delas, seu duplo está lendo esta frase agora, ao mesmo tempo que você. Em outras, está mais adiantado, ou sentiu fome e deixou o livro para preparar um sanduíche. Em outras, ainda, pode ser que ele não seja uma boa pessoa e talvez fosse melhor que você não cruzasse com ele em uma rua escura.

Mas esse risco você não corre. Tais cópias habitariam lugares tão distantes que a luz que está viajando desde nosso big bang ainda não teria tido tempo de cruzar todo o espaço que nos separa. Mas, mesmo sem a possibilidade de observar esses lugares, veremos que certos princípios básicos da física determinam que, se o cosmo for infinitamente grande, ele abrigará um número infinitamente grande de mundos paralelos — alguns idênticos ao nosso, outros algo distintos e muitos outros radicalmente diferentes.

Em nossa viagem abstrata a esses mundos paralelos, devemos inicialmente desenvolver o instrumental essencial da cosmologia: o estudo científico da origem e da evolução do cosmo como um todo.

Vamos em frente.

O PAI DO BIG BANG

"Sua matemática está certa, mas sua física é abominável." A Conferência Solvay de 1927 estava a pleno vapor e essa foi a reação de Albert Einstein quando o belga Georges Lemaître informou-o de que as equações da relatividade geral, que Einstein já publicara havia mais de dez anos, implicavam uma reescritura dramática da história da criação. De acordo com os cálculos de Lemaître, o universo teve início como um grão mínimo de densidade assombrosa, um "átomo primevo", segundo o nome dado por ele, que se inflou com o tempo e se transformou no cosmo observável.

Lemaître era uma figura incomum entre as dezenas de físicos renomados que, como Einstein, se dirigiram ao Hotel Metrópole de Bruxelas para passar uma semana debatendo a teoria quântica. Em 1923, ele não só já havia completado os estudos para o doutorado como também concluído o aprendizado no seminário de Saint-Rombaut e sido ordenado padre jesuíta. Em um intervalo da conferência, Lemaître, já em trajes religiosos, aproximou-se do homem cujas equações ele acreditava constituírem as bases de uma nova teoria das origens cósmicas. Einstein já sabia da teoria de Lemaître, pois havia lido seu trabalho sobre o assunto meses antes, e não encontrara no texto nenhuma falha na manipulação das equações da relatividade geral. Com efeito, não era a primeira vez que alguém levava a Einstein aquele tipo de conclusão. Em 1921, o matemático e meteorologista russo Alexander Friedmann obtivera diversas soluções para as equações de Einstein, nas quais o espaço se distendia, levando o universo a expandir-se. Einstein reagira mal a essas soluções, dizendo inicialmente crer que os cálculos de Friedmann estavam infestados de erros. Nesse ponto, Einstein estava equivocado e posteriormente retirou a objeção. Mas ele se recusava a ser um escravo da matemática e desprezou as equações para acomodar sua intuição a respeito de como ele achava que o cosmo *deveria* ser, o que revelava sua crença profunda em que o universo era eterno e, nas maiores escalas, fixo e imutável. Einstein advertiu Lemaître de que o universo não está e nunca esteve em expansão.

Seis anos depois, em um seminário no Observatório de Monte Wilson, na Califórnia, Einstein concentrou a atenção enquanto Lemaître apresentava uma versão mais pormenorizada de sua teoria de que o universo tivera início com um estouro primevo e de que as galáxias eram brasas candentes que flutuavam em um espaço que continuava a crescer. Ao final do seminário, Einstein levantou-se e declarou que a teoria de Lemaître era, em suas palavras, "a explicação mais bela e satisfatória da criação que já ouvi".[1] O cientista mais famoso do mundo fora persuadido a modificar seu pensamento sobre um dos mistérios mais profundos do universo. Embora ainda pouco conhecido pelo público em geral, Lemaître passou a ser identificado entre os cientistas como o pai do big bang.*

RELATIVIDADE GERAL

As teorias cosmológicas desenvolvidas por Friedmann e Lemaître baseavam-se em um manuscrito enviado por Einstein aos *Annalen der Physik* em 25 de novembro de 1915. Esse documento era a culminação de uma odisseia matemática de quase dez anos e as conclusões que apresentava — a teoria da relatividade geral — viriam a constituir a mais completa e grandiosa de suas conquistas científicas. Na relatividade geral, Einstein valeu-se de uma linguagem geométrica elegante para reformular por completo o entendimento do

* No original, *father of the big bang*, um trocadilho com o fato de Lemaître ser abade (*father*). (N. R. T.)

que era a gravidade. Se você já conhece bem as características básicas da teoria e de suas implicações cosmológicas, sinta-se livre para pular as próximas três seções. Mas, se preferir ler um breve relato dos pontos mais significativos, fique comigo.

Einstein começou a trabalhar na relatividade geral por volta de 1907, época em que a maioria dos cientistas acreditava que a gravidade já havia sido totalmente explicada pela obra de Isaac Newton. Como sabem todos os estudantes secundários do mundo, no final do século XVII Newton desenvolveu a chamada lei da gravidade universal, proporcionando com ela a primeira descrição matemática da força mais conhecida da natureza. É uma lei tão precisa que ainda é utilizada pelos engenheiros da NASA para calcular as trajetórias das naves espaciais e pelos astrônomos para prever o movimento de cometas, estrelas e até mesmo de galáxias.[2]

Essa claríssima eficácia torna ainda mais notável o fato de que, no início do século XX, Einstein tenha percebido que a lei da gravidade de Newton continha uma falha profunda. Uma pergunta aparentemente simplória revelava essa particularidade com grande nitidez. Como, perguntava Einstein, funciona a gravidade? Como, por exemplo, o Sol supera 150 milhões de quilômetros de espaço essencialmente vazio para afetar o movimento da Terra? Nenhuma corda os liga, nenhuma corrente prende a Terra em sua translação. Como, então, a gravidade exerce sua influência?

Em seus *Principia*, publicados em 1687, Newton reconheceu a importância dessa indagação, mas admitiu que sua lei era omissa quanto à resposta. Ele estava seguro de que tinha de existir alguma coisa, algum meio, que comunicasse a gravidade de um lugar a outro, mas não conseguiu identificar que coisa era essa. Nos *Principia*, ele deixou ironicamente a questão "à consideração do leitor", e por mais de duzentos anos os que leram essa provocação simplesmente continuaram a ler. Isso, porém, era algo que Einstein não podia fazer.

Einstein passou vários anos buscando a identificação desse mecanismo que permite a propagação da gravidade e em 1915 propôs uma resposta. A proposta baseava-se no emprego de uma matemática sofisticada e requeria saltos conceituais jamais vistos na história da física, mas apresentava um ar de simplicidade similar ao da pergunta que visava a responder. Qual é o processo, qual é o meio que permite à gravidade exercer seu poder através do espaço vazio? A vacuidade do espaço vazio parecia deixar a todos com as mãos vazias.

Mas, na verdade, existe algo no espaço vazio: *espaço*. Isso levou Einstein a sugerir que o próprio espaço fosse o meio da gravidade.

Esta é a ideia: imagine uma bola rígida que rola por uma grande mesa de metal. Como a superfície da mesa é plana, a bola rolará em uma linha reta. Mas, se a mesa for atingida pelo fogo e ficar deformada, a bola seguirá uma trajetória diferente, pois ela será guiada por uma superfície agora irregular e empenada. Einstein argumentou que uma ideia similar se aplica ao tecido do espaço. O espaço completamente vazio é muito semelhante a uma mesa plana e permite que os objetos se desloquem livremente em linha reta. Mas a presença de corpos dotados de massa afeta a forma do espaço, assim como o calor afeta a forma da superfície da mesa. O Sol, por exemplo, deforma o espaço em suas proximidades, assim como o faz uma bolha que apareça no tampo aquecido da mesa. E, assim como a superfície recurvada da mesa induz a bola a viajar ao longo de uma linha curva, também a forma curva do espaço em volta do Sol faz a Terra e os demais planetas moverem-se em órbitas.

Esta breve descrição não leva em conta detalhes importantes. Não é só o espaço que se curva; o tempo também o faz (isso é o que se denomina curvatura do espaço-tempo). A gravidade da própria Terra facilita a influência exercida pela mesa apertando a bola contra sua superfície (Einstein lembrava que as curvas do espaço e do tempo não requerem nenhum intermediário, uma vez que elas *são* a gravidade). O espaço é tridimensional e, portanto, quando se recurva ele o faz em todo o entorno do objeto e não apenas "embaixo" dele, como a analogia da mesa faz crer. De toda maneira, a imagem da mesa empenada capta a essência da proposta de Einstein. Antes dele, a gravidade era uma força misteriosa que, de algum modo, um corpo exerce sobre outro através do espaço. Depois dele, a gravidade foi reconhecida como uma distorsão do ambiente, que é causada por um objeto e afeta os movimentos dos demais. Agora mesmo, de acordo com essas ideias, você está ancorado ao chão porque seu corpo está tratando de descer por causa da força que a Terra exerce sobre o espaço (na verdade, sobre o espaço-tempo).*

* É mais fácil conceber a curvatura do espaço do que a curvatura do tempo e, por essa razão, muitas vezes a divulgação do conceito einsteiniano da gravidade focaliza apenas o primeiro. Contudo, para a gravidade gerada por objetos familiares, como a Terra e o Sol, na verdade é a curvatura do tempo, e não a do espaço, que exerce o impacto principal. Como ilustração, pense

Einstein passou anos desenvolvendo essa ideia em uma estrutura matemática rigorosa e as *Equações de Campo de Einstein*, que daí resultaram e que constituem o cerne da teoria da relatividade geral, nos dizem com precisão como o espaço e o tempo se curvam em função da presença de uma dada quantidade de matéria (mais precisamente, matéria e energia, de acordo com a equação einsteiniana $E = mc^2$, em que E é a energia e m é a massa, sendo ambas intercambiáveis uma pela outra).[3] Com a mesma precisão, a teoria também diz como a curvatura do espaço-tempo afeta o movimento de todas as coisas — estrelas, planetas, cometas, a própria luz — que se movem através dele. Isso permite que os físicos façam previsões específicas dos movimentos no cosmo.

Os elementos de comprovação da relatividade geral apareceram logo.* Os astrônomos sabiam, havia muito tempo, que o movimento orbital de Mercúrio em volta do Sol desviava-se ligeiramente do que a matemática newtoniana previa. Em 1915, Einstein empregou suas novas equações para recalcular a trajetória de Mercúrio e conseguiu explicar a discrepância. Posteriormente, ele relatou a seu colega Adrian Fokker que ficou tão excitado com a descoberta que teve palpitações durante várias horas. E, em 1919, observações astronômicas realizadas por Arthur Eddington e seus colaboradores revelaram que a luz proveniente de estrelas distantes que passava por perto do Sol antes de chegar à Terra seguia uma trajetória curva exatamente igual à prevista pela relatividade geral.[4] Com essa confirmação, Einstein foi catapultado à fama mundial como o novo gênio da ciência e herdeiro evidente de Isaac Newton. O *New York Times* celebrou-a com a seguinte manchete: A LUZ FAZ CURVAS NO CÉU E OS CIENTISTAS DELIRAM NA TERRA.

---

em dois relógios, um no solo e outro no topo do Empire State Building, em Nova York. Como o relógio que está no solo fica mais próximo ao centro da Terra, ele experimenta a gravidade com uma intensidade ligeiramente maior do que o relógio que está no alto do edifício. A relatividade geral mostra que, por essa razão, o ritmo da passagem do tempo em cada relógio será ligeiramente diferente: o relógio que está no solo andará minimamente mais devagar (bilionésimos de segundo por ano) do que o outro. Esse desencontro é um exemplo do que queremos dizer com o conceito de curvatura do tempo. A relatividade geral estabelece que os corpos se movem em direção às regiões em que o tempo passa mais devagar. Em certo sentido, todos os corpos "querem" envelhecer o mais vagarosamente possível. De acordo com a perspectiva einsteiniana, essa é a explicação de por que um objeto cai quando você o solta no ar.

* Este cálculo foi feito por Einstein no artigo original da teoria da relatividade geral. (N. R. T.)

Mas os testes mais impressionantes da relatividade geral ainda estavam por vir. Na década de 1970, experimentos feitos com o uso de relógios masers de hidrogênio (os masers são similares aos lasers, mas operam na parte do espectro ocupada pelas micro-ondas) confirmaram o valor previsto pela relatividade geral para o encurvamento do espaço-tempo na vizinhança da Terra com uma precisão de uma parte em 15 mil. Em 2003, a sonda espacial Cassini-Huygens foi empregada para estudar detalhadamente as trajetórias das ondas de rádio que passavam próximas ao Sol e os dados obtidos confirmaram a previsão da relatividade geral para o encurvamento do espaço-tempo com a precisão de uma parte em 50 mil. E, agora, em um desenvolvimento que condiz com uma teoria que já alcançou a maturidade, muitos de nós caminham por aí com a relatividade geral na palma da mão. O GPS (*global positioning system* [sistema de posicionamento global]), que você acessa tranquilamente de seu celular, comunica-se com satélites cujos instrumentos internos de medida levam em conta a curvatura do espaço-tempo que eles próprios experimentam em suas órbitas em volta da Terra. Se os instrumentos não procedessem assim, a leitura das posições que eles registram logo passaria a dar informações muito imprecisas.* O que era, em 1916, um conjunto de equações matemáticas abstratas oferecidas por Einstein como uma nova descrição do espaço, do tempo e da gravidade é hoje uma rotina normal de trabalho de aparelhos que cabem no bolso.

O UNIVERSO E A CHALEIRA

Einstein deu vida ao espaço-tempo e desafiou a intuição que já durava milhares de anos, com base na experiência cotidiana, que vê o espaço e o tempo como um cenário imutável. Quem poderia ter imaginado que o espaço-tempo pudesse contorcer-se e flexionar-se, compondo uma coreografia para o movimento através do cosmo? Essa é a dança revolucionária que Einstein concebeu e que as observações confirmaram. E, no entanto, sem demora ele tropeçou nos mesmos preconceitos antigos mas infundados.

* Sem as correções relativísticas (especial e geral) o erro do GPS acumulado em um dia seria de aproximadamente dez quilômetros. (N. R. T.)

Durante o ano que se seguiu à publicação da teoria da relatividade geral, Einstein a aplicou à maior das escalas: o cosmo como um todo. Embora essa possa ser vista como uma tarefa extraordinariamente difícil, a arte da física teórica consiste em simplificar o que é horrivelmente complexo, preservando, ao mesmo tempo, os aspectos físicos essenciais e tornando praticável a análise teórica. É o dom de saber o que se deve ignorar. Por meio do chamado *princípio cosmológico*, Einstein estabeleceu um esquema simplificador que deu início à arte e à ciência da cosmologia teórica.

O princípio cosmológico afirma que, se o universo for examinado na maior das escalas, sua aparência será uniforme. Pense em sua xícara de chá. Na escala microscópica, há uma grande falta de homogeneidade. Algumas moléculas de H_2O por aqui, um espaço vazio, algumas moléculas de polifenol e de tanino por ali, mais espaço vazio, e assim por diante. Mas na escala macroscópica, acessível a nossos olhos, o chá é um líquido marrom avermelhado uniforme. Einstein acreditava que o universo fosse como essa xícara de chá. As variações que observamos — a Terra aqui, um espaço vazio, depois a Lua, mais espaço vazio, em seguida Vênus, Mercúrio, mais espaço vazio e depois o Sol — são inomogeneidades de pequena escala. Nas escalas cosmológicas, ele indicava, essas variações podiam ser ignoradas porque, como em nosso chá, elas compõem um todo uniforme.

No tempo de Einstein, os elementos de comprovação do princípio cosmológico eram, na melhor das hipóteses, escassos (não se sabia ao certo sequer da existência de outras galáxias), mas ele tinha como orientação a ideia de que nenhum lugar do cosmo é especial. Em média, cada região do universo, em sua concepção, teria o mesmo *status* de qualquer outra e, portanto, teria essencialmente os mesmos atributos físicos gerais. Nos anos que se seguiram, as observações astronômicas proporcionaram apoio substancial para o princípio cosmológico, mas apenas se o espaço fosse examinado em escalas de pelo menos 100 milhões de anos-luz de diâmetro (o que corresponde a cerca de mil vezes o diâmetro da Via Láctea). Se você pegasse uma caixa cujos lados medissem 100 milhões de anos-luz cada um e a colocasse *aqui*, pegasse outra e a colocasse *ali* (digamos, a 1 bilhão de anos-luz de distância *daqui*) e então medisse as propriedades médias gerais do interior de cada caixa — o número médio de galáxias, a quantidade média de matéria, a temperatura média, e assim por diante —, você teria dificuldades para distinguir uma caixa da outra.

Em resumo, se você conhecer um cubo do cosmo com 100 milhões de anos-luz de lado, terá uma boa ideia de como são todos os demais.

Essa uniformidade revela-se crucial para o emprego das equações da relatividade geral no estudo do universo como um todo. Para ver por quê, pense em uma praia bonita, suave e uniforme e imagine que eu lhe peça para descrever suas propriedades de pequena escala — as propriedades de cada um dos grãos de areia. Você desanimará — a tarefa é grande demais. Mas, se eu pedir a você que descreva apenas os aspectos gerais da praia (como o peso médio da areia por metro cúbico, a refletividade da superfície da praia por metro quadrado, e assim por diante), a missão se torna perfeitamente factível. E o que a torna factível é a uniformidade da praia: meça o peso médio da areia, a temperatura e a refletividade em um determinado local e pronto. Fazer as mesmas medições em outro local produzirá essencialmente os mesmos resultados. Isso também ocorre com um universo uniforme. Seria simplesmente impossível descrever cada planeta, estrela e galáxia. Mas descrever as propriedades médias de um cosmo uniforme é incomparavelmente mais fácil — e, com o advento da relatividade geral, praticável.

Vejamos como é isso. O conteúdo aproximado total de um grande volume de espaço caracteriza-se pela quantidade de "material" que ele contém; mais precisamente, pela densidade da matéria; mais precisamente ainda, pela densidade da matéria e da energia que o volume contém. As equações da relatividade geral descrevem como essa densidade se modifica com o passar do tempo. Mas, se não se invocar o princípio cosmológico, é praticamente impossível analisar as equações. Elas são dez ao todo, e, como cada uma delas depende, de uma maneira muito delicada, das demais, em conjunto elas formam um apertado nó górdio matemático. Felizmente, Einstein descobriu que, quando as equações são aplicadas a um universo uniforme, a matemática se simplifica: as dez equações se tornam redundantes e, na verdade, reduzem-se a uma. O princípio cosmológico corta o nó górdio reduzindo a complexidade matemática do estudo da distribuição da matéria e da energia que se espalha pelo cosmo a uma única equação (você pode ver como nas notas).[5]

Mas não tão felizmente, da perspectiva de Einstein, ao estudar essa equação ele viu algo inesperado e, para ele, desconcertante. O pensamento científico e filosófico predominante na época pregava que, nas maiores escalas, o universo não só é uniforme, mas também imutável. Assim como o movimento rápido das moléculas de sua xícara de chá produz afinal um líquido cuja aparência é estática, os movimentos astronômicos, como o dos planetas que orbitam o Sol e o do Sol em torno da galáxia, comporiam, na média, um cosmo imutável. Einstein, que aderia a essa perspectiva cósmica, viu, com desânimo, que ela não era compatível com a relatividade geral. A matemática mostrava que a densidade da matéria e da energia *não pode* permanecer constante através do tempo. Ou ela cresce, ou diminui, mas não pode ficar estática.

Embora a análise matemática que leva a essa conclusão seja sofisticada, a física que a acompanha é muito simples. Imagine a trajetória de uma bola de futebol chutada pelo goleiro em direção ao ataque. Inicialmente ela sobe; em seguida perde velocidade, alcança o ponto mais alto e finalmente desce. Ela não fica flutuando sobre o campo, como um dirigível poderia fazer, uma vez que a gravidade, como força atrativa, age em uma direção específica e puxa a bola para a superfície da Terra. Uma situação estática, como em uma queda de braços, requer a ação de forças iguais e opostas, que se cancelam mutuamente. No caso de um dirigível, o impulso para cima, que contraria a gravidade e lhe permite flutuar, é dado pela pressão do ar (uma vez que ele está cheio de hélio, que é um gás menos denso do que o ar). Para uma bola no meio do ar, não há uma força que contrarie a gravidade (a resistência do ar afeta o movimento da bola, mas não a faz flutuar) e a bola não pode, portanto, permanecer a uma determinada altura.

Einstein percebeu que o universo é mais parecido com a bola do que com o dirigível. Como não há uma força que possa cancelar a atração da gravidade, a relatividade geral mostra que o universo não pode ser estático. O tecido do cosmo pode distender-se ou contrair-se, mas seu tamanho não pode permanecer constante. Um volume de espaço com 100 milhões de anos-luz de lado hoje não terá 100 milhões de anos-luz de lado amanhã. Ou ele será maior, e a densidade da matéria em seu interior diminuirá (pois estará mais dispersa em um volume maior), ou será menor, e a densidade da matéria aumentará (pois ficará mais comprimida em um volume menor).[6]

Einstein recuou. De acordo com a matemática da relatividade geral, o universo, nas maiores escalas, seria mutável porque seu próprio substrato — o espaço — seria mutável. O cosmo eterno e estático que Einstein esperava ver surgir a partir de suas equações simplesmente não estava lá. Ele dera início à ciência da cosmologia, mas ficara profundamente perturbado pelo rumo a que a matemática o conduzia.

O IMPOSTO DA GRAVIDADE

Diz-se muitas vezes que Einstein hesitou; que voltou a examinar suas anotações e, em desespero, desfigurou as belas equações da relatividade geral para fazê-las compatíveis com um universo que fosse não só uniforme, mas também imutável. Isso é verdade apenas em parte. Einstein certamente modificou suas equações para que elas ficassem de acordo com sua convicção de que o cosmo seria estático, mas a modificação foi mínima e perfeitamente sensata.

Para poder apreciar sua manobra matemática, pense no preenchimento de um formulário de imposto de renda. Há linhas em que se colocam números e outras que são deixadas em branco. Do ponto de vista da matemática, uma linha em branco equivale a zero. Mas existe também uma conotação psicológica. Ignorar a linha significa que a pessoa que faz o preenchimento considera que o dado em questão não é relevante para sua situação financeira.

Se a matemática da relatividade geral tivesse a forma de uma declaração de imposto de renda, ela teria três linhas. Uma para descrever a geometria do espaço-tempo — suas curvas —, a concretização da gravidade. Outra linha descreveria a distribuição da matéria através do espaço, a fonte da gravidade — a causa das curvas. Durante uma década inteira de árduas pesquisas, Einstein trabalhara sobre a descrição matemática dessas duas características, razão por que fizera o preenchimento dessas duas linhas com grande cuidado. Porém, a contabilidade total da relatividade geral requer uma terceira linha, que está em pé de igualdade absoluta com as outras duas, mas cujo significado físico é mais sutil. Quando a relatividade geral elevou o espaço e o tempo à condição de participantes dinâmicos dos desdobramentos do cosmo, eles passaram de meros provedores da linguagem à condição de delineadores de onde e quando as coisas passam à condição de entidades físicas com suas propriedades intrínsecas. A terceira linha do formulário de declaração de imposto de renda da relatividade geral quantifica um aspecto particular que é intrínseco ao espaço-tempo e relevante para a gravidade: *a quantidade de energia inerente ao próprio tecido do espaço*. Assim como um metro cúbico de água contém sempre certa quantidade de energia, refletida na temperatura da água, um metro cúbico de espaço contém sempre certa quantidade de energia, refletida no número que aparece na terceira linha do formulário. No texto que anunciou a teoria da relatividade geral, Einstein não considerou essa linha. Do ponto de vista da matemática, isso equivale a estabelecer que seu valor é igual a zero, mas, assim como acontece com as linhas em branco do formulário de imposto de renda, ele parece tê-la simplesmente ignorado.

Quando a relatividade geral se revelou incompatível com um universo estático, Einstein retornou à matemática e, dessa vez, olhando com maior atenção para a terceira linha, percebeu que não havia nenhuma justificativa observacional ou experimental para que seu valor fosse igual a zero. Percebeu também que ela tinha implicações notáveis para a física.

Ele descobriu, por razões que explicarei no próximo capítulo, que se colocasse, em lugar do zero, um número positivo na terceira linha, dotando o tecido do espaço de uma energia uniforme e positiva, todas as regiões do espaço se afastariam umas das outras, produzindo algo que a maior parte dos físicos pensava ser impossível: a gravidade *repulsiva*. Além disso, Einstein viu que, se ajustasse precisamente o valor desse número a ser colocado na terceira linha, a força gravitacional repulsiva gerada em todo o cosmo contrabalançaria exatamente a força gravitacional atrativa gerada pela matéria que existe no espaço, dando lugar a um universo estático. Como um dirigível que flutua sem subir nem descer, o universo seria imutável.

Einstein denominou o número a ser posto na terceira linha *membro cosmológico*, ou *constante cosmológica*. Com essa manobra, ele podia ficar tranquilo. Ou, pelo menos, um pouco mais tranquilo. Se o universo tivesse uma constante cosmológica do tamanho certo — ou seja, se o espaço fosse dotado da quantidade certa de energia intrínseca —, sua teoria da gravidade entraria em consonância com a crença predominante de que o universo, nas maiores escalas, seria imutável. Ele não tinha a explicação de por que o espaço teria justamente a quantidade certa de energia para assegurar o equilíbrio, mas pelo menos mostrara que a relatividade geral, com a adição de uma constante cosmológica do tamanho certo, dava lugar ao tipo de cosmo que ele e os demais esperavam.[7]

O ÁTOMO PRIMEVO

Esse era o pano de fundo quando Lemaître contatou Einstein na Conferência Solvay de 1927, em Bruxelas, para mostrar-lhe sua conclusão de que a relatividade geral dava origem a um novo paradigma cosmológico no qual o espaço se expande. Einstein, que já havia enfrentado uma dura luta com a matemática para acomodar um universo estático e já havia rejeitado afirmações semelhantes feitas por Friedmann, estava sem paciência para considerar de novo um cosmo em expansão. Acusou Lemaître, então, de seguir cegamente a matemática e de fazer uma "física abominável" ao aceitar uma conclusão dessas, obviamente absurda.

Ser refutado por uma figura reverenciada não é pouca coisa, mas, para Lemaître, essa sensação durou pouco. Em 1929, usando o telescópio do Observatório de Monte Wilson, então o maior do mundo, o astrônomo americano Edwin Hubble reuniu dados suficientes para revelar que todas as galáxias distantes estavam afastando-se da Via Láctea. Os remotos fótons que Hubble examinou viajaram em direção à Terra com uma mensagem clara: o universo não é estático. Ele *está* em expansão. A motivação de Einstein ao introduzir a constante cosmológica não tinha, portanto, razão de ser. O modelo do big bang, que descreve um cosmo que no início era extremamente comprimido e que desde aquele momento se expande, passou a ser visto como a verdadeira história científica da criação.[8]

Lemaître e Friedmann foram finalmente reconhecidos. Friedmann recebeu o crédito de ter sido o primeiro a explorar as soluções que supõem a expansão do universo, e Lemaître o de desenvolvê-las de maneira independente em um cenário cosmológico robusto. O trabalho de ambos foi devidamente louvado como um triunfo da abordagem matemática na compreensão do funcionamento do cosmo. Einstein, por sua vez, ficou pensando em como teria sido melhor se ele jamais tivesse se metido com a terceira linha do formulário de imposto de renda da relatividade geral. Se ele não tivesse tratado de fazer prevalecer a convicção injustificada de que o universo é estático e não tivesse, por isso, introduzido a constante cosmológica, poderia ter sido ele a pessoa que previu a expansão cósmica, mais de dez anos antes que ela fosse observada por Hubble.

Mas a história da constante cosmológica ainda estava longe de estar concluída.

O modelo cosmológico do big bang inclui um detalhe que se revelará essencial. O modelo proporciona não apenas um, mas diversos cenários cosmológicos diferentes. Todos eles envolvem um universo em expansão, porém diferem com relação à forma global do espaço — e diferem, em particular, quanto a ser a extensão total do espaço finita ou infinita. Como essa distinção entre finito e infinito se mostrará vital na discussão a respeito dos mundos paralelos, apresentarei aqui as possibilidades.

O princípio cosmológico — a premissa de que o cosmo é homogêneo — restringe o conceito da geometria do espaço, uma vez que a maior parte das formas não tem a homogeneidade suficiente para enquadrar-se no princípio: inchaços em uma região, encolhimentos em outra, retorções em outra. Mas o princípio cosmológico não implica uma *única* forma para nossas três dimensões espaciais. Na verdade, ele reduz as possibilidades a um conjunto claramente selecionado de candidatos. Sua visualização constitui um desafio mesmo para os profissionais, mas a abordagem da situação em duas dimensões fornece uma analogia precisa que podemos compreender imediatamente.

Com esse fim, considere uma bola de bilhar perfeitamente redonda. Sua superfície é bidimensional (tal como na superfície da Terra, você pode denotar as posições na superfície da bola com apenas dois dados, como a latitude e a longitude, e é a isso que nos referimos quando dizemos que uma forma é bidimensional) e completamente uniforme, no sentido de que cada local tem exatamente a mesma aparência de qualquer outro. Os matemáticos denominam a superfície da bola *esfera bidimensional* e dizem que ela tem uma *curvatura positiva constante*. Em essência, "positiva" significa que, se você vir seu reflexo em um espelho esférico, sua imagem aparecerá mais gorda, espalhada para fora; e "constante" significa que, independentemente da parte da esfera em que ocorra a reflexão, a distorção será sempre igual.

A seguir, imagine uma mesa cujo tampo seja perfeitamente liso. Assim como no caso da bola, a superfície da mesa é uniforme. Ou quase. Se você fosse uma formiga andando sobre a mesa, a visão em cada ponto seria igual à visão em qualquer outro ponto, mas só se você ficasse afastado da beirada da mesa. Mesmo assim, a uniformidade completa não é difícil de conceber. Só precisamos imaginar um tampo de mesa sem beiradas, e há duas maneiras de fazê-lo. Pense em um tampo de mesa que se estende indefinidamente para a esquerda, para a direita, para a frente e para trás. Isso não é normal — trata-se de uma superfície infinitamente grande —, mas cumpre o objetivo de não ter beiradas e não há como cair dela. Alternativamente, imagine um tampo de mesa que se assemelhe às telas dos primeiros video games. Quando o Pac-Man saía da tela pela esquerda, reaparecia imediatamente pela direita; e, quando saía por baixo, reaparecia por cima. Nenhum tampo de mesa comum tem essa propriedade, mas se trata de um espaço geométrico perfeitamente definido, denominado *toro* bidimensional. Discutiremos essa forma mais extensamente nas notas,[9] mas a única coisa a ressaltar agora é que, como no caso do tampo de mesa infinito, essa forma de tela de video game é uniforme e não tem beiradas. Os limites que aparentemente confrontam o Pac-Man são fictícios: ele pode atravessá-los e continuar no jogo.

Os matemáticos dizem que o tampo de mesa infinito e a tela de video game são formas que têm *curvatura constante igual a zero.* "Zero" significa que, se você examinar seu reflexo no tampo da mesa ou na tela, a imagem não sofrerá nenhuma distorção; e "constante", como antes, significa que, onde quer que você examine seu reflexo, a imagem terá a mesma aparência. A diferença entre as duas formas só se torna aparente a partir de uma perspectiva global. Se você empreender uma viagem em um tampo de mesa infinito e mantiver a direção, nunca mais voltará ao lugar de origem; em uma tela de video game, você pode mover-se por ela toda e encontrar-se de novo no ponto de partida, mesmo sem mudar de direção.

Finalmente — e isto é um pouco mais difícil de captar —, uma fatia de batata frita industrializada estendida indefinidamente também proporciona uma outra forma completamente uniforme, que os matemáticos dizem ter *curvatura negativa constante.* Isso quer dizer que, se você vir sua própria imagem em um espelho na superfície da batata, ela lhe aparecerá magra, diminuída e concentrada para dentro.

Felizmente, essas descrições de formas bidimensionais uniformes aplicam-se sem esforço ao espaço tridimensional do cosmo, o que atende a nosso interesse real. Curvaturas positivas, negativas e iguais a zero — imagens gordas e espalhadas, magras e diminuídas ou sem distorção alguma — caracterizam igualmente bem formas tridimensionais uniformes. Com efeito, nossa sorte é ainda maior, porque, embora as formas tridimensionais sejam difíceis de captar (ao imaginar formas, nossa mente invariavelmente as coloca em um ambiente — um avião *no* espaço, um planeta *no* espaço —, mas, quando se trata do próprio espaço, não há nenhum ambiente externo que o contenha), as formas tridimensionais uniformes são análogos matemáticos tão próximos de seus primos bidimensionais que pouca precisão se perde se fizermos o que a maioria dos físicos faz: usar exemplos bidimensionais para construir imagens mentais.

Na tabela a seguir, resumi as formas possíveis, ressaltando que algumas têm extensão finita (a esfera e a tela de video game) e outras são infinitas (o tampo de mesa e a batata frita). Tal como aparece, a tabela é incompleta. Existem possibilidades adicionais, com belíssimos nomes, como *espaço tetraédrico binário* e *espaço dodecaédrico de Poincaré*, que também tem curvatura uniforme, mas não os incluí porque são mais difíceis de visualizar por meio de objetos cotidianos. Através de um processo cuidadoso de juntar lâminas, ou fatias, eles podem ser esculpidos a partir dos que estão na lista, de modo que a tabela 2.1 oferece uma boa amostra representativa. Mas esses detalhes são secundários com relação à conclusão principal: *a uniformidade do cosmo articulada pelo princípio cosmológico depura significativamente as formas possíveis do universo. Algumas dessas formas possíveis têm extensão espacial infinita e outras, não.*[10]

FORMA	TIPO DE CURVATURA	EXTENSÃO ESPACIAL
Esfera	Positiva	Finita
Tampo de mesa	Zero (ou “plana”)	Infinita
Tela de video game	Zero (ou “plana”)	Finita
Batata frita	Negativa	Infinita

Tabela 2.1. *Formas possíveis do espaço que são consistentes com a premissa de que todos os pontos do universo estão em igualdade de condições com todos os demais (o princípio cosmológico).*

NOSSO UNIVERSO

A expansão do espaço, encontrada matematicamente por Friedmann e Lemaître, aplica-se diretamente a um universo que tenha qualquer uma dessas formas. Para as curvaturas positivas, use a imagística bidimensional para pensar na superfície de um balão que se expande à medida que se enche de ar. Para as curvaturas iguais a zero, pense em uma superfície delgada de borracha esticada uniformemente em todas as direções. Para as curvaturas negativas, molde a borracha na forma de uma batata frita industrializada e em seguida estique-a mentalmente. Se as galáxias forem representadas como brilhos uniformemente borrifados em qualquer dessas superfícies, a expansão do espaço resulta em que os diferentes pontos brilhantes — as galáxias — se afastarão uns dos outros, tal como as observações de Hubble revelaram em 1929.

É um belo programa cosmológico, mas, se quisermos que ele seja definitivo e completo, teremos de determinar qual das formas mencionadas descreve adequadamente nosso universo. Podemos determinar a forma de um objeto em particular, como uma rosquinha, uma bola de futebol ou um bloco de gelo, pegando-o e manipulando-o. O desafio, naturalmente, é que não podemos fazer isso com o universo, razão por que teremos de determinar a forma por meios indiretos. As equações da relatividade geral fornecem uma estratégia matemática para isso. Elas mostram que a curvatura do espaço reduz-se a uma única quantidade observacional: a densidade de matéria (mais precisamente, a densidade de matéria e de energia) no espaço. Se houver muita matéria, o espaço se curvará sobre si mesmo, produzindo a forma esférica. Se houver pouca matéria, o espaço estará livre para desdobrar-se na forma da batata frita. E, se houver justamente a quantidade certa de matéria, o espaço terá curvatura zero.*

As equações da relatividade geral também fornecem uma demarcação numérica precisa entre as três possibilidades. Os cálculos revelam que "justamente a quantidade certa de matéria", a chamada densidade crítica, corresponde hoje a cerca de 2×10^{-29} gramas por centímetro cúbico, ou seja, cerca de seis átomos de hidrogênio por metro cúbico, ou ainda, em termos mais usuais, uma gota d'água por volume igual ao da Terra.[11] Pareceria certo que a densidade do universo excede o valor crítico, mas essa seria uma conclusão apressada. O cálculo matemático da densidade crítica supõe que a matéria esteja

* Dada nossa discussão anterior sobre como a matéria faz recurvar-se a região em que ela está imersa, você pode estar pensando como seria possível não haver *nenhuma* curvatura onde quer que haja matéria. A explicação é que a presença uniforme de matéria geralmente recurva o *espaço-tempo*. E, nesse caso específico, a curvatura do espaço é igual a zero, mas a curvatura do espaço-tempo é diferente de zero.

distribuída uniformemente através do espaço, portanto, você tem de imaginar tomar a Terra, a Lua, o Sol e tudo o mais e dispersar os átomos que os compõem por todo o cosmo. A questão, então, é saber se cada metro cúbico pesaria mais ou menos do que seis átomos de hidrogênio.

Devido às suas importantes consequências cosmológicas, os astrônomos têm tentado, há várias décadas, medir a densidade média de matéria no universo. O método empregado é direto. Com telescópios potentes eles observam cuidadosamente grandes volumes do espaço e somam as massas das estrelas visíveis, assim como a massa de outros materiais cuja presença pode ser inferida pelo estudo dos movimentos das estrelas e das galáxias. Até recentemente, as observações indicavam que a densidade média era menor do que a densidade crítica: cerca de 27% de seu valor — o equivalente a cerca de dois átomos de hidrogênio por metro cúbico —, o que implicaria um universo com curvatura negativa.

Mas no final da década de 1990 aconteceu algo extraordinário. Por meio de observações verdadeiramente magníficas e de uma cadeia de pensamento que exploraremos no capítulo 6, os astrônomos se deram conta de que estavam desprezando um componente essencial da contagem: uma energia difusa que parece distribuída uniformemente por todo o espaço. Os dados causaram um choque em praticamente todos os interessados. Uma energia que permeia o espaço? Mas isso soa como a constante cosmológica, que, como vimos, Einstein introduziu e depois retirou, no episódio famoso de mais de oitenta anos atrás. Será que as observações modernas fizeram ressurgir a constante cosmológica?

Ainda não temos certeza. Mesmo hoje, uma década depois das observações iniciais, os astrônomos ainda não conseguiram comprovar se essa energia uniforme é fixa ou se a quantidade de energia em um determinado volume de espaço varia com o tempo. Uma constante cosmológica, como seu nome expressa (e como implica sua representação matemática através de um número único e fixo no formulário de imposto de renda da relatividade geral), seria imutável. Para refletir a possibilidade mais ampla de que a energia possa evoluir, e também para ressaltar que a energia não emite luz (o que explica por que ela não foi detectada por tanto tempo), os astrônomos criaram o termo *energia escura*. A palavra "escura" também se aplica bem aos múltiplos buracos que existem em nosso entendimento. Ninguém sabe explicar a origem da energia escura, nem sua composição fundamental, nem suas propriedades específicas. Essas são questões que estão neste momento sob intensa investigação e a ela retornaremos nos capítulos posteriores.

Mas, mesmo com todas essas questões em aberto, as observações feitas por meio do telescópio espacial Hubble e de outros observatórios na superfície da Terra geraram um consenso quanto à *quantidade* de energia escura que permeia o espaço atualmente. O resultado é diferente do que Einstein propusera (uma vez que ele visava a um valor que produzisse um universo estático, enquanto nosso universo está em expansão). Isso não surpreende. O que é notável é que as medições concluíram que a energia escura que preenche o espaço é responsável por aproximadamente 73% da densidade crítica. *Somando-se esse valor aos 27% que os astrônomos já haviam medido, temos um total de 100% da densidade crítica, ou seja, justamente a quantidade certa de matéria e energia para que o universo tenha uma curvatura espacial igual a zero.*

Os dados atuais favorecem, assim, um universo em expansão eterna, com a forma tridimensional da versão infinita do tampo de mesa ou a da tela finita do video game.

A REALIDADE EM UM UNIVERSO INFINITO

No início deste capítulo, observei que não sabemos se o universo é finito ou infinito. As seções anteriores expuseram o fato de que ambas as possibilidades decorrem naturalmente dos estudos teóricos e de que ambas são consistentes com as medições e observações astrofísicas mais sofisticadas. Como poderemos um dia determinar observacionalmente qual é a possibilidade correta?

É uma questão difícil. Se o espaço for finito, uma parte da luz emitida pelas estrelas e galáxias poderia circular múltiplas vezes pelo cosmo até chegar a nossos telescópios. Assim como as imagens repetidas geradas quando a luz reflete entre espelhos paralelos, a luz circulante daria origem a imagens repetidas daquelas estrelas e galáxias. Os astrônomos já buscaram essas imagens múltiplas, mas até agora não encontraram nenhuma. Isso, por si só, não prova que o espaço seja infinito, mas sugere que, se ele for finito, pode ser tão grande que a luz ainda não terá tido tempo suficiente para completar voltas múltiplas no circuito universal. E aí está o desafio observacional. Mesmo que o universo seja finito, quanto maior ele for, melhor poderá disfarçar-se de infinito.

Para algumas questões cosmológicas, como a idade do universo, a distinção entre as duas possibilidades não é relevante. Seja o universo finito ou infinito, quanto mais perto do início do tempo, mais as galáxias se mostram apertadas umas com as outras e mais o universo é denso, quente e extremo. Podemos hoje usar nossas observações sobre a taxa de expansão, em conjunto com a análise teórica de como essa taxa tem variado no tempo, para deduzir quanto tempo terá transcorrido desde que tudo o que vemos estava comprimido em uma única pepita fantasticamente densa — o que nós chamamos de começo. E, seja o universo finito ou infinito, as análises mais precisas de que dispomos fixam esse momento em 13,7 bilhões de anos atrás.

Mas para outras considerações a distinção entre finito e infinito é relevante. No caso do espaço finito, por exemplo, à medida que consideramos tempos cada vez mais remotos, é correto supor que o espaço como um todo tenha sofrido um processo de encolhimento contínuo. Embora a matemática não seja aplicável quando se chega ao tempo zero, é correto supor que em momentos cada vez mais próximos ao tempo zero o universo tenha sido um grão cada vez menor. No caso do espaço infinito, no entanto, essa descrição seria errada. Se o espaço tiver realmente um tamanho infinito, então, ele sempre terá sido e sempre será infinito. No processo de encolhimento, o conteúdo do espaço aperta-se cada vez mais, o que torna a densidade de matéria cada vez maior. Mas a extensão total do espaço permanece *infinita*. Afinal de contas, se você reduzir à metade um tampo de mesa infinito, qual é o resultado? Metade de um infinito, o que continua a ser infinito. Se você o reduzir 1 milhão de vezes, qual é o resultado? Infinito sempre. Quando você considera um universo infinito, quanto mais próximo do tempo zero chegar, mais denso ele será em todos os lugares, mas a extensão do espaço será sempre infinita.

Embora as observações não tenham decidido a questão finito *versus* infinito, aprendi que os físicos e os cosmólogos, quando pressionados, tendem a favorecer a proposição de que o universo é infinito. Em parte, creio, essa opinião tem por base o fato de que por muitas décadas os pesquisadores deram pouca atenção à forma finita do video game, sobretudo porque sua análise matemática é mais difícil. Talvez ela também reflita o erro de concepção bastante comum de crer que a diferença entre um universo infinito e um enorme mas finito é um detalhe da cosmologia que só apresenta interesse acadêmico. Afinal, se o espaço é tão amplo que nós, para sempre, só teremos acesso a uma pequena parte de sua totalidade, por que deveríamos nos preocupar com sua extensão por uma distância finita ou infinita, sempre além do que podemos ver?

Deveríamos, sim. A questão de saber se o espaço é finito ou infinito tem um impacto profundo sobre a própria natureza da realidade. E isso nos conduz ao cerne deste capítulo. Consideremos agora a possibilidade de um cosmo infinitamente grande e exploremos as implicações. Com um mínimo de esforço, podemos sentir-nos como habitantes de um dos membros de um conjunto infinito de mundos paralelos.

ESPAÇO INFINITO E A COLCHA DE RETALHOS REPETITIVA

Vamos começar de maneira simples, aqui mesmo na Terra, longe da vastidão de um cosmo infinito. Imagine que sua amiga Imelda, para satisfazer sua paixão por roupas e sapatos, comprou quinhentos vestidos ricamente bordados e mil pares de sapatos feitos à mão. Se a cada dia ela usar um vestido e um par de sapatos novos, em algum momento ela esgotará todas as combinações possíveis e terá de repetir um conjunto. Não é difícil saber quando. Quinhentos vestidos e mil pares de sapatos geram 500 mil combinações diferentes. Quinhentos mil dias são cerca de 1400 anos e, se Imelda ainda estiver viva, terá de repetir um conjunto. E se, abençoada com o domínio da infinita longevidade, ela continuar a percorrer todas as combinações possíveis, necessariamente esgotará todas as combinações um número infinito de vezes. Um número infinito de ocasiões com um número finito de combinações garante um número infinito de repetições.

Continuando no mesmo tema, imagine que Randy, um experiente carteador, embaralhou um número extraordinariamente grande de baralhos e colocou todos eles um ao lado do outro. A ordem das cartas em cada baralho pode ser sempre diferente, ou tem de acabar se repetindo? A resposta depende do número de baralhos. Cinquenta e duas cartas podem ser arranjadas de 80 658 175 170 943 878 571 660 636 856 403 766 975 289 505 440 883 277 824 000 000 000 000 maneiras diferentes (52 possibilidades para qual seria a primeira carta, multiplicadas por 51 possibilidades restantes para qual seria a segunda, multiplicadas por cinquenta possibilidades para a terceira, e assim por diante). Se o número de baralhos exceder o número de ordenamentos diferentes possíveis, alguns baralhos terão o mesmo ordenamento. Se o número de baralhos manuseados por Randy for infinito, o ordenamento das cartas necessariamente terá de se repetir um número infinito de vezes. Assim como no caso de Imelda, um número infinito de ocorrências com um número finito de configurações possíveis garante que os resultados se repetirão infinitamente.

Esta noção básica é essencial para a cosmologia em um universo infinito. Dois passos cruciais explicam por quê.

Em um universo infinito, a maior parte das regiões fica fora de nosso alcance visual, mesmo se usarmos o telescópio mais potente possível. Embora a luz viaje a uma velocidade incrivelmente rápida, se um objeto estiver suficientemente longe, a luz que ele emite — mesmo a luz que foi emitida logo depois do big bang — não terá tempo suficiente para nos alcançar. Como o universo tem cerca de 13,7 bilhões de anos, você poderia pensar que qualquer coisa que esteja a mais de 13,7 bilhões de anos-luz de distância entra nessa categoria. O raciocínio que orienta essa intuição é perfeitamente correto, mas a expansão do espaço aumenta a distância que existe entre objetos cuja luz viaja por muito tempo até ser recebida; desse modo, a distância máxima que podemos ver é, na verdade, maior: 41 bilhões de anos-luz.[12] O número exato, porém, pouco importa. O que importa é que as regiões do universo que estejam além de uma certa distância são regiões que estão atualmente fora de nosso alcance observacional. Assim como um navio que navega para além da linha do horizonte se torna invisível para quem ficou na costa, os astrônomos dizem que os objetos espaciais que estão longe demais para serem vistos estão além de nosso *horizonte cósmico*.

Do mesmo modo, a luz que emitimos não pode ter chegado ainda a essas regiões distantes, porque nós também estamos além de seus horizontes cósmicos. Tais horizontes cósmicos não se limitam a delinear o que pode ser visto, ou não. De acordo com a relatividade especial de Einstein, sabemos que nenhum sinal, nenhum distúrbio, nenhuma informação, absolutamente *nada* pode viajar a uma velocidade maior do que a da luz — o que significa que as regiões do universo que estejam tão afastadas que a luz não tenha tido o tempo suficiente para viajar entre elas são regiões que nunca intercambiaram nenhum tipo de influência e que, portanto, evoluíram de forma totalmente independente.

Usando uma analogia bidimensional, podemos comparar a extensão do espaço, em um determinado momento no tempo, a uma colcha de retalhos

(com retalhos circulares) em que cada retalho representa um hori-
nico específico. Alguém que esteja no centro de um desses retalhos
r interagido com o que quer que esteja no mesmo retalho, mas não terá tido contato com o que quer que esteja em outro retalho (veja a figura 2.1a), porque tais coisas estão demasiado afastadas. Os pontos que estão próximos à fronteira entre dois retalhos estarão mais próximos entre si do que dos centros de seus respectivos retalhos e poderão, portanto, ter interagido, mas se considerarmos, por exemplo, um retalho sim e um retalho não, em cada fila ou coluna da colcha de retalhos cósmica, todos os pontos que existem em retalhos diferentes estarão demasiado afastados uns dos outros, de modo que nenhum tipo de interação pode ter ocorrido entre eles (veja a figura 2.1b). A mesma ideia aplica-se em três dimensões, contexto no qual os horizontes cósmicos — os retalhos da colcha cósmica — são esféricos e a mesma conclusão prevalece: retalhos suficientemente afastados ficam fora das respectivas esferas de influência e são, portanto, domínios independentes.

Se o espaço for grande, mas finito, podemos dividi-lo em um número grande, mas finito, de retalhos independentes. Se o espaço for infinito, pode haver um número *infinito* de retalhos independentes. É essa possibilidade que desperta um interesse especial e a segunda parte de nossa argumentação dirá por quê. Como veremos agora, em qualquer retalho, as partículas de matéria (mais precisamente, matéria e todas as formas de energia) só podem ser dis-

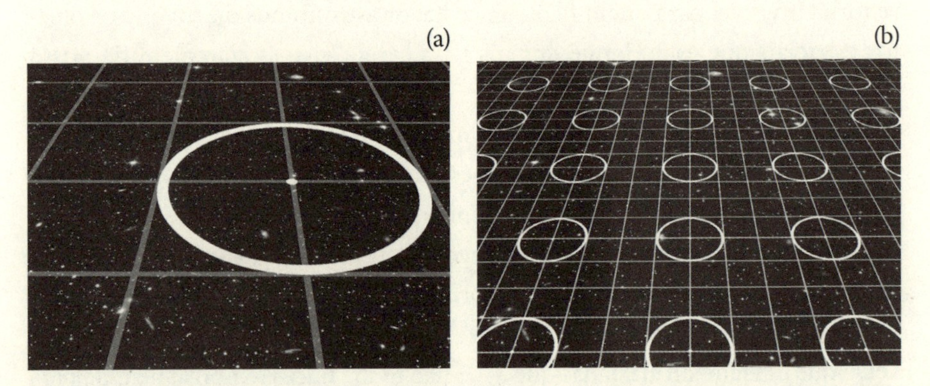

Figura 2.1. (a) *Como a velocidade da luz é finita, um observador que esteja no centro de qualquer retalho (seu horizonte cósmico) só tem a possibilidade de interagir com coisas que estejam no mesmo retalho.* (b) *Os horizontes cósmicos que estejam a distâncias suficientemente grandes estão demasiado afastados para que tenham tido qualquer interação e, portanto, terão evoluído de forma completamente independente uns dos outros.*

postas em um número finito de configurações diferentes. Usando o raciocínio aplicado aos casos de Imelda e Randy, isso significa que as condições existentes na infinidade de retalhos nos lugares mais remotos — em regiões do espaço como aquela em que habitamos, mas que estão distribuídas através de um cosmo sem limites — *repetem-se necessariamente.*

POSSIBILIDADES FINITAS

Imagine-se em uma noite quente de verão, com uma mosca que insiste em zumbir por todo o seu quarto. Você já tentou abatê-la a toalhadas, já tentou o spray, e nada funcionou. Em desespero, você tenta usar a razão. "O quarto é grande", você diz à mosca. "Há tantos outros lugares em que você pode estar. Não há nenhum motivo para você ficar zumbindo em meu ouvido." "É mesmo?", retruca a mosca. "Quantos lugares há?"

Em um universo clássico, a resposta é: "Um número infinito de lugares". Você, então, diz à mosca (ou, mais precisamente, a seu centro de gravidade) que ela pode mover-se três metros para a esquerda, ou 2,5 metros para a direita, ou 2,236 metros para cima, ou 1,195829 metro para baixo, ou... Você já percebeu. Como a posição da mosca pode variar continuamente, há um número infinito de lugares em que ela pode estar. Na verdade, enquanto explica essas coisas a ela, você se dá conta de que não só a mosca conta com uma variedade infinita de posições, mas também de velocidades. Em um momento, a mosca pode estar aqui, indo para a direita a um quilômetro por hora, ou pode estar indo para a esquerda a meio quilômetro por hora, ou indo para cima a um quarto de quilômetro por hora, ou indo para baixo a 0,349283 quilômetro por hora, e assim por diante. Embora a velocidade da mosca esteja limitada por diversos fatores (inclusive a quantidade de energia que seu corpo possui, pois, quanto mais depressa voar, mais energia terá de despender), ela também pode variar continuamente e constitui, assim, outra fonte de variedade infinita.

A mosca não está convencida. Ela responde:

> Eu posso entender quando você me fala de movimentos de um centímetro, ou meio centímetro, ou um quarto de centímetro, mas quando você fala de lugares que diferem um do outro por um décimo milésimo, ou um centésimo milésimo de

centímetro, isso não faz nenhum sentido para mim. Para um cientista, esses lugares podem ser diferentes uns dos outros, mas é contrário à minha experiência dizer que *aqui* e um bilionésimo de centímetros para a esquerda *daqui* são dois lugares diferentes. Não tenho sensibilidade para uma alteração tão pequena de local e, portanto, não posso contar isso como dois lugares diferentes. E com a velocidade é a mesma coisa. Posso perceber a diferença entre voar a um quilômetro por hora, ou a meio quilômetro por hora; mas entre 0,25 quilômetro por hora e 0,249999999 quilômetro por hora? Faça-me o favor! Só uma mosca sábia poderia dizer que reconhece a diferença. Ou seja, nenhuma mosca pode dizer isso. Para mim, essas velocidades são iguais. A variedade é muito menor do que o que você diz.

A mosca disse algo importante. Em princípio, ela pode ocupar uma variedade infinita de posições e alcançar uma variedade infinita de velocidades, mas na prática existe um limite para que se possa distinguir entre uma e outra posição, ou velocidade, abaixo do que as diferenças são imperceptíveis. Isso é verdade mesmo que a mosca use o melhor equipamento disponível. Sempre há um limite mínimo para que a variação de uma posição ou de uma velocidade possa ser registrada. E, independentemente de quão minúsculo seja esse limite, desde que diferente de zero, ele reduz radicalmente o leque das experiências possíveis.

Por exemplo, se a menor variação que se pode captar for de um centésimo de centímetro, cada centímetro oferece não um número infinito de variações detectáveis, mas apenas cem. Cada centímetro cúbico oferece, então, $100^3 = 1$ milhão de posições diferentes, e seu quarto, se for de tamanho médio, oferece 100 trilhões de variações. É difícil saber se a mosca consideraria esse número de opções suficientemente impressionante para ficar longe de seu ouvido, mas a conclusão é que *tudo o que se afaste do conceito de medições com resolução perfeita reduz o número de possibilidades de infinito a finito.*

Você pode retrucar que a incapacidade de distinguir entre separações espaciais e diferenças de velocidade reflete apenas uma limitação tecnológica. Com o progresso, a precisão dos equipamentos sempre aumenta e, assim, o número de localizações e velocidades discerníveis por uma mosca dotada de bons recursos financeiros também aumentará sempre. Neste ponto, devo recorrer a um pouco de teoria quântica básica. De acordo com a mecânica quântica, *há* um limite fundamental para a precisão de qualquer medição, que não pode ser nunca superado, independentemente do nível do progresso tecnológico. Esse limite deriva de um aspecto central da mecânica quântica — o *princípio da incerteza.*

O princípio da incerteza estabelece que, qualquer que seja o equipamento em uso, ou a tecnologia empregada, se você aumentar a resolução de sua medição de um determinado fator, haverá um custo inevitável: você estará reduzindo necessariamente a precisão com que pode medir um fator completar. Como exemplo principal, o princípio da incerteza mostra que quanto maior for a precisão com que você medir a posição de um objeto, menor será a precisão com que pode medir sua velocidade, e vice-versa.

Do ponto de vista da física clássica, a física que informa grande parte de sua intuição a respeito do funcionamento do mundo, essa limitação é completamente estranha. Mas, para uma analogia muito aproximada, pense que você está fotografando essa mosca importuna. Se você usar o tempo de exposição adequado, obterá uma imagem nítida da mosca em voo, que registrará sua posição momentânea com nitidez. Mas, como a foto é nítida, a mosca aparece estática e a imagem não dá informação a respeito de sua velocidade. Se você aumentar o tempo de exposição, a imagem perderá nitidez e revelará algo a respeito do movimento da mosca, mas, exatamente por causa da perda de nitidez, ela dará uma medida imprecisa de sua posição. Não é possível tirar uma fotografia que lhe dê informações precisas a respeito da posição e da velocidade ao mesmo tempo.

Empregando a matemática da mecânica quântica, Werner Heisenberg estabeleceu um limite preciso sobre a imprecisão das medições combinadas da posição e da velocidade. Essa imprecisão inescapável é o que a física quântica denomina incerteza. Para nossos propósitos, há uma maneira particularmente útil de enquadrar essa conclusão. Assim como para que a fotografia seja nítida é necessário usar um tempo de exposição mais curto, a matemática de Heisenberg requer, para que a medida da posição de um objeto seja mais precisa, que você use um instrumento de sondagem que tenha mais energia. Se você acender sua luz de cabeceira, sua sondagem será feita com uma luz difusa e de baixa energia, o que lhe permitirá ver a forma geral da mosca, suas pernas e seus olhos. Se você iluminá-la com fótons de energia mais alta, como raios X (limitando bastante o tempo de emissão dos fótons para não fritar a mosca), a resolução mais alta revelará os minúsculos músculos que permitem seu voo.

Mas uma resolução perfeita, de acordo com Heisenberg, requer um instrumento de sondagem com energia infinita, o que é inatingível.

Assim, a conclusão essencial já está a nossa disposição. A física clássica nos deixa claro que a resolução perfeita é impossível na prática. A física quântica vai além e estabelece que a resolução perfeita é impossível por princípio. Se você imaginar tanto a posição quanto a velocidade de um objeto — seja uma mosca ou um elétron — que se modifica em valores cada vez menores, segundo a mecânica quântica você estará imaginando algo que não faz sentido. Modificações demasiado pequenas para serem medidas, mesmo por princípio, não são modificações.[13]

Por meio do mesmo raciocínio que usamos em nossa análise pré-quântica da mosca, o limite de resolução reduz de infinito a finito o número de possibilidades diferentes para a posição e a velocidade de um objeto. E, como esse limite de resolução determinado pela mecânica quântica está ligado às próprias fibras das leis da física, a redução das possibilidades de infinitas a finitas é absolutamente inevitável.

REPETIÇÃO CÓSMICA

Chega de mosca no quarto. Considere agora uma região maior do espaço. Uma região do tamanho de nosso horizonte cósmico atual, uma esfera com um raio de 41 bilhões de anos-luz. Uma região que tem, portanto, o tamanho de um dos retalhos que compõem nossa colcha cósmica. Considere ainda que ela esteja preenchida não com uma única mosca, mas com partículas de matéria e radiação. Aqui vai a pergunta: Quantos diferentes arranjos das partículas são possíveis?

É como o que se passa com uma caixa de brinquedo de blocos de construção: quanto mais peças você tiver — quanto mais matéria e radiação você colocar dentro da região —, maior será o número de arranjos possíveis. Mas você não pode ir colocando as peças indefinidamente. As partículas contêm energia e, portanto, quanto mais partículas, mais energia. Se uma região do espaço contiver demasiada energia, ela entrará em colapso devido a seu próprio peso e formará um buraco negro.* E se você, depois que se formar um buraco negro, tentar introduzir mais matéria e energia na região, a fronteira do buraco negro (seu *horizonte de eventos*) será ampliada e abrigará mais espaço. Há, portanto, um limite para a quantidade de matéria e energia que pode existir dentro de uma região do espaço de um tamanho determinado. Para uma região do espaço que tenha o tamanho de nosso horizonte cósmico atual, esse limite é enorme — cerca de 10^{56} gramas. Mas o tamanho desse limite não é o que importa aqui. O que importa é que há um limite.

Uma quantidade finita de energia dentro de um horizonte cósmico implica uma quantidade finita de partículas, sejam elas elétrons, prótons, nêutrons, neutrinos, múons, fótons, ou qualquer outra espécie, conhecida ou ainda por conhecer, no catálogo das partículas. Uma quantidade finita de energia dentro de um horizonte cósmico implica também que cada uma dessas partículas, como a mosca importuna em seu quarto, tem um número finito de diferentes posições e velocidades possíveis. Coletivamente, um número finito de partículas, cada uma das quais tem um número finito de diferentes posições e velocidades possíveis, significa que, dentro de qualquer horizonte cósmico, existe apenas um número finito de diferentes arranjos de partículas. (Empregando a linguagem mais refinada da teoria quântica, que encontraremos no capítulo 8, não falamos propriamente de posições e velocidades das partículas, mas sim do *estado quântico* dessas partículas. Nessa perspectiva, diríamos que existe apenas um número finito de estados quânticos observacionalmente distintos para as partículas que estejam no retalho cósmico.) Com efeito, um cálculo rápido — que está descrito nas notas, se você tiver curiosidade a respeito dos detalhes — revela que o número de diferentes configurações possíveis das partículas que existem dentro de um horizonte cósmico é de cerca de $10^{10^{122}}$ (um 1 seguido por 10^{122} zeros). Esse é um número incrivelmente grande, mas sem nenhuma dúvida finito.[14]

* Discutirei os buracos negros mais extensamente em capítulos posteriores. Aqui, ficaremos com a noção usual, já bem incorporada à cultura popular, de uma região do espaço — imagine-a como uma bola no espaço — cuja atração gravitacional é tão forte que nada que entre por sua borda poderá escapar. Quanto maior for a massa do buraco negro, maior será seu tamanho. Portanto, quando alguma coisa cai nele, não só aumenta a massa do buraco negro, mas também seu tamanho.

O número limitado de diferentes combinações de roupas e sapatos assegura que, com um número suficiente de saídas, a vestimenta de Imelda necessariamente se repetirá. O número limitado de diferentes ordenamentos de cartas assegura que, com um número suficiente de conjuntos de cartas, os embaralhamentos de Randy necessariamente se repetirão. Seguindo o mesmo raciocínio, o número limitado de diferentes arranjos de partículas assegura que, com um número suficiente de retalhos na colcha cósmica — um número suficiente de horizontes cósmicos independentes —, *os arranjos de partículas, quando comparados de retalho em retalho, necessariamente se repetirão em algum lugar*. Mesmo que você pudesse brincar de inventor cósmico e se dedicasse a arranjar os retalhos de maneira que cada um fosse diferente de todos os demais que você já tivesse examinado, com uma extensão espacial suficientemente grande, o número de diferentes configurações possíveis se esgotaria e você seria forçado a repetir um dos arranjos anteriores.

Em um universo infinitamente grande, a repetição é ainda mais extrema. Existe um número infinito de retalhos em uma extensão infinita de espaço. Portanto, com um número finito de diferentes arranjos possíveis de partículas, os arranjos das partículas dentro dos retalhos terão necessariamente de duplicar-se um número infinito de vezes.

Essa é a conclusão que buscávamos.

SÓ FÍSICA

Ao interpretar as implicações dessa afirmação, devo declarar minha inclinação. Acredito que um sistema físico é completamente determinado pelo arranjo de suas partículas. Se você disser como estão dispostas as partículas que formam a Terra, o Sol, a galáxia e tudo o mais, terá completado a articulação da realidade. Essa visão reducionista é comum entre os físicos, mas sem dúvida existem pessoas que pensam de maneira diferente. Especialmente quando se fala da vida, alguns creem que sem um aspecto não físico e essencial (espírito, alma, força de vida, *chi* etc.) não é possível animar as estruturas físicas. Embora me mantenha aberto a essa possibilidade, nunca encontrei nenhum elemento de comprovação em seu favor. A posição que faz mais sentido para mim é a de que as características físicas e mentais de uma pessoa são apenas a manifestação de como estão arranjadas as partículas que compõem seu corpo. Se especificarmos o arranjo de tais partículas, teremos especificado tudo.[15]

Aderindo a essa perspectiva, concluímos que, se o arranjo das partículas com que estamos familiarizados for duplicado em outro retalho — em outro horizonte cósmico —, esse retalho será semelhante ao nosso em todos os sentidos. Isso significa que, se o universo tem uma extensão infinita, você não estará sozinho, independentemente de sua opinião com relação a essa visão da realidade. Existem muitas cópias perfeitas de você no cosmo que pensam e sentem de maneira exatamente igual. E não há maneira de saber qual delas é *realmente* você. Todas as versões são fisicamente, e, portanto, mentalmente, idênticas.

Podemos até mesmo estimar a menor distância que existe entre dois exemplares iguais. Se os arranjos de partículas têm distribuição uniforme, de retalho em retalho (premissa que é compatível com a teoria cosmológica refinada que discutiremos no próximo capítulo), podemos esperar que as condições de qualquer retalho, inclusive o nosso, se reproduzam com a mesma frequência. Portanto, em qualquer conjunto de $10^{10\backslash 122}$ retalhos cósmicos podemos esperar que haja, em média, outro retalho que seja exatamente igual ao nosso. Ou seja, em qualquer região do espaço que tenha $10^{10\backslash 122}$ metros de diâmetro deve haver, em média, um retalho cósmico cujo aspecto seja exatamente igual ao nosso. Ou seja, em cada região do espaço com cerca de $10^{10\backslash 122}$ metros de diâmetro deve haver um retalho cósmico que reproduza o nosso — contendo você, a Terra, a galáxia e tudo o mais que existe em nosso horizonte cósmico.

Se você diminuir sua expectativa e, em vez de buscar uma réplica exata de todo o nosso horizonte cósmico, contentar-se com uma cópia exata de uma região em um raio de alguns anos-luz, tendo o nosso Sol como centro, a encomenda será mais fácil. Em média, em cada região de $10^{10\backslash 100}$ metros de diâmetro deve haver uma cópia assim. Cópias aproximadas são ainda mais fáceis de obter. Afinal, há apenas uma maneira de duplicar exatamente uma região, mas há muitas maneiras de *quase* duplicá-la. Se você fosse visitar uma dessas cópias inexatas, encontraria algumas que pouco diferem da nossa e outras em que as diferenças poderiam variar do óbvio ao engraçado e ao chocante. Cada decisão que você toma leva a um determinado arranjo de partículas. Se você virar à esquerda, suas partículas se agruparão de uma maneira; se você virar à direita, suas partículas se agruparão de outra maneira. Se você disser sim, as partículas de seu cérebro, de seus lábios e de suas cordas vocais formarão um determinado padrão; se você disser não, elas formarão um padrão diferente. Desse modo, todas as ações possíveis, todas as escolhas feitas e todas as opções descartadas ocorrerão na realidade de um ou outro retalho. Em alguns deles, seus maiores medos a respeito de si próprio, de sua família e de sua vida na Terra se concretizarão. Em outros, seus sonhos mais estupendos se realizarão. Em outros mais, as diferenças decorrentes de arranjos próximos, mas diferentes, das partículas combinam-se para produzir um ambiente irreconhecível. Na maior parte dos retalhos, a configuração das partículas não incluirá os arranjos altamente especializados que reconhecemos como organismos vivos e não haverá vida, pelo menos como a conhecemos.

Com o passar do tempo, o tamanho dos retalhos cósmicos apresentado na figura 2.1b aumentará. Com mais tempo, a luz chegará mais longe e cada retalho crescerá. Por fim, os horizontes cósmicos se interpenetrarão e alcançarão a superposição. E, quando isso acontecer, as regiões já não poderão ser consideradas como separadas e isoladas. Os universos paralelos já não serão paralelos, pois terão se fundido. De toda maneira, as conclusões a que chegamos permanecerão válidas. Basta refazer a malha dos retalhos cósmicos e dar a cada um deles o tamanho correspondente à distância que a luz terá viajado desde o big bang até esse momento futuro. Os retalhos serão maiores e seus respectivos centros estarão mais afastados uns dos outros, recompondo o padrão da figura 2.1b. Com uma quantidade infinita de espaço a nossa disposição, não haverá problemas para fazer esse ajuste.[16]

Assim, chegamos a uma conclusão geral e provocante. A realidade, em um cosmo infinito, não é o que a maioria de nós podia esperar. Em qualquer momento do tempo, a extensão do espaço contém um número infinito de domínios separados (que constituem o que denominarei o *multiverso repetitivo*), dentre os quais nosso universo observável (tudo o que vemos no vasto céu) será apenas um dos integrantes. Examinando esse conjunto infinito de domínios separados, vemos que os arranjos de partículas necessariamente se repetem um número infinito de vezes. A realidade que prevalece em qualquer universo dado, inclusive o nosso, será replicada infinitamente em outros universos do multiverso repetitivo.[17]

O QUE FAZER COM TUDO ISSO?

É possível que a conclusão a que chegamos lhe pareça tão estapafúrdia que você prefira rever toda a discussão, alegando que a natureza bizarra do resultado — a existência de cópias infinitas de você próprio e de tudo o mais — denuncia a presença de falhas em uma ou mais das premissas que nos orientaram.

Seria errônea a premissa de que o cosmo inteiro é constituído por partículas? Será possível que além de nosso horizonte cósmico não exista nada mais do que um vasto domínio em que haja apenas espaço vazio? Possível é, mas as contorções teóricas necessárias para que esse cenário seja viável o tornam totalmente carente de poder de convencimento. As teorias mais sofisticadas da cosmologia, que logo estudaremos, não nos levam nem perto dessa possibilidade.

Será que as leis da física mudam para além de nosso horizonte cósmico, destruindo nossa capacidade de realizar qualquer análise teórica confiável desses reinos distantes? Novamente, é possível; mas, como veremos no próximo capítulo, desenvolvimentos recentes fornecem argumentos sólidos no sentido de que, embora as leis possam variar, essa variação não invalida nossas conclusões relativas ao multiverso repetitivo.

Será, então, possível que a extensão do espaço seja finita? Claro que sim. Isso é claramente possível. Se o espaço for finito, mas suficientemente grande, pode sempre haver retalhos bem interessantes bem longe de nós. Mas um universo finito e relativamente pequeno dificilmente disporia de espaço suficiente para acomodar números substanciais de retalhos diferentes, para não falar de duplicatas completas de nosso próprio mundo. Um universo finito é a maneira mais convincente de negar o multiverso repetitivo.

Mas, nas décadas mais recentes, os físicos que trabalham com o ânimo de fazer com que a teoria do big bang chegue até o tempo zero — em busca de um entendimento superior da origem e da natureza do átomo primevo de Lemaître — desenvolveram uma abordagem denominada *cosmologia inflacionária*. No esquema inflacionário, o argumento em favor de um cosmo infinitamente grande não só tem por base fortes apoios observacionais e teóricos, mas também, o que veremos no próximo capítulo, impõe-se como uma conclusão quase inevitável.

E não é só. A inflação dá relevo a uma nova variedade, ainda mais exótica, de mundos paralelos.

3. Eternidade e infinito
O multiverso inflacionário

Um grupo de pioneiros da física percebeu, em meados da década de 1990, que, se acabássemos com o Sol, removêssemos todas as outras estrelas da Via Láctea e fizéssemos desaparecer até mesmo as galáxias mais distantes, o espaço não seria escuro. Aos olhos humanos ele pareceria escuro, mas, se pudéssemos ver a radiação na parte do espectro que pertence às micro-ondas, para onde quer que olhássemos veríamos um brilho uniforme. Sua origem? *A* origem. O mais importante é que esses físicos descobriram um mar de radiação de micro-ondas que permeia todo o espaço e que é hoje uma relíquia da criação do universo. A história desse avanço confirmou uma conquista fenomenal da teoria do big bang, mas, com o tempo, também revelou uma das fragilidades fundamentais da teoria e, com isso, abriu caminho para o próximo salto de qualidade da cosmologia depois dos trabalhos pioneiros de Friedmann e Lemaître: a *teoria inflacionária.*

A cosmologia inflacionária modifica a teoria do big bang inserindo nela um surto intenso de expansão enormemente rápida nos primeiríssimos instantes do universo. Essa modificação, como veremos, mostra-se essencial para o entendimento de certas características da radiação cósmica de fundo em micro-ondas que, sem ela, permaneciam inexplicáveis. Mais ainda, a cosmologia inflacionária é um capítulo-chave de nossa história porque os cientistas foram gradualmente percebendo, ao longo das últimas décadas, que as versões mais convincentes da teoria acarretam um vasto conjunto de universos paralelos, o que transformou radicalmente a conformação da realidade.

RELÍQUIAS DE UM COMEÇO QUENTE

George Gamow, um corpulento físico russo de um metro e noventa, conhecido por suas importantes contribuições para a física quântica e a física nuclear na primeira parte do século XX, era espirituoso e alegre, embora também estivesse familiarizado com as durezas da vida (em 1932, ele e sua mulher tentaram escapar da União Soviética, remando pelo mar Negro em um caiaque, com um belo carregamento de chocolate e conhaque, até que o mau tempo os empurrou de volta à costa. Gamow conseguiu convencer as autoridades com a história de que se tratava de um experimento científico no mar). Na década de 1940, depois de haver conseguido transpor a cortina de ferro (por terra e com menos chocolate), e de estabelecer-se na Universidade de Washington, em Saint Louis, Missouri, Gamow voltou sua atenção para a cosmologia. Com a ajuda crucial de seu aluno de pós-graduação Ralph Alpher, que tinha um talento fenomenal, a pesquisa de Gamow resultou em um quadro muito mais detalhado e vívido dos primeiros momentos do universo do que os trabalhos anteriores de Friedmann (que fora professor de Gamow em Leningrado) e Lemaître haviam conseguido revelar. Com ligeiras atualizações, o quadro de Gamow e Alpher era como descrito a seguir.

Imediatamente após seu nascimento, o universo, superquente e superdenso, entrou em uma atividade frenética. O espaço expandiu-se e resfriou-se rapidamente, permitindo que uma sopa de partículas se coagulasse a partir do plasma inicial. Durante os primeiros três minutos, a temperatura, que caía rapidamente, ainda era suficientemente alta para que o universo agisse como uma fornalha nuclear, sintetizando os núcleos atômicos mais simples: hidrogênio, hélio e alguns traços de lítio. Poucos minutos depois, a temperatura caiu a cerca de 10^8 Kelvin (K), algo como 10 mil vezes a temperatura da superfície do Sol. Embora seja imensamente alta para os padrões normais, essa temperatura é demasiado baixa para gerar novos processos nucleares, razão pela qual a partir desse momento a comoção das partículas reduziu-se radicalmente.

Nas eras que se seguiram, não aconteceram muitas novidades, exceto que o espaço continuou se expandindo e a sopa de partículas continuou a esfriar.

Então, uns 370 mil anos depois, quando o universo já se esfriara ao nível de 3 mil K, que é a metade da temperatura da superfície solar, a monotonia do cosmo foi interrompida por uma mudança espetacular. Até então, o espaço estava cheio de um plasma de partículas portadoras de carga elétrica, sobretudo prótons e elétrons. Como as partículas eletricamente carregadas têm a propriedade singular de chocar-se com os fótons — partículas de luz —, o plasma primitivo tinha aparência opaca. Os fótons eram incessantemente atropelados pelos elétrons e prótons e geravam um brilho difuso semelhante à luz alta de um farol de automóvel em uma noite de nevoeiro intenso. Mas, quando a temperatura caiu para menos de 3 mil K, os elétrons e núcleos, cujos movimentos rápidos diminuíam com a queda da temperatura, alcançaram um nível de movimentação que lhes permitia amalgamar-se em átomos: os elétrons foram capturados pelos núcleos atômicos, em torno dos quais passaram a orbitar. Essa foi uma transformação capital. Como os prótons e os elétrons têm cargas iguais, mas opostas, sua união atômica é eletricamente neutra. E, como um plasma de componentes eletricamente neutros permite que os fótons os atravessem, como uma faca quente na manteiga, a formação dos átomos fez com que o nevoeiro cósmico clareasse e o eco luminoso do big bang se liberasse. Os fótons primordiais estão navegando pelo espaço desde então.

Bem, mas com uma importante ressalva. Embora já não sofressem os constantes choques com as partículas eletricamente carregadas, os fótons sofriam outra influência importante. Com a expansão do espaço, as coisas se diluem e esfriam, inclusive os fótons. Mas, ao contrário das partículas de matéria, os fótons não perdem velocidade ao esfriar-se. Como são partículas de luz, eles sempre viajam à velocidade da luz. O que diminui com o esfriamento dos fótons é a frequência de suas vibrações, o que significa que eles mudam de cor. Os fótons violeta passam a ser azuis, e depois verdes, amarelos, vermelhos, até que passam para campo infravermelho (que podem ser vistos com óculos de visão noturna), para o campo das micro-ondas (que esquentam a comida com suas reflexões dentro do forno de micro-ondas) e, finalmente, para o domínio das frequências de rádio.

Gamow foi o primeiro a perceber — e Alpher e seu colaborador Robert Herman desenvolveram o trabalho, dando-lhe maior fidelidade — o significado disso. Se a teoria do big bang é correta, o espaço deve estar, até agora e em toda a sua extensão, inundado pelos *fótons remanescentes do evento da criação*, voando por todos os lados, com frequências de vibração determinadas pelo volume da expansão do universo e pelo esfriamento ocorrido durante os bilhões de anos transcorridos desde sua libertação. Cálculos matemáticos precisos revelaram que os fótons deveriam ter esfriado até um valor próximo ao zero absoluto, com o que sua frequência deveria estar na parte do espectro referente às micro-ondas. Por essa razão, esse fenômeno recebeu o nome de *radiação cósmica de fundo em micro-ondas*.

Li de novo, recentemente, os trabalhos de Gamow, Alpher e Herman que anunciavam e explicavam, no final da década de 1940, suas conclusões. São verdadeiras maravilhas da física teórica. As análises técnicas requeriam pouco mais do que os fundamentos do curso de graduação em física e, mesmo assim, as conclusões alcançavam grande profundidade. Os autores fizeram a previsão de que estamos todos imersos em um banho de fótons, um dote hereditário que nos foi deixado pelo nascimento explosivo do universo.

Com esse suporte, você pode achar estranho que esses trabalhos tenham sido ignorados. Isso ocorreu principalmente porque eles foram escritos durante a era dominada pela física quântica e pela física nuclear. A cosmologia ainda não havia deixado sua marca como ciência quantitativa e a cultura física era menos receptiva a estudos teóricos que pareciam se afastar da realidade. Até certo ponto, os documentos também foram esquecidos por causa do estilo demasiadamente brincalhão de Gamow (uma vez, ele modificou a autoria de um trabalho que estava escrevendo com Alpher para incluir seu amigo e futuro ganhador do Prêmio Nobel Hans Bethe, só para fazer com que os nomes dos autores — Alpher, Bethe e Gamow — soassem como as três primeiras letras do alfabeto grego). Como resultado, alguns físicos o levavam menos a sério do que deviam. Por mais que tentassem, Gamow, Alpher e Herman não conseguiam fazer com que ninguém se interessasse por suas conclusões e menos ainda persuadir os astrônomos a dedicar o esforço significativo necessário para desenvolver a tentativa de detectar a radiação-relíquia que eles haviam previsto. Os trabalhos logo caíram no esquecimento.

No começo da década de 1960, sem ter conhecimento desses trabalhos, os físicos de Princeton Robert Dicke e Jim Peebles seguiram um caminho semelhante e também viram que o legado do big bang deveria tomar a forma de uma ubíqua radiação de fundo, presente por todo o espaço.[1] Ao contrário do que acontecera com os membros da equipe de Gamow, contudo, Dicke era um renomado experimentalista e não precisou persuadir ninguém a procurar a radiação observacionalmente. Ele mesmo o fez. Juntamente com seus alunos David Wilkinson e Peter Roll, Dicke desenvolveu um esquema experimental destinado a captar alguns fótons que apresentassem vestígios do big bang. Mas, antes que os físicos de Princeton chegassem a completar o plano do teste, receberam uma das chamadas telefônicas mais famosas da história da ciência.

Enquanto Dicke e Peebles faziam seus cálculos, os físicos Arno Penzias e Robert Wilson, no Bell Labs, a menos de cinquenta quilômetros de Princeton, labutavam com uma antena de comunicação por rádio (que, por coincidência, se baseava em um desenho feito por Dicke na década de 1940). Por mais ajustes que eles fizessem, a antena emitia um chiado de fundo, constante e inevitável. Penzias e Wilson estavam convencidos de que havia algo de errado com o equipamento, até que ocorreu um encadeamento de casualidades felizes que resultaram em uma série de conversas. O processo começou quando Peebles dava uma palestra na Universidade Johns Hopkins, em fevereiro de 1965, à qual estava presente o radioastrônomo Kenneth Turner, da Carnegie Institution, que então mencionou uma apresentação que Peebles fizera a seu colega do Massachusetts Institute of Technology (MIT) Bernard Burke, que, por sua vez, havia mantido contato com Penzias no Bell Labs. Ciente da pesquisa de Princeton, a equipe do Bell percebeu que sua antena tinha uma boa razão para emitir o chiado: *ela estava captando a radiação cósmica de fundo em micro-ondas*. Penzias e Wilson telefonaram para Dicke, que logo confirmou o fato de que eles haviam encontrado casualmente a reverberação do big bang.

Os dois grupos concordaram em publicar suas conclusões simultaneamente no prestigioso *Astrophysical Journal*. O grupo de Princeton discutiu sua teoria da origem cosmológica da radiação de fundo e o grupo do Bell Labs informou, na mais conservadora das linguagens e sem fazer referência à cosmologia, a detecção da radiação uniforme em micro-ondas que permeia o espaço. Nenhum dos dois grupos mencionou o trabalho anterior de Gamow, Alpher e Herman. Penzias e Wilson receberam o Prêmio Nobel de Física de 1978 por causa de sua descoberta.

Gamow, Alpher e Herman ficaram profundamente abatidos e lutaram tenazmente, nos anos seguintes, para ver sua obra reconhecida. Só gradualmente e com muito atraso, a comunidade física reconheceu seu papel fundamental nessa descoberta monumental.

A SURPREENDENTE UNIFORMIDADE DOS FÓTONS ANTIGOS

Décadas depois de ter sido observada pela primeira vez, a radiação cósmica de fundo em micro-ondas tornou-se um instrumento crucial nas pesquisas cosmológicas. A razão é clara. Em diversos campos, os cientistas valorizam enormemente o acesso direto e desimpedido ao passado. Mas a verdade é que, em geral, eles têm de formar suas ideias sobre as condições vigentes no tempo pretérito a partir de remanescências — fósseis dispersos, pergaminhos esfacelados, corpos mumificados. A cosmologia, por outro lado, é um campo privilegiado em que é possível ser, hoje, testemunha da história. O brilho das estrelas que vemos no céu é o resultado de torrentes de fótons que viajaram até nós por alguns anos, ou alguns milhares de anos. A luz de objetos mais distantes, captada por telescópios potentes, viajou até nós por períodos bem mais longos, até de bilhões de anos. Ao olhar para essas luzes antigas, estamos vendo, literalmente, tempos distantes. Esses primeiros acontecimentos ocorreram em lugares muito remotos, mas a aparente uniformidade global do universo é um poderoso indicador de que aquilo que aconteceu em toda parte, em geral, aconteceu também aqui. Ao olhar para cima, estamos olhando para trás.

Os fótons da radiação de fundo permitem que aproveitemos o mais possível essa oportunidade. Por mais que a tecnologia continue a evoluir, os fótons da radiação de micro-ondas são a coisa mais antiga que podemos esperar ver, uma vez que os fótons ainda mais antigos estavam aprisionados no nevoeiro que prevalecia na época inicial. Quando examinamos os fótons da radiação cósmica de fundo em micro-ondas vemos as coisas como eram quase 14 bilhões de anos atrás.

Os cálculos mostram que hoje existem cerca de 400 milhões desses fótons em cada metro cúbico do espaço. Embora não possamos vê-los com os olhos, podemos vê-los na tela de um velho aparelho de televisão. Cerca de 1% dos pontos que pululam na tela de um aparelho que não está recebendo os sinais de nenhuma estação emissora é devido à recepção dos fótons do big bang. Trata-se de algo curioso. As mesmas ondas que nos trazem reprises de nossos programas favoritos trazem consigo uma recordação dos mais antigos fósseis do universo, fótons que transmitem um drama ocorrido quando o cosmo tinha apenas algumas centenas de milhares de anos de idade.

A previsão teórica do modelo do big bang de que o espaço estaria repleto de uma radiação cósmica de fundo em micro-ondas foi um grande êxito. Durante um período de apenas trezentos anos de pensamento científico e progresso tecnológico, nossa espécie evoluiu da observação do espaço por meio de telescópios rudimentares e de experimentos com bolas que caíam de torres inclinadas à captação de processos físicos que tiveram lugar logo depois do próprio nascimento do universo. No entanto, o prosseguimento das investigações revelou um desafio agudo: as medições da temperatura daquela radiação, que foram se tornando cada vez mais sofisticadas e precisas, indicavam que a radiação é inteiramente uniforme — assombrosamente uniforme em toda a extensão do espaço. Qualquer que seja o lugar para o qual apontemos o detector, a temperatura da radiação é de 2,725 graus acima do zero absoluto. O desafio é como explicar a razão da existência dessa fantástica uniformidade.

Diante das ideias apresentadas no capítulo 2 (e de meus comentários de quatro parágrafos atrás), posso imaginar você dizendo: "Bem, isso é apenas o resultado da ação do princípio cosmológico. Nenhum lugar do universo é especial em comparação com nenhum outro; portanto, a temperatura em todos eles deve ser a mesma". Mas lembre-se de que o princípio cosmológico era uma *premissa* simplificadora invocada pelos físicos, inclusive Einstein, para tornar praticável a análise matemática da evolução do universo. Como a radiação cósmica de fundo em micro-ondas é efetivamente uniforme por todo o espaço, ela oferece uma comprovação convincente do princípio cosmológico e aumenta nossa confiança nas conclusões que esse princípio nos ajudou a desvendar. Mas a impressionante uniformidade da radiação joga um raio de luz sobre o próprio princípio cosmológico. O princípio pode ser e parecer inteiramente razoável, mas qual foi o mecanismo que estabeleceu a uniformidade universal confirmada pelas observações?

MAIS RÁPIDO DO QUE A VELOCIDADE DA LUZ

Todos nós já tivemos a desconfortável experiência de apertar a mão de uma pessoa e senti-la extremamente quente (o que não é tão mau) ou extremamente fria (claramente pior). Mas, se você ficasse segurando essa mão por mais algum tempo, veria que o diferencial de temperatura logo se reduziria. Quando objetos entram em contato, o calor migra do mais quente para o mais frio, até que ambas as temperaturas fiquem iguais. Você sente isso o tempo todo. Essa é a razão por que o café que fica sobre a mesa esfria até se igualar à temperatura ambiente.

Um raciocínio similar pareceria explicar a uniformidade da radiação cósmica de fundo em micro-ondas. Provavelmente, a uniformidade reflete a evolução normal do ambiente rumo a uma temperatura geral comum. A única especificidade do processo está no fato de que, neste caso, a uniformização supostamente ocorreria através de distâncias cósmicas.

Na teoria do big bang, no entanto, essa explicação não dá certo.

Para que os lugares e as coisas alcancem uma temperatura comum, a condição essencial é o contato mútuo. O contato pode ser direto, como no caso do aperto de mãos, ou, no mínimo, pela troca de informações, ou influências, entre os diferentes lugares para que suas temperaturas possam convergir. Só por meio dessa influência mútua pode-se alcançar um ambiente compartilhado. Uma garrafa térmica tem a função de dificultar essas interações e preservar as diferenças de temperatura.

Essa simples observação coloca o problema que afeta a explicação ingênua da uniformidade da temperatura do cosmo. Lugares do espaço que estão suficientemente afastados um do outro — por exemplo, um ponto situado a sua extrema direita, tão distante que a primeira luz por ele emitida só agora chega até você, e outro ponto similar situado em sua extrema esquerda — nunca puderam interagir. Embora você possa ver ambos, a luz emitida por um deles ainda terá de percorrer uma distância colossal até chegar ao outro. Portanto, observadores hipotéticos situados nesses dois locais nunca se defrontaram antes e, como a velocidade da luz estabelece o limite superior para qualquer deslocamento, eles nunca tiveram nenhum tipo de contato. Usando a linguagem do capítulo anterior, eles estão reciprocamente além de seus horizontes cósmicos.

Essa situação torna o mistério explícito. Você cairia para trás se os habitantes desses pontos longínquos falassem a mesma língua ou tivessem os mesmos livros nas estantes. Sem contato, como eles poderiam ter desenvolvido uma herança comum? Você também deveria cair para trás se essas regiões imensamente distantes e que aparentemente nunca estiveram em contato compartilhassem uma mesma temperatura. Sobretudo uma temperatura que se mostra igual em até quatro casas decimais.

Anos atrás, quando ouvi falar desse puzzle pela primeira vez, *eu* caí para trás. Mas, pensando melhor, acabei ficando intrigado com o próprio puzzle. Como pode ser que dois objetos que no início estavam bem próximos — como acreditamos que todos os objetos do universo observável estavam no momento do big bang — tenham se separado tão rapidamente que a própria luz emitida por um deles não tenha tido tempo de chegar até o outro? A luz estabelece o limite cósmico de velocidade; como podem então esses objetos ter chegado a uma separação espacial maior do que aquela que a luz pode percorrer?

A resposta trata de um ponto que muitas vezes não é suficientemente ressaltado. O limite de velocidade estabelecido pela luz refere-se apenas ao movimento dos objetos *através do espaço*. Mas as galáxias afastam-se umas das outras não porque estejam viajando através do espaço — as galáxias não têm motores de propulsão — e sim porque é o próprio espaço que se expande e isso é que faz com que as galáxias se afastem, pois elas são arrastadas pelo fluxo da expansão universal.[2] Na verdade, a relatividade geral não impõe nenhum limite à velocidade com que o espaço se dilata, o que significa que não há limites para a velocidade com que as galáxias, arrastadas por esse movimento de expansão, se afastam umas das outras. A taxa de afastamento entre duas galáxias quaisquer pode superar qualquer velocidade — até mesmo a velocidade da luz.

Com efeito, a matemática da relatividade geral revela que nos momentos iniciais do universo o espaço teria se expandido tão rapidamente que diferentes regiões teriam se separado a velocidades superiores à da luz. Em consequência disso, elas não teriam podido exercer maior influência recíproca. A dificuldade, então, está em explicar como se estabeleceram temperaturas praticamente idênticas em domínios cósmicos independentes — um puzzle que os cosmólogos denominaram *o problema do horizonte*.

HORIZONTES QUE SE AFASTAM

Em 1979, Alan Guth (que então trabalhava no Stanford Linear Accelerator Center) apresentou uma ideia que, depois de refinamentos cruciais feitos por Andrei Linde (então pesquisador no Instituto de Física Lebedev, em Moscou) e a dupla formada por Paul Steinhardt e Andreas Albrecht (professor e aluno que então trabalhavam na Universidade da Pensilvânia), passou a ser amplamente considerada a solução do problema do horizonte. A solução, denominada *cosmologia inflacionária*, deriva de características sutis da relatividade geral de Einstein que descreverei em breve, mas seu aspecto geral pode ser resumido agora mesmo.

O problema do horizonte aflige a teoria do big bang porque regiões do espaço separaram-se de modo demasiado rápido para que se estabelecesse o equilíbrio térmico entre elas. A teoria inflacionária resolve o problema propondo que a velocidade inicial de separação entre essas regiões foi menos rápida, o que lhes propiciou o tempo necessário para alcançarem a mesma temperatura. A teoria propõe que, uma vez terminado esse "aperto de mão cósmico", ocorreu um breve surto de expansão enormemente rápido e progressivamente acelerado — que se denomina *expansão inflacionária* —, o qual mais do que compensou o início relativamente vagaroso e enviou as diferentes regiões para posições vastamente distantes no espaço. As condições uniformes que observamos já não colocam, portanto, um mistério, uma vez que a temperatura comum estabeleceu-se antes que as regiões fossem atingidas pelo surto inflacionário.[3] Em rápidas palavras, essa é a essência da proposta inflacionária.*

Tenha em mente, no entanto, que os físicos não determinam como o universo se expande, mas, tanto quanto podemos dizer, a partir de nossas observações mais sofisticadas, as equações da relatividade geral de Einstein, sim. A viabilidade do modelo inflacionário depende, então, de que a modificação da teoria tradicional do big bang proposta por ele possa ser extraída da matemática einsteiniana. À primeira vista, isso está longe de ser óbvio.

Estou convencido, por exemplo, de que, se Newton aparecesse agora e ouvisse uma exposição de cinco minutos sobre a relatividade geral, com as explicações sobre o espaço curvo e a expansão do universo, ele acharia uma exposição seguinte sobre a proposta inflacionária simplesmente incongruente. Newton continuaria a pensar que, a despeito das fantasias da linguagem matemática

* O mesmo raciocínio nos permite ver que a expansão super-rápida e acelerada significa que, no universo primitivo, as regiões que hoje estão distantes estavam muito mais próximas entre si do que a teoria tradicional do big bang faz pensar, assegurando, assim, o estabelecimento de uma temperatura comum antes que o surto inflacionário as separasse.

einsteiniana da moda, a gravidade ainda é uma força atrativa. E, portanto, ele diria, dando um murro na mesa, que a gravidade atua para aproximar os objetos e atenuar qualquer divergência cósmica. Uma expansão que começa devagar e depois se acelera enormemente por um breve período pode até resolver o problema do horizonte, mas é uma ficção. Newton declararia que, assim como a atração gravitacional implica que a velocidade de uma bola de futebol chutada diminui à medida que ela sobe, ela também implica que a expansão cósmica tem de diminuir com o tempo. Logicamente, se a expansão cai progressivamente até o zero, e se converte a seguir em contração, a implosão pode acelerar-se com o tempo, assim como a velocidade da bola pode aumentar quando ela começa a descer. Mas a velocidade com que a expansão se desenvolve não pode aumentar.

Newton estaria cometendo um erro, mas não poderíamos reclamar. O problema está no breve resumo da relatividade geral que lhe foi apresentado. Não me entenda mal. É compreensível que, com apenas cinco minutos (um dos quais foi gasto com a explicação do que é uma bola de futebol), nos tenhamos concentrado no espaço curvo como a fonte da gravidade. O próprio Newton já havia chamado a atenção para o fato de que não se conhecia o mecanismo através do qual a gravidade é transmitida; e ele sempre vira nisso uma carência abismal de sua teoria. Naturalmente, você desejaria mostrar-lhe a solução de Einstein. Mas a nova teoria da gravidade fez muito mais do que simplesmente cobrir uma omissão da física newtoniana. A gravidade na relatividade geral difere essencialmente da gravidade na física de Newton e no contexto presente há um aspecto que clama por ver reconhecida sua importância.

Na teoria de Newton, a gravidade deriva apenas da massa de um objeto. Quanto maior a massa, maior também a atração gravitacional do objeto. Na teoria de Einstein, a gravidade decorre da massa (e da energia) de um objeto, *mas também de sua pressão*. Pese um saco de batatas hermeticamente fechado. Agora, pese-o de novo, mas desta vez aperte o saco até colocar o ar interior sob alta pressão. De acordo com Newton, o peso será o mesmo, uma vez que não ocorreu nenhuma mudança na massa. De acordo com Einstein, o saco apertado pesará um pouco mais porque, embora a massa seja a mesma, houve um aumento na pressão.[4] Nas circunstâncias cotidianas, não nos damos conta disso, porque, para os objetos comuns, o efeito é fantasticamente pequeno. Mesmo assim, a relatividade geral (e os experimentos que demonstraram sua correção) deixa absolutamente claro que a pressão contribui para a gravidade.

Essa variação com relação à teoria de Newton é crucial. A pressão do ar, seja em um saco de batatas, em um balão inflado ou na sala onde você está lendo agora, é positiva, o que significa que o ar empurra as moléculas no rumo da expansão. Na relatividade geral, a pressão positiva, assim como a massa positiva, contribui positivamente para a gravidade, do que resulta um aumento no peso. Mas, enquanto a massa é sempre positiva, existem situações em que a pressão pode ser negativa. Pense em um elástico esticado. Em vez de empurrar para fora, as moléculas do elástico puxam para dentro, exercendo o que os físicos chamam de *pressão negativa* (ou, o que é equivalente, *tensão*). E, assim como a relatividade geral mostra que a pressão positiva gera a gravidade atrativa, mostra também que a pressão negativa gera o oposto: gravidade *repulsiva*.

Gravidade repulsiva?

Isso faria com que Newton entrasse em crise profunda. Para ele, a gravidade é apenas atrativa. Mas fique tranquilo: você já entrou em contato com essa cláusula estranha do contrato entre a relatividade geral e a gravidade. Lembra-se da constante cosmológica de Einstein, que discutimos no capítulo anterior? Então, declarei que, distribuindo uma energia uniforme por todo o espaço, a constante cosmológica gera a gravidade repulsiva. Mas nesse encontro anterior não expliquei por que isso acontece. Agora posso fazê-lo. A constante cosmológica não só dota o tecido espacial de uma energia uniforme determinada pelo valor da constante (o número que aparece na terceira linha do formulário de imposto de renda da relatividade), como também preenche o espaço com uma pressão uniforme negativa (cuja razão de ser logo veremos). E, como vimos acima, quando se trata da força gravitacional que ambas produzem, a pressão negativa faz o oposto da massa e da pressão positivas: gera gravidade repulsiva.*

* Você pode estar pensando que a pressão negativa puxa para dentro e, portanto, no sentido contrário da gravidade repulsiva, que empurra para fora. Na verdade, a pressão *uniforme*, independentemente de seu sentido, nem puxa nem empurra. Seu ouvido se fecha somente quando a pressão deixa de ser uniforme — maior de um lado do tímpano do que do outro. O empurrão repulsivo que descrevo aqui é a *força gravitacional gerada pela presença da pressão negativa uniforme*. Esse é um ponto difícil, mas essencial. Repetindo: enquanto a presença da massa e da pressão positiva gera a gravidade atrativa, a presença da pressão negativa gera a incomum gravidade repulsiva.

Nas mãos de Einstein, a gravidade repulsiva foi empregada apenas com um único propósito. Ele postulou em favor de um ajuste preciso do valor da pressão negativa que permeia o espaço para fazer com que a gravidade repulsiva assim produzida cancelasse exatamente a gravidade atrativa exercida pelo conteúdo material do universo, gerando, com isso, um universo estático. Como vimos, posteriormente ele repudiou essa iniciativa. Seis décadas depois, os cientistas que desenvolveram a teoria inflacionária propuseram um tipo de gravidade repulsiva que difere da versão einsteiniana, assim como o final da oitava sinfonia de Mahler difere da vibração de um diapasão. Em vez de uma pressão moderada e constante para fora, que estabilizaria o universo, a teoria inflacionária propõe um surto colossal de gravidade repulsiva que tem uma duração incrivelmente curta e uma intensidade espantosa. As regiões do espaço tiveram tempo suficiente, antes do surto, para alcançar a mesma temperatura, mas então, por causa do surto expansivo, elas foram projetadas às grandes distâncias que explicam as posições que têm agora.

A esta altura, Newton lhe daria outra olhada de desaprovação. Sempre cético, ele encontraria outro problema em sua explicação. Depois de familiarizar-se um pouco mais com certos detalhes mais complexos da relatividade geral, lendo um livro-texto comum, ele aceitaria o estranho fato de que a gravidade — em princípio — pode ser repulsiva. Mas então perguntaria: "Afinal, que história é essa de uma pressão negativa que permeia todo o espaço?". Uma coisa é você usar a força do elástico, que puxa para dentro, como exemplo de pressão negativa. Outra coisa é alegar que bilhões de anos atrás, logo em seguida ao big bang, o espaço viu-se momentaneamente permeado por uma pressão negativa enorme e uniforme. Que tipo de acontecimento ou processo ou entidade tem o poder de gerar essa pressão negativa breve mas ubíqua?

O gênio dos pioneiros da inflação forneceria a resposta. Eles demonstraram que a pressão negativa requerida para o surto antigravitacional decorre naturalmente de um mecanismo novo que envolve ingredientes conhecidos como *campos quânticos*. Para nossa história, os detalhes são fundamentais, porque a maneira pela qual ocorre a expansão inflacionária é crucial para a versão de universos paralelos que ela produz.

No tempo de Newton, a física interessava-se pelo movimento dos objetos que podem ser vistos — pedras, balas de canhão, planetas —, e as equações por ele desenvolvidas refletem claramente essa abordagem. As leis do movimento de Newton são uma expressão matemática de como os corpos tangíveis se movem quando são puxados, empurrados ou atingidos através do espaço. Por mais de um século essa foi uma realização estupendamente frutífera. Porém, no começo do século XIX, o cientista inglês Michael Faraday deu início a uma transformação no pensamento com um conceito novo e fugidio, mas, ao mesmo tempo, potente e demonstrável: o conceito de *campo*.

Pegue um ímã e coloque-o dois centímetros acima de um clipe. Você sabe o que acontece. O clipe dá um salto e se junta à superfície do ímã. Essa demonstração é tão ordinária, tão familiar, que é fácil não atentar para sua profunda estranheza. Sem tocar o clipe, o ímã consegue fazê-lo mover-se. Como é possível? Como essa influência se exerce sem que haja nenhum contato com o próprio clipe? Essa e várias outras considerações correlatas levaram Faraday a postular que, ainda que o ímã não tenha tocado o clipe, ele produz *algo* que, sim, o faz. Esse algo é o que Faraday chamou de *campo magnético*.

Os campos produzidos pelos ímãs não podem ser vistos; tampouco podem ser ouvidos; nenhum de nossos sentidos os capta. Mas isso reflete apenas uma limitação fisiológica e nada mais. Assim como uma chama produz calor, um ímã gera um campo magnético. Estendendo-se além da superfície física sólida do ímã, o campo magnético é uma "névoa", ou "essência", que preenche o espaço e executa a função do ímã.

O campo magnético é um dos tipos de campo. As partículas dotadas de carga dão origem a outro:* o campo elétrico, que é responsável pelo choque que você leva quando toca uma maçaneta de metal em uma sala com carpete de parede a parede. Inesperadamente, os experimentos de Faraday revelaram que o campo elétrico e o magnético são intimamente relacionados. Ele descobriu que um campo elétrico que se modifica gera um campo magnético, e vice-versa. No final do século XIX, James Clerk Maxwell associou essas ideias à

* Na verdade, cargas elétricas em movimento produzem um campo magnético também. Isso fica claro no decorrer da discussão. (N. R. T.)

força da matemática e descreveu os campos elétrico e magnético em termos de números associados a cada ponto do espaço. Os valores numéricos refletem, em cada local específico, a capacidade que o campo tem de exercer a influência que lhe é própria. Os lugares do espaço em que os valores numéricos do campo magnético são altos, como, por exemplo, um túnel de ressonância magnética, são lugares em que os objetos de metal sentem uma forte atração ou repulsão. Os lugares do espaço em que os valores numéricos do campo elétrico são altos, como, por exemplo, o interior de uma nuvem trovejante, são lugares em que podem ocorrer fortes descargas elétricas, como os raios.

Maxwell descobriu equações que hoje têm seu nome* e que estabelecem como a intensidade dos campos elétrico e magnético varia de um ponto a outro no espaço e de um momento a outro no tempo. Essas mesmas equações governam o mar de campos ondulantes, elétricos e magnéticos, denominados *ondas eletromagnéticas*, dentro dos quais estamos todos imersos. Basta ligar um telefone celular, um aparelho de rádio ou um computador sem fio: os sinais recebidos representam uma porção mínima do mar de transmissões eletromagnéticas que passa silenciosamente a nossa volta e por dentro de nosso corpo em todos os momentos. Para surpresa ainda maior, as equações de Maxwell revelaram que a própria luz visível é uma onda eletromagnética, cujos padrões ondulantes nossos olhos aprenderam a decifrar.

Na segunda metade do século XX, os físicos uniram o conceito de campo ao entendimento do micromundo da mecânica quântica, que vinha tomando forma. O resultado, a *teoria quântica de campos*, fornece uma estrutura matemática para nossas teorias mais sofisticadas sobre a matéria e as forças da natureza. Através de seu uso, os cientistas comprovaram que, além dos campos elétrico e magnético, existe uma pletora de outros campos, com nomes como *campos nucleares forte* e *fraco*, e *campos do elétron*, *do quark* e *do neutrino*. Um campo que até hoje permanece inteiramente hipotético, o *campo do ínflaton*, fornece a base teórica para a cosmologia inflacionária.**

* As equações que descrevem os campos eletromagnéticos levam o nome de Maxwell, com toda a justiça, mas são fruto de muitos outros físicos, como C. G. Gauss, M. Faraday, A. Ampère, C. Coulomb, H. C. Oersted, entre outros. (N. R. T.)

** A rápida expansão do espaço chama-se inflação, mas, seguindo a prática histórica de usar nomes que terminam em "on" (como elétron, próton, nêutron, múon etc.), os físicos referem-se ao campo que comanda a inflação como "campo do ínflaton".

OS CAMPOS QUÂNTICOS E A INFLAÇÃO

Os campos transportam energia. Do ponto de vista qualitativo, sabemos disso porque os campos realizam tarefas que requerem energia, como provocar movimentos de objetos (como clipes). Do ponto de vista quantitativo, as equações da teoria quântica de campos nos indicam como calcular, tendo em vista o valor numérico de um campo em um determinado lugar, a quantidade de energia aí contida. Tipicamente, quanto maior o valor, mais alta a energia. O valor do campo pode variar de um lugar para outro, mas, se ele se mantiver constante e tomar o mesmo valor em todos os lugares, o campo preenche, então, o espaço com a mesma energia em todos os pontos. A contribuição crucial de Guth foi mostrar que essas configurações uniformes dos campos não só preenchem o espaço com uma energia uniforme, mas também com pressão negativa uniforme. Dessa maneira, *ele encontrou um mecanismo físico que gera a gravidade repulsiva.*

Para ver como um campo uniforme gera pressão negativa, pense, em primeiro lugar, em uma situação mais normal, que envolve pressão positiva: a abertura de uma garrafa de Dom Pérignon. À medida que você vai afrouxando a rolha, vai também sentindo a pressão positiva do dióxido de carbono do champanhe, que empurra a rolha para fora da garrafa. Um fato que você pode observar diretamente é que essa força expansiva consome algo da energia do champanhe. Reparou nos pequenos fios vaporosos que ficam perto do gargalo quando a rolha escapa? Eles se formam porque a energia despendida pelo champanhe ao pressionar a rolha resulta em uma queda da temperatura, a qual, assim como acontece quando você bafeja sobre um vidro em um dia de inverno, provoca a condensação do vapor d'água circundante.

Imagine agora que o champanhe seja substituído por algo menos festivo, mas mais pedagógico — um campo cujo valor é uniforme em toda a garrafa. Desta vez, quando você remover a rolha, a experiência será bem diferente. À medida que a rolha desliza para sair, aumenta um pouco o volume disponível no interior da garrafa, de modo que o campo também o alcança. Como um campo uniforme distribui a mesma quantidade de energia em todos os lugares, quanto maior for o volume que o campo preenche, tanto *maior* será a energia que a garrafa contém. Isso significa que, ao contrário do caso do champanhe, o ato de remoção da rolha acrescenta energia à garrafa.

Como pode ser isso? De onde vem essa energia? Muito bem. Pense no que aconteceria se o conteúdo da garrafa, em vez de empurrar a rolha para fora, *a puxasse para dentro*. Isso requereria que você puxasse a rolha para removê-la, em um esforço que, por sua vez, transferiria energia de seus músculos para o conteúdo da garrafa. Para explicar o aumento da energia da garrafa, concluímos, portanto, que, ao contrário do caso do champanhe, que empurra para fora, um campo uniforme puxa para dentro. É isso que queremos comunicar ao dizer que um campo uniforme resulta em pressão negativa — e não positiva.

Embora não haja nenhum sommelier para desarrolhar o cosmo, a conclusão é válida: se existe um campo — o hipotético campo do ínflaton — que tem valor uniforme por toda uma região do espaço, ele preencherá essa região não só com energia, mas também com pressão negativa. E, como você já sabe, essa pressão negativa produz gravidade repulsiva, que gera uma expansão cada vez mais acelerada do espaço. Quando Guth colocou nas equações de Einstein os valores numéricos prováveis da energia e da pressão relativas ao ínflaton e compatíveis com o ambiente extremo do começo do universo, a gravidade repulsiva resultante mostrou-se formidável: poderia facilmente ser muitas ordens de grandeza mais forte do que a força repulsiva imaginada por Einstein, quando ele considerou a constante cosmológica, e provocar um estiramento espetacular do espaço. Isso já era, por si só, sensacional. Mas Guth percebeu que havia também um bônus indispensável.

O mesmo raciocínio que explica por que um campo uniforme tem pressão negativa aplica-se também a uma constante cosmológica. (Se a garrafa contiver espaço vazio dotado de uma constante cosmológica, quando você tirar cuidadosamente a rolha, o espaço adicional que você estará abrindo no interior da garrafa contribuirá com mais energia. A única fonte para essa energia são seus músculos, que, portanto, têm de lutar contra a pressão negativa interior suprida pela constante cosmológica.) E, tal como acontece com o campo uniforme, a pressão negativa uniforme de uma constante cosmológica também gera gravidade repulsiva. Mas o ponto essencial não são as similaridades em si, e sim a maneira como uma constante cosmológica e um campo uniforme diferem entre si.

Uma constante cosmológica é apenas isso: uma constante, um número fixo inserido na terceira linha do formulário de imposto de renda da relatividade geral que geraria ainda hoje a mesma gravidade repulsiva que teria gerado bilhões de anos atrás. Por outro lado, o valor de um campo pode mudar e geralmente muda. Quando você liga o forno de micro-ondas, modifica-se o campo eletromagnético de seu interior. Quando o técnico liga a máquina de ressonância magnética, modifica-se o campo eletromagnético do túnel. Guth percebeu que um campo de ínflaton que preenchesse o espaço poderia comportar-se do mesmo modo — ligando-se, gerando um surto e em seguida desligando-se —, o que faria com que a gravidade repulsiva operasse apenas durante uma breve janela de tempo. Isso é essencial. As observações realizadas indicam que, se esse súbito crescimento do espaço tiver realmente acontecido, isso terá ocorrido bilhões de anos atrás, interrompendo-se em seguida para dar lugar a uma expansão mais serena como a evidenciada pelas medições cósmicas específicas. Portanto, uma característica sumamente importante da proposta inflacionária é que a era da forte gravidade repulsiva é passageira.

O mecanismo que liga e depois desliga o surto inflacionário está contido na física desenvolvida inicialmente por Guth e substancialmente aprimorada por Linde, e pela dupla Albrecht e Steinhardt. Para ter uma ideia da proposição, pense em uma bola — ou melhor, pense em um Eric Cartman* praticamente redondo encarapitado no topo de uma montanha nevada de South Park. Um físico diria que, por causa de sua posição, Cartman contém energia. Mais precisamente, ele contém *energia potencial*, ou seja, uma energia que está pendente, pronta para ser acionada, por exemplo se ele cair rolando pela montanha, o que transformaria a energia potencial em energia de movimento (*energia cinética*). A experiência atesta e as leis da física confirmam com precisão que isso é o que normalmente acontece. Um sistema que acumula energia potencial explorará qualquer oportunidade para descarregar essa energia. Em síntese: as coisas caem.

A energia contida em um campo cujo valor é diferente de zero também é energia potencial e também pode ser desencadeada, do que resulta uma incisiva analogia com Eric Cartman. O aumento da energia potencial de Cartman, quando ele sobe a montanha, é determinado pela forma da encosta. Quando ele anda em regiões planas, sua energia potencial varia minimamente porque ele praticamente não muda de altitude, enquanto em subidas íngremes sua

* Personagem gorducho da série de animação americana *South Park*. (N. R. T.)

energia potencial sobe rapidamente. Assim, também a energia potencial de um campo é descrita de forma análoga e se denomina *curva de energia potencial.* Essa curva, como se vê na figura 3.1, determina como a energia potencial de um campo muda de valor.

Sigamos, então, os pioneiros da inflação e imaginemos que nos momentos iniciais do cosmo o espaço está uniformemente permeado por um campo de ínflaton cujo valor o coloca no alto de sua curva de energia potencial. Imagine também, como pedem os físicos, que a curva de energia potencial se acomode ao chegar a um plano alto (como na figura 3.1), que permite que o ínflaton permaneça próximo ao valor máximo. Nessas condições hipotéticas, o que acontece?

Acontecem duas coisas, ambas cruciais. Enquanto o ínflaton está no plano alto, ele permeia o espaço com níveis altos de energia potencial e pressão negativa, desencadeando um surto de expansão inflacionária. Mas, assim como Eric Cartman descarrega sua energia potencial ao rolar montanha abaixo, o

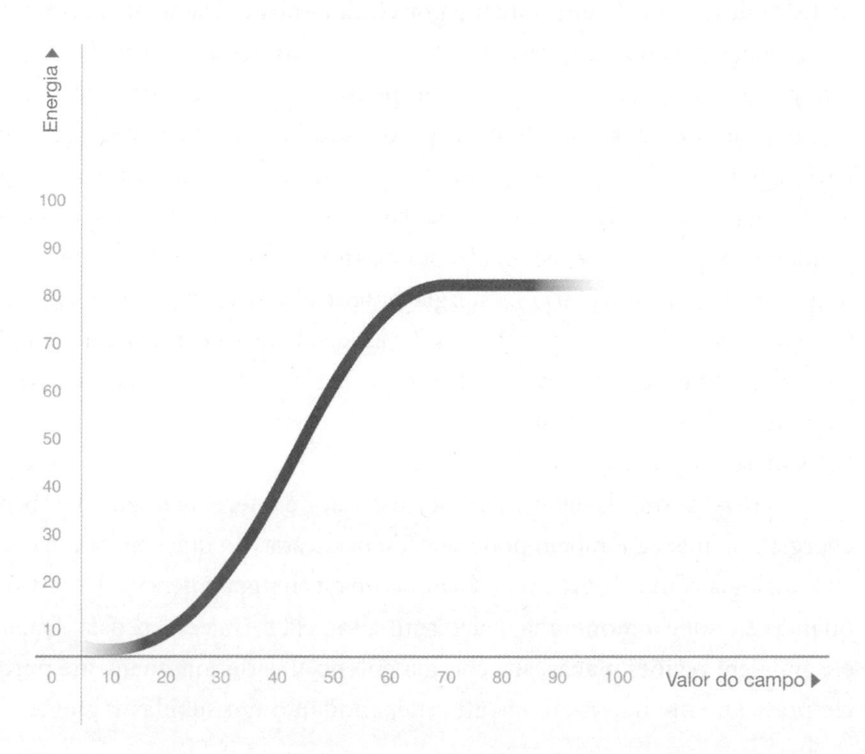

Figura 3.1. *A energia contida em um campo de ínflaton (eixo vertical) para diferentes valores do campo (eixo horizontal).*

ínflaton também descarrega sua energia potencial através do espaço, graças à queda de seu valor. E, com a queda do valor, a energia e a pressão negativa nele contidas dissipam-se, o que põe fim ao período de expansão vertiginosa. Igualmente importante é o fato de que a energia descarregada pelo campo do ínflaton não se perde. Ao contrário, assim como o vapor de uma caldeira condensa-se em gotículas de água, a energia do ínflaton condensa-se em uma sopa uniforme de partículas que enchem o espaço. Esse processo em dois tempos — expansão breve, mas rápida, seguida da conversão da energia em partículas — resulta no surgimento de uma extensão espacial enorme e uniforme, preenchida pela matéria-prima das estruturas que nos são familiares, como as estrelas e as galáxias.

Os detalhes dependem de fatores que nem a teoria nem as observações puderam ainda determinar (como o valor inicial do campo do ínflaton, a forma exata da curva de energia potencial etc.),[5] mas, nas versões mais frequentes, os cálculos matemáticos revelam que a energia do ínflaton desceria do planalto em uma fração mínima de tempo, da ordem de 10^{-35} de segundo. E, no entanto, durante esse brevíssimo período, o espaço se expandiria em uma proporção colossal, multiplicando-se talvez por 10^{30}, se não por mais. Esses números são tão extremos que não comportam analogias. Eles implicam que uma região do espaço com o diâmetro de uma ervilha alcançaria um tamanho maior do que o do universo observável em um intervalo de tempo tão curto que um piscar de olhos duraria 1 milhão de bilhões de bilhões de bilhões de vezes mais.

Por mais difícil que seja a visualização de uma escala como essa, o essencial é que a região de espaço que hoje cobre todo o universo observável era tão pequena que facilmente teria chegado a uma temperatura uniforme, antes de esticar-se subitamente em razão do surto inflacionário. A expansão inflacionária e os bilhões de anos da subsequente evolução cosmológica resultaram em um resfriamento progressivo e substancial, mas a uniformidade estabelecida antes determina o resultado uniforme que vemos hoje. Isso dissolve o mistério da formação de condições uniformes no universo. No processo da inflação, a temperatura uniforme através do espaço é inevitável.[6]

Durante as quase três décadas que se seguiram à sua descoberta, a inflação tornou-se um paradigma da investigação cosmológica. Contudo, para formarmos um quadro correto do panorama das pesquisas, devemos estar conscientes de que a inflação é um arcabouço cosmológico, mas não é uma teoria específica. Os pesquisadores mostraram que há diversas maneiras pelas quais o surto inflacionário pode produzir-se, que diferem em aspectos como o número de campos do ínflaton que fornecem a pressão negativa, as especificidades das curvas de energia potencial às quais cada campo está sujeito, e assim por diante. Felizmente, essas diversas versões da inflação têm algumas implicações comuns, de modo que podemos tirar conclusões mesmo não havendo uma versão definitiva.

Entre elas, tem grande importância uma, que foi concebida pela primeira vez por Alexander Vilenkin, da Universidade Tufts, e posteriormente desenvolvida por outros, sobretudo por Linde.[7] Na verdade, essa é a razão por que passei toda a primeira metade deste capítulo explicando o arcabouço inflacionário.

Em muitas das versões da teoria inflacionária, o surto de expansão espacial não é um evento singular. Ao contrário, o processo pelo qual nossa região do universo se formou — rápida expansão do espaço, seguida de uma transição para uma expansão mais normal e vagarosa, assim como pela produção de partículas — pode acontecer sucessivas vezes em diferentes lugares através do cosmo. Em uma hipotética visão de conjunto, o universo apareceria repleto de inumeráveis regiões amplamente separadas umas das outras, sendo cada uma delas o resultado de uma interrupção específica do surto inflacionário. Nosso domínio, que sempre vimos como *o* universo, seria apenas uma dessas numerosas regiões que flutuariam em um espaço muitíssimo maior. No caso de existirem seres inteligentes nessas outras regiões, eles certamente também terão a mesma ideia de que *seu* universo é o *único* que existe. Assim, a cosmologia inflacionária nos leva diretamente à segunda variação sobre o tema dos universos paralelos.

Para entendermos como esse *multiverso inflacionário* se produz, precisamos tratar de duas complicações que a analogia com Eric Cartman não analisou.

Em primeiro lugar, a imagem de Cartman encarapitado no alto da montanha apresentava uma analogia com um campo de ínflaton que continha quantidades substanciais de energia potencial e pressão negativa, as quais estavam destinadas a rolar encosta abaixo, rumo a valores mais baixos. Mas Cartman está encarapitado em um único pico e o campo do ínflaton tem um valor em *cada* ponto do espaço. A teoria propõe que o campo do ínflaton começa com o mesmo valor em todos os lugares da região inicial. Assim, alcançaremos uma descrição científica mais fiel se imaginarmos algo um tanto bizarro: diversos clones de Cartman encarapitados em diversos topos de montanha, numerosos, idênticos e compactamente agrupados, por toda uma região espacial.

Em segundo lugar, até aqui mal tocamos no aspecto *quântico* da teoria quântica de campos. O campo do ínflaton, como tudo o mais em nosso universo quântico, está sujeito à incerteza quântica. Isso significa que seu valor sofrerá flutuações quânticas aleatórias, subindo momentaneamente em alguns lugares e baixando um pouco em outros. Em situações cotidianas, as flutuações quânticas são demasiado pequenas para que possam ser notadas. Mas os cálculos revelam que, quanto mais alta for a energia do ínflaton, tanto maiores serão as flutuações por ele experimentadas em virtude da incerteza quântica. E, como o conteúdo de energia do ínflaton durante o surto inflacionário é extremamente alto, as flutuações, no início do universo, eram grandes e dominantes.[8]

Desse modo, não só devemos imaginar um pelotão de Cartmans encarapitados em picos idênticos, mas acrescentar também a circunstância de que eles estão sujeitos a uma série aleatória de tremores — fortes em alguns lugares, fracos em outros, fortíssimos em outros mais. Com esse cenário, podemos agora determinar o que acontecerá. Diferentes clones de Eric Cartman permanecerão encarapitados em seus respectivos picos por diferentes períodos. Em alguns lugares, um tremor mais forte derrubará vários Cartmans encosta abaixo; em outros, um tremor menos forte deslocará apenas uns poucos; em outros locais ainda, alguns deles estarão no meio da descida quando um tremor mais forte os levará *de volta* para o topo. Dentro de certo tempo, o terreno estará dividido em um conjunto aleatório de domínios — como um país se divide em estados. Em alguns domínios já não haverá nenhum Cartman em topos de montanhas, enquanto em outros haverá muitos ainda.

A natureza aleatória das flutuações quânticas leva a uma conclusão similar para o campo do ínflaton. O campo começa bem no alto de sua curva de energia potencial em todos os pontos de uma região do espaço. As flutuações

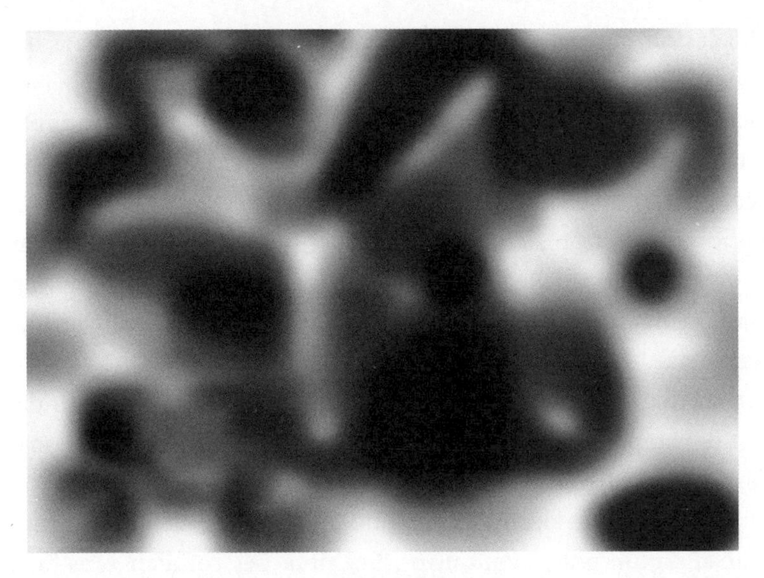

Figura 3.2. *Vários domínios em que o campo do ínflaton cai encosta abaixo (áreas escuras) ou permanece no alto (áreas claras).*

quânticas agem, então, como os tremores. Por esse motivo, como ilustrado na figura 3.2, a extensão do espaço rapidamente se divide em domínios: em alguns as flutuações quânticas derrubarão o campo encosta abaixo, enquanto em outros ele permanecerá no alto.

Até aqui, tudo bem. Agora, acompanhe-me bem de perto. Veremos por que a cosmologia e Eric Cartman são coisas distintas. Um campo que esteja no topo de sua curva de energia afeta o ambiente em que se encontra de maneira muito mais significativa do que Cartman poderia fazê-lo. Tendo em mente nosso refrão — a energia uniforme e a pressão negativa de um campo geram gravidade repulsiva —, reconhecemos que a região que o campo permeia se expandirá a uma taxa fantasticamente alta. Isso quer dizer que a evolução do campo do ínflaton através do espaço é guiada por dois processos opostos. As flutuações quânticas tendem a fazer com que o campo desça pela encosta e, assim, fazem *diminuir* o volume de espaço permeado por um campo de alta energia. A expansão inflacionária, por sua vez, amplia rapidamente os domínios em que o campo permanece no alto da curva e, com isso, *aumenta* o volume de espaço permeado pelo campo de alta energia.

Quem ganha?

Na vasta maioria das versões propostas para a cosmologia inflacionária, o aumento ocorre pelo menos tão depressa quanto a diminuição. A razão está no fato de que um campo de ínflaton que pode ser derrubado do topo depressa demais gera, normalmente, uma expansão inflacionária demasiado pequena para resolver o problema do horizonte. Nas versões cosmologicamente bem-sucedidas da inflação, portanto, o aumento vence a diminuição, fazendo com que o volume total do espaço em que a energia do campo é alta aumente com o tempo. Como sabemos que essas configurações de campo produzem ainda mais expansão inflacionária, vemos que, uma vez começada, a inflação não termina nunca. É como a contaminação causada por uma pandemia viral. Para erradicar a ameaça, é necessário acabar com o vírus mais rapidamente do que sua capacidade de reproduzir-se. O vírus inflacionário "reproduz-se" — um valor alto para o campo gera uma expansão espacial rápida e com isso insufla um domínio ainda maior com esse mesmo valor alto para o campo — e o faz de maneira muito mais rápida do que a velocidade com que o processo oposto poderia eliminá-lo. O vírus da inflação resiste eficazmente à erradicação.[9]

O QUEIJO SUÍÇO E O COSMO

Em conjunto, esses avanços mostram que a cosmologia inflacionária leva a um quadro radicalmente novo da expansão da realidade como um todo, que pode ser captado com maior facilidade mediante uma imagem simples. Pense no universo como um gigantesco queijo suíço, em que a parte material representa as regiões onde o campo do ínflaton tem valor alto e os buracos representam as regiões onde ele diminuiu. Ou seja, os buracos são regiões como a nossa, que deixaram a expansão super-rápida e, no processo, converteram a energia do campo do ínflaton em um mar de partículas que, com o tempo, podem agrupar-se em galáxias, estrelas e planetas. Nesse processo, descobrimos que o queijo cósmico adquire mais e mais buracos porque a atividade quântica derruba o valor do ínflaton em um número aleatório e crescente de lugares. Ao mesmo tempo, as partes cheias do queijo propriamente dito expandem-se cada vez mais por estarem submetidas à expansão inflacionária provocada pelo alto valor do campo do ínflaton que

Figura 3.3. *O multiverso inflacionário surge quando universos-bolhas formam-se continuamente no interior de um ambiente espacial em constante expansão, permeado por um campo de ínflaton cujo valor é alto.*

as caracteriza. Vistos em conjunto, os dois processos geram um queijo cósmico em expansão contínua onde aparece um número cada vez maior de buracos. Na linguagem mais convencional da cosmologia, cada buraco é chamado de *universo-bolha* (ou *universo de bolso*).[10] Cada um deles fica isolado e confinado dentro do espaço mais amplo que prossegue em sua expansão vertiginosa (figura 3.3).

Não permita que o aspecto aparentemente diminutivo do nome "universo-bolha" o engane. Nosso universo é gigantesco. O fato de que ele é apenas uma região no interior de uma estrutura cósmica ainda maior — uma simples bolha em um enorme queijo suíço cósmico — constitui uma clara indicação do fantástico processo de expansão por que passa o cosmo como um todo no paradigma inflacionário. E isso vale também para as demais bolhas. Cada bolha é um universo como o nosso: real, gigantesco e dinâmico.

Há versões da teoria inflacionária em que a inflação não é eterna. Jogando com detalhes, como o número de campos do ínflaton e suas curvas de energia potencial, cientistas mais ousados podem dispor as coisas de modo que, com o desenvolvimento do processo, o valor do ínflaton caia em todos os lugares.

Mas essas propostas são a exceção e não a regra. Os modelos inflacionários mais usuais produzem um número colossal de universos-bolhas incrustados em uma extensão espacial em eterna expansão. Assim, se a teoria inflacionária for correta, e se, como sugerem muitas investigações teóricas, sua construção física for eterna, a existência de um multiverso inflacionário seria uma consequência inevitável.

MUDANÇA DE PERSPECTIVAS

Na década de 1980, quando Vilenkin deduziu a natureza eterna da expansão inflacionária e os universos paralelos por ela gerados, ele, em plena excitação, foi visitar Alan Guth no MIT para contar-lhe o que descobrira. No meio da explicação, Guth abaixou a cabeça: ele adormecera. Isso não era necessariamente um mau sinal. Guth é famoso por fechar os olhos em seminários de física — eu mesmo vi suas grandes piscadas durante minhas palestras — e, de repente, abrir bem os olhos e fazer as perguntas mais penetrantes. Mas a comunidade física como um todo não mostrou mais entusiasmo do que o próprio Guth, de modo que Vilenkin arquivou a ideia e foi trabalhar em outros temas.

Hoje, o clima é outro. Quando Vilenkin começou a pensar no multiverso inflacionário, os elementos de prova em favor da teoria inflacionária ainda eram frágeis. Assim, para os poucos que lhe davam alguma atenção, as ideias referentes a um vasto conjunto de universos paralelos gerados por uma expansão inflacionária pareciam uma especulação baseada em outra especulação. Mas, nos anos que se seguiram, os dados observacionais em favor da inflação tornaram-se muito mais robustos, graças, sobretudo, às medições precisas da radiação cósmica de fundo em micro-ondas.

Embora a uniformidade observada na radiação cósmica de fundo em micro-ondas tenha sido uma das maiores motivações para o desenvolvimento da teoria inflacionária, seus primeiros proponentes perceberam que a expansão espacial rápida não tornaria a radiação *perfeitamente* uniforme. Eles argumentaram que as flutuações da mecânica quântica, magnificadas pela expansão inflacionária, salpicariam a uniformidade com minúsculas variações de temperatura, como pequenas ondas na superfície de uma lagoa tranquila. Esse pensamento gerou consequências espetaculares e tornou-se enormemente influente.* Veja como ele se desenvolve.

A incerteza quântica teria causado flutuações no valor campo do ínflaton. Com efeito, se a teoria inflacionária estiver correta, o surto de expansão inflacionária terminou para nós porque uma flutuação quântica grande e fortuita, quase 14 bilhões de anos atrás, derrubou o ínflaton do valor mais alto em nossas proximidades. Mas ainda há mais o que dizer. À medida que o valor do ínflaton descia encosta abaixo, em direção ao ponto que marca o fim da inflação em nosso universo-bolha, seu valor continuava sujeito às flutuações. Essas, por sua vez, teriam feito com que o valor do ínflaton crescesse um pouco em alguns lugares e diminuísse um pouco em outros, como acontece com a superfície ondulante do lençol que você estende sobre a cama. Isso teria produzido pequenas variações na energia contida pelo ínflaton através do espaço. Normalmente, essas variações quânticas são tão mínimas e ocorrem em escalas tão minúsculas que acabam sendo totalmente irrelevantes nas escalas cosmológicas. Mas a expansão inflacionária está longe de ser uma coisa normal.

A expansão do espaço é tão rápida, mesmo durante a transição de saída da fase inflacionária, que tudo o que era microscópico torna-se macroscópico. Assim como uma pequeníssima mensagem escrita em um balão vazio torna-se bem visível quando o ar infla sua superfície, a influência das flutuações quânticas também torna-se visível quando a expansão inflacionária estica o tecido do cosmo. Particularmente, as diminutas diferenças de energia causadas por essas flutuações crescem e se transformam em variações de temperatura que ficam impressas na radiação cósmica de fundo em micro-ondas. Os cálculos mostram que tais diferenças de temperatura não seriam, agora, propriamente grandes, mas poderiam chegar a um milésimo de grau. Se a temperatura for de 2,725 K em uma região, a ampliação das flutuações quânticas resultaria em uma pequena diminuição de seu valor, digamos para 2,7245 K, ou um pequeno aumento, digamos para 2,7255 K em regiões próximas.

Observações astronômicas feitas com extrema precisão buscaram essas pequenas variações na temperatura e as encontraram. Tal como previsto pela

* Entre os que tiveram papel de destaque nesse trabalho estavam Viatcheslav Mukhanov, Gennady Chibisov, Stephen Hawking, Alexei Starobinsky, Alan Guth, So-Young Pi, James Bardeen, Paul Steinhardt e Michael Turner.

teoria, elas medem cerca de um milésimo de grau (veja a figura 3.4). Mais impressionante ainda é que essas mínimas variações na temperatura obedecem a um padrão espacial que é explicado com a maior nitidez pelos cálculos teóricos. A figura 3.5 compara as previsões teóricas da variação esperada na temperatura em função das distâncias entre diferentes regiões (medidas pelo ângulo entre as respectivas linhas de visão a partir da Terra) em comparação com as medições efetivamente realizadas. A concordância é espetacular.

O Prêmio Nobel de Física de 2006 foi concedido a George Smoot e John Mather, que dirigiram mais de mil cientistas pesquisadores da equipe do Cosmic Background Explorer [Explorador do Fundo Cósmico] no início da década de 1990, que detectou essas diferenças de temperatura pela primeira vez. Durante a última década, fizeram-se diversas medições, cada vez mais precisas. Os dados produzidos, como os da figura 3.5, verificaram com precisão cada vez maior a exatidão das previsões.

Esses trabalhos representam a evolução de uma fabulosa história de descobertas que começou com o penetrante pensamento de Einstein, Friedmann e Lemaître, avançou velozmente com os cálculos de Gamow, Alpher e Herman, revigorou-se com as ideias de Dicke e Peebles, foi importante para as observações de Penzias e Wilson e agora culmina com a obra de exércitos de astrônomos, físicos e engenheiros, cujos esforços conjugados conseguiram identificar uma assinatura cósmica fantasticamente minúscula feita bilhões de anos atrás.

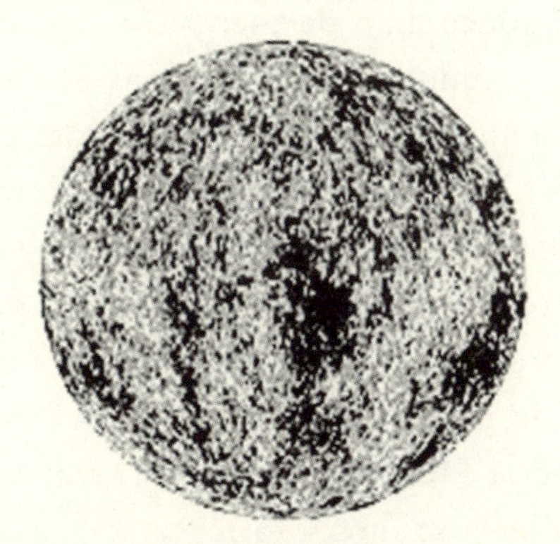

Figura 3.4. *A enorme expansão espacial da cosmologia inflacionária amplia as flutuações quânticas do reino microscópico para o macroscópico, do que resultam variações observáveis na temperatura da radiação cósmica de fundo em micro-ondas (as manchas escuras são ligeiramente mais frias do que as mais claras).*

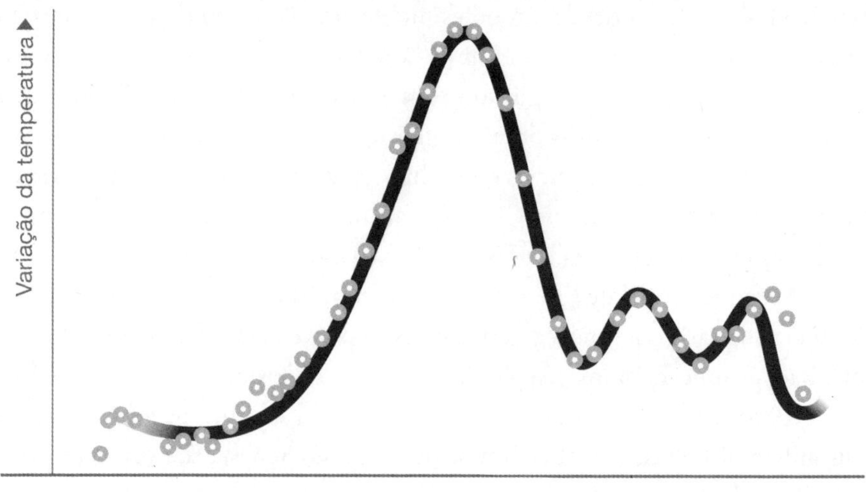

Figura 3.5. *O padrão de diferenças de temperatura na radiação cósmica de fundo em micro-ondas. A variação da temperatura registra-se no eixo vertical; a separação entre dois lugares (medida pelo ângulo formado entre suas respectivas linhas de visão, a partir da Terra — ângulos maiores para a esquerda, ângulos menores para a direita) registra-se no eixo horizontal.*[11] *A curva teórica é contínua; os dados observacionais estão representados pelos círculos.*

Em um nível mais qualitativo, todos nós devemos agradecer pelos borrões da figura 3.4. Ao terminar a inflação em nosso universo-bolha, as regiões que tinham um pouco mais de energia (o que, via $E = mc^2$, vale também para as que tinham um pouco mais de massa) exerceram uma atração gravitacional ligeiramente maior, que interagiu com um número maior de partículas em suas vizinhanças — e, assim, foi se tornando ainda maior. Esses agregados crescentes, por sua vez, exerceram uma atração gravitacional ainda mais forte, sobre um número ainda maior de partículas em suas redondezas e, assim, foram crescendo. Os agregados maiores, por sua vez, exerceram uma atração gravitacional ainda mais forte sobre quantidades ainda maiores de matéria e foram aumentando sempre de tamanho. Com o tempo, ao longo de bilhões de anos, a formação dessas aglomerações de matéria e energia resultou, graças a esse efeito de bola de neve, na consolidação das galáxias e das estrelas que as compõem. Desse modo, a teoria inflacionária estabelece uma extraordinária ligação entre as estruturas máximas e mínimas do cosmo. A própria existência das galáxias, estrelas, planetas e da própria vida deriva de incertezas quânticas microscópicas amplificadas pela expansão inflacionária.

As bases teóricas da inflação são bastante tentativas: o ínflaton, afinal, é um campo hipotético, cuja existência ainda não foi demonstrada; sua curva de energia potencial é postulada pelos pesquisadores e não revelada pelas observações; o ínflaton tem de começar, por alguma razão, no alto de sua curva de energia em uma determinada região do espaço; e assim por diante. Apesar de tudo isso, e ainda que alguns detalhes da teoria não sejam exatamente corretos, o acordo entre teoria e observação já convenceu muitos cientistas de que o esquema inflacionário entra em contato com uma verdade profunda a respeito da evolução cósmica. E, como na grande maioria das versões a inflação é eterna e produz um número cada vez maior de universos-bolhas, teoria e observação combinam-se em uma argumentação indireta mas convincente em favor dessa segunda versão de mundos paralelos.

VIVENDO EM UM MULTIVERSO INFLACIONÁRIO

Em um multiverso repetitivo não há divisões claras entre os diferentes universos paralelos. Todos fazem parte de uma única extensão espacial cujas características qualitativas globais são similares nas diferentes regiões. A surpresa está nos detalhes. A maioria de nós não tem a expectativa de que os mundos se repitam; nem a de encontrar outras versões de nós mesmos, nossas famílias e nossos amigos. Mas, se pudéssemos viajar por distâncias insondáveis, isso é o que acabaríamos por encontrar.

Em um multiverso inflacionário, os universos componentes estão claramente separados. Cada um deles é um buraco do queijo cósmico, separado dos demais por domínios em que o valor do ínflaton permanece alto. Como essas últimas regiões continuam a sofrer a expansão inflacionária, os universos-bolhas continuam a separar-se rapidamente, com uma velocidade proporcional à quantidade de espaço inflacionário que existe entre eles. Quanto mais afastados eles estejam, maior será a velocidade da expansão e de sua separação. A consequência final é que as bolhas mais distantes separam-se a uma velocidade maior do que a da luz. Mesmo se tivéssemos longevidade e tecnologia sem limites, não teríamos maneira de superar essa divisão. Não existe sequer a possibilidade de enviar-lhes um sinal.

De toda maneira, podemos sempre imaginar uma viagem a um, ou a mais de um, desses universos-bolhas. E, nessa viagem, o que encontraríamos? Bem, como todos esses universos resultam de um mesmo processo — o valor do ínflaton cai e produz uma região que se destaca da expansão inflacionária —, todos eles são governados pela mesma teoria física e, portanto, sujeitos ao mesmo conjunto de leis da física. Mas, assim como os comportamentos de gêmeos idênticos podem ser muito diferentes um do outro, em função de diferenças ambientais, leis idênticas também podem manifestar-se de maneiras profundamente diferentes em diferentes ambientes.

Imagine, por exemplo, que um dos múltiplos universos-bolhas se pareça muito com o nosso, dotado de galáxias que contêm estrelas e planetas, mas com uma diferença essencial: permeando o universo, há um campo magnético que é milhares de vezes mais forte do que aqueles que conseguimos criar em nossos mais potentes aparelhos de ressonância magnética e que, além disso, não pode ser desligado pelo operador. Esse campo poderoso afetaria o comportamento de muitas coisas. Não só os objetos que contêm ferro teriam o péssimo hábito de sair voando em direção ao campo, mas até mesmo propriedades básicas das partículas, dos átomos e das moléculas sofreriam mudanças. Um campo magnético suficientemente forte afetaria tão intensamente as funções celulares que a vida como a conhecemos não poderia vingar.

No entanto, assim como as leis que operam no interior de um aparelho de ressonância magnética são as mesmas que operam fora dele, as leis fundamentais da física que operam nesse universo magnético seriam iguais às nossas. As discrepâncias nos resultados experimentais e nas características observáveis seriam devidas exclusivamente a um aspecto do ambiente: a força do campo magnético. Os cientistas talentosos do universo magnético com o tempo conseguiriam decifrar esse fator ambiental e obter as mesmas leis da matemática que descobrimos.

Nos últimos quarenta anos, os pesquisadores descreveram um cenário semelhante em nosso próprio universo. A mais louvada das teorias da física experimental, o *Modelo Padrão da física de partículas*, supõe que estejamos imersos em uma névoa exótica denominada *campo de Higgs* (em homenagem ao físico inglês Peter Higgs, que, com importantes contribuições de Robert

Brout, François Englert, Gerald Guralnik, Carl Hagen e Tom Kibble, foi pioneiro dessa ideia na década de 1960). Tanto o campo de Higgs quanto o campo magnético são invisíveis e podem, assim, preencher o espaço sem revelar diretamente sua presença. Contudo, segundo a moderna teoria de partículas, o campo de Higgs se camufla de uma maneira muito mais completa. As partículas se movem através de um campo de Higgs uniforme e presente em todo o espaço sem que sua velocidade seja afetada para mais ou para menos e sem que suas trajetórias possam ser alteradas por ele, como acontece na presença de um campo magnético mais forte. A influência que elas sofrem, segundo a teoria, é mais sutil e profunda.

Ao mover-se através do campo de Higgs, as partículas fundamentais *adquirem e conservam a massa detectada nos experimentos*. De acordo com essa ideia, quando você sonda um elétron ou um quark com o objetivo de alterar sua velocidade, a resistência que você nota provém do "atrito" entre a partícula e o campo de Higgs, que age como se fosse um melado, ou um xarope. É a essa resistência que damos o nome de massa. Se removêssemos o campo de Higgs em uma região, as partículas que passassem por ela perderiam repentinamente sua massa. Se, ao contrário, dobrássemos o valor do campo de Higgs, as partículas que passassem por essa região teriam o dobro da massa que têm normalmente.*

Essas modificações induzidas por seres humanos são hipotéticas, porque a energia requerida para modificar substancialmente o valor do campo de Higgs, mesmo em uma região pequena do espaço, está abismalmente fora de nosso alcance. (As modificações são também hipotéticas porque a própria existência do campo de Higgs ainda está no ar. Os teóricos aguardam com ansiedade as colisões de alta energia entre prótons no Grande Colisor de Hádrons que poderiam detectar nos próximos anos as partículas de Higgs, que hipoteticamente constituem esse campo.)** Mas, em muitas das versões da cos-

* Devo ressaltar que me refiro a partículas *fundamentais*, como os elétrons e os quarks, uma vez que, para partículas compostas, como os prótons e os nêutrons (que são formados por três quarks), grande parte da massa deriva da interação de seus componentes (a energia trazida pelos glúons da força nuclear forte, que reúne os quarks no interior dos prótons e dos nêutrons, contribui com a grande parte da massa dessas partículas compostas).

** Em experimentos recentes (setembro de 2011) no Grande Colisor de Hádrons, não se observou o Higgs, na faixa de energia de 156 GeV/c^2 a 177 GeV/c^2. A busca, porém, continua. (N. R. T.)

mologia inflacionária, *o campo de Higgs teria naturalmente valores diferentes em diferentes universos-bolhas.*

Um campo de Higgs, assim como um campo de ínflaton, tem uma curva que registra a quantidade de energia que ele contém e que informa os diversos valores que ela pode assumir. Contudo, uma diferença essencial com relação à curva de energia do campo do ínflaton está no fato de que, normalmente, o valor do Higgs não alcança o equilíbrio no nível zero (como na figura 3.1), mas desloca-se até um dos vales ilustrados na figura 3.6a. Imagine, então, um estágio primitivo do desenvolvimento de dois diferentes universos-bolhas — o nosso e um outro. Em ambos, a crepitação inicial, tórrida e tempestuosa, leva o valor do Higgs a oscilar fortemente. Com a expansão e o resfriamento dos dois universos, o campo de Higgs se aquieta e seu valor rola em direção a um dos vales da figura 3.6a. Digamos que em nosso universo esse valor se estabeleça no vale da esquerda, dando lugar às propriedades das partículas que observamos experimentalmente. Mas no outro universo o movimento do Higgs pode resultar em que seu valor se situe no vale da direita. Se assim for, esse universo teria propriedades substancialmente diferentes das do nosso. Embora as leis intrínsecas a ambos os universos fossem as mesmas, as massas e diversas outras propriedades das partículas seriam diferentes.

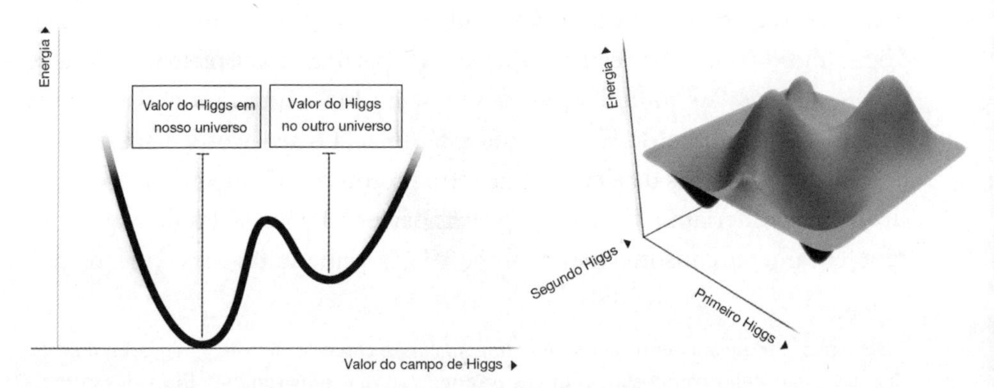

Figura 3.6. (a) *Curva de energia potencial para um campo de Higgs que tem dois vales. As características familiares de nosso universo associam-se a um valor do Higgs que se estabelece no vale da esquerda. Em outro universo, contudo, o valor do campo pode estabelecer-se no vale da direita, gerando características físicas diferentes.* (b) *Amostra de curva de energia potencial para uma teoria com dois campos de Higgs.*

Mesmo uma pequena diferença nas propriedades das partículas teria consequências notáveis. Se a massa do elétron, em um outro universo-bolha, fosse algumas vezes maior do que no nosso, os elétrons e os prótons tenderiam a unir-se, formando nêutrons e impedindo, assim, a ampla produção de hidrogênio. As forças fundamentais — a eletromagnética, as forças nucleares e (acreditamos) a gravidade — também são propagadas por meio de partículas. Se se modificam as propriedades das partículas, modificam-se também, drasticamente, as propriedades das forças. Quanto mais pesada for uma partícula, por exemplo, tanto mais vagaroso será seu movimento e, por conseguinte, menor será a distância a que poderá chegar a força que ela transporta. A formação e a estabilidade dos átomos em nosso universo-bolha dependem das propriedades da força eletromagnética e das forças nucleares. Se modificarmos substancialmente essas forças, os átomos se decomporão ou, o que seria mais provável, nem chegarão a formar-se. Uma mudança apreciável nas propriedades das partículas desorganizaria, portanto, os próprios processos que dão a nosso universo suas características familiares.

A figura 3.6a ilustra apenas o caso mais simples, em que existe somente uma espécie de campo de Higgs. Mas os físicos teóricos já exploraram cenários mais complexos, que envolvem múltiplos campos de Higgs (veremos dentro em pouco que essas possibilidades surgem naturalmente da teoria de cordas) e que se traduzem em um conjunto ainda mais rico de distintos universos-bolhas. Um exemplo com dois campos de Higgs está ilustrado na figura 3.6b. Como nos exemplos anteriores, os diversos vales representam valores do campo de Higgs nos quais um ou outro universo-bolha poderia assentar-se.

Permeados por valores assim estranhos de múltiplos campos de Higgs, esses universos difeririam consideravelmente do nosso, como a figura 3.7 ilustra esquematicamente. Isso tornaria uma viagem através do multiverso inflacionário um empreendimento perigoso. Muitos desses outros universos seriam lugares que você não desejaria incluir em seu itinerário porque as condições seriam incompatíveis com os processos biológicos essenciais a nossa sobrevivência, o que dá um sentido adicional à noção de que nossa casa é o melhor lugar do mundo. No multiverso inflacionário, nosso universo poderia bem ser como uma ilha paradisíaca em um mar cósmico enorme e inóspito.

Figura 3.7. *Como os campos podem assentar-se em diferentes valores, em diferentes bolhas, os universos do multiverso inflacionário podem ter diferentes características físicas, ainda que todos os universos sejam governados pelas mesmas leis fundamentais da física.*

UNIVERSOS EM UMA CASCA DE NOZ*

Em decorrência de suas diferenças fundamentais, pode parecer que o multiverso repetitivo e o multiverso inflacionário não têm nenhuma relação entre si. A variedade repetitiva surge se a extensão espacial for infinita; e a variedade inflacionária surge da expansão inflacionária eterna. Há, no entanto, uma conexão profunda e altamente compensadora entre eles, que fecha o círculo das discussões dos dois capítulos anteriores. Os universos paralelos que surgem da inflação geram seus próprios primos repetitivos, em um processo que tem a ver com o tempo.

Dentre as muitas coisas estranhas que a obra de Einstein revelou, a fluidez do tempo é a mais difícil de compreender. A experiência cotidiana nos con-

* No original, "Universes in a nutshell". A expressão "*in a nutshell*" significa também "em poucas (e essenciais) palavras". (N. R. T.)

vence de que existe um conceito objetivo da passagem do tempo, mas a relatividade mostra que isso é apenas um produto da vida que transcorre a velocidades baixas e com gravidade fraca. Se você se mover a uma velocidade próxima à da luz, ou se se colocar em um campo gravitacional poderoso, a concepção familiar e aparentemente universal do tempo se evaporará. Se você passar correndo por mim nessas condições, coisas que para mim acontecem ao mesmo tempo parecerão a você ter ocorrido em momentos diferentes. Se você estiver próximo à beira de um buraco negro, uma hora medida por seu relógio corresponderá a um tempo monumentalmente mais longo no meu. Não se trata de nenhuma mágica ou ilusionismo, nem de um truque hipnótico. A passagem do tempo depende de particularidades — trajetória seguida e gravidade experimentada — da pessoa que faz a medição.[12]

Se aplicarmos esse raciocínio ao universo como um todo, ou a nossa bolha em um cenário inflacionário, surge imediatamente uma questão: como esse tempo maleável e personalizado se compatibiliza com a noção de um tempo cosmológico absoluto? Falamos com desembaraço a respeito da "idade" do universo, mas, como as galáxias se movem rapidamente umas com relação às outras, a velocidades que são ditadas por suas respectivas separações, será que a relatividade da passagem do tempo cria um terrível problema de contabilidade para quem queira medir o tempo cósmico? Especificamente, quando dizemos que nosso universo tem "14 bilhões de anos de existência", será que estamos usando um relógio particular para medir essa duração?

Sim, estamos. E uma consideração cuidadosa desse tempo cósmico revela um vínculo direto entre os universos paralelos do multiverso repetitivo e do multiverso inflacionário.

Qualquer método que empreguemos para medir a passagem do tempo envolve o exame das mudanças que ocorrem em algum sistema físico particular. Com um relógio de parede comum, examinamos as mudanças na posição de seus ponteiros. Com o Sol, vemos as mudanças em sua posição no céu. Com o carbono 14, observamos sua porcentagem em uma amostra original que se converte em nitrogênio pela ação da radioatividade. Os precedentes históricos e a conveniência geral levaram-nos a usar a rotação e a revolução da Terra como referências físicas, o que deu lugar a nossas noções comuns de "dia" e "ano" como medidas do tempo. Mas, quando pensamos em escalas cósmicas, existe outro método, mais útil, de calcular o tempo transcorrido.

Vimos que a expansão inflacionária produz vastas regiões cujas propriedades são, em média, homogêneas. Se medirmos a temperatura, a pressão e a densidade média da matéria em duas regiões grandes, mas separadas, dentro de um mesmo universo-bolha, veremos que os resultados coincidirão. Os resultados podem mudar com o tempo, mas a uniformidade em grande escala assegura-nos de que, em média, as mudanças que ocorrem *em um lugar* serão as mesmas que ocorrem *em outro*. É relevante frisar, como exemplo, que a densidade de massa de nosso universo-bolha tem diminuído progressivamente ao longo de nossa história de vários bilhões de anos, graças à incessante expansão do espaço, mas, como essa mudança ocorreu de maneira uniforme, a homogeneidade em grande escala de nossa bolha não foi afetada.

Isso é importante porque, assim como o declínio progressivo da quantidade de carbono 14 na matéria orgânica proporciona um meio de medir a passagem do tempo na Terra, o declínio progressivo da densidade da massa proporciona um meio de medir a passagem do tempo através do espaço. E, como a mudança ocorreu de maneira uniforme, a densidade de massa como marca do transcurso do tempo proporciona um padrão global que funciona para todo o nosso universo-bolha. Se todos nós tomássemos o cuidado de calibrar nossos relógios de acordo com a densidade média de massa (e os recalibrássemos depois de visitar buracos negros ou viajar a velocidades próximas à da luz), a sincronia de nossos medidores em todo o universo-bolha se manteria. Quando falamos da idade do universo — a idade de nossa bolha, melhor dizendo —, é com esses relógios calibrados cosmicamente que imaginamos medir a passagem do tempo. É só com respeito a eles que o tempo cósmico é um conceito que faz sentido.

Na primeiríssima era de nosso universo-bolha, o mesmo raciocínio poderia ser aplicado, mas com a alteração de um detalhe. A matéria comum ainda não havia se formado, de modo que não podemos falar da densidade média de massa no espaço. Em vez disso, o campo do ínflaton transportou o teor de energia de nosso universo — energia que logo depois se converteria nas partículas familiares — e, portanto, devemos sincronizar nossos relógios com a densidade de energia do campo do ínflaton.

Ora, a energia do ínflaton é determinada por seu valor, cuja representação é sua curva de energia. Para determinar o tempo em um determinado local de nossa bolha, precisamos, assim, determinar o valor do ínflaton nesse local. Por conseguinte, assim como duas árvores têm a mesma idade quando mostram o mesmo número de anéis de crescimento no tronco, e assim como duas amostras de sedimentos glaciais têm a mesma idade quando apresentam a mesma porcentagem de carbono radioativo, *dois locais do espaço passam pelo mesmo momento do tempo quando têm o mesmo valor para o campo do ínflaton*. É assim que devemos acertar e sincronizar os relógios em nosso universo-bolha.

A razão por que eu trouxe todo esse tema à discussão é a seguinte: quando aplicadas ao queijo suíco do multiverso inflacionário, essas observações produzem uma implicação fortemente contraintuitiva. Hamlet fez uma declaração famosa: "Eu poderia estar confinado em uma casca de noz, e ainda me consideraria um rei do espaço infinito". Desse mesmo modo, cada universo-bolha parece ter extensão espacial *finita* quando examinado do seu exterior, e extensão *infinita* quando visto pelo lado de dentro. E essa é uma percepção maravilhosa. A extensão espacial infinita é exatamente aquilo de que precisamos para os universos paralelos repetitivos. Assim podemos incluir o multiverso repetitivo na história inflacionária.

A disparidade extrema entre as perspectivas do observador interno e a do externo deriva do fato de que suas concepções do tempo são vastamente diferentes. Não estamos tratando aqui de algo que seja óbvio, mas a seguir veremos que *o que aparece como tempo infinito para um observador externo aparece como espaço infinito, a cada momento do tempo, para um observador interno.*[13]

O ESPAÇO EM UM UNIVERSO-BOLHA

Para ver como isso funciona, imagine que Trixie, flutuando em uma região do espaço em rápida expansão inflacionária, observa a formação de um universo-bolha relativamente próximo. Ela aponta seu medidor de ínflaton para a bolha que cresce e consegue captar diretamente o valor cambiante do campo do ínflaton. Embora a região — um buraco do queijo cósmico — seja tridimensional, o mais simples é examinar o campo ao longo de uma seção transversal unidimensional que contém seu diâmetro. Trixie registra, então, os dados que aparecem na figura 3.8a. As linhas mais ao alto mostram os valores do ínflaton nos momentos mais recentes, segundo a perspectiva de Trixie. E, como se percebe

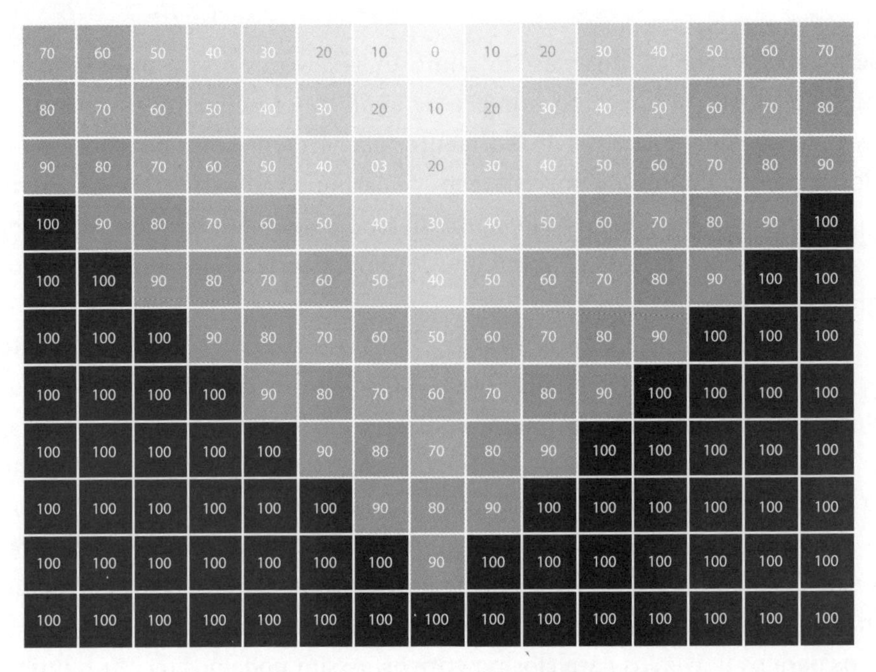

Figura 3.8a. *Cada linha horizontal registra o valor do ínflaton em um momento do tempo, de acordo com o ponto de vista de um observador externo. As linhas mais altas correspondem aos momentos mais recentes. As colunas denotam posições através do espaço. Uma bolha é uma região do espaço que deixa de inflar-se em razão de uma queda no valor do ínflaton. Os quadrados mais claros denotam o valor do campo do ínflaton no interior da bolha. Da perspectiva do observador externo, a bolha cresce progressivamente.*

pela figura, ela vê que o universo-bolha — representado pelos quadrados mais claros, nos quais o valor do ínflaton caiu — cresce cada vez mais.

Agora imagine que Norton também está examinando esse mesmo universo-bolha, mas pelo lado de dentro. Ele está ocupadíssimo fazendo observações astronômicas detalhadas com seu próprio medidor do ínflaton. Ao contrário de Trixie, Norton pauta-se por uma noção de tempo que é calibrada pelo valor do ínflaton. Isso é crucial para a conclusão que buscamos e, portanto, você terá de confiar cegamente no procedimento. Imagine que todo mundo no universo-bolha use relógios que meçam o valor do ínflaton. Quando Norton dá uma festa, diz aos convidados que cheguem quando o valor do ínflaton for sessenta. Como todos os relógios estão calibrados segundo o mesmo padrão uniforme — o valor do campo do ínflaton —, a festa se desenvolve perfeitamente. Todos os convidados aparecem ao mesmo tempo porque todos usam o mesmo conceito de sincronização.

Figura 3.8b. *A mesma informação que aparece na figura 3.8a organizada diferentemente por alguém no interior da bolha. Valores idênticos do ínflaton correspondem a momentos idênticos no tempo. As curvas desenhadas percorrem, portanto, todos os pontos do espaço que existem no mesmo momento no tempo. Os valores menores do ínflaton correspondem a momentos mais recentes. Note que as curvas podem estender-se infinitamente, de modo que, para um observador interno, o espaço é infinito.*

Dessa maneira, é simples para Norton calcular o tamanho do universo-bolha a qualquer momento de seu tempo. Na verdade, é como uma brincadeira de criança: basta colorir os quadrinhos. Unindo todos os pontos que mostram o mesmo valor numérico do campo do ínflaton, ele pode delinear todos os locais do interior da bolha em um determinado momento do tempo. De seu tempo. O tempo do observador de dentro.

O desenho feito por Norton, que aparece na figura 3.8b, diz tudo. Cada curva, que conecta os pontos em que o campo do ínflaton tem o mesmo valor, representa a totalidade do espaço em um determinado momento do tempo. Como a figura deixa claro, cada curva estende-se infinitamente, o que significa que o tamanho do universo-bolha, de acordo com seus habitantes, é *infinito*. Isso reflete o fato de que o tempo infinito do observador externo, vivenciado por Trixie por meio do número infinito de linhas da figura 3.8a, aparece como espaço infinito, a cada momento do tempo de acordo com um observador interno, como Norton.

Essa é uma conclusão importante. No capítulo 2, vimos que o multiverso repetitivo depende de que o espaço seja infinitamente grande, algo que, como vimos aqui, pode ser verdadeiro ou não. Agora vemos que cada bolha do multiverso inflacionário é espacialmente finita a partir da perspectiva externa e espacialmente infinita da perspectiva interna. Então, se o multiverso inflacionário for real, os habitantes de uma bolha — nós — seriam não só membros do multiverso inflacionário, mas também do multiverso repetitivo.[14]

Quando ouvi falar pela primeira vez do multiverso repetitivo e do multiverso inflacionário, este último me pareceu mais plausível. A cosmologia inflacionária resolve uma série de puzzles que já duravam muito tempo e faz previsões que se encaixam bem com as observações. E, segundo o raciocínio que temos seguido, a inflação é um processo que, naturalmente, não tem fim. Ela produz incessantemente universos-bolhas e nós vivemos em um deles. O multiverso repetitivo, por sua vez, só alcança força plena quando o espaço não é apenas grande, mas sim infinito (em um universo grande pode haver repetições, enquanto em um universo infinito elas são garantidas), sendo, portanto, evitável, pois, afinal de contas, o tamanho do universo pode ser finito. Mas agora vemos que os universos-bolhas da inflação eterna, quando adequadamente analisados do ponto de vista de seus próprios habitantes, *são* espacialmente infinitos. Os universos paralelos inflacionários geram os repetitivos.

A melhor teoria cosmológica disponível para examinar os melhores dados cosmológicos disponíveis nos leva a pensar em nós mesmos como seres que ocupam um universo que faz parte de um vasto sistema inflacionário de universos paralelos, cada um dos quais contém seu próprio conjunto de universos paralelos repetitivos. As pesquisas de vanguarda nos indicam a existência de um cosmo em que não só existem universos paralelos, mas também universos paralelos paralelos. E sugerem que a realidade não só é expansionista como também abundantemente expansionista.

4. A unificação das leis da natureza
Rumo à teoria de cordas

Do big bang à inflação, a cosmologia moderna tem suas raízes vinculadas a um único nexo científico: a teoria da relatividade geral de Einstein. Com sua nova teoria da gravidade, Einstein superou a concepção até então aceita de que o espaço e o tempo são rígidos e imutáveis e levou a ciência a reconhecer que o cosmo é dinâmico. Contribuições dessa magnitude são raras. Contudo, Einstein sonhou com escaladas ainda mais altas. Com o arsenal matemático e a intuição geométrica que ele reunira até a década de 1920, dedicou-se a desenvolver uma *teoria do campo unificado*.

Com essa expressão, ele tinha em mente uma estrutura que reunisse todas as forças da natureza em um desenho matemático único e coerente. Em vez de contar com um conjunto de leis para cada grupo de fenômenos físicos, Einstein desejava fundir todas as leis em um arcabouço único e integral. A história considera que as décadas que ele passou trabalhando intensamente pela unificação não produziram impacto duradouro. O sonho tinha nobreza, a oportunidade era boa, mas foram outros os que tomaram a liderança e produziram avanços substanciais. A proposta mais refinada já apresentada é a *teoria de cordas*.

Meus livros anteriores, *O universo elegante* e *O tecido do cosmo*, trataram da história e das características essenciais da teoria de cordas. Nos anos que transcorreram depois, o vigor e o *status* da teoria passaram por um forte questionamento público. Isso é perfeitamente razoável. Apesar de todo o progresso alcançado, a teoria de cordas ainda não conseguiu fazer previsões definitivas que gerassem pesquisas experimentais que pudessem comprová-la ou revelar suas falhas. Como as três próximas variedades de multiverso que encontraremos (nos capítulos 5 e 6) derivam da perspectiva teórica de cordas, é importante focalizar o estado atual da teoria, assim como as possibilidades de estabelecer contato com dados experimentais e observacionais. Esse é o propósito do presente capítulo.

BREVE HISTÓRIA DA UNIFICAÇÃO

Na época em que Einstein perseguia seu sonho da unificação, as forças conhecidas eram a gravidade, descrita por sua própria relatividade geral, e o eletromagnetismo, descrito pelas equações de Maxwell. Einstein buscava fundir ambas em uma única sentença matemática que articulasse o funcionamento de todas as forças da natureza. Ele tinha grandes esperanças de alcançar essa teoria unificada. Considerava o trabalho de Maxwell sobre a unificação no século XIX — e com toda a razão — uma contribuição exemplar para o pensamento humano. Antes de Maxwell, a eletricidade que passa por um fio, a força gerada por um ímã e a luz que nos chega do Sol eram vistas como três fenômenos separados e independentes. Maxwell revelou que, na verdade, eles compõem uma trindade científica interligada. As correntes elétricas *produzem* campos magnéticos; os ímãs que estejam próximos a um fio *produzem* correntes elétricas; e os distúrbios ondulatórios que aparecem nos campos elétricos e magnéticos *produzem* luz. Einstein acreditava que seu próprio trabalho ampliaria o programa de consolidação de Maxwell e executaria o movimento seguinte, possivelmente o movimento final, no rumo de uma descrição completamente unificada das leis da natureza — descrição que unificaria o eletromagnetismo e a gravidade.

Não era um objetivo modesto e Einstein não o subestimou. Ele tinha a capacidade inigualável de dedicar-se plena e solitariamente aos problemas que ele próprio se colocava e, durante os últimos trinta anos de sua vida, o problema da unificação tornou-se sua principal obsessão. Sua secretária pessoal e protetora, Helen Dukas, estava com Einstein no hospital de Princeton no penúltimo dia de sua vida, 17 de abril de 1955. Ela conta que Einstein, confinado à cama, mas sentindo-se um pouco melhor, pediu as páginas das equações em que ele manipulava símbolos matemáticos sem cessar, ainda com a esperança de que a teoria do campo unificado pudesse materializar-se. No dia seguinte ele não mais se levantou. Suas últimas anotações não trouxeram a luz esperada.[1]

Poucos contemporâneos de Einstein compartilhavam sua paixão pela unificação. Desde meados da década de 1920 até os meados da década de 1960, os físicos, guiados pela mecânica quântica, estavam descobrindo os segredos do átomo e aprendendo como controlar seus poderes ocultos. O fascínio de trazer à luz os segredos dos componentes da matéria era imediato e irresistível. Muitos podiam concordar em que a unificação era um objetivo louvável, mas ele apresentava interesse apenas parcial em uma época em que os teóricos e experimentalistas trabalhavam com enorme afinco para revelar as leis do microcosmo. Com a morte de Einstein, o trabalho em favor da unificação cessou.

A sensação de fracasso ampliou-se quando pesquisas posteriores mostraram que a busca de Einstein tinha uma abordagem demasiadamente estreita. Einstein não só havia menosprezado o papel da física quântica (ele acreditava que a teoria unificada suplantaria a mecânica quântica e que, desse modo, ele não precisava incorporá-la em seu trabalho), como tampouco havia levado em conta duas forças adicionais reveladas pelos experimentos: a *força nuclear forte* e a *força nuclear fraca*. A primeira mantém unidos os núcleos atômicos e a segunda é responsável, entre outras coisas, pelo decaimento radioativo. A unificação teria de combinar não apenas duas forças, mas quatro. O sonho de Einstein parecia ainda mais remoto.

No final da década de 1960 e na década de 1970, a maré mudou. Os físicos perceberam que os métodos da teoria quântica de campos, que haviam sido aplicados com êxito à força eletromagnética, também proporcionavam a descrição das forças nucleares forte e fraca. Todas as três forças não gravitacionais podiam, assim, ser descritas pela mesma linguagem matemática. Além disso, o estudo detalhado dessas teorias quânticas de campos — notadamente no trabalho que propiciou o Prêmio Nobel a Sheldon Glashow, Steven Weinberg e Abdus Salam, assim como nos estudos subsequentes de Glashow e Howard Georgi, seu colega de Harvard — revelou relações que sugeriam a existência de uma unidade potencial entre as forças eletromagnética, nuclear fraca e nuclear forte. Seguindo a liderança quase cinquentenária de Einstein, os teóricos argumentaram que essas forças aparentemente diferentes poderiam, na verdade, ser manifestações de uma força única e monolítica da natureza.[2]

Eram avanços importantes no rumo da unificação, mas que ainda se defrontavam com um problema irritante. Quando os cientistas aplicavam o método da teoria quântica de campos à quarta força da natureza, a gravidade, a matemática não funcionava. Os cálculos que vinculavam a mecânica quântica e a descrição do campo gravitacional pela teoria da relatividade geral de Einstein geravam resultados desconexos, verdadeiras bobagens matemáticas. Por mais que a relatividade geral e a mecânica quântica fossem particularmente bem-sucedidas em seus respectivos domínios, o que é grande e o que é pequeno, as conclusões estapafúrdias que se obtinham quando se tentava uni-las delatavam a existência de uma profunda brecha em nosso entendimento das leis da natureza. Se as leis que conhecemos revelam-se mutuamente incompatíveis, então — evidentemente — essas leis não são inteiramente corretas. A unificação, que até então era um objetivo estético, passou a ser um imperativo lógico.

Nos meados da década de 1980, ocorreu um desenvolvimento notável. Foi então que uma nova abordagem, a *teoria de supercordas*, captou a atenção dos físicos de todo o mundo. Ela suavizou a hostilidade entre a relatividade geral e a mecânica quântica e proporcionou a esperança de que a gravidade pudesse, afinal, ser trazida junto com a mecânica quântica para um mesmo âmbito unificado. Assim nasceu a era da unificação através das supercordas. Intensas pesquisas começaram a ser feitas e milhares de páginas de revistas especializadas foram rapidamente impressas com cálculos que deram substância a alguns aspectos da abordagem e assentaram as bases de sua formulação sistemática. Surgiu então uma estrutura matemática impressionante e complexa, mas isso não bastou para retirar o mistério que continuava a envolver a teoria de supercordas (*teoria de cordas*, em forma resumida).[3]

A seguir, a partir da década de 1990, os teóricos que se dedicavam a desvendar esses mistérios conduziram, plena e inesperadamente, a teoria de cordas à narrativa do multiverso. Os pesquisadores sabiam havia muito que os métodos matemáticos utilizados para analisar a teoria de cordas recorriam a diversas aproximações e necessitavam, assim, de um tratamento mais refinado. Quando alguns desses refinamentos foram desenvolvidos, eles perceberam que a matemática sugeria com clareza que nosso universo poderia pertencer a um multiverso. Na verdade, a matemática da teoria de cordas sugeria não apenas um, mas toda uma série de diferentes tipos de multiversos dos quais nosso universo poderia fazer parte.

Para bem compreender esses desenvolvimentos que se impunham aos teóricos, ainda que de maneira controversa, e para avaliar seu papel na busca maior das leis mais profundas do cosmo, devemos dar um passo atrás e aferir, em primeiro lugar, o estado da teoria de cordas.

A VOLTA DOS CAMPOS QUÂNTICOS

Comecemos concentrando a atenção na estrutura tradicional e muito bem-sucedida da teoria quântica de campos. Isso nos preparará para a discussão da unificação por meio de cordas, assim como para ressaltar ligações cruciais entre essas duas abordagens relativas à formulação das leis da natureza.

A física clássica, como vimos no capítulo 3, descreve um campo como um tipo de névoa que permeia uma região do espaço e pode transportar alterações sob a forma de ondas e ondulações. Se Maxwell fosse descrever a luz que agora ilumina este texto, por exemplo, ele não esconderia seu entusiasmo com as ondas eletromagnéticas, geradas pelo Sol ou por uma lâmpada próxima, ondulando através do espaço até alcançar esta página. Ele descreveria matematicamente o movimento das ondas, usando números para delinear a intensidade e a direção do campo em cada ponto do espaço. Um campo ondulatório corresponde a números que ondulam: os valores numéricos do campo em qualquer de seus pontos, que sobem, baixam e voltam a subir.

Quando a mecânica quântica se ocupou do conceito de campo, o resultado foi a teoria quântica de campos, que se caracteriza por dois aspectos novos e essenciais. Já encontramos ambos, mas vale a pena refrescar a memória. Em primeiro lugar, a incerteza quântica faz com que o valor de um campo em qualquer ponto do espaço flutue aleatoriamente — lembre-se das flutuações do campo do ínflaton, na cosmologia inflacionária. Em segundo lugar, a mecânica quântica estabelece que, assim como a água compõe-se de moléculas de H_2O, um campo também se compõe de partículas infinitesimalmente pequenas, conhecidas como *quanta*, o plural de *quantum*. Para o campo eletromagnético, os quanta são os fótons, de modo que a descrição quântica de sua lâmpada modifica a descrição clássica de Maxwell e diz que ela emite um fluxo regular composto de 100 bilhões de bilhões de fótons por segundo.

Décadas de pesquisas estabeleceram claramente que essas características da mecânica quântica são comuns a todos os campos. Todos os campos são sujeitos às ondulações quânticas. E todos os campos associam-se a uma espécie de partícula. Os elétrons são os quanta do campo do elétron. Os quarks são os quanta do campo dos quarks. Em uma imagem mental muito aproximativa, os físicos por vezes pensam nas partículas como nós, ou densificações puntiformes do campo a que estão associadas. Independentemente disso, a matemática da teoria quântica de campos descreve essas partículas como pontos sem extensão espacial e sem estrutura interna.[4]

Nossa confiança na teoria quântica de campos provém de um fato essencial: não existe um só resultado experimental que contrarie suas previsões. Ao contrário, os dados confirmam que as equações da teoria quântica de campos descrevem o comportamento das partículas com maravilhosa precisão. O exemplo mais impressionante está na teoria quântica de campos da força eletromagnética, a *eletrodinâmica quântica*. Com seu emprego, os físicos fizeram cálculos específicos das propriedades magnéticas do elétron. Os cálculos não são fáceis e as versões mais sofisticadas levaram décadas para ser finalizadas. Mas valeu a pena. Os resultados concordam com as medições reais até a *décima* casa decimal, uma consonância quase inimaginável entre teoria e experimento.

Com esse êxito, poderíamos antecipar que a teoria quântica de campos propiciaria a estrutura matemática necessária à compreensão de todas as forças da natureza. Uma ilustre plêiade de físicos compartilhava essa expectativa. Ao final da década de 1970, o duro trabalho de muitos desses visionários já havia estabelecido que, com efeito, as forças nucleares fraca e forte inserem-se com precisão na rubrica da teoria quântica de campos. Ambas as forças são devidamente descritas em termos de campos — o campo fraco e o campo forte — que evoluem e interagem de acordo com as regras matemáticas da teoria quântica de campos.

Mas, como indiquei no resumo histórico, muitos desses mesmos físicos logo perceberam que o caso da força natural remanescente, a gravidade, era bem mais sutil. Sempre que as equações da relatividade geral se misturavam com as da teoria quântica, a matemática entrava em crise. Quando utilizamos as equações combinadas para calcular a probabilidade quântica de um processo físico qualquer — como a chance de que dois elétrons ricocheteiem um no outro, dadas sua repulsão eletromagnética e sua atração gravitacional —, a resposta típica que obtemos é um resultado *infinito*. Se bem que algumas coisas no universo podem ser infinitas, como, talvez, a extensão do espaço e a quantidade da matéria que o preenche, as probabilidades não estão entre elas. Por definição, o valor de uma probabilidade tem de se encontrar entre zero e um (ou, em termos de porcentagens, entre 0% e 100%). Uma probabilidade infinita não significa que algo acontecerá com certeza, ou muito provavelmente. Ao contrário, ela não faz sentido, assim como falar do 13º ovo de uma dúzia. Uma probabilidade infinita é um claro sinal de que as equações matemáticas empregadas em combinação carecem de sentido.

Os físicos atribuem esse percalço às flutuações da incerteza quântica. Já se desenvolveram técnicas matemáticas para analisar as flutuações dos campos das forças forte, fraca e eletromagnética, mas, quando os mesmos métodos são aplicados ao campo gravitacional — o campo que governa a curvatura do próprio espaço-tempo —, eles se mostram ineficazes. Isso deixa a matemática saturada de inconsistências, como as probabilidades infinitas.

Para que se tenha uma ideia do porquê, imagine que você é o proprietário de uma casa velha em San Francisco, na Califórnia. Se seus inquilinos dão festas barulhentas, pode ser que você venha a ter algum problema com eles, mas não chegará a preocupar-se com o fato de que as festas possam afetar a estrutura do prédio. Se, porém, ocorrer um terremoto, você poderá ter de enfrentar algo bem mais sério. As flutuações das três forças não gravitacionais — campos que são locatários da casa do espaço-tempo — são como os inquilinos festeiros. Foi necessária toda uma geração de físicos teóricos para enfrentar as flutuações barulhentas, mas já na década de 1970 desenvolveram-se métodos matemáticos capazes de descrever as propriedades quânticas das forças não gravitacionais. As flutuações do campo gravitacional, no entanto, são qualitativamente diferentes. Parecem-se mais aos terremotos. Como o campo gravitacional está presente no próprio tecido do espaço-tempo, suas flutuações quânticas sacodem toda a estrutura, todo o tempo. Quando utilizados para analisar essas flutuações ubíquas, os métodos matemáticos entram em colapso.[5]

Durante anos, os físicos fecharam os olhos para esse problema porque ele só se manifesta nas condições mais extremas. A gravidade alcança importância quando as coisas são dotadas de grande massa e a mecânica quântica, quando as coisas são muito pequenas. E poucos são os domínios dotados, ao mesmo tempo, de grande massa e pequeno porte, de modo que, para descrevê-los, seja necessário invocar tanto a mecânica quântica quanto a relatividade geral. Eles, contudo, existem. Quando a gravidade e a mecânica quântica são invocadas ao mesmo tempo, no big bang, ou em buracos negros, domínios que *efetivamente* envolvem massas enormes e tamanhos muito reduzidos, a matemática desmorona em um ponto crítico das análises, deixando-nos com perguntas sem respostas com relação à maneira pela qual o universo teve início e como ele pode ter fim, esmagado no centro de um buraco negro.

Ademais — e esta é a parte verdadeiramente desencorajadora —, além dos exemplos específicos de buracos negros e do big bang, é possível calcular quão grande, ou quão pequeno, um sistema físico deve ser para que tanto a gravidade quanto a mecânica quântica tenham um papel significativo. O resultado é uma massa cerca de 10^{19} vezes maior do que a massa do próton, a chamada *massa de Planck*, comprimida em um volume fantasticamente pequeno de cerca de 10^{-99} centímetros cúbicos (aproximadamente, uma esfera cujo raio mede 10^{-33} centímetros, o chamado *comprimento de Planck*, graficamente ilustrado na figura 4.1).[6] O domínio da gravidade quântica, portanto, está fora do alcance dos aceleradores mais potentes do mundo por um fator de 1 milhão de bilhão de vezes. Essa vasta extensão de território desconhecido poderia facil-

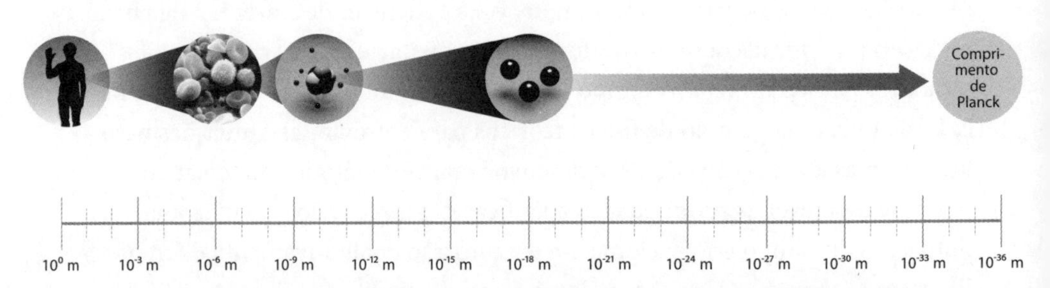

Figura 4.1. *O comprimento de Planck, o ponto em que a gravidade e a mecânica quântica se confrontam, é cerca de 100 bilhões de bilhões de vezes menor do que qualquer domínio que já tenha sido explorado experimentalmente. Na linha horizontal da figura, cada um dos traços da marcação indica uma diminuição de mil vezes no tamanho. Isso permite que o gráfico caiba na página, mas subestima, do ponto de vista visual, a enormidade das diferenças de escala. Talvez se possa apreciar melhor esse aspecto levando em conta que, se se magnificasse um átomo até que ele adquirisse o tamanho do universo observável, essa mesma magnificação levaria o comprimento de Planck a assumir o tamanho de uma árvore média.*

mente estar cheia de novos campos e das partículas a eles associadas — e quem sabe o que mais. A unificação da gravidade com a mecânica quântica requer uma árdua viagem até esses lugares e lidar com o conhecido e com o desconhecido em toda essa extensão, que é, na maioria dos casos, inacessível aos experimentos. Trata-se de uma tarefa imensamente ambiciosa e muitos cientistas creem que ela está fora de nosso alcance.

Você pode, então, imaginar a surpresa e o ceticismo quando, em meados da década de 1980, a comunidade viu-se em meio a uma série de rumores que indicavam a ocorrência de um importante desenvolvimento teórico rumo à unificação, baseado em uma abordagem chamada teoria de cordas.

TEORIA DE CORDAS

Embora a teoria de cordas tenha uma reputação intimidante, sua ideia básica é fácil de entender. Vimos que a abordagem padrão, anterior à teoria de cordas, vê os componentes fundamentais da natureza como partículas puntiformes — pontos, sem estrutura interna — comandadas pelas equações da teoria quântica de campos. Cada espécie diferente de partícula está associada a uma espécie diferente de campo. A teoria de cordas desafia essa ideia ao sugerir que as partículas não são pontos. Propõe, em vez disso, que elas são filamentos vibrantes minúsculos, semelhantes a cordas, como se vê na figura 4.2. Segundo a teoria, se você olhar com a proximidade necessária uma partícula qualquer, antes considerada puntiforme e elementar, verá uma minúscula cor-

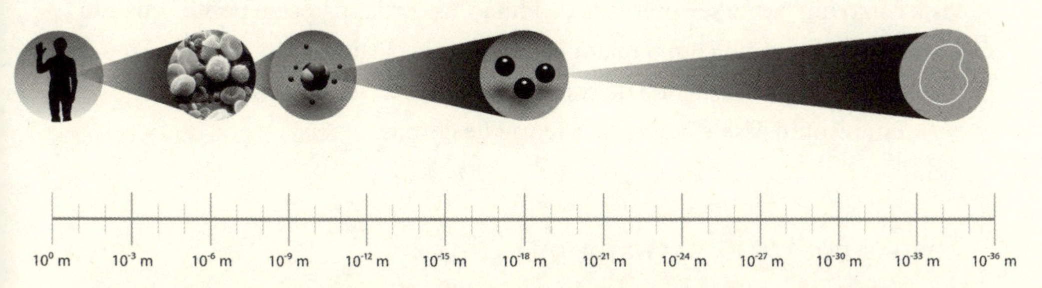

Figura 4.2. *A proposta da teoria de cordas para a natureza da física na escala de Planck considera que os componentes fundamentais da matéria são filamentos semelhantes a cordas. Em razão das limitações do poder de resolução de nossos instrumentos, as cordas nos aparecem como pontos.*

da que vibra. Olhe bem dentro de um elétron e você verá uma corda; olhe bem dentro de um quark e você verá uma corda.

A teoria argumenta também que, com observações cada vez mais precisas, você notaria que as cordas que estão dentro dos diferentes tipos de partículas são idênticas, o que é sua marca essencial, mas vibram de acordo com padrões diferentes. Um elétron pesa menos do que um quark, o que, segundo a teoria, significa que a corda do elétron vibra com menos energia do que a corda do quark (o que, por sua vez, reflete a equivalência entre massa e energia representada em $E = mc^2$). O elétron também tem uma carga elétrica cuja magnitude supera a do quark; e essa diferença traduz-se em outras diferenças mais sutis entre os padrões de vibração associados a cada corda. Assim como os diferentes padrões vibratórios das cordas de um violão produzem diferentes notas musicais, os diferentes padrões vibratórios dos filamentos previstos pela teoria de cordas produzem diferentes propriedades das partículas.

Na verdade, a teoria nos leva a pensar que a corda vibrante não se limita a ditar as propriedades da partícula que hospeda, mas que ela *é* a própria partícula. Em razão do tamanho infinitesimal da corda, da ordem de um comprimento de Planck — 10^{-33} centímetros —, nem mesmo nossos experimentos mais avançados têm resolução suficiente para ver a extensão física de uma corda. O Grande Colisor de Hádrons, que provoca o choque de partículas com energias que superam em mais de 10 trilhões de vezes o valor da energia contida em um próton em repouso, consegue fazer sondagens em escalas que vão até 10^{-19} centímetros — um milionésimo de bilionésimo da espessura de um fio de cabelo, mas isso está diversas ordens de magnitude *acima* da resolução dos fenômenos que ocorrem na escala do comprimento de Planck. Assim como a Terra seria vista como um ponto se observada de Plutão, as cordas parecem pontos quando estudadas até mesmo com o maior acelerador de partículas do mundo. Apesar disso, de acordo com a teoria de cordas, as partículas *são* cordas.

Em resumo, isso é o que diz a teoria de cordas.

CORDAS, PONTOS E GRAVIDADE QUÂNTICA

A teoria de cordas tem muitas outras características essenciais e os desenvolvimentos por que passou desde que foi proposta inicialmente enriqueceram muitíssimo a descrição esquálida que dei até aqui. No restante deste capítulo, assim como nos capítulos 5, 6 e 9, examinaremos alguns dos avanços mais notáveis, mas quero ressaltar aqui três pontos de grande abrangência.

Em primeiro lugar, quando um físico propõe um modelo da natureza mediante o emprego da teoria quântica de campos, deve escolher os campos particulares de que a teoria tratará. Essa escolha é afetada por requisitos experimentais (cada espécie conhecida de partícula determina a inclusão do campo quântico a ela associado) e também por requisitos teóricos (partículas hipotéticas e os campos a elas associados, como os campos do ínflaton e do Higgs, são invocados com o fim de resolver problemas que estão em aberto e outras questões pendentes). O *Modelo Padrão* é o exemplo principal. Considerado a maior conquista da física de partículas no século XX, por sua capacidade de descrever com precisão a pletora de dados coletados pelos aceleradores de partículas de todo o mundo, o Modelo Padrão é uma teoria quântica de campos que contém *57* campos quânticos diferentes (os campos correspondentes ao elétron, ao neutrino, ao fóton e aos diversos tipos de quarks, entre outros). O tremendo êxito do Modelo Padrão é inegável, mas muitos físicos creem que um entendimento verdadeiramente fundamental não deveria requerer um número tão grande de componentes.

Um aspecto fascinante da teoria de cordas é que as partículas decorrem da própria teoria: as diferentes espécies de partículas surgem dos diferentes padrões vibratórios. E, como o padrão vibratório determina as propriedades da partícula correspondente, se conseguirmos entender a teoria suficientemente bem para delinear todos os padrões vibratórios, teremos condições de explicar *todas* as propriedades de *todas* as partículas. O potencial e a promessa indicam, portanto, que a teoria de cordas pode transcender a teoria quântica de campos e derivar matematicamente todas as propriedades das partículas. Isso não só unificaria tudo sob o guarda-chuva das cordas vibrantes, mas também estabeleceria que as "surpresas" futuras — como a descoberta de espécies de partículas até aqui desconhecidas — já estariam contidas na teoria e seriam, portanto, acessíveis, por princípio, a cálculos suficientemente engenhosos. A teoria de cordas não avança pouco a pouco no rumo de uma descrição cada vez mais completa da natureza. Ela busca a descrição verdadeiramente completa desde o ponto de partida.

O segundo ponto de importância está no fato de que, entre as vibrações possíveis das cordas, há uma que tem justamente as propriedades necessárias para ser o quantum do campo gravitacional. Embora as tentativas teóricas anteriores à teoria de cordas no sentido de juntar a gravidade e a mecânica quântica tenham fracassado, as pesquisas chegaram a revelar as propriedades que a partícula hipotética associada ao campo gravitacional quântico — denominada *gráviton* — deve necessariamente possuir. Os estudos concluíram que o gráviton tem de ter massa e carga iguais a zero e tem de possuir a propriedade conhecida na mecânica quântica como *spin-2*. (Em uma aproximação imperfeita, o gráviton deve girar como um pião, duas vezes mais rápido do que o spin de um fóton.)[7] Em um desenvolvimento extraordinário, os primeiros teóricos de cordas — John Schwarz, Joël Scherk e, agindo independentemente, Tamiaki Yoneya — descobriram que a lista dos padrões vibratórios das cordas continha uma cujas propriedades coincidiam com as do gráviton. E com precisão. Quando, na década de 1980, surgiram argumentos convincentes no sentido de que a teoria de cordas era uma teoria consistente do ponto de vista da matemática e da mecânica quântica (o que se deveu em grande parte ao trabalho de Schwarz e de seu colega Michael Green), a presença do gráviton implicava que *a teoria de cordas proporcionaria uma teoria quântica da gravidade, o que havia tanto tempo se buscava*. Essa é a realização mais importante da teoria de cordas e a razão pela qual ela logo alcançou a proeminência científica mundial.*[8]

Em terceiro lugar, ainda que a teoria de cordas seja uma proposta radical, ela incorpora um padrão que é reverenciado na história da física. As teorias novas que alcançam o sucesso não tornam obsoletas suas antecessoras. Ao contrário, as teorias bem-sucedidas normalmente se afinam com as anteriores, ao mesmo tempo que ampliam fortemente o âmbito dos fenômenos físicos que podem ser descritos com precisão. A relatividade especial amplia o enten-

* Se você estiver interessado em saber como a teoria de cordas superou os problemas que afetavam os esforços anteriores com o objetivo de juntar a gravidade e a mecânica quântica, veja *O universo elegante*, capítulo 6; para um resumo, veja a nota 8. Para um sumário ainda mais breve, lembre que, enquanto as partículas puntiformes existem em um único local, as cordas, dotadas de extensão espacial, apresentam uma pequeníssima dispersão. Isso, por sua vez, dilui as turbulentas flutuações quânticas que prejudicavam as tentativas anteriores. No final da década de 1980, já havia muitos elementos que confirmavam a capacidade da teoria de cordas de combinar com êxito a relatividade geral e a mecânica quântica; mais recentemente, outros desenvolvimentos (capítulo 9) tornaram essa afirmação ainda mais segura.

dimento do reino das altas velocidades; a relatividade geral amplia ainda mais esse entendimento ao reino das grandes massas (domínio dos campos gravitacionais mais fortes); a mecânica quântica e a teoria quântica de campos ampliam o entendimento à área das pequenas distâncias. Os conceitos que essas teorias invocam e as características que revelam são diversos de qualquer coisa antes concebida. Contudo, se aplicarmos essas teorias aos domínios familiares das velocidades, dos tamanhos e das massas cotidianas, elas se reduzem às descrições desenvolvidas no passado: à mecânica clássica de Newton e aos campos clássicos de Faraday, Maxwell e outros.

A teoria de cordas é, potencialmente, o próximo passo e o passo final dessa progressão. Ela manipula os domínios da relatividade e do quantum em uma estrutura *única*. Além disso, e vale sempre a pena ressaltar, a teoria de cordas o faz de uma maneira totalmente compatível com as descobertas que a precederam. Uma teoria que tem por base filamentos vibrantes poderia não ter muita coisa em comum com o conceito de gravidade no espaço-tempo curvo da relatividade geral. Não obstante, se aplicarmos a matemática da teoria de cordas às situações em que a gravidade desempenha um papel importante, mas a mecânica quântica não é relevante (por exemplo, a objetos de grande massa, como o Sol, que têm também grande tamanho), as equações de Einstein surgem naturalmente dela. Filamentos vibrantes e partículas puntiformes são também muito diferentes, mas, se aplicarmos a matemática da teoria de cordas às situações em que a mecânica quântica impera e a gravidade não é relevante (por exemplo, a pequenos conjuntos de cordas que não estejam vibrando intensamente nem movendo-se rapidamente nem estendendo-se longamente; ou seja, com baixas massas e baixas energias, de modo que a gravidade não tem praticamente nenhum papel), a matemática da teoria de cordas conforma-se com a matemática da teoria quântica de campos.

Um resumo gráfico disso aparece na figura 4.3, que mostra as conexões lógicas entre as principais teorias desenvolvidas pelos físicos desde o tempo de Newton. A teoria de cordas poderia ter requerido um divórcio com o passado. Poderia ter ficado fora da área coberta pela figura. E é notável que isso não tenha acontecido. A teoria de cordas é suficientemente revolucionária para transcender as barreiras que emolduram a física do século XX. No entanto, é uma teoria suficientemente conservadora para permitir que as descobertas dos últimos trezentos anos possam acomodar-se perfeitamente à sua matemática.

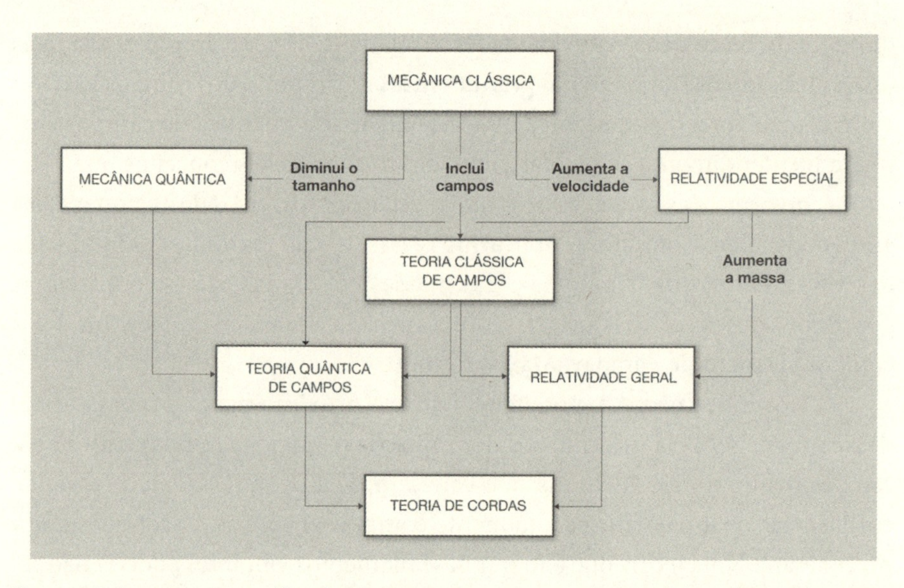

Figura 4.3. *Representação gráfica do relacionamento entre os principais desenvolvimentos teóricos da física. Historicamente, as teorias novas bem-sucedidas ampliaram os domínios do entendimento (rumo às velocidades e massas maiores e às distâncias menores), ao mesmo tempo que se reduzem às teorias anteriores quando aplicadas em circunstâncias menos extremas. A teoria de cordas segue esse padrão de progresso: amplia o domínio do entendimento e, em ambientes adequados, reduz-se à relatividade geral e à teoria quântica de campos.*

AS DIMENSÕES DO ESPAÇO

E, agora, algo mais estranho. A passagem de pontos a filamentos é apenas uma parte da nova abordagem trazida pela teoria de cordas. No início das pesquisas em teoria de cordas, os físicos encontraram falhas matemáticas fatais (denominadas *anomalias quânticas*) que geravam processos inaceitáveis, como a criação e a destruição espontâneas de energia. Normalmente, quando problemas desse tipo afetam uma teoria nova, os físicos reagem com presteza e rapidez: descartam a teoria. Com efeito, muitos pensaram, na década de 1970, que esse era o melhor curso de ação com relação à teoria de cordas. Mas os poucos teóricos que mantiveram o empenho conseguiram chegar a uma linha de ação alternativa.

Em um desenvolvimento espetacular, eles descobriram que os pontos problemáticos estavam relacionados ao número das dimensões espaciais. Os cálculos por eles feitos revelaram que, se o universo tivesse mais dimensões do que as três que conhecemos na experiência diária — para a esquerda/para a direita; para a frente/para trás; e para cima/para baixo —, a teoria de cordas se veria livre de tais problemas. Especificamente, em um universo com nove dimensões espaciais e uma temporal, o que perfaz um total de dez dimensões espaço-temporais, as equações da teoria de cordas ficariam imunes àquelas falhas.

Eu adoraria explicar em termos puramente não técnicos como isso se produz, mas não tenho como, e nunca encontrei quem conseguisse fazê-lo. Fiz uma tentativa em *O universo elegante*, mas apenas para descrever, em termos genéricos, como o número de dimensões afeta as vibrações das cordas e sem explicar a origem e a razão de ser do número dez, especificamente. Assim, em uma linha de certo modo técnica, aqui está a informação matemática privilegiada. A teoria de cordas tem uma equação cuja contribuição tem a forma "(*D* — 10) vezes (*Problema*)", em que *D* representa o número das dimensões espaço-temporais e *Problema* é uma expressão matemática que resulta em fenômenos físicos problemáticos, como a violação da conservação da energia, que já mencionamos. Quanto a por que a equação toma essa forma precisa, não posso oferecer nenhuma explicação intuitiva e não técnica. Mas, se fizermos os cálculos, veremos que é para aí que a matemática nos conduz. A observação-chave, e simples, é que, se o número das dimensões espaço-temporais for dez, e não os quatro a que estamos acostumados, a contribuição fica sendo zero vezes *Problema*. E, como zero vezes o que quer que seja é sempre zero, em um universo com dez dimensões espaço-temporais o problema desaparece. Esse é o desdobramento matemático. Acredite. E essa é a razão por que os teóricos de cordas argumentam em favor de um universo com mais de quatro dimensões espaço-temporais.

Mesmo assim, por mais que você esteja desejoso de seguir o caminho aberto pela matemática, se você ainda não tem informações sobre a ideia de dimensões extras, essa possibilidade pode lhe parecer louca. As dimensões espaciais não desaparecem simplesmente, como chaves de carro ou um pé de suas meias preferidas. Se o universo tivesse algo mais do que comprimento, largura e altura, com certeza alguém já teria notado. Mas não é bem assim. Já nas primeiras décadas do século XX, uma série inovadora de trabalhos do matemático alemão Theodor Kaluza e do físico sueco Oskar Klein sugeria a possibilidade de que existissem dimensões extras, capazes de escapar à detecção.

Seus trabalhos contemplavam a possibilidade de que, ao contrário das dimensões espaciais familiares, que se estendem por distâncias longas e talvez infinitas, poderiam existir dimensões extras mínimas e recurvadas, de visualização muito mais difícil.

Para ter uma ideia, pense em um canudo comum para beber refrigerante. Mas, neste caso, faça uma concessão ao exagero e imagine que ele tem a mesma largura de sempre, só que é tão alto quanto o Empire State Building, de Nova York. A superfície do canudo alto (como a de qualquer canudo) tem duas dimensões. Uma delas é a dimensão vertical longa e a outra é a dimensão circular curta, que define a curva do canudo. Agora imagine que você olha para o canudo desde o rio Hudson, a uns três quilômetros de distância, como na figura 4.4a. Como o canudo é extremamente fino, ele parecerá ser uma linha vertical que sobe a partir da Terra. A essa distância, você não tem a acuidade visual necessária para perceber a pequena dimensão circular, embora ela exista em todos os pontos ao longo da grande dimensão vertical. Isso o levará a pensar, incorretamente, que a superfície do canudo é unidimensional e não bidimensional.[9]

Para formar outra visualização, pense em um grande tapete que cubra toda a superfície do deserto de sal do estado de Utah. Desde o avião, o tapete parece uma superfície lisa com duas dimensões, uma norte/sul e outra leste/oeste. Mas, então, você salta de paraquedas e examina o tapete de perto, percebendo, assim, que sua superfície é feita de um conjunto apertado de laços de algodão, cada um dos quais está preso ao forro do tapete. Você vê, então, que ele tem duas dimensões grandes e fáceis de ver (norte/sul e leste/oeste) e também uma dimensão pequena (os laços circulares), mais difícil de detectar (figura 4.4b).

A proposta de Kaluza-Klein sugere que uma diferenciação similar, entre dimensões que são grandes e fáceis de ver e outras mínimas e por isso mais difíceis de identificar, pode aplicar-se ao tecido do espaço. A razão pela qual todos nos damos conta das três dimensões familiares do espaço seria sua extensão grande (e talvez infinita), como no caso da dimensão vertical do canudo e das dimensões norte/sul e leste/oeste do tapete. Contudo, se uma dimensão espacial extra fosse recurvada, como a parte circular do canudo, ou a dos laços do tapete, mas com um tamanho extraordinariamente pequeno — milhões, ou mesmo bilhões, de vezes menor do que um átomo —, ela poderia ser tão ubíqua quanto

Figura 4.4. (a) *A superfície de um canudo altíssimo tem duas dimensões. A dimensão vertical é grande e fácil de ver e a dimensão circular é pequena e mais difícil de detectar.* (b) *Um tapete gigantesco tem três dimensões. As dimensões norte/sul e leste/oeste são grandes e fáceis de ver e a dos laços de seus fios é pequena e mais difícil de detectar.*

Figura 4.5. *A teoria de Kaluza-Klein postula a existência de dimensões espaciais extras de tamanho mínimo, ligadas a todos os pontos das três dimensões espaciais grandes e familiares. Se pudéssemos magnificar suficientemente o tecido espacial, as dimensões extras hipotéticas se tornariam visíveis. (Em benefício da clareza visual, as dimensões extras aparecem apenas nas interseções das linhas da ilustração.)*

as dimensões familiares desdobradas e, ao mesmo tempo, permanecer fora de nossa capacidade de detectá-la, mesmo com nossos melhores aparelhos de magnificação. Uma dimensão desse tipo permaneceria, com efeito, invisível. Assim teve início a *teoria de Kaluza-Klein* — a proposição de que nosso universo tem dimensões espaciais extras às três que vemos todos os dias (figura 4.5).

Essa linha de pensamento deixa claro que a sugestão de dimensões espaciais "extras", embora estranha, não é absurda. Esse é um bom começo, que coloca, no entanto, uma questão essencial: Por que, na década de 1920, alguém invocaria uma ideia tão exótica? A motivação de Kaluza surgiu de uma percepção que ele teve logo após a publicação da teoria da relatividade geral de Einstein. Ele viu que um único toque da caneta — literalmente — bastava para modificar as equações de Einstein e permitir sua aplicação a um universo que tivesse uma dimensão espacial a mais. E, quando analisou essas equações modificadas, os resultados foram tão espetaculares que, nas palavras de seu filho, Kaluza abandonou seu comportamento normalmente reservado, deu dois murros na mesa, levantou-se abruptamente e começou a cantar com grande vigor uma ária de *As bodas de Fígaro*.[10] No seio das equações modificadas, Kaluza encontrou as que Einstein já havia utilizado com êxito para descrever a gravidade nas três dimensões familiares do espaço e na do tempo. Mas, como sua nova formulação incluía uma dimensão espacial adicional, ele também encontrou uma equação adicional. *E, veja bem, quando Kaluza obteve essa equação, ele reconheceu que ela era a mesma equação que Maxwell descobrira cinquenta anos antes e que descrevia o campo eletromagnético.*

Kaluza revelou que, em um universo com uma dimensão espacial extra, tanto a gravidade quanto o eletromagnetismo podem ser descritos em termos de ondulações espaciais. As ondulações gravitacionais ocorrem através das três dimensões espaciais familiares e as eletromagnéticas ocorrem através da quarta. A proposta de Kaluza tinha o problema de não oferecer uma explicação para o fato de não vermos a quarta dimensão espacial. Foi aí que Klein ofereceu a sugestão acima indicada: dimensões extras às que observamos diretamente podem escapar a nossos sentidos e a nossos equipamentos se forem suficientemente pequenas.

Em 1919, depois de ser informado da proposta multidimensional para a unificação, Einstein hesitou. Por um lado, ele estava feliz com o surgimento de um esquema que pudesse fazer avançar seu sonho da unificação, mas hesitava diante do caráter insólito da proposta. Depois de uns dois anos de reflexões, que retardaram a publicação do trabalho de Kaluza, Einstein finalmente abriu-se mais à ideia e, com o tempo, transformou-se em um dos mais fortes defensores das dimensões espaciais ocultas. Em sua própria pesquisa em torno de uma teoria unificada, ele voltou repetidas vezes a esse tema.

Apesar da bênção de Einstein, as pesquisas subsequentes mostraram que o programa de Kaluza-Klein deparava com numerosos problemas, o mais difícil dos quais era a incapacidade de incorporar as propriedades específicas das partículas de matéria, como os elétrons, na estrutura matemática. No decurso das duas décadas seguintes, buscou-se resolver esse problema, seja usando a astúcia para contorná-lo, seja por meio de generalizações e modificações da proposta original, sem que sugerisse, contudo, nenhum esquema que fosse livre de impasses, até que, em meados da década de 1940, a ideia da unificação por meio de dimensões extras foi praticamente abandonada.

Trinta anos depois, surgiu a teoria de cordas. Em vez de admitir um universo com mais de três dimensões espaciais, a matemática da teoria de cordas o *requeria*. Assim, a nova teoria proporcionou outra maneira de invocar diretamente o programa de Kaluza-Klein. A resposta à pergunta "se a teoria de cordas é a tão ansiada teoria unificada, por que então não podemos ver as dimensões extras que ela requer?", o programa de Kaluza-Klein fez ouvir seu eco, depois de décadas, recuperando a ideia de que essas dimensões estão em toda parte, mas são demasiado pequenas para serem vistas. A teoria de cordas ressuscitou o programa de Kaluza-Klein e, em meados da década de 1980, pesquisadores de todo o mundo passaram a acreditar que era apenas uma questão de tempo — e, segundo os mais entusiasmados, pouco tempo — até que alcançássemos o desenvolvimento completo da teoria de cordas como a teoria unificada de toda a matéria e de todas as forças.

GRANDES EXPECTATIVAS

Nos primeiros dias da teoria de cordas, o progresso foi tão rápido que era quase impossível manter-se a par de tudo o que ocorria. Muitos comparavam essa atmosfera à dos anos 1920, quando os cientistas enfrentaram as tempestades das novas descobertas do reino quântico. Com tantas novidades, é compreensível que alguns teóricos tenham falado em uma rápida resolução para os maiores problemas da física fundamental: a fusão entre a gravidade e a mecânica quântica; a unificação de todas as forças da natureza; a explicação das propriedades da matéria; a determinação do número das dimensões espaciais; a elucidação das singularidades dos buracos negros; e a origem do próprio universo. Mas, como alguns pesquisadores mais prudentes já antecipavam, essas expectativas eram prematuras. A teoria de cordas é tão rica e ampla, e tão difícil matematicamente, que até hoje, quase trinta anos depois da euforia inicial, as pesquisas só abriram uma parte do caminho a ser explorado. E, levando em conta que o domínio da gravidade quântica é centenas de bilhões de bilhões de vezes menor do que qualquer coisa que possamos detectar experimentalmente, as avaliações mais sóbrias estimam que a estrada que está adiante ainda é longa.

Em que parte dela estamos agora? No resto deste capítulo, percorreremos a parte relativa ao estado atual do conhecimento em algumas áreas de grande importância (deixando para os próximos capítulos a discussão mais detalhada dos aspectos mais relevantes para o tema dos universos paralelos) e examinaremos as conquistas já realizadas e os desafios que ainda perduram.

A TEORIA DE CORDAS E AS PROPRIEDADES DAS PARTÍCULAS

Uma das questões mais profundas da física é a razão pela qual as partículas da natureza têm as propriedades que exibem. Por que, por exemplo, o elétron tem a massa que tem e por que o quark-up tem sua carga elétrica particular? Essas perguntas requerem atenção não só por seu interesse intrínseco, mas também por causa de um fato provocante a que já aludimos antes. Se as propriedades das partículas fossem diferentes — se, por exemplo, os elétrons fossem moderadamente mais pesados, ou mais leves, ou se a repulsão elétrica entre eles fosse mais forte ou mais fraca —, os processos nucleares que alimentam as estrelas como nosso Sol não se produziriam. E, sem estrelas, o universo seria um lugar muito diferente.[11] Mais ainda: sem o calor e a luz do Sol, a cadeia complexa de eventos que levou ao surgimento da vida na Terra não teria ocorrido.

Isso representa um grande desafio: calcular as propriedades das partículas, com lápis, papel, talvez um computador e com nosso melhor entendimento das leis da física, e obter resultados que concordem com os valores que observamos. Se conseguirmos vencer esse desafio, teremos feito um dos maiores avanços no rumo da compreensão de por que o universo é como é.

Na teoria quântica de campos, o desafio é insuperável. Permanentemente insuperável. A teoria quântica de campos inclui as propriedades das partículas como *dados* que fazem parte das definições que ela incorpora e podem acomodar-se aos valores observados para suas massas e cargas.[12] Em um mundo imaginário, em que os valores da massa ou da carga do elétron fossem maiores ou menores do que ocorre no nosso, a teoria quântica de campos não sofreria abalos: seria apenas uma questão de inserir os novos valores dos parâmetros nas equações da teoria.

E a teoria de cordas poderá superá-lo?

Uma das mais belas características da teoria de cordas (e que foi também a faceta que mais me impressionou quando comecei a aprender o tema) é que as propriedades das partículas são *determinadas pelo tamanho e pela forma das dimensões extras*. Como as cordas são tão mínimas, elas não vibram apenas através das três dimensões grandes de nossa experiência diária; vibram também nas dimensões recurvadas e mínimas. Assim como as correntes de ar que atravessam um instrumento de sopro têm padrões vibratórios que são ditados pela forma geométrica do instrumento que atravessam, as cordas têm padrões vibratórios ditados pela geometria das dimensões recurvadas. Lembrando que os padrões vibratórios das cordas determinam as propriedades das partículas, como a massa e a carga elétrica, vemos que essas propriedades são determinadas pela geometria das dimensões extras.

Desse modo, se soubéssemos exatamente como são as dimensões extras da teoria de cordas, estaríamos em condições de prever as propriedades específicas das cordas vibrantes e, dessa maneira, as propriedades específicas das partículas elementares geradas pelas vibrações das cordas. O problema está no fato de que, já há algum tempo, ninguém pôde, até agora, determinar a forma geométrica exata das dimensões extras. As equações da teoria de cordas colocam restrições matemáticas sobre a geometria das dimensões extras, o que requer que elas se enquadrem em uma classe particular chamada *formas de Calabi-Yau* (ou, em jargão matemático, *variedades de Calabi-Yau*), que toma o nome dos matemáticos Eugenio Calabi e Shing-Tung Yau, que investigaram suas propriedades bem antes que lhes fosse atribuído o importante papel que têm na teoria de cordas (figura 4.6). O problema é que não existe um tipo único e singular de forma de Calabi-Yau. Em vez disso, como acontece com os instrumentos musicais, as formas apresentam uma variedade de tamanho e contornos. E, assim como os diferentes instrumentos geram diferentes sons, as dimensões extras que diferem em forma e tamanho (e também com relação a outros aspectos que ve-

Figura 4.6. *Visão imaginária do tecido espacial segundo a teoria de cordas, que mostra um exemplo de como as dimensões extras se recurvam em formas de Calabi-Yau. Como os laços e o forro de um tapete, as formas de Calabi-Yau estariam vinculadas a todos e a cada um dos pontos que compõem as três dimensões espaciais grandes e familiares (representadas pela malha bidimensional). Em benefício da clareza visual, as formas são apresentadas apenas nos pontos de interseção da malha.*

remos no próximo capítulo) geram diferentes padrões vibratórios das cordas e, portanto, diferentes conjuntos de propriedades das partículas. *A ausência de uma especificação única para as dimensões extras é o principal obstáculo que impede os teóricos de cordas de fazer previsões definitivas.*

Quando comecei a trabalhar com a teoria de cordas, na década de 1980, conheciam-se apenas algumas poucas formas de Calabi-Yau, de modo que era possível pensar em estudar cada uma delas até encontrar aquela que fosse compatível com os requisitos da física que conhecemos. Minha teses de doutorado foi um dos primeiros passos dados nessa direção. Poucos anos depois, durante meu pós-doutorado (trabalhando para o Yau de Calabi-Yau), o número de formas de Calabi-Yau crescera para alguns milhares, o que representava um forte desafio para a análise exaustiva (mas para isso estão aí os estudantes de pós-graduação). Com o passar do tempo, no entanto, as páginas do catálogo das formas de Calabi-Yau continuaram a multiplicar-se. Como veremos no capítulo 5, elas agora são mais numerosas que os grãos de areia de uma praia. Ou de todas as praias. Em todos os lugares. Muito mais numerosas. A análise matemática de cada possibilidade formal para as dimensões extras ficou fora de questão. Os teóricos de cordas deram, portanto, prosseguimento à busca de uma diretriz matemática que possa levar a teoria a identificar uma determinada forma de Calabi-Yau como a "única". Até aqui, ninguém teve êxito.

Desse modo, quando se trata de explicar as propriedades das partículas fundamentais, a teoria de cordas ainda está por cumprir suas promessas. Nesse aspecto, ela não ofereceu nenhum avanço com relação à teoria quântica de campos.[13]

Tenha em mente, no entanto, que o argumento maior em favor da teoria de cordas é sua capacidade de resolver o dilema *central* da física teórica do século XX: a hostilidade flagrante entre a relatividade geral e a mecânica quântica. No seio da teoria de cordas, a relatividade geral e a mecânica quântica finalmente se juntam harmoniosamente. É *aí* que a teoria de cordas proporciona um progresso essencial, possibilitando-nos a superação de um obstáculo crucial que afeta os métodos usuais da teoria quântica de campos. Se um entendimento superior da matemática da teoria de cordas nos permitir selecionar uma forma única para as dimensões extras, que nos permita, por sua vez, explicar todas as propriedades observadas das partículas, esse será um triunfo monumental. Mas não há garantia de que a teoria de cordas vença esse desafio. Tampouco existe qualquer necessidade de que ela o faça. A teoria quântica de campos é merecidamente louvada por seu enorme êxito e, no entanto, ela tampouco pode explicar as propriedades das partículas fundamentais. Se a teoria de cordas tampouco conseguir explicá-las, mas se conseguir superar a teoria quântica de campos em um aspecto essencial, a inclusão da gravidade, esta também será uma conquista maravilhosa.

Com efeito, no capítulo 6 veremos que, em um cosmo repleto de mundos paralelos — como sugere uma das leituras modernas da teoria de cordas —, poderia ser simplesmente errado esperar que a matemática escolhesse uma forma única para as dimensões extras. Ao contrário, assim como as múltiplas formas do DNA proporcionam uma abundante variedade para a vida na Terra, as múltiplas formas diferentes das dimensões extras podem proporcionar uma abundante variedade de universos em um multiverso baseado na teoria de cordas.

Se uma corda típica é tão pequena quanto sugere a figura 4.2, para sondar sua estrutura unidimensional — que é a característica que a distingue de um ponto — seria necessário um acelerador que fosse 1 milhão de bilhões de vezes mais potente do que o Grande Colisor de Hádrons. Com o emprego da tecnologia conhecida, um acelerador assim teria de ter o tamanho de nossa galáxia e consumiria a cada segundo um total de energia capaz de abastecer o mundo inteiro durante todo um milênio. Na ausência de avanços tecnológicos espetaculares, isso significa que as cordas que observarmos, com os níveis de energia relativamente baixos que nossos aceleradores podem alcançar, aparecerão como se fossem partículas puntiformes. Essa é a versão experimental do fato teórico que ressaltei antes: a energias baixas, a matemática da teoria de cordas transforma-se na matemática da teoria quântica de campos. E assim, mesmo que a teoria de cordas seja a verdadeira teoria fundamental, ela atuará como se fosse a teoria quântica de campos em uma grande variedade de experimentos acessíveis a nós.

Isso é uma coisa boa. Embora a teoria quântica de campos não tenha como combinar a relatividade geral e a mecânica quântica nem como prever as propriedades fundamentais das partículas da natureza, ela pode explicar muitíssimos outros resultados experimentais. Ela o faz, tomando como dados as propriedades já medidas das partículas (dados que ditam a escolha dos campos e das cargas na teoria quântica de campos) e usando a mesma matemática dessa teoria para prever o comportamento dessas partículas em outros experimentos, realizados, em geral, com base em aceleradores. Os resultados são extremamente precisos, razão por que sucessivas gerações de físicos de partículas fazem da teoria quântica de campos sua ferramenta principal.

A escolha dos campos e das curvas de energia na teoria quântica de campos equivale à escolha da forma das dimensões extras na teoria de cordas. O desafio particular que a teoria de cordas enfrenta, no entanto, é que a matemática que liga as propriedades das partículas (como a massa e a carga) à forma das dimensões extras é extraordinariamente complexa. Isso torna difícil trabalhar de trás para a frente — usar os dados experimentais para orientar a escolha das dimensões extras, assim como esses dados orientam as escolhas dos campos e das curvas de energia na teoria quântica de campos. Um dia, talvez

EXPERIMENTO/ OBSERVAÇÃO	EXPLICAÇÃO
Supersimetria*	O "super" da teoria de supercordas refere-se à *supersimetria*, característica matemática que tem uma implicação direta: para cada espécie conhecida de partícula, deve haver uma espécie parceira com as mesmas propriedades da força elétrica e das nucleares. Os teóricos supõem que essas partículas escaparam à detecção até aqui por serem mais pesadas do que suas correspondentes conhecidas, ficando, assim, além do alcance dos aceleradores tradicionais. O Grande Colisor de Hádrons pode ter a energia suficiente para produzi-las, o que gera uma difundida expectativa de que estejamos às vésperas de revelar a característica simétrica da natureza.
Dimensões extras e gravidade	Como o espaço é o medium no qual a gravidade se propaga, um número maior de dimensões fornece um domínio maior através do qual a gravidade pode se difundir. E, assim como uma gota de tinta dilui-se ao se difundir por um copo d'água, a intensidade da gravidade se diluiria em proporção à sua difusão através das dimensões extras — o que oferece uma explicação para o fato de que a gravidade parece fraca (quando você ergue uma xícara de café, seus músculos suplantam a atração gravitacional de toda a Terra). Se pudéssemos medir a intensidade da gravidade em distâncias menores do que o tamanho das dimensões extras, nós a "apanharíamos" antes que ela se difundisse e deveríamos ver, nesse caso, que ela teria uma intensidade maior. Até aqui, as medições feitas em escalas que vão até um mícron (10^{-6} metros) não detectaram nenhum desvio com relação às expectativas baseadas em um mundo com três dimensões espaciais. Se encontrarmos um desvio, operando em distâncias ainda menores, isso será um elemento convincente em favor da existência de dimensões extras.

* Até outubro de 2011, o Grande Colisor de Hádrons ainda não tinha detectado indícios de que a supersimetria fosse realizada na natureza. (N. R. T.)

EXPERIMENTO/ OBSERVAÇÃO	EXPLICAÇÃO
Dimensões extras e energia faltante*	Se as dimensões extras existirem, mas forem muito menores do que um mícron, elas serão inacessíveis a experimentos que medem diretamente a força da gravidade. Mas o Grande Colisor de Hádrons proporciona outro meio para revelar sua existência. Decaimentos gerados por colisões frontais entre prótons com altíssimas velocidades podem ser lançados fora de nossas três dimensões espaciais familiares e comprimidos nas dimensões extras (onde, por razões que depois veremos, os decaimentos provavelmente formariam partículas de gravidade, ou *grávitons*). Se for isso o que acontece, os decaimentos subtrairiam energia, e, em consequência, nossos detectores registrariam, depois da colisão, um total de energia um pouco mais baixo do que havia antes dela. Esses sinais de uma energia faltante poderiam ser fortes elementos em favor da existência de dimensões extras.
Dimensões extras e miniburacos negros	Os buracos negros são normalmente descritos como restos de estrelas de grande massa que esgotaram seu combustível nuclear e entraram em colapso devido a seu próprio peso, mas essa descrição é inadequadamente limitada. *Qualquer coisa* pode transformar-se em buraco negro se for suficientemente comprimida. Além disso, se as dimensões extras existem, a gravidade deve atuar com maior intensidade em distâncias pequenas, o que tornaria mais fácil a formação de buracos negros, uma vez que uma força gravitacional mais intensa implica a necessidade de uma compressão menor para gerar a mesma intensidade de atração gravitacional. Bastariam dois prótons, se lançados frontalmente um contra o outro com a velocidade permitida pelo Grande Colisor de Hádrons, para reunir energia suficiente em um volume espacial suficientemente pequeno para desencadear a formação de um buraco negro. Seria um buraco negro absolutamente mínimo, mas que deixaria uma assinatura inconfundível. As análises matemáticas, que remontam ao trabalho de Stephen Hawking, mostram que os miniburacos negros se desintegrariam rapidamente em uma chuva de partículas mais leves, cujos traços seriam visíveis nos detectores do colisor.

* No original, *missing energy*. (N. R. T.)

EXPERIMENTO/ OBSERVAÇÃO	EXPLICAÇÃO
Ondas gravitacionais	Embora as cordas tenham também um tamanho mínimo, se pudéssemos, de algum modo, manipular uma delas, poderíamos também esticá-la. Teríamos de aplicar-lhe uma força superior a 10^{20} toneladas, mas, essencialmente, trata-se apenas de aplicar uma quantidade suficiente de energia. Os teóricos já encontraram situações exóticas em que a energia necessária a esse estiramento poderia provir de processos astrofísicos, que gerariam cordas longas a flutuar pelo espaço. Mesmo estando muito distantes, essas cordas poderiam ser detectáveis. Os cálculos revelam que a vibração de uma corda longa cria ondulações no espaço-tempo — conhecidas como *ondas gravitacionais* — com uma forma muito característica, que ofereceriam uma assinatura observacional clara. Nas próximas décadas, se não antes, detectores ultrassensíveis, baseados na Terra e, se houver fundos, no espaço, poderão medir essas ondulações.
Radiação cósmica de fundo em micro-ondas	A radiação cósmica de fundo em micro-ondas já se mostrou capaz de possibilitar sondagens úteis para a física quântica: as diferenças já medidas na temperatura da radiação derivam da amplificação de flutuações quânticas, causada pela expansão espacial. (Lembre-se da analogia com uma mensagem mínima, escrita na superfície de um balão desinflado, que se torna visível quando ele se infla.) Com a inflação, o estiramento do espaço é tão enorme que até mesmo os menores detalhes, possivelmente deixados pelas próprias cordas, poderiam ampliar-se o suficiente para tornar-se detectáveis — talvez por meio do satélite Planck, da Agência Espacial Europeia. O êxito ou o fracasso dependerão dos detalhes do comportamento das cordas nos primeiros momentos do universo — o tipo de mensagem que elas teriam deixado impressa no balão cósmico ainda desinflado. Já se formularam ideias e já se fizeram cálculos. Os teóricos estão agora esperando que os dados objetivos se manifestem.

Tabela 4.1. *Experimentos e observações com a capacidade de vincular a teoria de cordas a dados objetivos.*

tenhamos destreza teórica suficiente para utilizar os dados experimentais na determinação da forma das dimensões extras da teoria de cordas, mas isso ainda não nos é possível.

No futuro próximo, portanto, a maneira mais promissora de ligar a teoria de cordas aos dados são as previsões que, embora compatíveis com explicações que recorrem a métodos mais convencionais, encontram explicações muito mais naturais e convincentes por meio da teoria de cordas. Assim como você pode propor uma teoria de que digitei este texto com os dedos dos pés, uma hipótese muito mais natural e convincente — e que posso atestar como correta — é que o digitei com os dedos das mãos. Considerações análogas, quando aplicadas aos experimentos que aparecem no resumo da tabela 4.1, têm a capacidade de oferecer argumentos circunstanciais em favor da teoria de cordas.

Essas tarefas variam de experimentos da física de partículas no Grande Colisor de Hádrons (busca de partículas supersimétricas e de comprovações de dimensões extras) a experimentos computacionais (medição da força de atração gravitacional em escalas de um milionésimo de metro e ainda menores) e observações astronômicas (busca de tipos particulares de ondas gravitacionais e variações mínimas de temperatura na radiação cósmica de fundo em micro-ondas). A tabela explica as abordagens individuais, mas a avaliação global é fácil de resumir. Uma assinatura positiva em qualquer um desses experimentos poderia ser explicada sem o recurso à teoria de cordas. Por exemplo, embora a estrutura matemática da supersimetria (veja o primeiro tópico da tabela 4.1) tenha sido descoberta originalmente por meio de estudos teóricos da teoria de cordas, ela foi incorporada em esquemas teóricos não ligados às cordas. Assim, a descoberta de partículas supersimétricas confirmaria parcialmente a teoria de cordas, mas não seria uma comprovação inequívoca. Do mesmo modo, embora as dimensões espaciais extras existam naturalmente no seio da teoria de cordas, vimos que elas podem também fazer parte de propostas teóricas desvinculadas dessa teoria — Kaluza, por exemplo, não tinha a teoria de cordas na cabeça quando propôs a ideia. O melhor desfecho possível para os processos descritos na tabela 4.1 seria, portanto, uma série de resultados positivos que mostrassem que algumas peças do quebra-cabeça da teoria de cordas teriam encontrado seus respectivos lugares. Assim como a digitação com os dedos dos pés, as explicações alheias à teoria de cordas pareceriam excessivamente pesadas diante de tal conjunto de resultados positivos.

Já a ocorrência de resultados experimentais negativos nos daria muito menos informações úteis. Se não encontrarmos partículas supersimétricas, isso pode significar que elas não existem. Mas também pode significar que elas são demasiado pesadas para serem produzidas até mesmo pelo Grande Colisor de Hádrons. Se não encontrarmos sinais da existência de dimensões extras, isso pode significar que elas não existem. Mas também pode significar que elas são demasiado pequenas para que nossas tecnologias atuais possam acessá-las. Se não encontrarmos buracos negros microscópicos, isso pode significar que a gravidade não cresce nas pequenas escalas. Mas também pode significar que nossos aceleradores são demasiado fracos para explorar com profundidade suficiente o domínio microscópico em que o aumento da intensidade da força se revela substancial. Se não encontrarmos as assinaturas de cordas nas observações das ondas gravitacionais ou da radiação cósmica de fundo em micro-ondas, isso pode significar que a teoria de cordas está errada. Mas também pode significar que as assinaturas são demasiado tênues para que nossos equipamentos atuais possam medi-las.

No dia de hoje, portanto, os resultados experimentais positivos mais promissores provavelmente não teriam o poder de comprovar definitivamente a correção da teoria de cordas, assim como resultados negativos provavelmente tampouco teriam o poder de comprovar que ela está errada.[14] Mas, veja bem, se encontrarmos provas de dimensões extras, supersimetria, miniburacos negros ou qualquer outra das assinaturas potenciais, teremos chegado a um momento crucial da busca de uma teoria unificada. Isso, justificadamente, aumentaria nossa confiança em que o rumo matemático que temos seguido aponta na direção certa.

TEORIA DE CORDAS, SINGULARIDADES E BURACOS NEGROS

Na grande maioria das situações, a mecânica quântica e a gravidade simplesmente se ignoram mutuamente. A primeira se aplica às coisas pequenas, como moléculas e átomos, e a segunda às coisas grandes, como estrelas e galáxias. Mas as duas teorias têm de abrir mão de seu isolamento nos domínios conhecidos como *singularidades*. Uma singularidade é uma situação física qualquer, real ou hipotética, tão extrema (massa enorme, tamanho muito pequeno, curvatura espaço-temporal gigantesca, rompimento do tecido do espaço-tempo) que a mecânica quântica e a relatividade geral enlouquecem e começam a produzir resultados que correspondem à mensagem de erro que as calculadoras exibem quando você divide um número qualquer por zero.

O que mais se espera de uma possível teoria quântica da gravidade é que ela concilie a mecânica quântica e a gravidade de uma maneira que cure as singularidades. A matemática daí resultante não deveria entrar nunca em colapso — nem mesmo no momento do big bang, ou no centro de um buraco negro,[15] propiciando, assim, uma descrição sensata de situações que há muito tempo causam perplexidade aos pesquisadores. É aí que a teoria de cordas tem feito seus progressos mais impressionantes, domando uma lista crescente de singularidades.

Em meados da década de 1980, a equipe de Lance Dixon, Jeff Harvey, Cumrun Vafa e Edward Witten descobriu que certos rompimentos do tecido espacial (singularidades conhecidas como singularidades do tipo *orbifold*), que deixam a matemática einsteiniana em maus lençóis, não constituem nenhum problema para a teoria de cordas. A chave desse êxito está em que as partículas puntiformes podem cair nesses buracos, mas as cordas não caem. Como as cordas têm extensão espacial, elas podem colidir com um rompimento, envolvê-lo ou ficar presas a ele, mas essas interações suaves deixam incólumes as equações da teoria de cordas. Isso é importante não porque esses rompimentos espaciais realmente ocorram — eles podem ocorrer, ou não —, e sim porque a teoria de cordas produz exatamente o que buscamos de uma teoria quântica da gravidade: um modo de dar sentido a uma situação que fica além do que a relatividade geral e a mecânica quântica conseguem resolver por conta própria.

Nos anos 1990, um trabalho que fiz com Paul Aspinwall e David Morrison, assim como conclusões independentes alcançadas por Edward Witten, estabeleceu que singularidades ainda mais intensas (conhecidas como singularidades do tipo *flop*), em que uma porção esférica do espaço é comprimida até alcançar um espaço de tamanho infinitesimal, também podem ser trabalhadas pela teoria de cordas. O raciocínio intuitivo, neste caso, indicaria que, ao mover-se, uma corda pode envolver todo esse pedaço de espaço comprimido, como os anéis envolvem Saturno, e agir, em consequência, como uma barreira protetora circular. Os cálculos mostraram que esse "escudo de corda" anula quaisquer consequências potencialmente desastrosas e assegura, assim, que as equações da teoria de cordas não sofram nenhum dano — nenhum erro do tipo "um dividido por zero" — mesmo em circunstâncias em que as equações convencionais da relatividade geral perdem o sentido.

Nos anos que se seguiram, os pesquisadores revelaram que diversas outras singularidades mais complexas (que têm nomes como *conifolds*, *orientifolds*, *enhancons*...) também ficam sob controle com a teoria de cordas. Há, assim, uma lista crescente de situações diante das quais Einstein, Bohr, Heisenberg, Wheeler e Feynman teriam murmurado "O que será que está acontecendo?", e que, no entanto, encontram respostas completas e coerentes na teoria de cordas.

Esse é um grande progresso. Mas a teoria de cordas ainda enfrenta o desafio de curar as singularidades dos buracos negros e do big bang, que são mais intensas ainda do que as que acabamos de focalizar. Os teóricos já empreenderam grandes esforços na tentativa de alcançar esse objetivo e obtiveram avanços significativos. O sumário executivo, porém, mostra que ainda há um caminho a percorrer para que cheguemos a compreender plenamente essas singularidades mais provocativas e mais relevantes.

Outro grande avanço iluminou, todavia, um aspecto correlato dos buracos negros. Como discutiremos no capítulo 9, o trabalho de Jacob Bekenstein e Stephen Hawking nos anos 1970 estabeleceu que os buracos negros contêm uma quantidade muito particular de desordem, tecnicamente conhecida como *entropia*. De acordo com a física básica, assim como a desordem em uma gaveta de meias reflete os múltiplos rearranjos aleatórios possíveis de seu conteúdo, a desordem de um buraco negro reflete os múltiplos rearranjos aleatórios possíveis de suas entranhas. Mas, por mais que tentassem, os físicos eram incapazes de compreender os buracos negros o suficiente para identificar suas entranhas, e isto para não falar das possibilidades de analisar as possíveis maneiras pelas quais elas poderiam ser rearranjadas. Os teóricos de cordas Andrew Strominger e Cumrun Vafa desfizeram o impasse. Usando uma mescla dos componentes fundamentais da teoria de cordas (alguns dos quais encontraremos no capítulo 5), criaram um modelo matemático para a desordem de um buraco negro, que é suficientemente transparente para permitir-lhes extrair uma medida numérica para entropia. O resultado por eles obtido concorda exatamente com a resposta de Bekenstein e Hawking. É verdade que o trabalho deixa muitas questões profundas ainda em aberto (como a identificação microscópica explícita dos componentes de um buraco negro), mas ele proporciona a primeira maneira de contabilizar a desordem dos buracos negros de acordo com a mecânica quântica.[16]

Os notáveis avanços verificados no campo das singularidades e da entropia dos buracos negros dão à comunidade física uma confiança mais sólida em que, com o tempo, os desafios que ainda persistem em matéria de buracos negros e do big bang serão superados.

TEORIA DE CORDAS E MATEMÁTICA

A conexão com os dados, experimentais ou observacionais, é o único modo de determinar se a teoria de cordas descreve a natureza corretamente. Trata-se de um objetivo que se tem mostrado fugidio. A teoria de cordas, apesar de todas as suas conquistas, ainda é um empreendimento total e exclusivamente matemático. Mas a teoria de cordas não é apenas uma consumidora da matemática. Algumas de suas contribuições principais deram-se *em favor* da matemática.

Sabe-se que Einstein, quando desenvolvia a teoria da relatividade geral, no começo do século XX, explorou os arquivos da matemática em busca de uma linguagem rigorosa para descrever o espaço-tempo curvo. Os antigos insights geométricos de matemáticos como Carl Friedrich Gauss, Bernhard Riemann e Nikolai Lobachevsky proporcionaram-lhe uma sólida base para seu êxito. Em certo sentido, a teoria de cordas está agora ajudando a pagar a dívida de Einstein, acelerando o desenvolvimento da própria matemática. Os exemplos são numerosos, mas escolho um, que capta a essência das conquistas matemáticas da teoria.

A relatividade geral estabeleceu um forte vínculo entre a geometria do espaço-tempo e a física que observamos. As equações de Einstein, quando associadas à distribuição da matéria e da energia em uma região, revelam a forma resultante do espaço-tempo. Diferentes ambientes físicos (diferentes configurações de massa e energia) produzem diferentes formas de espaço-tempo. Espaços-tempos diferentes correspondem a ambientes fisicamente diferentes. Como será cair em um buraco negro? Pode-se calculá-lo com a geometria espaço-temporal que Karl Schwarzschild descobriu em seu estudo sobre soluções esféricas para as equações de Einstein. E se o buraco negro tiver uma forte rotação? Pode-se calculá-lo com a geometria espaço-temporal descoberta em 1963 pelo matemático neozelandês Roy Kerr. Na relatividade geral, a geometria é o yin e a física é o yang.

A teoria de cordas oferece um toque adicional a essa conclusão ao mostrar que pode haver formas *diferentes* de espaço-tempo que, no entanto, produzem descrições fisicamente indistinguíveis da realidade.

Aqui está uma maneira de pensar sobre isso: desde a Antiguidade até a era da matemática moderna, modelamos os espaços geométricos como conjuntos de pontos. Uma bola de pingue-pongue, por exemplo, é o conjunto dos pontos que constituem sua superfície. Antes da teoria de cordas, os componentes básicos da matéria eram modelados como pontos — partículas puntiformes — e essa comunidade de componentes básicos refletia um alinhamento entre a geometria e a física. Mas com a teoria de cordas o componente básico já não é o ponto. É uma corda. Isso sugere que um novo tipo de geometria, baseado mais em laços do que em pontos, deve estar associado à física das cordas. Essa nova geometria é chamada *geometria inspirada em cordas.**

Para formar uma ideia sobre a geometria inspirada em cordas, imagine uma corda que se move através de um espaço geométrico. Veja que a corda pode comportar-se de maneira muito semelhante à de uma partícula puntiforme, flutuando inocentemente para lá e para cá, chocando-se com paredes, navegando por vales, e assim por diante. Mas em certas situações a corda pode fazer algo novo. Imagine que o espaço (ou uma seção do espaço) tenha a forma de um cilindro. Uma corda pode envolver esse tipo de espaço, tal como um elástico pode envolver uma lata de refrigerante, produzindo uma configuração que simplesmente não está ao alcance de uma partícula puntiforme. Essas cordas "envolventes", e suas primas "não envolventes", sondam um espaço geométrico de diferentes modos. Se o cilindro aumentar de diâmetro, uma corda que o envolva responderá esticando-se, enquanto uma corda não envolvente que deslize por sua superfície não o fará. Dessa maneira, as cordas envolventes e não envolventes mostram-se sensíveis a diferentes aspectos da forma através da qual elas circulam.

Essa observação tem grande interesse porque dá origem a uma conclusão notável e inteiramente inesperada. Os teóricos de cordas descobriram pares

* No original, *stringy geometry*. (N. R. T.)

especiais de formas geométricas espaciais que têm características completamente diferentes quando cada uma delas é sondada por cordas não envolventes. Elas também apresentam características completamente diferentes quando são sondadas por cordas envolventes, mas — e aí está a graça —, quando são sondadas das duas maneiras, com cordas envolventes e cordas não envolventes, as formas se tornam indiferenciáveis. O que a corda não envolvente percebe em um espaço a corda envolvente percebe no outro, e vice-versa, formando, assim, um conjunto que unifica o quadro que emerge da física global da teoria de cordas.

As formas que produzem esses pares são uma grande ferramenta matemática. Na relatividade geral, se alguém está interessado em alguma característica física específica, deve completar um cálculo matemático que tem como referência o único espaço geométrico relevante para a situação em estudo. Mas na teoria de cordas a existência de pares de formas geométricas fisicamente equivalentes significa também a existência de uma escolha: qualquer uma das duas formas pode ser escolhida para o desenvolvimento dos cálculos matemáticos. E o extraordinário é que existe a garantia de obtenção do mesmo resultado, embora o percurso através dos cálculos matemáticos envolvidos em cada uma das formas possa ser muito diferente. Em diversas situações, cálculos que seriam extremamente difíceis em uma das formas geométricas traduzem-se por cálculos extremamente fáceis na outra. E qualquer esquema que facilite a execução de cálculos difíceis tem, evidentemente, um grande valor.

Com o passar dos anos, matemáticos e físicos foram escrevendo esse dicionário "difícil-fácil" para permitir avanços em numerosos problemas matemáticos de grande complexidade. Um, pelo qual tenho grande simpatia, tem a ver com a contagem do número de esferas que podem ser colocadas (de uma maneira matemática particular) no interior de uma dada forma de Calabi-Yau. Os matemáticos já vinham manifestando interesse por essa questão havia muito tempo, mas esbarravam com o problema de que os cálculos, em praticamente todos os casos, eram impenetráveis. Tome a forma de Calabi-Yau da figura 4.6. Quando uma esfera é colocada dentro dessa forma, ela pode envolver uma parte do espaço de Calabi-Yau múltiplas vezes, assim como um chicote pode enrolar-se em torno de um barril de chope. Então vem a pergunta: de quantas maneiras é possível colocar uma esfera nessa forma se ela puder envolvê-la, ou enrolar-se nela, digamos, cinco vezes? Diante dessa pergunta, os matemáticos pigarreavam, olhavam para baixo e pediam licença por já terem algum outro compromisso. Pois a teoria de cordas acabou com o obstáculo. Traduzindo os cálculos para as maneiras mais fáceis propiciadas pelas formas duplas de Calabi-Yau, ela gera respostas que devolvem a alegria aos matemáticos. O número de esferas que se enrolam cinco vezes e que cabem no interior de um espaço de Calabi-Yau como o da figura 4.6 é 229 305 888 887 625. E se as esferas se enrolassem dez vezes? 704 288 164 978 454 686 113 488 249 750. Vinte vezes? 53 126 882 649 923 577 113 917 814 483 472 714 066 922 267 923 866 471 451 936 000 000. Esses números tornaram-se precursores de uma série de resultados e conclusões que abriram um novo capítulo de descobertas matemáticas.[17]

Desse modo, seja ou não correta a abordagem proposta pela teoria de cordas para a descrição física do universo, ela já se firmou como um instrumento poderoso de trabalho no campo das investigações matemáticas.

O ESTADO DA TEORIA DE CORDAS: UMA AVALIAÇÃO

Em um resumo das quatro últimas seções, a tabela 4.2 oferece uma visão do estado atual da teoria de cordas, que inclui algumas observações adicionais não explicitadas no texto acima. Trata-se do quadro de uma teoria ainda em progresso, que já produziu conquistas sensacionais, mas que ainda não foi testada na mais importante das escalas: a confirmação experimental. A teoria permanecerá especulativa até que consigamos forjar um vínculo convincente com os experimentos ou com as observações. O estabelecimento desse vínculo é o grande desafio. Esse desafio não é específico para a teoria de cordas. Todas as tentativas de unir a gravidade e a mecânica quântica entram em um domínio que está muito além da própria vanguarda da pesquisa experimental. Isso decorre do fato de que nos propusemos um objetivo incrivelmente ambicioso. Ampliar as fronteiras fundamentais do conhecimento e buscar respostas para as indagações mais profundas que temos feito nos últimos milhares de anos é um empreendimento formidável, que não se atinge com rapidez. Nem mesmo em umas poucas décadas.

Ao avaliar o estado da arte, muitos teóricos de cordas argumentam que o próximo passo crucial será a articulação das equações da teoria em sua forma mais exata, útil e completa. Grande parte das pesquisas realizadas durante as duas primeiras décadas de vida da teoria, até meados da década de 1990, foi conduzida com base em equações aproximadas, que poderiam revelar, na opinião geral, os aspectos globais da teoria, mas que eram demasiado genéricos para gerar previsões finas. Avanços recentes, dos quais nos ocuparemos agora, catapultaram nosso entendimento bem além do que podia ser alcançado com o método aproximativo. Se bem que as previsões claramente definidas continuem a escapar de nosso controle, surgiu uma perspectiva nova. É o resultado de uma série de avanços notáveis que nos oferecem um novo panorama das implicações potenciais da teoria, entre as quais estão novas variedades de mundos paralelos.

OBJETIVO	NECESSIDADE?	SITUAÇÃO
União entre a gravidade e a mecânica quântica	Sim. O objetivo principal é unir a relatividade geral e a mecânica quântica.	Excelente. Uma pletora de cálculos e percepções atesta o êxito da teoria de cordas em compatibilizar a relatividade geral e a mecânica quântica.[18]
Unificação de todas as forças	Não. A união entre a gravidade e a mecânica quântica não requer a unificação com as outras forças da natureza.	Excelente. Embora não seja absolutamente necessária, uma teoria totalmente unificada é um objetivo de longo prazo da pesquisa física. A teoria de cordas alcança esse objetivo ao descrever todas as forças da mesma maneira — seus quanta são cordas que executam padrões vibratórios particulares.
Incorporação de avanços cruciais de pesquisas anteriores	Não. Em princípio, uma teoria bem-sucedida não precisa ter grande semelhança com teorias bem-sucedidas do passado.	Excelente. Embora o progresso não tenha de ser necessariamente linear, a história mostra que normalmente é isso o que acontece. Novas teorias bem-sucedidas normalmente retêm os êxitos já alcançados. A teoria de cordas incorpora os avanços essenciais dos esquemas físicos bem-sucedidos do passado.

OBJETIVO	NECESSIDADE?	SITUAÇÃO
Explicação das propriedades das partículas	Não. Trata-se de um objetivo nobre e, se alcançado, propiciaria um nível profundo de explicação — mas não é indispensável para uma teoria bem-sucedida de gravidade quântica.	Indeterminado; sem previsões. Avançando com relação à teoria quântica de campos, a teoria de cordas oferece um esquema para a explicação das propriedades das partículas. Mas até hoje esse potencial permanece sem concretização. As múltiplas e diferentes formas possíveis para as dimensões extras implicam múltiplos e diferentes conjuntos possíveis de propriedades das partículas. Não existe atualmente um meio disponível de escolher uma forma entre tantas.
Confirmação experimental	Sim. Essa é a única maneira de determinar se uma teoria descreve corretamente a natureza.	Indeterminado; sem previsões. Esse é o critério mais importante. Até aqui, a teoria de cordas não passou pelo teste. Os otimistas esperam que os experimentos do Grande Colisor de Hádrons e as observações feitas com telescópios espaciais tenham a capacidade de trazer a teoria de cordas ao campo do que pode ser testado. Mas não há garantia de que a tecnologia atual seja suficiente para que alcancemos esse objetivo.
Cura de singularidades	Sim. Uma teoria quântica da gravidade deve dar sentido às singularidades que surgem em situações que são, ao menos em princípio, fisicamente realizáveis.	Excelente. Tremendo progresso. Muitos tipos de singularidades já foram resolvidos pela teoria de cordas. A teoria ainda tem de resolver as singulares dos buracos negros e do big bang.

OBJETIVO	NECESSIDADE?	SITUAÇÃO
Entropia dos buracos negros	Sim. A entropia de um buraco negro propicia um contexto exemplar para que a relatividade geral e a mecânica quântica interajam.	Excelente. A teoria de cordas teve êxito em calcular e confirmar explicitamente a fórmula da entropia proposta nos anos 1970.
Contribuições matemáticas	Não. Não existe o requisito de que teorias corretas da natureza produzam avanços matemáticos.	Excelente. Embora os avanços matemáticos não sejam necessários para validar a teoria de cordas, progressos muito significativos surgiram da própria teoria, revelando o alcance profundo de sua base matemática.

Tabela 4.2. *Resumo do estado atual da teoria de cordas.*

5. Universos-bolhas em dimensões próximas

O multiverso cíclico e o multiverso das branas

Tarde da noite, muitos anos atrás, eu estava em meu escritório, na Universidade Cornell, preparando o exame final que os alunos de física fariam na manhã seguinte. Como se tratava de uma ocasião especial, quis embelezar um pouco as coisas e oferecer aos alunos um problema mais interessante. Mas já era tarde e eu estava com fome. Em vez de elaborar a questão cuidadosamente, verificando as várias possibilidades, apenas modifiquei rapidamente um problema comum e que a maioria dos alunos já conhecia, anotei-o e fui embora para casa. (Os detalhes não importam, mas o problema tinha a ver com a previsão do movimento de uma escada apoiada em uma parede, que porém começa a deslizar e cai. Modifiquei o problema fazendo a densidade da escada variar ao longo de seu comprimento.) Durante o exame, na manhã seguinte, sentei-me para escrever as soluções e vi que a modificação aparentemente modesta que fizera havia tornado o problema extremamente difícil. Se, na versão original, ele se resolvia em meia página, nessa outra forma precisei de seis. Minha letra é grande, mas você já entendeu.

Esse pequeno episódio representa muito mais a regra do que a exceção. Os problemas que aparecem nos livros-textos são muito especiais, cuidadosamente preparados para que possam ser inteiramente resolvidos com um esforço apenas razoável. Se você modificar esses problemas, ainda que só ligeiramente, alterando uma premissa ou abandonando uma simplificação, eles podem se tornar intratáveis. Ou seja, podem tornar-se tão difíceis quanto analisar situações típicas da vida real.

O fato é que, em sua vasta maioria, os fenômenos, desde os movimentos dos planetas até as interações das partículas, são simplesmente demasiado complexos para que possam ser descritos matematicamente com precisão total. A tarefa do físico teórico é avaliar quais são as complexidades que, em um determinado contexto, podem ser desprezadas em favor de uma formulação matemática mais manejável e que seja sempre capaz de captar os detalhes essenciais. Se se trata de prever o movimento da Terra, você deve incluir os efeitos da gravidade do Sol. Se você incluir também a da Lua, será ainda melhor, mas a complexidade matemática aumenta muito. (No século XIX, o matemático francês Charles-Eugène Delaunay publicou dois volumes de novecentas páginas a respeito da dança gravitacional entre o Sol, a Terra e a Lua.) Se você for mais ambicioso e quiser incluir as influências de todos os outros planetas, a análise se torna impraticável. Felizmente, para muitas finalidades, é possível desprezar todas as influências além da do Sol, uma vez que o efeito dos demais corpos do sistema solar é apenas nominal. Essas aproximações ilustram minha afirmação anterior de que a arte da física consiste em decidir o que deve ser ignorado.

Mas, como bem sabem os físicos praticantes, as aproximações não são apenas meios eficazes de alcançar o progresso. Muitas vezes elas são um perigo. Complicações de importância mínima na resposta a uma pergunta podem, por vezes, ter um impacto surpreendentemente significativo sobre a resposta a outra. Uma simples gota de chuva normalmente não tem como afetar o peso de uma pedra. Mas, se a pedra estiver balançando na beira de um abismo, a gota pode até fazê-la cair e provocar uma avalanche. Uma aproximação que ignorasse as gotas de chuva estaria desprezando um detalhe crucial.

Em meados da década de 1990, os teóricos de cordas descobriram algo similar à gota de chuva. Perceberam que várias aproximações matemáticas, amplamente utilizadas nas análises da teoria de cordas, estavam ignorando aspectos vitais da física. Com o desenvolvimento e a aplicação de métodos matemáticos mais precisos, eles puderam, afinal, superar as aproximações e, ao fazê-lo, numerosos aspectos desconhecidos da teoria entraram em foco. Entre eles estavam novos tipos de universos paralelos. Uma variedade em particular pode ser a que mais se presta à acessibilidade experimental.

ALÉM DAS APROXIMAÇÕES

Todas as disciplinas principais da física teórica — como a mecânica clássica, o eletromagnetismo, a mecânica quântica e a relatividade geral — definem-se por meio de uma equação principal, ou por um conjunto delas. (Você não precisa conhecer essas equações, mas incluí uma lista delas nas notas.)[1] O desafio está no fato de que, em todas as situações que não sejam as mais simples, é extraordinariamente difícil resolver as equações. Por essa razão, os físicos recorrem rotineiramente a aproximações — como, por exemplo, ignorar a gravidade de Plutão, ou tratar o Sol como uma esfera perfeita —, o que torna a matemática mais fácil e possibilita alcançar soluções aproximadas.

Por muito tempo, as pesquisas da teoria de cordas têm enfrentado desafios ainda maiores. A própria identificação das equações principais revelou-se tão difícil que os físicos só conseguiram desenvolver versões aproximadas delas. E mesmo as equações aproximadas eram tão complicadas que eles tinham de recorrer a premissas simplificadoras adicionais para chegar a soluções, de modo que as pesquisas tinham por base aproximações de aproximações. Durante a década de 1990, no entanto, a situação melhorou muito. Em uma série de avanços, diversos teóricos de cordas mostraram como ir além das aproximações e oferecer mais clareza e novos insights.

Para formar uma ideia desses novos avanços, imagine que Ralph esteja planejando jogar nas duas próximas extrações semanais da loteria mundial, para o que já trabalhou na apuração de suas probabilidades de ganhar. Ele diz a Alice que, como tem uma chance em 1 bilhão cada semana, se ele jogar nas duas semanas, sua chance de ganhar será de 2 em 1 bilhão, ou seja, 0,000000002. Alice entorta a boca: "Bem, Ralph. É *quase* isso". "É mesmo, mocinha? E o que você quer dizer com esse *quase*?" "Bem", ela responde,

> você errou para mais. Se ganhar da primeira vez, jogar a segunda vez não aumentará suas chances de ganhar — porque você já ganhou. Se ganhar as duas vezes, ficará com mais dinheiro, é verdade, mas, como você está apurando suas chances de simplesmente ganhar, não importa o número de vezes que você ganhe. Então, para chegar à resposta correta, você precisa subtrair a chance de ganhar *as duas* vezes — uma em 1 bilhão vezes uma em 1 bilhão, ou seja, 0,000000000000000001. O resultado final é 0,000000001999999999. Alguma pergunta, Ralph?

Descontada a petulância, o método de Alice é um exemplo do que os físicos denominam *abordagem perturbativa*. Ao fazermos um cálculo, muitas vezes é mais fácil dar um primeiro passo que incorpore apenas as contribuições mais óbvias — o ponto de partida de Ralph — e, a seguir, dar um segundo passo que inclua detalhes mais finos, modificando, ou "perturbando" a primeira resposta, como aconteceu com a contribuição de Alice. A abordagem é fácil de generalizar. Se Ralph estivesse planejando jogar nas próximas dez extrações da loteria, o primeiro passo diria que sua chance de ganhar é próxima a 10 em 1 bilhão, ou = 0,00000001. Mas, como no exemplo anterior, essa aproximação não leva em conta a possibilidade de múltiplas vitórias. Quando chega Alice, o segundo passo incorpora as possibilidades de que Ralph ganhe duas vezes — digamos, na primeira e na segunda, ou na primeira e na terceira, ou na segunda e na quarta. Tais correções, como Alice já indicou, são proporcionais a uma em 1 bilhão multiplicado por uma em 1 bilhão. Mas existem também as possibilidades, ainda que mínimas, de que Ralph ganhe três vezes. O terceiro passo de Alice leva também isso em conta, produzindo modificações proporcionais a uma em 1 bilhão, multiplicado por si mesmo três vezes. O quarto passo faz o mesmo exercício com as possibilidades ainda mais mínimas de que Ralph ganhe quatro vezes, e assim por diante. Cada nova contribuição é bem menor do que a anterior, de modo que, em algum ponto, Alice fica satisfeita com a precisão alcançada e para de calcular.

Na física, e também em muitos outros ramos da ciência, os cálculos são feitos segundo procedimentos análogos. Se você estiver interessado em conhecer a probabilidade de que duas partículas que viajam em direções opostas no Grande Colisor de Hádrons se choquem uma com a outra, o primeiro passo supõe que elas se chocam uma vez e ricocheteiam (onde "se chocam" não significa necessariamente que elas se tocam diretamente, e sim que uma "bala" portadora de uma força, como um fóton, por exemplo, sai de uma das partículas e é absorvida pela outra). O segundo passo leva em conta a chance de que as partículas se choquem duas vezes (dois fótons passam de uma para a outra); o terceiro passo modifica o anterior levando em conta a probabilidade de que as partículas se choquem três vezes; e assim por diante (figura 5.1) Como no caso da loteria, a abordagem perturbativa funciona bem se a chance de ocorrerem números cada vez maiores de interações entre as partículas — como a chance de vitórias na loteria — diminuir de modo abismal.

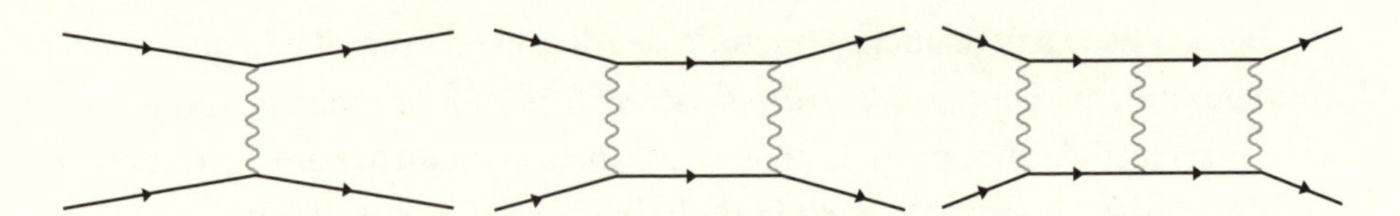

Figura 5.1. *Duas partículas (representadas pelas duas linhas cheias do lado esquerdo de cada diagrama) interagem disparando várias "balas", uma contra a outra (as "balas" são partículas portadoras de força, representadas pelas linhas onduladas), e em seguida ricocheteiam para diante (as duas linhas cheias do lado direito). Cada diagrama contribui para a probabilidade total de que as partículas quiquem e se afastem. As contribuições de processos que contêm números crescentes de balas são cada vez menores.*

No caso da loteria, a intensidade da queda é determinada pelo fato de que a chance de cada nova vitória é de um por 1 bilhão; no exemplo do físico, ela é determinada pelo fato de que a chance de cada novo choque depende de um fator numérico denominado *constante de acoplamento*, cujo valor capta a probabilidade de que uma partícula emita uma bala portadora de força e a segunda partícula a receba. Para partículas como o elétron, que é comandado pela força eletromagnética, as medições experimentais determinaram que a constante de acoplamento, associada a balas de fótons, é de cerca de 0,0073.[2] Para os neutrinos, comandados pela força nuclear fraca, a constante de acoplamento é de 10^{-6}. Para os quarks, os componentes dos prótons que estão circulando no Grande Colisor de Hádrons e cujas interações são comandadas pela força nuclear forte, a constante de acoplamento é um pouco menor do que um. Não são números tão pequenos quanto o da loteria (0,000000001), mas, se o multiplicarmos 0,0073 por ele próprio, o resultado já se torna minúsculo: 0,0000533. Se o fizermos duas vezes, será 0,000000389. Isso explica por que os teóricos raramente se dão o trabalho de levar em conta colisões múltiplas de elétrons. Os cálculos relativos a essas colisões múltiplas são excessivamente complexos e a contribuição que dão é terrivelmente pequena. Se se levar em conta o lançamento de apenas uns poucos fótons, já se obterá um resultado extraordinariamente preciso.

É claro que os físicos adorariam conseguir resultados exatos. Mas, em muitos casos, os cálculos matemáticos são demasiado difíceis, de modo que a abordagem perturbativa é o melhor que podemos fazer. Felizmente, com constantes de acoplamento suficientemente pequenas, os cálculos aproximados podem gerar previsões que concordam extremamente bem com os experimentos.

Uma abordagem perturbativa similar tem sido usada, já há um bom tempo, como um dos pilares das pesquisas da teoria de cordas. A teoria contém um número, denominado *constante de acoplamento das cordas* (em forma reduzida, *acoplamento das cordas*), que comanda a chance de que uma corda atinja outra. Se a teoria estiver correta, o acoplamento das cordas poderá, um dia, ser medido, assim como os acoplamentos já mencionados. Mas, como essa medição é hoje puramente hipotética, o valor do acoplamento das cordas é totalmente desconhecido. Nas últimas décadas, sem nenhuma orientação obtida nos experimentos, estudiosos de cordas adotaram como premissa que o acoplamento das cordas é um número pequeno. Até certo ponto, essa escolha assemelha-se à do bêbado que procura a chave perdida em volta do poste de luz, uma vez que um acoplamento das cordas pequeno permite que os físicos contem com a luz das análises perturbativas para iluminar seus cálculos. Como em diversos esquemas anteriores à teoria de cordas o acoplamento era *realmente* pequeno, uma versão menos cruel da analogia postula que o bêbado sentiu-se justificadamente encorajado pelo fato de haver com frequência encontrado as chaves exatamente no lugar iluminado. Seja como for, a premissa tornou possível um vasto conjunto de cálculos matemáticos que não só esclareceram os processos básicos através dos quais as cordas interagem umas com as outras, mas também revelaram muitos aspectos relativos às equações fundamentais que tratam do tema.

Se o acoplamento das cordas *for* realmente pequeno, espera-se que esses cálculos aproximados reflitam acuradamente a física da teoria de cordas. Mas e se não for? Ao contrário do que vimos nos casos da loteria e dos elétrons que se chocam, um acoplamento das cordas que seja grande significaria que os sucessivos refinamentos das aproximações do primeiro passo produziriam contribuições cada vez *maiores*, de modo que nunca poderíamos pôr fim aos cálculos. Os milhares de cálculos que se valeram do esquema perturbativo seriam infundados. Anos de pesquisas entrariam em colapso. Para piorar, mesmo que o acoplamento das cordas seja apenas moderadamente pequeno, sempre seria preocupante a possibilidade de que as aproximações estivessem, pelo menos em algumas circunstâncias, ignorando fenômenos físicos sutis, porém vitais, como o da gota de chuva que derruba a pedra.

Até o início da década de 1990, era pouco o que se podia dizer a respeito dessas questões irritantes. Na segunda metade daquela década, o silêncio deu lugar a um clamor. Os pesquisadores descobriram novos métodos matemáticos que poderiam contornar os problemas das aproximações perturbativas, com o desenvolvimento de algo denominado *dualidade*.

DUALIDADE

Nos anos 1980, os teóricos viram que não havia *uma* teoria de cordas, e sim *cinco* versões diferentes dela, que receberam nomes intrigantes, como *Tipo I, Tipo IIA, Tipo IIB, Heterótica-O* e *Heterótica-E*. Eu ainda não havia feito menção a essa complicação porque, embora os cálculos mostrassem que as teorias diferem nos detalhes, todas elas incluíam as mesmas características gerais — cordas vibrantes e dimensões espaciais extras — nas quais nosso foco estava concentrado até aqui. Mas agora chegamos a um ponto em que as cinco versões da teoria de cordas ocupam o lugar de destaque.

Por muitos anos, os físicos dependeram de métodos perturbativos para analisar cada uma das cinco teorias de cordas. Ao trabalhar com a de Tipo I, eles supuseram que seu acoplamento era pequeno e desenvolveram cálculos de múltiplos passos, semelhantes aos de Ralph e Alice ao analisarem as probabilidades da loteria. Ao trabalhar com a Heterótica-O, ou qualquer das outras três, fizeram o mesmo. Mas, fora desse domínio restrito dos acoplamentos pequenos, os pesquisadores não podiam fazer nada além de enrugar a testa, levantar os braços e admitir que a matemática em uso não era capaz de produzir nenhum progresso confiável.

Até que, na primavera de 1995, Edward Witten sacudiu a comunidade da teoria de cordas com uma série de conclusões estonteantes. A partir de insights de cientistas como Joe Polchinski, Michael Duff, Paul Townsend, Chris Hull, John Schwarz, Ashoke Sen e muitos outros, Witten ofereceu fortes evidências de que os teóricos podiam navegar com tranquilidade além das águas dos acoplamentos pequenos. A ideia básica era simples e poderosa. Witten argumentou que quando, em qualquer das cinco formulações da teoria de cordas, se submete a constante de acoplamento a aumentos sucessivos, a teoria reage — em notável surpresa —, transformando-se progressivamente em algo já conhecido: em uma das outras formulações da teoria de cordas, cuja constante de acoplamento, no entanto, tornava-se cada vez menor. Por exemplo, quando o acoplamento da teoria de Tipo I é grande, ela se transforma na teoria Heterótica-O com acoplamento pequeno. Isso significa que as cinco teorias de cordas, afinal de contas, não são diferentes. Elas parecem ser diferentes quando examinadas em um contexto limitado — valores pequenos para suas respectivas constantes de acoplamento —, mas quando esse contexto é ampliado as teorias transformam-se umas nas outras.

Recentemente, encontrei um ótimo truque fotográfico numa imagem que, vista de perto, é Albert Einstein; com um pouco mais de distância, torna-se ambígua; e de longe resolve-se como Marilyn Monroe (figura 5.2). Se você vir somente as imagens que entram em foco nos dois extremos, terá todas as razões para supor que está vendo duas fotografias diferentes. Mas, se examinar a imagem de uma distância intermediária, você se surpreenderá ao ver que Einstein e Marilyn são aspectos diferentes de um mesmo retrato. Do mesmo modo, o exame de duas teorias de cordas, no caso extremo em que ambas têm acoplamentos pequenos, revela que elas são tão diferentes quanto Einstein e Marilyn. Se você parasse por aí, como fizeram os teóricos de cordas durante

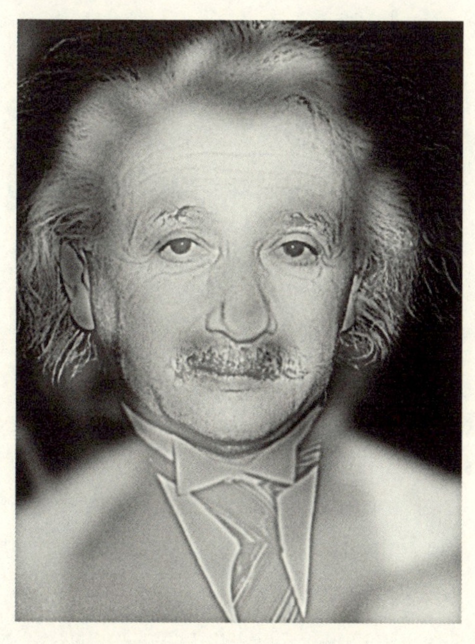

Figura 5.2. *De perto, a imagem é de Albert Einstein. De longe, é de Marilyn Monroe. (A imagem foi criada por Aude Oliva, do MIT.)*

anos, concluiria que estava estudando duas teorias separadas. Mas, se examinasse as teorias fazendo variar seus acoplamentos na faixa dos valores intermediários, veria que, assim como Einstein se transforma em Marilyn, as teorias se transformam, gradualmente, uma na outra.

A transformação de Einstein em Marilyn é engraçada. A de uma teoria de cordas em outra é mais séria. Ela implica que, se os cálculos perturbativos em uma das teorias não podem ser efetuados porque o acoplamento dessa teoria é demasiado grande, tais cálculos podem ser fielmente traduzidos na linguagem de outra das formulações da teoria de cordas, na qual o método perturbativo pode ser usado, uma vez que o acoplamento é pequeno. Os físicos dão o nome de *dualidade* a essa transição entre duas teorias que, em uma leitura ingênua, parecem diferentes. Esse tem sido um dos temas mais discutidos na pesquisa moderna da teoria de cordas. Ao proporcionar duas descrições matemáticas para uma mesma configuração física, a dualidade duplica nosso arsenal de cálculo. Cálculos que são impossíveis por sua dificuldade quando vistos de uma perspectiva tornam-se perfeitamente tratáveis quando vistos de outra.*

Witten argumentou — e outros, posteriormente, elaboraram os detalhes importantes — que todas as cinco teorias de cordas estão ligadas por uma rede dessas dualidades.[3] Sua união total, denominada *teoria-M* (logo veremos por quê), combina pontos de todas as cinco formulações, articuladas entre si por essa rede de relações duais, e produz um entendimento muito mais refinado de cada uma delas. Um desses pontos, que é essencial para o tema que estamos seguindo, revela que há muito mais do que cordas na teoria de cordas.

BRANAS

Quando comecei a estudar teoria de cordas, fiz a mesma pergunta que nos anos seguintes tantas pessoas me fizeram: por que as cordas são consideradas tão especiais? Por que concentrar a atenção somente em componentes fundamentais que têm apenas uma dimensão? Afinal, a própria teoria

* Você pode ver estes casos como uma grande generalização das conclusões que vimos no capítulo 4, em que diferentes formas das dimensões extras podem dar origem a modelos físicos idênticos.

requer que a arena na qual seus componentes existem — o universo espacial — tenha nove dimensões. Por que, então, não considerar entidades com a forma de uma folha bidimensional, ou bolhas tridimensionais, ou seus parentes pluridimensionais? A resposta que aprendi quando era estudante de pós-graduação, nos anos 1980, e que expliquei com frequência em minhas palestras sobre o tema, nos meados da década de 1990, era que a matemática que descreve os componentes fundamentais com mais de uma dimensão espacial padecia de inconsistências fatais (como processos quânticos com probabilidade negativa, o que é um resultado que não tem sentido algum). Mas, quando a mesma matemática era aplicada às cordas, as inconsistências se cancelavam mutuamente e a descrição podia ser feita.*[4] As cordas estavam em uma classe especial.

Assim parecia.

Armados com os recém-descobertos métodos de cálculos, os físicos passaram a analisar suas equações com precisão muito maior e produziram uma série de resultados inesperados. Um dos mais surpreendentes dentre eles estabelecia que a razão alegada para a exclusão de tudo o que não fossem cordas era frágil. Os teóricos perceberam que os problemas matemáticos encontrados no estudo dos componentes com um número maior de dimensões, como discos e bolhas, eram produto das aproximações antes em uso. De posse de métodos mais precisos, eles puderam determinar que os componentes com várias dimensões espaciais estão *efetivamente* à espreita, nas sombras matemáticas da teoria de cordas.[5] As técnicas perturbativas eram demasiado grosseiras para revelá-los, mas os novos métodos finalmente permitiam fazê-lo. No final da década de 1990, já estava bastante claro que a teoria de cordas não era apenas uma teoria sobre cordas.

As análises revelaram objetos, com a forma de tapetes voadores, ou discos curvos, como *frisbees*, com duas dimensões espaciais: *membranas* (um dos significados do "M" de teoria-M), também denominados *2-branas*. Mas ainda havia mais. As análises revelaram objetos com três dimensões espaciais, chamados *3-branas*; e objetos com quatro dimensões espaciais (*4-branas*), e assim

* Isso não se deve a alguma misteriosa coincidência matemática. Ao contrário, em um sentido matemático muito preciso, as cordas são formas altamente simétricas e era essa simetria que eliminava as inconsistências. Veja a nota 4 para os detalhes.

por diante, até chegar às *9-branas*. A matemática deixava claro que todas essas entidades eram capazes de vibrar e ondular como as cordas. Com efeito, neste contexto, as cordas devem ser vistas como *1-branas* — um dos itens de uma lista inesperadamente longa dos componentes básicos da teoria.

Uma revelação correlata, igualmente embasbacante para quem passou a vida profissional trabalhando sobre o tema, foi que o número de dimensões espaciais requeridas pela teoria não era, na verdade, nove. Era dez. E, se acrescentamos a dimensão do tempo, o número total de dimensões espaço-temporais passa a ser onze. Como podia ser? Lembre-se da expressão "(*D* — 10) vezes (*Problema*)", no capítulo 4, que inspirara a conclusão de que a teoria de cordas requer dez dimensões espaço-temporais. De novo vemos que a análise matemática que gerou essa equação estava baseada em um esquema de aproximações perturbativas que tinha como premissa que o acoplamento das cordas era pequeno. Daí a surpresa: a aproximação havia ignorado uma das dimensões espaciais da teoria. A razão, demonstrada por Witten, está no fato de que o tamanho do acoplamento das cordas controla diretamente o tamanho da décima dimensão espacial até então desconhecida. Ao tomar como premissa o acoplamento pequeno, os pesquisadores, inadvertidamente, também tornaram pequena essa dimensão espacial — tão pequena que era invisível para a própria matemática. Os métodos mais precisos retificaram essa falha, revelando o universo da teoria de cordas/teoria-M, com dez dimensões espaciais e uma temporal, em um total de onze dimensões espaço-temporais.

Lembro-me bem das expressões perplexas e desorientadas que se viam por toda parte na conferência internacional sobre a teoria de cordas que se celebrou na Universidade de Southern California em 1995, na qual Witten anunciou pela primeira vez algumas dessas conclusões — o tiro inicial do que hoje é conhecido como a Segunda Revolução de Cordas.* No cenário do multiverso, são as branas que ocupam o palco central. Ao usá-las, os pesquisadores foram conduzidos diretamente a outra variedade de universos paralelos.

* A primeira revolução ocorreu em 1984 com as conclusões de John Schwarz e Michael Green, que lançaram a versão moderna do tema.

Normalmente, imaginamos que as cordas são ultrapequenas. Essa é a característica que torna tão difícil testar a teoria. Não obstante, observei no capítulo 4 que as cordas não são necessariamente minúsculas. O comprimento de uma corda é determinado por sua energia. As energias associadas às massas dos elétrons, quarks e outras partículas conhecidas são tão diminutas que as cordas correspondentes têm de ser realmente minúsculas. Mas, se injetarmos suficiente quantidade de energia em uma corda, ela ganhará em comprimento. Não temos nem de longe a capacidade de realizar essa operação aqui na Terra, mas essa limitação se deve ao grau de nosso desenvolvimento tecnológico. Se a teoria de cordas está certa, uma civilização avançada seria capaz de fazer crescer as cordas ao tamanho que quisesse. Fenômenos cosmológicos naturais também têm a capacidade de produzir cordas longas. As cordas podem, por exemplo, envolver uma porção do espaço e assim participar da expansão cosmológica, tornando-se longas com esse processo. Uma das possíveis assinaturas experimentais esboçadas na tabela 4.1 busca as ondas gravitacionais que essas cordas longas podem emitir enquanto vibram em lugares remotos do espaço.

Assim como as cordas, as branas que têm um número maior de dimensões também podem ser grandes. E isso abre uma possibilidade inteiramente nova que a teoria de cordas pode usar para descrever o cosmo. Para compreender o que estou sugerindo, imagine primeiro uma corda longa tão longa quanto um fio elétrico que se estende por uma distância maior do que o que a vista pode alcançar. Em seguida, imagine uma grande 2-brana, como uma enorme toalha de mesa cuja superfície se estende indefinidamente. Isso é fácil de visualizar porque podemos imaginá-la no contexto das três dimensões que nos são familiares.

Se uma 3-brana for enorme, talvez infinitamente grande, a situação muda. Uma 3-brana assim *preencheria integralmente* o espaço que ocupamos, assim como a água enche uma piscina imensa. Tal ubiquidade sugere que, em vez de pensarmos na 3-brana como um objeto situado no contexto de nossas três dimensões espaciais, deveríamos imaginá-la como o próprio substrato do espaço. Assim como os peixes vivem na água, nós viveríamos em uma 3-brana que permeia o espaço. O espaço, pelo menos o espaço em que vivemos, seria muito mais corpóreo do que geralmente imaginamos. Seria uma coisa, um objeto, uma entidade — uma 3-brana. Quando andamos e corremos, quando respiramos e interagimos, nós nos movemos dentro de uma 3-brana. Os teóricos de cordas dão a isso o nome de *cenário dos mundos-brana.*

É por aí que os universos paralelos entram na teoria de cordas.

Focalizamos a relação entre as 3-branas e as três dimensões espaciais conhecidas porque quero estabelecer contato com o reino familiar da realidade cotidiana. Mas na teoria de cordas há mais do que apenas três dimensões espaciais. E uma extensão espacial com mais de três dimensões oferece amplas possibilidades para acomodar mais de uma 3-brana. Para começar de maneira conservadora, imaginemos a existência de duas 3-branas enormes. Pode parecer difícil visualizar tal coisa. A mim, pelo menos, parece. A evolução preparou-nos para identificar objetos, que nos sugerem oportunidades ou perigos, que claramente se encontram *dentro* de um espaço tridimensional. Em consequência, embora possamos facilmente visualizar dois objetos tridimensionais comuns que existem em uma região do espaço, poucos de nós podem conceber duas entidades tridimensionais que coexistem, mas que estão separadas, cada uma delas preenchendo inteiramente um espaço tridimensional. Para facilitar a discussão do cenário do mundo-brana, vamos, então, suprimir uma dimensão espacial de nossa visualização e pensar em como seria a vida em uma gigantesca 2-brana. E, para formamos uma imagem mental bem definida, pensemos na 2-brana como uma fatia de pão de forma, gigantesca e extraordinariamente fina.*

Para usar essa metáfora eficientemente, imagine que a fatia de pão inclui a totalidade do que tradicionalmente denominamos "universo": as constelações de Órion, do Cruzeiro do Sul, a nebulosa do Caranguejo, a Via Láctea inteira, Andrômeda e assim por diante — tudo o que existe em nossa extensão espacial tridimensional, por mais distante que esteja, como mostra a figura 5.3a. Para visualizar a segunda brana-3, basta imaginarmos outra fatia de pão igualmente enorme. Onde? Coloque-a ao lado na nossa, movendo-a um pouco para o lado, nas dimensões extras (figura 5.3b). Para visualizar três ou mais 3-branas, basta acrescentar mais fatias ao pão cósmico. E, se a metáfora do pão revela um con-

* Se você for cuidadoso, notará que uma fatia de pão é, na verdade, tridimensional (comprimento e largura, na superfície, e também espessura, perpendicular a ela), mas não se deixe incomodar por isso. A espessura do pão servirá para lembrar-nos de que nossas fatias bidimensionais são apenas substitutos visuais das 3-branas gigantescas.

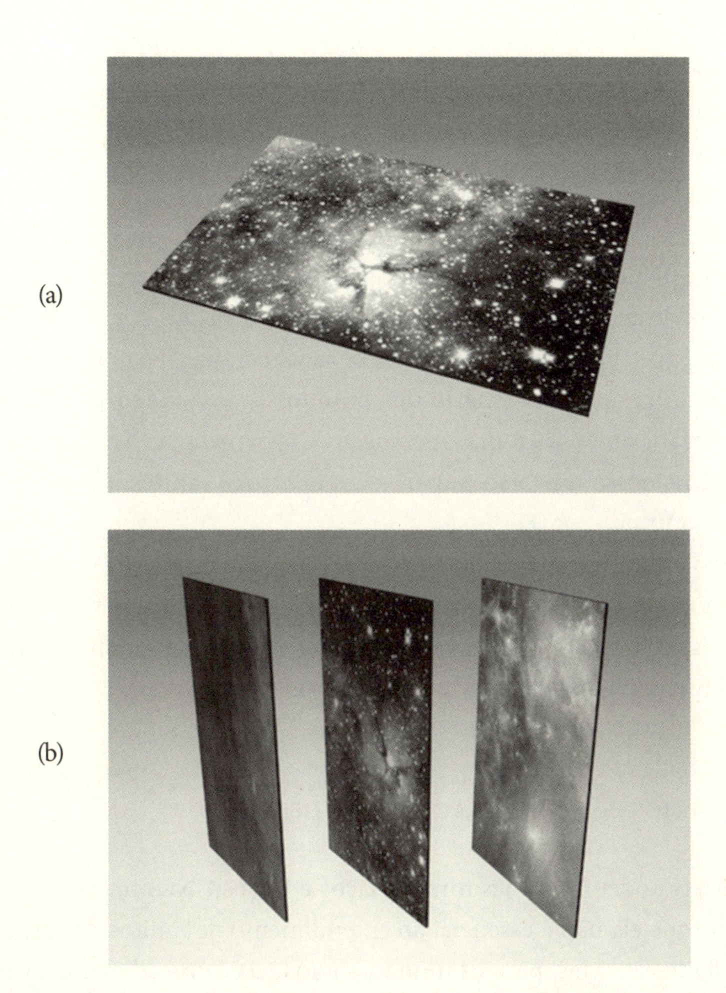

Figura 5.3. (a) *No cenário dos mundos-brana, o que pensamos tradicionalmente ser o cosmo como um todo pode ser visto como algo que reside em uma brana tridimensional. Para facilidade visual, suprimimos uma dimensão e mostramos o mundo-brana como se tivesse apenas duas dimensões espaciais; e também mostramos seções finitas das branas, que, na verdade, podem estender-se infinitamente.* (b) *A extensão em mais dimensões da teoria de cordas pode acomodar muitos mundos-brana paralelos.*

junto de branas alinhadas umas com as outras, também é fácil imaginar outras possibilidades mais. As branas podem orientar-se em qualquer direção e podemos incluir branas de quaisquer dimensionalidades, maiores ou menores.

As mesmas leis fundamentais da física se aplicariam a todo o conjunto das branas, uma vez que todas elas surgem de uma mesma teoria — a teoria de cordas/teoria-M. Mas, assim como no caso dos universos-bolhas do multiverso inflacionário, detalhes ambientais, como os valores de um ou outro campo que permeia uma brana, ou mesmo o número das dimensões espaciais que definem uma brana, podem afetar profundamente suas características físicas. Alguns mundos-brana podem parecer-se muito com o nosso, cheio de galáxias, estrelas e planetas, enquanto outros podem ser muito diferentes. Em uma ou mais dessas branas pode haver seres autoconscientes que, como nós, algum dia pensaram que sua fatia — a extensão espacial em que vivem — constituía a totalidade do cosmo. No cenário dos mundos-brana da teoria de cordas, veríamos, então, que essa é uma perspectiva provinciana. No cenário dos mundos-brana, nosso universo é apenas um dentre os muitos que povoam o *multiverso das branas.*

Quando o multiverso inflacionário apareceu pela primeira vez na comunidade da teoria de cordas, a resposta imediata concentrou-se em uma questão óbvia: Se existem branas gigantescas logo a nosso lado e até mesmo universos paralelos flutuando a nossa volta, como não as vemos?

BRANAS PEGAJOSAS E OS TENTÁCULOS DA GRAVIDADE

As cordas podem ter duas formas: laços e traços.* Não me referi a essa distinção porque ela não é essencial ao entendimento de muitos dos aspectos principais da teoria. Mas, para os mundos-brana, ela é crucial e uma questão muito simples revela por quê. As cordas podem deslocar-se para fora de uma brana? A resposta é: Os laços, sim; os traços, não.

Teóricos como Joe Polchinski foram os primeiros a perceber que isso tem a ver com as pontas da corda-traço. As equações que convenceram os físicos de que as branas fazem parte da teoria de cordas também mostravam que as cordas e as branas têm uma relação particularmente íntima. As branas são o único lugar em que as pontas das cordas-traços podem residir, como na figura 5.4. A matemática mostra que, se você tentar remover a ponta de uma corda de uma brana, terá diante de si uma missão impossível — como tratar de fazer

* No original, *loops* e *snippets.* (N. R. T.)

Figura 5.4. *As branas são o único lugar em que as pontas de uma corda-traço podem existir.*

com que o valor de π seja menor, ou que a raiz quadrada de 2 seja maior. Fisicamente, é como tentar remover os polos magnéticos das extremidades de um ímã. Não é possível. As cordas-traços podem mover-se livremente dentro de uma brana e através dela, flutuando sem esforço de um lugar para outro, mas não podem sair da brana.

Se essas ideias forem algo mais do que apenas aspectos interessantes mas abstratos da matemática, e se nós efetivamente vivermos em uma brana, agora mesmo você estará sentindo a força aparafusadora que nossa brana exerce sobre as pontas das cordas. Tente pular fora de nossa 3-brana. Tente de novo, com mais empenho. Suspeito de que você ainda esteja aí. Em um mundo-brana, as cordas que formam seu corpo — e o restante da matéria comum — são traços. Você pode saltar e cair, chutar uma bola e enviar uma onda de rádio a seu próprio ouvido, tudo isso sem despertar nenhuma resistência por parte da brana. Mas *você não pode sair da brana*. Se você tentar sair, verá que as pontas de suas cordas o amarram a ela. Invariavelmente. Nossa realidade pode ser um bloco que flutua em uma extensão de dimensão mais alta, à qual estamos permanentemente presos, incapazes de aventurar-nos em outras partes e explorar o cosmo exterior.

Esse quadro funciona para as partículas que transmitem as três forças não gravitacionais. A análise revela que elas também derivam de cordas-traços. A esse respeito, as mais notáveis são os fótons, os portadores da força eletromagnética. A luz visível, que é um fluxo de fótons, pode, portanto, viajar livremente — deste texto a seus olhos, ou da galáxia de Andrômeda ao Observatório Wilson, mas ela também não é capaz de escapar. Um outro mundo-brana pode estar flutuando a apenas alguns milímetros de distância, mas, como a luz não pode transpor o intervalo entre nosso mundo e esse outro, nunca poderemos ter nem sequer um indício de sua presença.

A única força diferente, sob esse ponto de vista, é a gravidade. A característica distintiva dos grávitons, que já mencionamos no capítulo 4, é que eles têm spin-2, o dobro do que têm as partículas que derivam das cordas-traços (como os fótons), que transmitem as forças não gravitacionais. O fato de os grávitons terem o dobro do spin das cordas-traços significa que você pode pensar que os grávitons são constituídos de duas cordas-traços cujas pontas se encontram e formam um anel, uma corda-laço. Como os laços não têm pontas, as branas não podem aprisioná-los e os grávitons podem, portanto, sair de um mundo-brana e retornar a ele. No cenário dos mundos-brana, a gravidade oferece, portanto, a única possibilidade de sondar além dos confins de nosso espaço tridimensional.

Essa constatação tem um papel fundamental em alguns dos testes potenciais da teoria de cordas, que mencionamos no capítulo 4 (tabela 4.1). Nas décadas de 1980 e 1990, antes que as branas entrassem no jogo, os físicos imaginavam que o tamanho das dimensões extras da teoria de cordas seria da escala de Planck (com um raio de aproximadamente 10^{-33} centímetros) — a escala natural para uma teoria que envolve ao mesmo tempo a gravidade e a mecânica quântica. Mas o cenário dos mundos-brana pede um pensamento mais amplo e aberto. Se a única maneira de sondarmos para além de nossas três dimensões espaciais comuns é a gravidade — a mais fraca de todas as forças —, as dimensões extras podem ser muitíssimo maiores sem que possamos detectá-las. Por enquanto.

Se as dimensões extras existem e são *muitíssimo* maiores do que antes imaginávamos — talvez 1 bilhão de bilhões de bilhões de vezes maiores (com um diâmetro de cerca de 10^{-4} centímetros) —, os experimentos que medem a intensidade da gravidade, que descrevemos no segundo item da tabela 4.1, poderiam ser capazes de detectá-las. Quando os objetos se atraem gravitacionalmente, eles trocam entre si correntes de grávitons. Os grávitons são os mensageiros invisíveis que comunicam a influência da gravidade. Quanto mais grávitons forem trocados, tanto maior será a atração gravitacional. Quando alguns desses grávitons em fluxo deixam nossa brana e percorrem as dimensões extras, a atração gravitacional entre os objetos se dilui. Quanto maiores forem as dimensões extras, tanto maior será essa diluição e tanto menor será a influência da gravidade. Se pudéssemos medir com precisão a atração gravitacional entre dois objetos que estivessem a uma distância menor do que o tamanho das dimensões extras, os físicos experimentais poderiam interceptar os grávitons antes que eles escapassem de nossa brana. Nesse caso, eles poderiam encontrar e medir uma intensidade gravitacional proporcionalmente maior. Dessa maneira, embora eu não o tenha mencionado no capítulo 4, essa abordagem para revelar as dimensões extras depende do cenário dos mundos-brana.

Um aumento mais modesto do tamanho das dimensões extras, apenas para um diâmetro de 10^{-18} centímetros, já bastaria para torná-las potencialmente acessíveis ao Grande Colisor de Hádrons. Como discutimos no terceiro item da tabela 4.1, as colisões a alta energia entre prótons podem enviar resquícios às dimensões extras, resultando em uma perda aparente de energia em nossas dimensões, o que poderia ser detectável. Também esse experimento depende do cenário dos mundos-brana. Os dados relativos à energia faltante seriam explicados pela proposta de que nosso universo existe em uma brana e de que os decaimentos capazes de escapar de nossa brana — grávitons — subtraem dela essa energia.

A possibilidade da existência de miniburacos negros, o quarto item da tabela 4.1, é outro subproduto dos mundos-brana. O Grande Colisor de Hádrons tem uma chance de produzir miniburacos negros com as colisões entre prótons somente se a força intrínseca da gravidade aumentar nas distâncias pequenas. Como vimos acima, é o cenário dos mundos-brana que torna isso possível.

Tais detalhes lançam novas perspectivas sobre esses três experimentos. Eles não só buscam indícios de estruturas exóticas, como as dimensões espaciais extras e os miniburacos negros, mas também buscam indícios de que vivemos em uma brana. Por sua vez, um resultado positivo não só reforçaria a credibilidade do cenário dos mundos-brana da teoria de cordas, mas também forneceria indícios indiretos da existência de outros universos além do nosso.

Se pudermos estabelecer que vivemos em uma brana, a matemática não nos dará nenhuma razão para esperarmos que ela seja a única brana.

O TEMPO, OS CICLOS E O MULTIVERSO

Os multiversos que encontramos até aqui, ainda que diferentes nos detalhes, compartilham um aspecto básico. Nos multiversos repetitivo, inflacionário e das branas, os outros universos estão no espaço "de fora". Para o multiverso repetitivo, "de fora" quer dizer muito longe no sentido cotidiano da expressão. Para o multiverso inflacionário, quer dizer fora de nosso universo-bolha e estendendo-se por todo o domínio inflacionário em rápida expansão. Para o multiverso das branas, quer dizer uma distância possivelmente pequena, mas separada de nós por outra dimensão. A comprovação do cenário dos mundos-brana nos levaria a considerar seriamente uma outra variedade de multiverso, que não se beneficiaria das oportunidades oferecidas pelo espaço, mas sim das do tempo.[6]

Desde Einstein, sabemos que o espaço e o tempo podem curvar-se e esticar-se. Mas, em geral, não imaginamos nosso universo inteiro navegando pelo espaço, para lá e para cá. Qual é o significado de dizer que a totalidade do espaço moveu-se dez metros para a "esquerda", ou para a "direita"? Pode ser um bom quebra-cabeça, mas que fica prosaico se o consideramos no cenário dos mundos-brana. Assim como as partículas e as cordas, as branas certamente podem mover-se pelo ambiente que as circunda. Assim, se o universo que observamos e onde vivemos for uma 3-brana, podemos perfeitamente estar circulando por uma extensão espacial com dimensões extras.*

Se efetivamente estivermos em uma brana deslizante como essa, e se houver outras branas por perto, o que aconteceria se nos chocássemos com uma delas? Embora haja detalhes que ainda não foram solucionados, é certo que uma colisão entre duas branas — uma colisão entre dois universos — seria violenta. A possibilidade mais simples seria uma aproximação progressiva entre duas 3-branas paralelas até a ocorrência de uma colisão, semelhante ao choque de

* Você pode ainda perguntar se toda a extensão espacial multidimensional pode mover-se, mas essa possibilidade, embora interessante, não se aplica à presente discussão.

dois pratos de uma orquestra sinfônica. A tremenda energia contida em seu movimento relativo produziria um enorme fluxo de partículas e radiação que eclipsaria todas as estruturas organizadas que ambas as branas contivessem.

Para um grupo de pesquisadores que inclui Paul Steinhardt, Neil Turok, Burt Ovrut e Justin Khoury, tal cataclisma descreve não só um final destrutivo, mas também um recomeço. Um ambiente intensamente quente e extremamente denso através do qual as partículas trafegariam em todas as direções tem muitas semelhanças com as condições que se formaram imediatamente após o big bang. Talvez, portanto, quando duas branas colidem, aniquilam-se todas as estruturas que possam ter se formado no transcurso de ambas as histórias, desde as galáxias até os planetas e as pessoas, e criam-se as condições para um renascimento cósmico. Com efeito, uma 3-brana repleta de um plasma torridamente quente, de partículas e radiação, reagiria do mesmo modo como faria uma extensão espacial tridimensional comum: expandindo-se. E, ao fazê-lo, o ambiente se resfria, o que permite às partículas agrupar-se, produzindo, em última análise, a geração seguinte de galáxias e estrelas. Já se sugeriu que o nome adequado para esse reprocessamento de universos seria *o grande choque.**

Por mais evocativa que seja, a palavra *choque* não capta um aspecto central das colisões entre branas. Steinhardt e seus colaboradores argumentaram que, quando as branas se chocam, elas não se mantêm unidas e sim quicam e voltam a separar-se. A força gravitacional que elas exercem mutuamente passa então a reduzir gradualmente seu movimento de separação recíproca, até que elas alcançam uma distância máxima e voltam a aproximar-se. Nessa fase, as branas voltam a ganhar velocidade e a colidir. Em consequência da tempestade de fogo que ocorre de novo, as condições aqui mencionadas voltam a produzir-se em cada brana, dando início a uma nova era de evolução cosmológica. A essência dessa cosmologia envolve, assim, mundos que cumprem ciclos que se repetem através do tempo e geram uma nova variedade de universos paralelos, denominada *multiverso cíclico.*

Se de fato vivermos em uma brana em um multiverso cíclico, os outros universos-membros (além da brana parceira com a qual colidimos periodi-

* No original, *big splat.* (N. R. T.)

camente) estarão em nosso presente e em nosso futuro. Steinhardt e seus colaboradores estimaram que a escala de tempo de um ciclo completo desse tango cósmico — nascimento, evolução e morte — seria de cerca de 1 trilhão de anos. Nesse cenário, o universo como o conhecemos seria apenas o mais recente em uma série temporal; série na qual alguns universos poderiam conter vida inteligente e a cultura por ela gerada, mas que estariam há muito tempo extintas. Com a evolução, todas as nossas contribuições, assim como as de todas as outras formas de vida geradas por nosso universo, seriam igualmente aniquiladas.

O PASSADO E O FUTURO DOS UNIVERSOS CÍCLICOS

As cosmologias cíclicas têm na abordagem dos mundos-brana sua encarnação mais refinada, mas sua história é longa. A rotação da Terra, ao gerar o padrão previsível da noite e do dia, assim como sua translação, que gera a sequência repetitiva das estações do ano, são presságios do pensamento cíclico desenvolvido pela tradição de muitas culturas em suas tentativas de explicar o cosmo. Uma das mais antigas cosmologias pré-científicas, a tradição hindu, propõe uma série complexa de ciclos dentro de ciclos, os quais, segundo algumas interpretações, se estendem por milhões e até por trilhões de anos. Pensadores ocidentais, desde os tempos do filósofo pré-socrático Heráclito e do estadista romano Cícero, também desenvolveram diversas teorias cosmológicas cíclicas. Um universo que é consumido pelo fogo e renasce das cinzas constitui cenário frequente entre os que se dedicam às altas questões das origens cósmicas. Com a expansão do cristianismo, o conceito de uma gênese única ganhou gradualmente a supremacia, mas outras teorias cíclicas continuaram esporadicamente a atrair a atenção.

Na era científica moderna, os modelos cíclicos têm sido cogitados desde as primeiras investigações cosmológicas trazidas pela relatividade geral. Alexander Friedmann, em um livro popular publicado na Rússia em 1923, notou que algumas de suas soluções cosmológicas para as equações gravitacionais de Einstein sugeriam um universo oscilante, que se expandiria, atingiria o tamanho máximo, começaria a contrair-se e chegaria a se transformar em um "ponto", a partir do que poderia voltar a expandir-se.[7] Em 1931, o próprio

Einstein, que àquela altura já havia abandonado a hipótese de um universo estático, investigou também a possibilidade de um universo oscilatório. O trabalho mais detalhado a esse respeito consistiu em uma série de artigos publicados entre 1931 e 1934 por Richard Tolman, do California Institute of Technology. Tolman desenvolveu extensas pesquisas matemáticas relativas a modelos de cosmologia cíclica que deram início a uma série de estudos — por vezes navegando na contramão da ciência física e por vezes alcançando certo êxito popular — que prosseguem até os dias de hoje.

Parte da atração exercida pela cosmologia cíclica vem de sua aparente capacidade de evitar a complicada questão de como o universo teve início. Se ele passa de ciclo em ciclo, e se os ciclos sempre existiram (e talvez sempre existirão), o problema da explicação do começo de tudo perde prioridade. Cada ciclo tem seu próprio começo, mas a teoria provê uma causa física concreta para tanto: o término do ciclo anterior. E, se você perguntar sobre o início do ciclo completo de universos, a resposta será que simplesmente não existe esse início, porque os ciclos se repetem eternamente.

Em certo sentido, os modelos cíclicos são uma tentativa de ganhar com os dois lados da aposta. Nos primeiros dias da cosmologia científica, a teoria do *estado estacionário* apresentou sua própria proposta para resolver a questão da origem cósmica, sugerindo que, embora o universo esteja em expansão, nunca teve um início: a expansão é acompanhada da criação contínua de novas quantidades de matéria, que preenchem o espaço adicional e asseguram a manutenção de condições constates em todo o cosmo por toda a eternidade. Mas a teoria do estado estacionário incorria em problemas apontados por observações astronômicas que indicavam com clareza que, em épocas anteriores, as condições diferiam marcadamente das que presenciamos hoje. O problema maior decorria de observações que mostravam que as fases cosmológicas mais antigas não tinham nada de contínuas e lineares, pois, ao contrário, eram caóticas e combustíveis. O big bang acaba com o sonho do estado estacionário e traz de volta ao cenário a questão do início. É aí que a cosmologia cíclica oferece uma alternativa respeitável. Cada ciclo *pode* incorporar um big bang inicial, de maneira compatível com os dados astronômicos. Mas, ao colocar em linha sucessiva um número infinito de ciclos, a teoria evita ainda o ônus de ter de explicar o momento inicial. As cosmologias cíclicas, aparentemente, combinavam os aspectos mais interessantes dos modelos do estado estacionário e do big bang.

Então, na década de 1950, o astrofísico holandês Herman Zanstra chamou atenção para um aspecto problemático dos modelos cíclicos, que já estava implícito na análise feita por Tolman, cerca de vinte anos antes. Zanstra demonstrou que não poderia ter havido um número infinito de ciclos anteriores ao nosso. O problema estava na ação da segunda lei da termodinâmica. Essa lei, que discutiremos mais profundamente no capítulo 9, estabelece que a desordem — a *entropia* — aumenta com o tempo. Isso é algo que experimentamos rotineiramente. A cozinha, por exemplo, por mais ordenada que esteja ao começar o dia, tem uma tendência a estar desordenada no final da noite. O mesmo vale para a cesta de roupa suja, para o computador e para o quarto dos brinquedos. Nesses locais de uso diário, o aumento da entropia é simplesmente um incômodo; mas na cosmologia cíclica o aumento da entropia é crucial. Como Tolman verificou, as equações da relatividade geral ligam o conteúdo de entropia do universo à duração de um determinado ciclo. Mais entropia significa mais partículas desordenadas e apertadas umas com as outras quando o universo passa a se contrair. Isso gera um quicar mais intenso, o espaço se expande a distâncias maiores e, assim, o ciclo dura mais tempo. Analisando o processo de acordo com nosso ponto de vista, a segunda lei implica que os ciclos mais antigos teriam cada vez menos entropia (porque a segunda lei determina que a entropia aumenta com o passar do tempo)* e seriam, por isso, cada vez mais curtos. Zanstra operou esse conceito matematicamente e revelou que, em um determinado momento do passado, os ciclos teriam sido tão curtos que teriam de cessar: também eles *teriam* de ter um início.

Steinhardt e companhia afirmam que sua nova versão da cosmologia cíclica evita esse problema. Em sua abordagem, os ciclos não provêm de um movimento sucessivo de expansão e contração do universo e sim da *separação* entre mundos-brana que se expandem e se contraem sucessivamente. As branas propriamente ditas se expandem continuamente — e o fazem em cada um dos ciclos. A entropia cresce de um ciclo para o outro, como determina a segunda lei da termodinâmica, mas, como as branas se expandem, a entropia se espraia por volumes espaciais cada vez maiores. A entropia total aumenta, mas

* Os leitores familiarizados com o enigma da flecha do tempo poderão notar que estou supondo, em concordância com as observações, que a entropia é menor no passado. Veja *O tecido do cosmo*, capítulo 6, para uma discussão detalhada.

a *densidade* da entropia diminui. Ao final de cada ciclo, ela está tão diluída que sua densidade cai para um valor próximo a zero — um recomeço completo. Assim, ao contrário do que acontece com as análises de Tolman e Zanstra, os ciclos podem continuar indefinidamente em direção ao futuro, o que ocorre também no rumo do passado. O multiverso cíclico dos mundos-brana não requer um início no tempo.[8]

Contornar esse problema é a pena do chapéu do multiverso cíclico. Mas seus proponentes assinalam que o multiverso cíclico vai além de oferecer uma solução para enigmas cosmológicos: ele faz uma previsão específica que o distingue do paradigma inflacionário, de tão grande aceitação. Na cosmologia inflacionária, o surto violento de expansão do universo nascente teria abalado tão profundamente o tecido do espaço que ondas gravitacionais substanciais teriam sido produzidas. E elas teriam deixado marcas na radiação cósmica de fundo em micro-ondas que, hoje, são buscadas por observações de alta sensibilidade. Em contraste, uma colisão de branas cria uma tempestade súbita — mas, sem a espetacular expansão inflacionária do espaço, quaisquer ondas gravitacionais produzidas seriam, quase que com certeza, demasiado fracas para deixar um sinal duradouro. Desse modo, a comprovação de ondas gravitacionais produzidas no início do universo seria um forte elemento de descrédito para o multiverso cíclico. Por outro lado, a não observação dessas ondas gravitacionais constituiria um sério desafio para muitos dos modelos inflacionários e tornaria o modelo cíclico mais atraente.

O multiverso cíclico é bem conhecido na comunidade da física, mas é visto, em geral, com muito ceticismo. As observações poderão afetar esse quadro. Se o Grande Colisor de Hádrons propiciar dados que confirmem os mundos-brana e se, ao mesmo tempo, não conseguirmos detectar os sinais das ondas gravitacionais do universo primitivo, o multiverso cíclico provavelmente ganhará muitos adeptos.

EM FLUXO

A constatação matemática de que a teoria de cordas não é apenas uma teoria sobre cordas, pois também inclui branas, causou um profundo impacto nesse campo das pesquisas. O cenário dos mundos-brana e dos multiversos por ele originados é uma das áreas de pesquisa que daí resultam e que tem a capacidade de alterar pronunciadamente nossa perspectiva da realidade. Sem os métodos matemáticos mais exatos que foram desenvolvidos nos últimos quinze anos, a maior parte desses insights teria permanecido fora de nosso alcance. De todo modo, o maior dos problemas que os físicos esperavam viesse a ser solucionado pelos métodos mais exatos — a necessidade de determinar a forma das dimensões extras, dentre os múltiplos candidatos que a análise teórica descobriu — ainda não foi resolvido. Longe disso. Os novos métodos tornaram o problema muito mais difícil. Eles resultaram na descoberta de uma vastíssima quantidade de novas formas possíveis para as dimensões extras, o que aumentou enormemente o número das formas candidatas, sem proporcionar sequer um indício sobre como identificar uma delas como sendo a de nosso mundo.

Um fator-chave nesse desenvolvimento é uma propriedade das branas denominada *fluxo*. Assim como um elétron dá lugar a um campo elétrico, uma "névoa" elétrica que permeia a área em volta dele, e assim como um ímã dá lugar a um campo magnético, uma "névoa" magnética que permeia a área circundante, também uma brana dá lugar a um *campo da brana*, uma "névoa" da brana, que permeia toda a área em volta, como na figura 5.5. Quando Faraday executava os primeiros experimentos com os campos elétrico e magnético, no começo do século XIX, ele imaginava quantificar sua intensidade registrando a densidade das linhas do campo a diferentes distâncias da fonte, uma medida à qual deu o nome de *fluxo*. Desde então, a palavra se estabeleceu no léxico da física. A intensidade de um campo de brana também é delineada pelo fluxo que ele gera.

Teóricos de cordas, inclusive Raphael Bousso, Polchinski, Steven Giddings, Shamit Kachru e muitos outros, compreenderam que a descrição completa das dimensões extras da teoria de cordas não requer apenas a especificação de sua forma e de seu tamanho. Embora esses tenham sido os tópicos em que os pesquisadores da área, inclusive eu próprio, se concentraram quase exclusivamente nos anos 1980 e no começo dos anos 1990, a obtenção de progresso requer *também* a especificação dos fluxos da brana que as permeia. Dediquemos um breve momento para esclarecer esse ponto.

Desde os primeiros trabalhos matemáticos que investigaram as dimensões extras da teoria de cordas, os pesquisadores sabem que as formas de Calabi-Yau contêm, tipicamente, muitas regiões abertas, como o espaço interior de uma bola de praia, o furo de uma rosquinha ou o interior de uma escultura de vidro

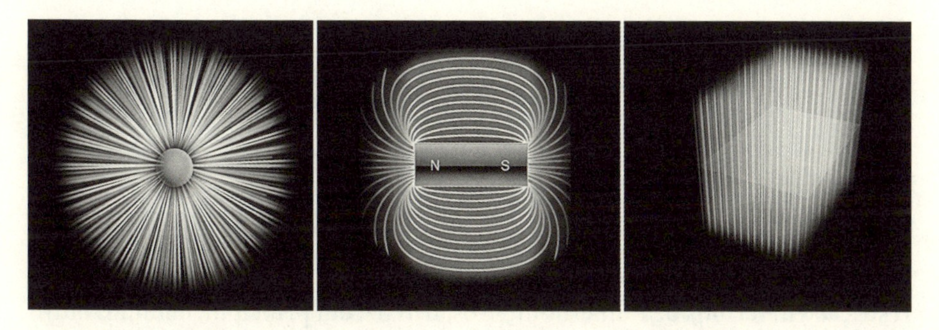

Figura 5.5. *Fluxo elétrico produzido por um elétron, fluxo magnético produzido por um ímã e fluxo de brana produzido por uma brana.*

soprado. Mas foi só nos primeiros anos de nosso milênio que os teóricos perceberam que essas regiões abertas não precisam ser inteiramente vazias. Elas podem ser envolvidas por uma ou outra brana e percorridas pelo fluxo que penetra nelas, como na figura 5.6. As pesquisas anteriores (resumidas, por exemplo, em *O universo elegante*), na maioria dos casos, haviam considerado apenas formas de Calabi-Yau "nuas", que não continham, portanto, nenhum desses adornos. Quando os pesquisadores viram que uma determinada forma de Calabi-Yau podia ser "vestida" com esses apetrechos, descobriram um conjunto descomunalmente grande de formas novas para as dimensões extras.

Figura 5.6. *Partes das dimensões extras da teoria de cordas podem ser envolvidas por branas e percorridas por fluxos, produzindo formas de Calabi-Yau "vestidas". (A figura usa uma versão simplificada de uma forma de Calabi-Yau — uma "rosquinha de três furos" — e representa esquematicamente branas envolventes e linhas de fluxo com faixas claras que formam círculos ao redor de porções do espaço.)*

Uma conta muito aproximada dá uma ideia da escala desse incremento. Vamos nos concentrar nos fluxos. Assim como a mecânica quântica estabelece que os fótons e os elétrons existem como unidades inteiras e independentes — você pode ter, por exemplo, três fótons e sete elétrons, mas não 1,2 fóton ou 6,4 elétrons —, a mecânica quântica mostra que as linhas de fluxo também ocorrem igualmente em números inteiros. Elas podem penetrar em uma superfície circundante uma, duas, três vezes, e assim por diante. Mas, além dessa restrição em termos de números inteiros, não há, em princípio, nenhum outro limite. Na prática, quando o valor do fluxo é grande, ele tende a distorcer a forma de Calabi-Yau afetada, tornando imprecisos métodos matemáticos que anteriormente eram considerados confiáveis. Para evitar o contato com essas águas mais turbulentas da matemática, os pesquisadores consideram apenas fluxos cujo número chega no máximo a dez.[9]

Isso significa que, se uma determinada forma de Calabi-Yau contém uma região aberta, podemos vesti-la com fluxo de dez maneiras diferentes, produzindo dez formas novas para as dimensões extras. Se uma outra forma de Calabi-Yau tem duas regiões assim, existem $10 \times 10 = 100$ vestimentas de fluxo (dez fluxos possíveis para a primeira, casados com dez fluxos possíveis para a segunda); com três regiões abertas existem 10^3 diferentes vestimentas para os fluxos, e assim por diante. Até que número essas vestimentas podem chegar? Algumas formas de Calabi-Yau têm cerca de quinhentas regiões abertas. *Esse mesmo raciocínio produz cerca de 10^{500} formas diferentes para as dimensões extras.*

Desse modo, em vez de restringir o número de candidatos a um número razoavelmente pequeno de formas específicas para as dimensões extras, os métodos matemáticos mais sofisticados levaram a uma cornucópia de novas possibilidades. De repente, os espaços de Calabi-Yau podem vestir-se com um número de combinações possíveis que é maior do que o número das partículas que existem em todo o universo observável. Isso causou grande constrangimento a alguns teóricos de cordas. Como ressaltamos no capítulo anterior, sem um meio de escolher a forma exata das dimensões extras — e sabendo, ademais, que devemos escolher ainda a roupa para o fluxo da forma — a matemática da teoria de cordas perde seu poder de fazer previsões. Grandes esperanças haviam sido depositadas nos métodos matemáticos que superassem as limitações da teoria perturbativa. Contudo, quando alguns desses métodos tornaram-se concretos, o problema de determinar a forma das dimensões extras apenas se agravou. Alguns teóricos desanimaram.

Outros, mais tenazes, acham que ainda é cedo para desistir. Um dia — talvez muito próximo, talvez ainda longínquo — descobriremos o princípio que está faltando para determinar a forma das dimensões extras, incluindo os fluxos que essa forma ostenta.

Outros, ainda, seguiram um rumo mais radical. Talvez, sugerem eles, as décadas de tentativas infrutíferas de descobrir a forma das dimensões extras estejam nos revelando algo. Talvez, continuam eles, tenhamos de levar *seriamente* em conta *todas* as formas e *todos* os fluxos possíveis que decorrem da matemática da teoria de cordas. Talvez, insistem, a razão de a matemática conter todas essas possibilidades seja que *todas elas são reais* e que cada uma delas é a forma que as dimensões extras tomam em cada um dos universos independentes. E, talvez, para coroar este voo fantástico com dados observacionais, seja exatamente isso que falta para resolvermos o problema mais espinhoso de todos: a constante cosmológica.

6. Pensamento novo sobre uma antiga constante

O multiverso da paisagem

A diferença entre zero e 0,0000000000000000000000000000000000000000
0000000000000000000000000000000000000000000000000000000000000000000000
0000000000000000001 não parece ser grande coisa. E, segundo nossas medidas familiares, realmente não é. No entanto, há uma suspeita crescente de que essa diferença mínima possa ser responsável por uma mudança radical na maneira pela qual devemos enfocar a paisagem da realidade.

O pequeno número aqui mostrado foi medido pela primeira vez em 1998 por duas equipes de astrônomos que faziam observações meticulosas sobre explosões de estrelas em galáxias distantes. Desde então, o trabalho de muitos outros pesquisadores complementou as conclusões da equipe. Que número é esse e qual é a questão com que ele se relaciona? Para os cientistas parece estar ficando claro que ele é o que antes descrevi como a terceira linha do formulário de imposto de renda da relatividade geral: a constante cosmológica de Einstein, que especifica a quantidade de energia escura invisível que permeia o tecido do espaço.

O número continua a sustentar-se, embora esteja sob intenso escrutínio, e os físicos estão cada vez mais seguros de que décadas de observações prévias e deduções teóricas, que haviam convencido a vasta maioria dos pesquisadores de que o valor da constante cosmológica era zero, têm de ser desprezadas. Os teóricos dedicam-se a verificar onde foi que eles erraram. Mas nem todos haviam errado. Anos atrás, uma polêmica linha de raciocínio sugerira que uma constante cosmológica diferente de zero poderia ser encontrada algum dia. Qual era a premissa pertinente? A de que vivemos em um universo dentre muitos. *Muitos* universos.

A VOLTA DA CONSTANTE COSMOLÓGICA

Lembra-se de que a constante cosmológica, se é que ela existe, preenche o espaço com uma energia uniforme e invisível — energia escura — cuja característica principal seria sua força gravitacional repulsiva? Einstein promoveu a ideia em 1917, invocando a antigravidade da constante cosmológica para contrabalançar o efeito gravitacional atrativo da matéria comum do universo e modelar, assim, um cosmo estático, que não se expande e não se contrai.*

Muitas vezes se disse que, ao inteirar-se das observações de Hubble em 1929, que mostraram que o espaço se expande, Einstein referiu-se à constante cosmológica como seu "maior erro". George Gamow relatou uma conversa em que Einstein teria dito isso, mas a inclinação do primeiro às hipérboles jocosas levou muitas pessoas a questionar a veracidade da história.[1] O certo é que Einstein abandonou a constante cosmológica e a retirou de suas equações quando as observações demonstraram que sua crença em um universo estático era errada. Anos depois, ele observou que, "se a expansão de Hubble tivesse sido descoberta no tempo da criação da teoria da relatividade geral, a constante cosmológica nunca teria sido apresentada".[2] Mas o descortino do passado nem sempre é límpido. Em 1917, em uma carta que escreveu ao físico Willem de Sitter, Einstein expressou uma perspectiva mais matizada:

* Uma questão de linguagem: na maior parte dos casos, emprego os termos "constante cosmológica" e "energia escura" como sinônimos. Quando o texto requer um pouco mais de precisão, uso o valor da constante cosmológica para denotar a *quantidade* de energia escura que permeia o espaço. Como já observei antes, os físicos frequentemente usam o termo "energia escura" com um pouco mais de liberdade para denotar qualquer coisa que se pareça com uma constante cosmológica ou dê a impressão de ser uma constante cosmológica em escalas de tempo razoavelmente longas, mas que poderia variar vagarosamente e não ser, portanto, uma constante.

> De qualquer maneira, uma coisa é clara: a teoria da relatividade geral *permite* a inclusão da constante cosmológica nas equações de campo. Algum dia, nosso conhecimento real da composição do céu das estrelas fixas, de seu movimento aparente e da posição das linhas espectrais em função da distância provavelmente nos permitirá decidir empiricamente a questão da existência, ou não, da constante cosmológica. A convicção é uma boa motivação, mas um mau juiz.[3]

Oito décadas depois, o Supernova Cosmology Project, conduzido por Saul Perlmutter,* e o High-Z Supernova Search Team, conduzido por Brian Schmidt, adotaram esse método. Eles estudaram cuidadosamente uma abundância de *linhas espectrais* — a luz emitida por estrelas distantes — e, tal como Einstein antecipara, foram capazes de tratar empiricamente a questão de a constante cosmológica se anular.

Para o choque de muitos, eles encontraram fortes argumentos no sentido de que ela não se anula.

DESTINO CÓSMICO

Quando esses astrônomos deram início a seu trabalho, nenhum dos grupos estava priorizando a medição da constante cosmológica. Em vez disso, as equipes haviam concentrado a atenção na medição de outra característica cosmológica — a taxa de diminuição da expansão do espaço. A gravidade atrativa comum atua no sentido de puxar todos os objetos, uns em direção aos outros, o que leva a expansão a desacelerar-se. A determinação precisa da taxa de redução da velocidade de expansão é fundamental para a previsão do aspecto futuro do universo. Uma forte desaceleração significaria que a expansão diminuiria até chegar a zero e inverteria, então, a direção do movimento, gerando um período de contração espacial. Por si só, esse processo poderia resultar em um *big crunch* [grande contração] — o contrário do big bang — ou, talvez, um recomeço, sob a forma de um rebote, como nos modelos cíclicos apresentados no capítulo anterior. Uma desaceleração pequena geraria efeitos muito dife-

* Saul Perlmutter, juntamente com Adam Riess e Brian Schmidt, ganhou o Prêmio Nobel de Física de 2011 pela descoberta da expansão acelerada do universo. (N. R. T.)

rentes. Assim como um objeto dotado de grande velocidade pode escapar da gravidade terrestre e mover-se pelo espaço, se a velocidade da expansão espacial for suficientemente alta e sua taxa de desaceleração suficientemente baixa, o espaço poderia expandir-se para sempre. Com a medição da desaceleração cósmica, os dois grupos buscavam determinar o destino final do cosmo.

O método de trabalho de ambos era direto: medir a velocidade da expansão espacial em diversos momentos do passado e comparar os dados apurados para determinar a evolução da taxa de desaceleração ao longo da história cósmica. Muito bem. Mas como fazê-lo? Como em tantas outras questões da astronomia, a resposta reside em medições cuidadosas da luz. As galáxias são faróis de luz cujo movimento reflete a expansão do espaço. Se pudermos determinar a velocidade com que galáxias que se encontram a diferentes distâncias afastavam-se de nós quando, no passado, emitiram a luz que agora vemos, determinaremos também a velocidade com que o espaço se expandia em diferentes momentos do passado. Comparando essas velocidades, conheceríamos a taxa da desaceleração cósmica. Essa é a essência da ideia.

Para dar conta dos detalhes, é preciso focalizar duas questões prioritárias. A partir da observação que fazemos hoje de galáxias distantes, como podemos determinar a distância a que estão e a velocidade com que se deslocam? Comecemos pela distância.

DISTÂNCIA E BRILHO

Um dos problemas mais antigos e mais importantes da astronomia é a determinação das distâncias a que se encontram os objetos celestes. Uma das primeiras técnicas desenvolvidas para isso, a *paralaxe*, é um método praticado rotineiramente por crianças de cinco anos. As crianças ficam fascinadas (por um breve tempo) quando olham um objeto fechando alternativamente o olho esquerdo e o direito, porque o objeto parece saltar de um lado para o outro. Se você já não tem cinco anos há muito tempo, tente fazer o experimento segurando este livro e olhando para um de seus cantos. O salto ocorre porque o espaçamento entre seus olhos faz com que a imagem chegue a cada um deles em ângulos diferentes. Para objetos que estão mais distantes, o salto é menos perceptível porque a diferença angular é menor. Essa observação simples pode ser quantificada, proporcionando, assim, uma correlação precisa entre as diferenças angulares das linhas de visão de seus dois olhos — a paralaxe — e a distância a que está o objeto que você está vendo. Mas não se preocupe com as contas: seu sistema visual as faz automaticamente. Essa é a razão pela qual você vê o mundo em 3-D.*

Quando você olha as estrelas no céu noturno, as paralaxes são demasiado pequenas para que você as possa medir. Seus olhos estão demasiado próximos um do outro para permitir uma diferença angular significativa. Mas há uma maneira hábil de contornar esse problema, que consiste em medir a posição de uma estrela em duas ocasiões, com um intervalo de seis meses. Desse modo, usamos duas localizações opostas da Terra em sua órbita (em lugar da localização de seus dois olhos) e a separação maior assim obtida aumenta a paralaxe. Ela ainda será pequena, mas, em alguns casos, suficientemente grande para dar-nos uma medida. Quase duzentos anos atrás, produziu-se uma competição intensa entre diversos cientistas, cada um dos quais queria ser o primeiro a medir as paralaxes estelares. Em 1838, o astrônomo e matemático alemão Friedrich Bessel ganhou o título ao medir com êxito a paralaxe da estrela chamada 61 Cygni, na constelação de Cisne. A diferença angular apurada foi de 0,000084 graus, o que corresponde a uma distância de cerca de dez anos-luz.

Desde então, essa tecnologia tem sido progressivamente aperfeiçoada e hoje existem satélites que medem paralaxes com ângulos muitíssimo menores do que o que Bessel identificou. Tais avanços permitiram medições precisas das distâncias que nos separam de estrelas que estão até a alguns milhares de anos-luz de distância. Mas, se a distância for muito maior do que essa, as diferenças angulares voltam a ser demasiado pequenas e o método já não funciona bem.

Outro método capaz de medir distâncias celestes ainda maiores baseia-se em uma ideia ainda mais simples: quanto mais longe estiver um objeto que emite luz, seja o farol de um carro, seja uma estrela candente, tanto mais a luz emitida se dispersará durante a viagem até seus olhos e, portanto, tanto mais

* Também é a razão pela qual a tecnologia cinematográfica em 3-D funciona: ao escolher um intervalo espacial apropriado entre as imagens quase superpostas que aparecem na tela, o realizador do filme faz com que seu cérebro interprete as paralaxes resultantes como diferentes distâncias, criando, assim, a ilusão da terceira dimensão.

fraca será essa luz. Comparando-se o brilho *aparente* de um objeto (o brilho captado por um observador na Terra) com seu brilho *intrínseco* (o brilho que mostraria quando observado de perto), é possível estabelecer sua distância.

O problema — que não é pequeno — está em determinar o brilho intrínseco dos objetos astrofísicos. O brilho de uma estrela nos parece fraco porque ela está muito distante ou porque ela emite pouca luz? Isso explica por que foi necessário um esforço grande e longo para estabelecer um tipo de objeto astronômico relativamente comum cujo brilho intrínseco possa ser determinado com precisão, sem a necessidade de vê-lo bem de perto. Se pudéssemos encontrar essas chamadas *velas-padrão*, teríamos um marco uniforme para julgar as distâncias. A variação do brilho aparente do objeto informaria imediatamente a distância a que ele se encontra.

Por mais de um século, apareceram várias propostas de velas-padrão, que foram usadas com diferentes graus de êxito. Em nossos dias, o método mais frutífero usa uma explosão estelar chamada supernova Tipo Ia. A supernova Tipo Ia ocorre quando uma estrela anã branca suga a matéria da superfície de uma companheira, normalmente uma estrela gigante vermelha que a anã orbita. Aspectos bem conhecidos da estrutura física da estrela revelam que, quando a anã suga uma quantidade suficiente de matéria (até que sua massa chegue a 1,4 vez a massa do Sol), ela já não pode suportar seu próprio peso. A estrela anã inchada entra em colapso por meio de uma explosão tão violenta que a luz gerada corresponde ao total combinado do brilho de todas as demais estrelas — cerca de 100 bilhões — da galáxia em que reside a anã branca.

Essas supernovas são velas-padrão ideais. Como as explosões são muito fortes, podem ser vistas desde distâncias fantasticamente longas. E, como elas resultam de um mesmo processo físico — o crescimento da massa estelar até 1,4 vez a massa do Sol, o que gera o colapso da estrela —, a consequente explosão da supernova apresentará sempre um brilho intrínseco muito similar. O desafio desse método, contudo, está no fato de que, em uma galáxia normal, esse tipo de explosão ocorre apenas uma vez em um período de várias centenas de anos. Como observá-las em flagrante? Tanto o Supernova Cosmology Project quanto o High-Z Supernova Search Team enfrentaram o problema de um modo semelhante ao que se usa em estudos epidemiológicos: podem-se conseguir informações precisas mesmo sobre eventos relativamente raros por meio do estudo de grandes populações. Do mesmo modo, por meio do emprego de telescópios equipados com detectores de grande-angular, capazes de examinar simultaneamente milhares de galáxias, os pesquisadores conseguiram localizar dezenas de supernovas do Tipo Ia, as quais puderam, então, ser observadas em detalhe por telescópios mais convencionais. Com base na comparação com o brilho aparente, as equipes calcularam as distâncias de dezenas de galáxias, situadas a bilhões de anos-luz, dando, assim, o primeiro passo da tarefa proposta.

QUE DISTÂNCIA É ESSA, AFINAL?

Antes de darmos o passo seguinte — a determinação da velocidade da expansão do universo por ocasião do surgimento de cada uma dessas supernovas distantes —, permita-me esclarecer um ponto potencial de confusão. Quando falamos de distâncias em escalas tão fantasticamente amplas e no contexto de um universo em expansão contínua, surge inevitavelmente a questão de saber que distância é essa que os astrônomos estão medindo. Trata-se da distância entre as localizações que nossa galáxia e a galáxia observada ocupavam eras atrás, quando a galáxia observada emitiu a luz que agora recebemos? Trata-se da distância entre nossa localização atual e a que a galáxia observada ocupava eras atrás, quando emitiu a luz que agora recebemos? Ou trata-se da distância entre nossa localização atual e a localização atual da galáxia observada?

Mostro aqui o que considero ser a maneira mais profunda de pensar sobre essas e outras questões cosmológicas que provocam confusão.

Imagine que queremos determinar as distâncias entre três cidades — Nova York, Los Angeles e Austin —, medindo sua separação em um mapa dos Estados Unidos. Verificamos que Nova York está a 39 centímetros de Los Angeles; Los Angeles está a dezenove centímetros de Austin; e Austin está a 24 centímetros de Nova York. Ao converter essas medidas em distâncias reais, consultando a escala do mapa, que dá o fator de conversão — um centímetro corresponde a cem quilômetros —, concluímos que as distâncias entre as três cidades são, respectivamente, 3900 quilômetros, 1900 quilômetros e 2400 quilômetros.

Imagine agora que a superfície da Terra se infle uniformemente e duplique todas as separações. Essa seria, certamente, uma transformação radical, mas, mesmo assim, nosso mapa dos Estados Unidos continuaria a ser perfeitamente válido, desde que fizéssemos uma modificação importante: a alteração do fator de conversão, que passaria a dizer que um centímetro corresponde a duzentos quilômetros. Assim, 39 centímetros, dezenove centímetros e 24 centímetros no mapa passariam a corresponder a 7800 quilômetros, 3800 quilômetros e 4800 quilômetros. Se a expansão da Terra prosseguisse, nosso mapa, estático e imutável, permaneceria fiel, desde que adaptássemos continuamente a escala de conversão para torná-lo compatível com a expansão em cada momento — um centímetro corresponde a duzentos quilômetros em um momento; a trezentos quilômetros em outro momento; a quatrocentos quilômetros em um terceiro momento, e assim por diante. Desse modo, refletiríamos as separações crescentes entre as cidades, provocadas pelo movimento de expansão da superfície da Terra.

A expansão da Terra é um conceito útil porque considerações similares aplicam-se à expansão do cosmo. As galáxias não se movem por conta própria. Ao contrário, assim como as cidades em nossa Terra em expansão, elas se distanciam umas das outras porque o substrato em que flutuam — o próprio espaço — está em expansão. Isso significa que, se um cartógrafo cósmico mapeasse as localizações das galáxias bilhões de anos atrás, o mapa ainda seria válido hoje.[4] Mas, assim como foi necessário alterar a notação de nosso mapa da Terra em expansão, a escala do mapa cósmico também teria de ser atualizada para que a conversão das distâncias no mapa para as distâncias reais permanecesse correta. O fator cosmológico de conversão recebe o nome de *fator de escala* do universo. Em um universo em expansão, o fator de escala aumenta com o tempo.

Sempre que você pensar no universo em expansão, recomendo-lhe que pense em um mapa cósmico imutável. Pense nele como se fosse um mapa comum, aberto sobre a mesa, e resolva o problema da expansão cósmica atualizando a notação da escala do mapa à medida que o tempo passa. Com um pouco de prática, você verá que esse esquema facilita enormemente as coisas.

Como exemplo concreto, consideremos a luz emitida pela explosão de uma supernova na distante galáxia Noa. Quando comparamos o brilho aparente da supernova com seu brilho intrínseco, estamos medindo a diluição da intensidade da luz entre a emissão (figura 6.1a) e a recepção (figura 6.1c), que decorre de ela ter se distribuído por uma grande esfera (representada como um círculo na figura 6.1d) durante a viagem. Ao medir a diluição, determina-

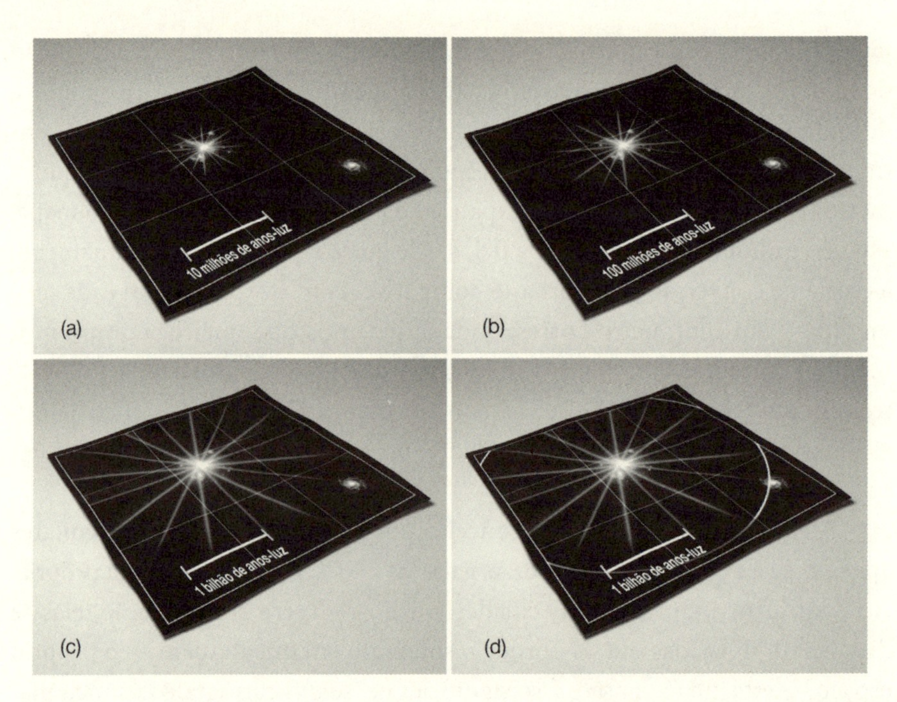

Figura 6.1. (a) *A luz proveniente de uma supernova distante se espraia ao viajar até nós (que estamos situados na galáxia do lado direito do mapa).* (b) *Durante a viagem da luz, o universo se expande, o que está refletido na notação de escala do mapa.* (c) *Quando recebemos a luz, sua intensidade chega diminuída pelo espraiamento.* (d) *Quando comparamos o brilho aparente da supernova com seu brilho intrínseco, medimos a área da esfera que retrata sua expansão (representada como um círculo), e, por conseguinte, também seu raio. O raio da esfera traça a trajetória da luz e seu comprimento é a distância que existe agora entre nós e a galáxia que continha a supernova. Isso é o que as observações determinam.*

mos o tamanho da esfera — a área de sua superfície — e em seguida, ajudados por um pouco de geometria do curso secundário, seu raio. O raio traça toda a trajetória da luz e seu comprimento corresponde, portanto, à distância que a luz viajou. Agora ressurge a pergunta com que começou esta seção: A medida obtida corresponde a qual das distâncias apontadas?

Durante a viagem da luz, o espaço continua sua expansão. Mas a única alteração que isso requer em nosso mapa estático do cosmo é a atualização do registro do fator de escala indicado no mapa. Como recebemos a luz da supernova exatamente *agora*, uma vez que ela completou a viagem exatamente *agora*, devemos usar o fator de escala atualizado exatamente *agora* na notação do mapa, de modo a traduzir a separação no mapa — a trajetória da supernova até nós, traçada na figura 6.1d — para a distância física efetivamente percorrida. O procedimento torna claro que o resultado é a distância que existe *agora* entre nós e a localização atual da galáxia Noa, ou seja, a terceira de nossas opções.

Note também que, como o universo está em expansão contínua, os segmentos antigos da viagem de um fóton também continuam a esticar-se, mesmo muito tempo depois da passagem do fóton. Se uma fotografia registrasse uma linha no espaço que traça o caminho do fóton, o comprimento dessa linha cresceria à medida que o espaço se expande. Aplicando o fator de escala do mapa, no momento da recepção da luz, à trajetória completa, a terceira resposta incorpora diretamente a totalidade dessa expansão. Essa é a abordagem correta, uma vez que a quantidade em que a intensidade da luz é diluída depende do tamanho da esfera na qual a luz se espraia *agora* — e o raio dessa esfera é o comprimento da trajetória da luz *agora*, o que inclui toda a expansão ocorrida após a emissão da luz.[5]

Quando comparamos o brilho intrínseco de uma supernova com seu brilho aparente, estamos, portanto, determinando a distância existente agora entre nós e a galáxia que ela ocupava. Essas são as distâncias que os dois grupos de astrônomos mediram.[6]

AS CORES DA COSMOLOGIA

Isto basta quanto à medição das distâncias que nos separam de galáxias remotas que contêm supernovas brilhantes do Tipo Ia. E como nos informamos a respeito da taxa de expansão do universo nas eras remotas, quando as luzes desses faróis cósmicos se acenderam? Os fatos físicos envolvidos não são muito mais complexos do que os que fazem funcionar as luzes de neônio.

Uma luz de neônio apresenta um brilho vermelho porque, quando uma corrente percorre o interior gasoso do tubo, os elétrons que orbitam os átomos de neônio alcançam temporariamente um estado de energia mais alta. Em seguida, quando os átomos de neônio se acalmam, os elétrons excitados voltam a seu estado normal de movimento, desfazendo-se da energia adicional com a emissão de fótons. A cor dos fótons — seu comprimento de onda — é determinada pela energia que eles contêm. Uma descoberta essencial, totalmente confirmada pela mecânica quântica nas primeiras décadas do século XX, é que os elétrons dos átomos de um determinado elemento têm uma coleção exclusiva de saltos de energia e isso se traduz em uma coleção exclusiva de cores para os fótons liberados. Para os átomos de neônio, uma cor dominante é o vermelho (melhor dizendo, laranja avermelhado), responsável pelo aparecimento dos anúncios de neônio. Outros elementos — hélio, oxigênio, cloro etc. — apresentam um comportamento similar, cuja diferença principal é o comprimento de onda dos elétrons emitidos. Um tubo de "neônio" cuja cor não é vermelha muito provavelmente estará preenchido com mercúrio (se for azul), ou com hélio (se for dourado), ou será o efeito de tubos de vidro pintados com substâncias, normalmente fosfóreas, cujos átomos podem emitir luz em outros comprimentos de onda.

Grande parte da astronomia observacional depende dessas mesmas considerações. Os astrônomos usam telescópios para magnificar a luz de objetos distantes e, a partir das cores que observam — os comprimentos de onda específicos da luz medida —, podem identificar a composição química das fontes. Uma das primeiras demonstrações ocorreu durante o eclipse solar de 1868, quando o astrônomo francês Pierre Janssen e, de maneira independente, o astrônomo inglês Joseph Norman Lockyer examinaram a luz proveniente da camada externa do Sol, que aparecia a partir do contorno da Lua, e encontraram uma misteriosa emissão brilhante com um comprimento de onda que ninguém sabia como reproduzir em laboratório, usando substâncias conhecidas. Isso levou à corajosa — e correta — sugestão de que a luz fora emitida por um elemento novo, até então desconhecido. O elemento novo era o hélio, que tem, assim, a distinção de ser o único elemento descoberto no Sol antes de ser encontrado na Terra. Esse trabalho estabeleceu de maneira convincente que, assim como você pode ser identificado pelo padrão de linhas de suas impressões digitais, as espécies atômicas podem ser identificadas pelo padrão dos comprimentos de onda da luz que emitem (e que absorvem).

Nas décadas que se seguiram, os astrônomos que examinavam os comprimentos de onda da luz que recebemos de fontes astrofísicas cada vez mais distantes apuraram a existência de um fenômeno peculiar. Embora o conjunto dos comprimentos de onda se assemelhasse aos que nos são familiares nos experimentos de laboratório com átomos conhecidos, como o hidrogênio e o hélio, todos esses comprimentos eram um pouco mais longos. O comprimento de onda de uma fonte distante podia ser 3% mais longo; o de outra, 12% mais longo; e o de uma terceira, 21% mais longo. Os astrônomos dão a esse efeito o nome de *desvio para o vermelho*, uma vez que os comprimentos de onda mais longos, na parte visível do espectro, tendem ao vermelho.

Dar nomes às coisas é um bom começo, mas o que é que causa o estiramento dos comprimentos de onda? A resposta, bem conhecida, que ficou totalmente clara com as observações de Vesto Slipher e Edwin Hubble, é que o universo está em expansão. O esquema do mapa estático, apresentado antes, é perfeitamente adequado para uma explicação intuitiva.

Imagine uma onda de luz a caminho, entre a galáxia Noa e a Terra. Ao identificarmos a trajetória da luz em nosso mapa imutável, vemos uma sucessão uniforme de cristas de ondas, uma em seguida à outra, à medida que o trem das ondas se aproxima de nosso telescópio. A uniformidade das ondas pode levá-lo a pensar que o comprimento de onda da luz, quando ela é emitida (a distância entre duas cristas sucessivas), será o mesmo no momento em que é recebida. Mas a parte mais deliciosa e interessante da história aparece quando usamos as notações de escala do mapa para converter as distâncias cartográficas em distâncias reais. Como o universo está em expansão, o fator de conversão do mapa é maior quando a luz termina a viagem do que em seu início. A implicação é que, embora o comprimento de onda de luz, tal como medido no mapa, não mude, quando convertido em distâncias reais ele *cresce*. Quando, afinal, recebemos a luz, o comprimento de onda é maior do que quando foi emitido. É como se as ondas de luz viajassem por uma enorme cama elástica: ao esticarmos a cama elástica, esticamos as ondas de luz.

Raciocinando quantitativamente, se o comprimento de onda nos aparece esticado em 3%, é porque o universo é agora 3% maior do que era quando a luz foi emitida; se a luz nos aparece 21% mais longa, é porque o universo esticou-se 21% desde que a luz começou a viajar. A medida do desvio para o vermelho nos informa, portanto, sobre o *tamanho* do universo quando a luz que vemos agora foi emitida, em comparação com o tamanho do universo hoje.*

* Se o espaço for infinitamente grande, você pode perguntar o que significa dizer que o universo é maior hoje do que no passado. A resposta é que "maior" refere-se às distâncias entre as galáxias hoje em comparação com a distância entre essas mesmas galáxias no passado. A expansão do universo significa que as galáxias estão hoje mais afastadas umas das outras, o que se

O passo final, que decorre naturalmente, é obter, através de uma *série* de medições do desvio para o vermelho, a determinação do perfil de expansão do universo com o passar do tempo.

A marca de lápis que você fez na parede de seu quarto quando era criança registrou o tamanho que você tinha quando a fez. Uma série de marcas registra sua altura em uma série de ocasiões. Com uma quantidade suficiente de marcas, é possível determinar a velocidade de seu crescimento em diversos momentos do passado. Um crescimento rápido aos nove anos, um período mais lento até os onze, outro período rápido aos treze e assim por diante. Quando os astrônomos medem o desvio para o vermelho de uma supernova de Tipo Ia, estão fazendo as "marcas de lápis" do espaço. Uma série de medições desse desvio para o vermelho de várias supernovas de Tipo Ia permite que se calcule a rapidez com que o universo crescia em diversos intervalos do passado. Com esses dados, por sua vez, os astrônomos podem determinar a taxa de diminuição da velocidade de expansão do espaço. Esse era o plano de ataque elaborado pelas equipes de pesquisa.

Para executá-lo, eles tinham de dar ainda um último passo: datar as marcas de lápis do universo. As equipes precisavam determinar quando a luz de cada supernova foi emitida. Essa é uma tarefa simples. Como a diferença entre o brilho aparente e o intrínseco de uma supernova revela sua distância, e como conhecemos a velocidade da luz, deveríamos poder calcular imediatamente quando a luz da supernova foi emitida. O raciocínio é correto, mas há uma sutileza essencial, que tem a ver com o estiramento "*post-facto*" da trajetória da luz mencionado acima. Vale a pena ressaltar esse ponto.

Quando a luz viaja em um universo em expansão, ela cobre certa distância em parte por causa de sua velocidade intrínseca através do espaço e em parte por causa da expansão do próprio espaço. Você pode comparar esse fato com o que ocorre com as esteiras rolantes dos aeroportos: sem aumentar sua velocidade intrínseca, você chega mais longe do que chegaria se estivesse ca-

---

reflete matematicamente no fato de que o fator de escala do universo é hoje maior. No caso de um universo infinito, "maior" não se refere ao tamanho geral do espaço, uma vez que "infinito" significa sempre infinito. Mas, para facilidade de comunicação, continuarei a referir-me ao tamanho cambiante do universo, mesmo no caso de o espaço ser infinito, no entendimento de que estou fazendo referência às distâncias cambiantes entre as galáxias.

minhando no chão firme, porque o movimento da esteira soma-se ao seu próprio. Do mesmo modo, sem aumentar sua velocidade intrínseca, a luz de uma supernova distante chega mais longe do que se estivesse viajando por um espaço estático porque, durante a viagem, a expansão espacial soma-se a seu movimento. Para que possamos julgar corretamente quando a luz que vemos agora foi emitida, temos de levar em conta ambas as contribuições à distância por ela percorrida. A matemática é um pouco rebuscada (veja as notas, se estiver curioso), mas hoje a dominamos completamente.[7]

Tomando todo cuidado a esse respeito e levando em conta numerosos outros detalhes teóricos e observacionais, ambos os grupos conseguiram calcular o tamanho do fator de escala do universo em vários momentos identificáveis do passado. Ou seja, eles conseguiram obter uma série de marcas de lápis datadas que delineavam o tamanho do universo, logrando, portanto, determinar as modificações sofridas pela taxa de expansão do universo durante a história do cosmo.

ACELERAÇÃO CÓSMICA

Depois de confirmar e reconfirmar e confirmar de novo os resultados, as duas equipes divulgaram suas conclusões. Nos últimos 7 bilhões de anos, ao contrário da expectativa geral e tradicional, a expansão do espaço não está se desacelerando. *Sua velocidade está aumentando.*

Um resumo desse trabalho pioneiro, em conjunto com observações subsequentes que tornaram a conclusão ainda mais convincente, aparece na figura 6.2. As observações revelaram que até cerca de 7 bilhões de anos atrás o fator de escala efetivamente se comportou da maneira esperada: seu crescimento desacelerou-se gradualmente. Se essa tendência houvesse continuado, o gráfico teria se suavizado e talvez até virado para baixo. Mas os dados mostram que, por volta da marca dos 7 bilhões de anos, aconteceu algo surpreendente. O gráfico acentuou a inclinação para cima, o que significa que o crescimento do fator de escala começou a *aumentar*. A expansão do espaço passou a acelerar-se.

Nosso destino cósmico está refletido na forma do gráfico: com a aceleração da expansão, o espaço continuará a espraiar-se indefinidamente, arrastan-

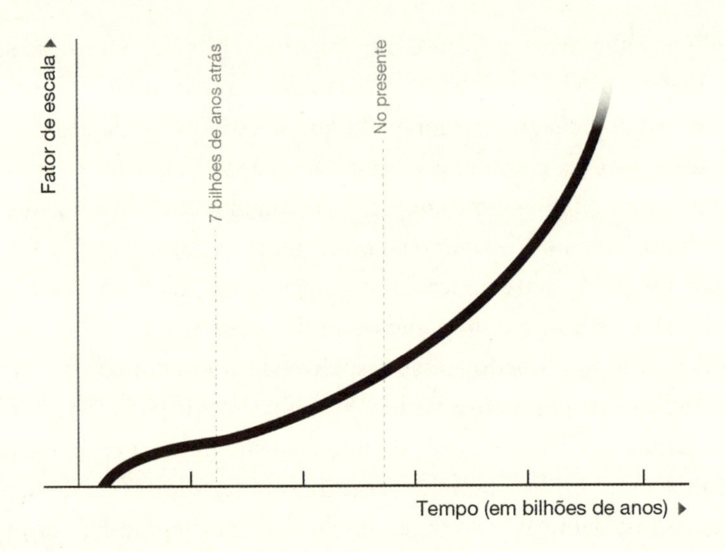

Figura 6.2. *O fator de escala do universo no tempo mostra que a expansão cósmica desacelerou-se até cerca de 7 bilhões de anos atrás, quando passou a acelerar-se.*

do consigo as galáxias para mais longe e ainda mais rápido. Cem bilhões de anos no futuro, todas as galáxias que não residam hoje em nossa vizinhança (um conglomerado gravitacionalmente coeso de cerca de doze galáxias que chamamos de nosso "grupo local") sairão de nosso horizonte cósmico e entrarão em um domínio permanentemente fora de nossas possibilidades visuais. A menos que os astrônomos do futuro disponham de registros a eles fornecidos por seus ancestrais, suas teorias cosmológicas buscarão explicações para um universo-ilha, com um número de galáxias semelhante ao número de alunos de uma turma de escola rural, que flutua em um mar escuro e estático. Vivemos em uma era privilegiada. As informações que o universo nos dá, a expansão acelerada nos retirará.

Como veremos nas páginas seguintes, a visão limitada que será oferecida aos astrônomos do futuro é ainda mais surpreendente quando comparada com a enormidade da extensão cósmica que nossa geração foi levada a conceber em seu empenho por explicar a expansão acelerada.

A CONSTANTE COSMOLÓGICA

Se você visse que a velocidade de uma bola *aumenta* depois de alguém a ter lançado para cima, teria de concluir que alguma coisa a estaria puxando para longe da superfície da Terra. Do mesmo modo, os pesquisadores das supernovas concluíram que a inesperada aceleração da expansão cósmica requer que algo esteja exercendo uma força centrífuga que supera a força de atração da gravidade. Como já sabemos bem, esse é o cenário que torna a constante cosmológica e a gravidade repulsiva à qual ela dá origem a proposta ideal de explicação. As observações das supernovas reabriram, portanto, a cortina do palco para a constante cosmológica, e não por causa de um "erro de julgamento por convicção", ao qual Einstein aludira em sua carta de décadas antes, mas devido ao poder dos dados.

Os dados também possibilitaram que os pesquisadores atribuíssem um valor numérico à constante cosmológica — a quantidade da energia escura que permeia o espaço. Expressando o resultado em termos da quantidade equivalente de massa, como é normal entre os físicos (usando $E = mc^2$ na forma menos usual de $m = E/c^2$), os pesquisadores demonstraram que os dados das supernovas requeriam uma constante cosmológica logo abaixo de 10^{-29} gramas para cada centímetro cúbico do universo.[8] A repulsão causada por uma constante cosmológica tão diminuta teria sido suplantada, durante os primeiros 7 bilhões de anos, pelo impulso atrativo da matéria e da energia comuns, de acordo com os dados observacionais. Mas a expansão do espaço teria também diluído progressivamente a matéria e a energia comuns, o que, afinal, leva ao predomínio da constante cosmológica sobre a atração gravitacional. Lembre-se de que a constante cosmológica não se dilui: a gravidade repulsiva fornecida por ela é uma característica intrínseca do espaço. Cada metro cúbico do espaço contribui com o mesmo impulso centrífugo ditado pelo valor da constante cosmológica. Assim, quanto mais espaço houver entre dois objetos, maior será a intensidade da força que os separa, devido à expansão cósmica. Por volta da marca dos 7 bilhões de anos, a gravidade repulsiva da constante cosmológica teria passado a predominar. A expansão do universo tem se acelerado desde então, tal como atestam os dados da figura 6.2.

Em termos mais alinhados com as convenções, devo reexpressar o valor da constante cosmológica usando as unidades preferidas pelos físicos. Seria estranho pedir ao padeiro 10^{14} picogramas de pão (seria mais fácil dizer cem gramas, o que é uma medida equivalente), ou avisar a seu amigo que você o encontrará em 10^{9} nanossegundos (seria mais fácil dizer um segundo, o que é uma medida equivalente). Do mesmo modo, seria estranho que os físicos medissem a energia da constante cosmológica em gramas por centímetro cúbico. Em vez disso, por razões que logo ficarão claras, a escolha natural para expressar o valor da constante cosmológica é usar um múltiplo da chamada massa de Planck (cerca de 10^{-5} gramas) por comprimento de Planck cúbico (um cubo com lados de 10^{-33} centímetros, cujo volume é, portanto, de 10^{-99} centímetros cúbicos). Nessas unidades, o valor da medida da constante cosmológica é cerca de 10^{-123} — o "numerozinho" que abriu este capítulo.[9]

Que grau de certeza temos a esse respeito? Os dados que estabelecem a expansão acelerada só se tornaram conclusivos nos anos transcorridos depois das primeiras medições. Além disso, medições complementares (que focalizavam, por exemplo, características específicas da radiação cósmica de fundo em micro-ondas — veja *O tecido do cosmo*, capítulo 14) coincidem espetacularmente com os resultados das supernovas. Se existe alguma possibilidade alternativa, ela está naquilo que aceitamos como explicação para a expansão acelerada. Tomando a relatividade geral como descrição matemática da gravidade, a única opção é, efetivamente, a antigravidade de uma constante cosmológica. Outras explicações surgem se modificarmos esse quadro com a inclusão de novos campos quânticos exóticos (que, como vimos na cosmologia inflacionária, podem, por certos períodos, tomar a forma de uma constante cosmológica),[10] ou se alterarmos as equações da relatividade geral (de modo que a atração gravitacional caia mais rapidamente com o aumento da distância entre os corpos do que afirmam Newton e Einstein, o que permitiria que regiões distantes se afastassem com maior rapidez, sem a intervenção de uma constante cosmológica). Mas, até agora, a explicação mais simples e convincente para as observações da expansão acelerada é que a constante cosmológica não desaparece e o espaço está permeado de energia escura.

Para muitos pesquisadores, a descoberta de uma constante cosmológica diferente de zero é o resultado mais surpreendente que ocorreu durante todo o transcurso de sua vida.

Quando ouvi falar pela primeira vez dos resultados das supernovas que sugeriam uma constante cosmológica diferente de zero, minha reação foi a mesma que teve a maioria dos físicos. "Não pode ser!" A maior parte dos teóricos (mas não todos) havia concluído décadas antes que o valor da constante cosmológica seria zero. Essa percepção tivera origem na história do "maior erro de Einstein", mas, com o tempo, diversos argumentos poderosos vieram a lhe dar apoio. O mais importante deles derivava de considerações a respeito da incerteza quântica.

Por causa da incerteza quântica e das flutuações que ela provoca e que afetam todos os campos quânticos, até mesmo o espaço vazio é sujeito a uma frenética atividade microscópica. Assim como átomos que se chocam contra as paredes de uma caixa, ou como crianças brincando em um parque, as flutuações quânticas contêm energia. Mas, ao contrário dos átomos e das crianças, as flutuações quânticas são inevitáveis. Não é possível fechar uma região do espaço e mandar as flutuações para casa. A energia suprida por elas permeia o espaço e não pode ser suprimida. E, como a constante cosmológica não é mais do que uma energia que permeia o espaço, as flutuações dos campos quânticos constituem um mecanismo microscópico que *gera* uma constante cosmológica. Esse é um ponto crucial. Lembre-se de que, quando Einstein apresentou o conceito da constante cosmológica, ele o fez de maneira abstrata, sem especificar em que ela poderá consistir nem de onde poderia provir. A conexão com as flutuações quânticas torna inevitável que, se Einstein não houvesse teorizado sobre a constante cosmológica, alguém mais, ao trabalhar com a física quântica, o teria feito. Uma vez levada em conta a mecânica quântica, somos forçados a defrontar-nos com uma contribuição de energia através de campos que se espraiam uniformemente por todo o espaço e somos levados diretamente à noção de uma constante cosmológica.

A questão que isso apresenta se refere a um detalhe numérico: *quanta energia está contida nessas flutuações quânticas omnipresentes?* Quando os teóricos calcularam a resposta, obtiveram um resultado nada menos que ridículo: deve haver uma quantidade *infinita* de energia em todo e qualquer volume de espaço. Pense em um campo cujas flutuações quânticas ocorrem no interior de uma caixa vazia de qualquer tamanho. A figura 6.3 mostra algumas das formas que as

Figura 6.3. *O número das formas possíveis das ondas em qualquer volume é infinito e, portanto, também é infinito o número das diferentes flutuações quânticas. Isso leva ao resultado problemático de uma contribuição infinita para a energia.*

flutuações podem tomar. Todas essas flutuações contribuem para o conteúdo de energia do campo (na verdade, quanto menor for o comprimento de onda, mais rápida será a flutuação e, portanto, mais alta a energia). E, como o número das formas possíveis das ondas é infinito, com comprimentos de onda cada vez menores, o total da energia contida nas flutuações é infinito.[11]

O resultado, embora claramente inaceitável, não provocou surtos de apoplexia porque os pesquisadores o reconheceram como sintoma de um problema maior e bem conhecido que já discutimos neste livro: a hostilidade entre a gravidade e a mecânica quântica. Todos sabiam que não se pode confiar na teoria quântica de campos em escalas de distâncias superpequenas. As flutuações com comprimentos de onda da ordem da escala de Planck — 10^{-33} centímetros —, ou menores ainda, têm uma energia tão grande (e a massa correspondente, porque $m = E/c^2$) que a gravidade passa a ser um fator importante. Sua descrição apropriada requer um esquema que reúna a mecânica quântica e a relatividade geral. Conceitualmente, essa questão desloca a discussão para o domínio da teoria de cordas, ou de qualquer outra teoria quântica que proponha incluir a gravidade. Mas a resposta imediata e mais pragmática entre os pesquisadores foi simplesmente declarar que os cálculos deviam ignorar as flutuações em escalas menores do que o comprimento de Planck. Se não se levasse a cabo essa exclusão, os cálculos da teoria quântica de campos entrariam em um domínio claramente fora de sua faixa de validade. A expectativa era que algum dia entenderíamos a teoria de cordas ou a gravidade quântica o suficiente para resolver quantitativamente o problema das flutuações superpequenas, mas a medida provisória foi colocar em quarentena matemática as flutuações mais perniciosas. O alcance da diretriz é claro: se ignorarmos as flutuações menores do que o comprimento de Planck, ficamos com um número finito delas, de modo que o total de energia com que elas contribuem para uma região de espaço vazio também será finito.

Foi um progresso. Ou, pelo menos, o problema foi transferido para o futuro, quando poderíamos esperar, com os dedos cruzados, domar as flutuações quânticas de comprimento de onda superpequeno. Mas, mesmo assim, os pesquisadores viram que a resposta resultante para as flutuações quânticas, embora finita, ainda era gigantesca: cerca de 10^{94} gramas por centímetro cúbico. Este número é muitíssimo maior do que o que se obteria colocando todas as estrelas de todas as galáxias conhecidas dentro de um dedal. Se considerarmos um cubo de tamanho infinitesimal, cujo lado meça um comprimento de Planck, essa densidade estupidamente grande chegaria a 10^{-5} gramas por comprimento de Planck cúbico, ou uma massa de Planck por volume de Planck (o que é a razão pela qual essas unidades, assim como os gramas para os pães e os segundos para as pequenas esperas, são escolhas naturais e sensatas). Uma constante cosmológica dessa magnitude geraria uma explosão inflacionária tão extraordinariamente rápida que tudo, desde os átomos até as galáxias, simplesmente se dissolveria. Ainda no domínio quantitativo, as observações astronômicas estabeleceram um limite máximo para a constante cosmológica, se é que ela existe, e os resultados teóricos superavam esse limite por um fator de mais de cem ordens de grandeza. Se bem que um enorme número finito para a energia que permeia o espaço seja melhor do que um número infinito, os físicos viram-se diante da necessidade de reduzir dramaticamente o resultado de seus cálculos.

Foi aí que se percebeu a existência de um preconceito teórico. Suponhamos por um momento que a constante cosmológica seja não só pequena, mas igual a zero. O zero é um número favorito para os teóricos porque ele surge dos cálculos de uma maneira clara e verdadeira: através da simetria. Imagine, por exemplo, que Archie se inscreveu em um curso de férias e recebeu como dever de casa a tarefa de somar a 63ª potência de cada um dos dez primeiros números positivos: $1^{63} + 2^{63} + 3^{63} + 4^{63} + 5^{63} + 6^{63} + 7^{63} + 8^{63} + 9^{63} + 10^{63}$ e, em seguida, adicionar o resultado à soma da 63ª potência de cada um dos dez primeiros números negativos: $(-1)^{63} + (-2)^{63} + (-3)^{63} + (-4)^{63} + (-5)^{63} + (-6)^{63} + (-7)^{63} + (-8)^{63} + (-9)^{63} + (-10)^{63}$. Qual é o resultado final? Archie dedica-se laboriosamente a fazer os cálculos, ficando cada vez mais frustrado, multiplicando e somando números com mais de sessenta algarismos, até que Edith aparece e diz: "Use a simetria, Archie".

"O quê?"

O que ela quis dizer é que cada termo do primeiro conjunto tem um correspondente no segundo que lhe é simétrico: 1^{63} e $(-1)^{63}$ somam zero (um número negativo elevado a uma potência ímpar permanece negativo); 2^{63} e $(-2)^{63}$ somam zero e assim por diante. A simetria existente entre ambos os conjuntos resulta no cancelamento total, como acontece com duas crianças de peso igual em uma gangorra. Sem recorrer a nenhum cálculo, Edith mostrou que a resposta é zero.

Muitos físicos acreditavam — na verdade eu deveria dizer esperavam — que um cancelamento total como esse, devido a alguma simetria ainda desconhecida das leis da física, resgataria o cálculo da energia contida nas flutuações quânticas. Os físicos pensavam que as enormes energias das flutuações seriam canceladas por enormes contribuições equilibradoras ainda não identificadas, uma vez que as características físicas pertinentes fossem mais bem conhecidas. Essa era a única estratégia a que os físicos podiam recorrer para resolver o problema dos resultados malcomportados dos primeiros cálculos. E era por isso que tantos físicos teóricos pensavam que a constante cosmológica devia ser igual a zero.

A supersimetria fornece um exemplo concreto de como se pensava que isso pudesse funcionar. Lembre-se de que no capítulo 4 (tabela 4.1) vimos que a supersimetria implica um emparelhamento de espécies de partículas e, portanto, de espécies de campos: o elétron se emparelha com uma espécie de partícula chamada elétron supersimétrico, ou selétron, para simplificar; o quark com o squark; o neutrino com o sneutrino; e assim por diante. Todas essas espécies de "spartículas" são ainda hipotéticas, mas os experimentos que se realizarão no Grande Colisor de Hádrons nos próximos anos podem modificar o quadro. De toda maneira, um fato intrigante veio à luz em consequência de um exame matemático teórico das flutuações quânticas associadas a cada um dos campos emparelhados. Para cada flutuação do primeiro campo há uma flutuação correspondente do campo emparelhado, com o mesmo valor e o sinal oposto, tal como no dever de casa de Archie. E, assim como naquele exemplo, quando somamos todas as contribuições par por par, elas se cancelam e produzem um resultado final igual a zero.[12]

A dificuldade, que não é pequena, está no fato de que o cancelamento total só ocorre se ambos os membros do par tiverem não só a carga elétrica e a nuclear iguais (o que eles têm), mas também a mesma massa. E os dados experimentais eliminaram essa possibilidade. Mesmo que a natureza efetivamente incorpore a supersimetria, os dados mostram que ela não pode realizar-se dessa forma plena. As partículas ainda não conhecidas (selétrons, squarks, sneutrinos etc.) têm de ser muito mais pesadas do que seus pares conhecidos — só assim se pode explicar por que elas ainda não foram encontradas nos experimentos com os aceleradores de partículas. Quando as diferentes massas das partículas são levadas em conta, a simetria é afetada, o equilíbrio se perde e os cancelamentos são imperfeitos: os resultados voltam a ser enormes.

Com o passar dos anos, muitas propostas análogas foram apresentadas, invocando uma série de princípios adicionais de simetria e mecanismos de cancelamento, mas nenhuma delas atingiu o objetivo de demonstrar teoricamente que a constante cosmológica devia ser igual a zero. Mesmo assim, muitos pesquisadores viram nisso apenas um sinal de como ainda é incompleto nosso conhecimento e não uma indicação de que a crença em uma constante cosmológica nula era infundada.

Um cientista que desafiou a ortodoxia foi o ganhador do Prêmio Nobel Steven Weinberg.* Em um artigo publicado em 1987, mais de uma década antes das revolucionárias medições das supernovas, ele sugeriu um esquema teórico alternativo que produzia um resultado bem diferente: uma constante cosmológica pequena, *mas diferente de zero*. Os cálculos de Weinberg basea-

* O astrofísico de Cambridge George Efstathiou também foi um dos pioneiros que argumentaram com força e convicção em favor de uma constante cosmológica diferente de zero.

vam-se em um dos conceitos que mais polarizaram a comunidade física em muitas décadas — um princípio que alguns reverenciam e outros detestam; um princípio que alguns dizem ser profundo e outros dizem ser uma tolice. Seu nome oficial, ainda que pouco informativo, é *princípio antrópico*.

COSMOLOGIA ANTRÓPICA

O modelo heliocêntrico do sistema solar, de Nicolau Copérnico, é considerado a primeira demonstração científica convincente de que nós, seres humanos, não somos o ponto focal do cosmo. Descobertas modernas reforçaram esse ensinamento com vigor. Agora sabemos que a conclusão de Copérnico é apenas uma de uma série de rebaixamentos progressivos que foram minando premissas havia muito sustentadas a respeito de um *status* especial que teria a humanidade: não estamos localizados no centro do sistema solar, não estamos localizados no centro da galáxia, não estamos localizados no centro do universo, não somos sequer feitos dos componentes escuros que constituem a maior parte da massa do universo. Essa desvalorização cósmica — de protagonista a simples figurante — é exemplo do que os cientistas denominam hoje o *princípio de Copérnico*: no grande esquema das coisas, tudo o que sabemos indica que os seres humanos não detêm uma posição privilegiada no cosmo.

Quase quinhentos anos depois da obra de Copérnico, em uma conferência comemorativa realizada em Cracóvia, uma exposição em particular — feita pelo físico australiano Brandon Carter — adicionou um toque provocante ao princípio de Copérnico. Carter expôs sua crença de que uma adesão exagerada ao princípio de Copérnico pode, em certas circunstâncias, afastar os pesquisadores de oportunidades significativas de progredir. Sim, ele concordava, os homens não são uma figura central na ordem cósmica. Contudo, continuava, alinhando-se a outras exposições articuladas por cientistas como Alfred Russel Wallace, Abraham Zelmanov e Robert Dicke, há uma área em que desempenhamos um papel absolutamente *indispensável*: nossas próprias observações. Por mais rebaixamentos que tenhamos sofrido em função de Copérnico e seu legado, nosso lugar é proeminente no que concerne à coleta e à análise dos dados que conformam nossas crenças. Em função dessa posição inevitável, devemos levar em conta o que os estatísticos denominam *viés de seleção*.*

É uma ideia simples e de ampla aplicação. Se você investigar a população de trutas e esquadrinhar apenas o deserto do Saara, os dados obtidos sofrerão do viés de que o ambiente pesquisado é particularmente inóspito para o objeto da pesquisa. Se você estiver estudando o interesse do público por óperas e enviar seu questionário apenas para a base de dados da revista *Loucos por Ópera*, o resultado não será preciso porque as pessoas consultadas não são representativas da população em geral. Se você entrevistar um grupo de refugiados que passou por condições de extrema dureza durante sua fuga para a liberdade poderá concluir que sua etnia é uma das mais tenazes do planeta. Mas, se você se der conta de que conversou com apenas 1% dos que iniciaram o movimento, verá que a dedução peca pelo viés de que só os mais tenazes e fortes conseguiram sobreviver.

Levar em conta esses vieses é essencial para a obtenção de resultados realmente significativos e para evitar a busca inútil de explicações para conclusões baseadas em dados não representativos. Por que as trutas estão extintas? Qual é a causa do fortíssimo interesse do público por óperas? Por que uma determinada etnia é tão incrivelmente resistente? Observações mal enfocadas podem levá-lo a ter de explicar coisas que uma análise mais ampla e representativa mostraria serem distorcidas.

Na maioria dos casos, esses tipos de vieses são facilmente identificáveis e corrigíveis. Mas há uma variedade correlata de vieses que é mais sutil e tão elementar que pode ser facilmente ignorada. É o tipo em que as limitações decorrentes do tempo e do lugar em que *podemos* viver têm um impacto profundo sobre o que percebemos. Se deixarmos de levar em conta o impacto dessas limitações intrínsecas sobre nossas observações, então, tal como nos exemplos acima, podemos tirar conclusões errôneas e ter de dar explicações inúteis.

Por exemplo, imagine que você deseja compreender (como o grande cientista Johannes Kepler) por que a Terra gira a 150 milhões de quilômetros do Sol. Você deseja encontrar na profundidade das leis da física algo que explique o fato observado. Durante anos você luta valentemente, mas não con-

* No original, *selection bias*. (N. R. T.)

segue sintetizar uma explicação convincente. Deve continuar tentando? Bem, se refletir sobre seus esforços, levando em conta o viés de seleção, você logo verá que está correndo atrás de uma sombra.

As leis da gravidade, a de Newton e a de Einstein, permitem que um planeta orbite em torno de uma estrela a qualquer distância. Se você apanhasse a Terra, movesse-a para outra distância qualquer do Sol e a colocasse novamente em movimento com a velocidade correta (velocidade fácil de determinar com conhecimentos básicos de física), ela se adaptaria perfeitamente à nova órbita. A única coisa especial com relação a estar a 150 milhões de quilômetros do Sol é que essa distância gera na Terra uma faixa de temperatura propícia a nossa presença. Se estivéssemos muito mais próximos do Sol, ou muito mais afastados dele, as temperaturas seriam muito mais altas ou baixas, o que eliminaria o ingrediente essencial para nossa forma de vida: a água líquida. Isso revela o viés implícito. O próprio fato de que somos *nós* que medimos a distância entre nosso planeta e o Sol determina que o resultado a encontrar tem de estar dentro dos limites compatíveis com nossa própria existência. De outro modo, não estaríamos aqui para medir essa distância.

Se a Terra fosse o único planeta do sistema solar, ou o único planeta do universo, ainda assim você poderia sentir-se levado a prosseguir em sua pesquisa. Você poderia dizer: "Compreendo que minha própria existência está condicionada à distância entre a Terra e o Sol, mas isso apenas aumenta meu desejo de explicar por que a Terra está efetivamente situada em uma posição tão confortável e compatível com a vida. Será apenas uma coincidência feliz? Haverá uma explicação mais profunda?".

Mas a Terra não é o único planeta do universo, nem mesmo do sistema solar. Há muitos outros. E esses fatos colocam questões como essa em uma perspectiva bem diferente. Para entender melhor, imagine que você, erradamente, pense que uma loja de sapatos específica só venda sapatos de um mesmo número; você ficará feliz e surpreso ao ver que o vendedor lhe traz um par de sapatos que lhe calça perfeitamente. Você, então, reflete: "Dentre todos os números de sapatos possíveis, é incrível que o único que eles têm me sirva. Será apenas uma coincidência feliz? Haverá uma explicação mais profunda?". Mas, quando você é informado de que a loja trabalha com uma ampla faixa de números de sapatos, a questão se dissolve. Um universo com muitos planetas, orbitando a diferentes distâncias de suas estrelas, oferece uma situação semelhante. Assim como não constitui nenhuma surpresa que entre todos os sapatos da loja exista pelo menos um par que lhe sirva, tampouco é uma surpresa que entre todos os planetas em todos os sistemas solares em todas as galáxias exista pelo menos um cuja órbita esteja a uma distância de sua estrela que seja a correta para produzir um clima compatível com nossa forma de vida. E é em um desses planetas que vivemos. Simplesmente não poderíamos evoluir ou sobreviver nos outros.

Não existe, então, nenhuma razão fundamental para explicar por que a Terra gira a 150 milhões de quilômetros do Sol. A distância orbital de um planeta à sua estrela deve-se às circunstâncias da história do universo e às inumeráveis peculiaridades das nuvens giratórias de gás que dão origem aos sistemas estelares. É um fato contingente, que não se presta a explicações fundamentais. Com efeito, esses processos astrofísicos produzem planetas por todo o cosmo, que orbitam suas respectivas estrelas a distâncias as mais variadas. Nós nos encontramos em um desses planetas, que gira a 150 milhões de quilômetros de nosso Sol porque este é um planeta em que nossa forma de vida *pôde* evoluir. Se não levarmos em conta esse viés de seleção, tenderemos a ficar buscando uma resposta mais profunda. Mas essa é uma empreitada descabida.

O artigo de Carter ressaltava a importância de dar atenção a esse viés, que ele chamou de princípio antrópico (nome infeliz, porque a ideia se aplica a qualquer forma de vida inteligente que faça e analise as observações, e não só aos seres humanos). Ninguém discutiu esse elemento do argumento de Carter. A parte controvertida foi sua sugestão de que o princípio antrópico poderia englobar mais do que as simples coisas que existem no universo, como as distâncias planetárias, mas também o próprio universo.

O que significa isso?

Imagine que você esteja refletindo sobre alguma característica fundamental do universo, como, por exemplo, a massa do elétron — 0,00054 (expressa como fração da massa do próton) —, ou a intensidade da força eletromagnética — 0,0073 (expressa por meio de sua constante de acoplamento) —, ou, o que apresenta interesse especial para nós, o valor da constante cosmológica — $1{,}38 \times 10^{-123}$ (expressa em termos de unidades de Planck). Sua intenção é explicar por que essas constantes têm os valores específicos que apresentam. Você tenta e tenta de novo, mas sai sempre de mãos vazias. Dê um passo atrás, diz Carter. Talvez seu insucesso se deva à mesma razão pela qual não conseguimos explicar o porquê da distância entre a Terra e o Sol: não existe uma explicação fundamental. Assim como existem muitos planetas a muitas distâncias diferentes e habitamos necessariamente em um planeta cuja órbita produz condições hospitaleiras, podem existir muitos universos com muitos valores diferentes para as "constantes" e habitamos necessariamente em um universo no qual os valores são propícios a nossa existência.

De acordo com essa maneira de pensar, perguntar por que as constantes têm seus valores específicos é fazer a pergunta errada. Não existe nenhuma lei que dite esses valores. Eles podem variar e de fato variam através do multiverso. Nosso viés intrínseco de seleção assegura que nos achamos em uma parte do multiverso em que as constantes têm os valores que nos são familiares simplesmente porque não poderíamos existir nas partes do universo em que esses valores são diferentes.

Note que o raciocínio perderia a lógica se nosso universo fosse único, porque, nesse caso, você poderia continuar a formular as perguntas relativas à "coincidência feliz", ou à "explicação mais profunda". Assim como a melhor explicação para o fato de que a loja de sapatos tem o número que lhe convém é o fato de ela ter um grande estoque de sapatos, e, assim como a melhor explicação para o fato de que existe um planeta situado a uma distância biologicamente correta de sua estrela é o fato de que existem muitos planetas girando em torno de muitas estrelas a muitas distâncias diferentes, a melhor explicação para os valores das constantes da natureza requer a existência de um vasto estoque de universos que apresentam muitos valores diferentes para essas constantes. Só nesse cenário de um multiverso — e um multiverso robusto — o raciocínio antrópico tem o poder de explicar o mistério.*

Claramente, então, o grau em que você se deixa levar pela abordagem antrópica depende do grau em que você esteja convencido de suas três premissas essenciais: (1) nosso universo faz parte de um multiverso; (2) no multiverso, de um universo para outro, as constantes podem situar-se em uma faixa larga de valores; e (3) na maior parte dos casos em que as constantes têm valores diferentes dos nossos, a vida como a conhecemos não poderia se estabelecer.

* No capítulo 7, examinaremos de maneira mais geral e detalhada os desafios de testar as teorias que envolvem a ideia do multiverso. Analisaremos também com maior precisão o papel do raciocínio antrópico na produção de conclusões potencialmente testáveis.

Na década de 1970, quando Carter expôs essas ideias, a noção de universos paralelos era um anátema para muitos físicos. Certamente, ainda existem vários motivos para o ceticismo. Mas vimos nos capítulos precedentes que, embora o apoio objetivo para qualquer das versões particulares do multiverso seja frágil, existem razões para darmos séria consideração a essa nova maneira de ver a realidade. Quanto à premissa 1, muitos cientistas já o fazem. Quanto à premissa 2, já vimos que, por exemplo, no multiverso inflacionário e no multiverso das branas é de esperar, efetivamente, que características físicas como as constantes da natureza variem de um universo para outro. Posteriormente, neste capítulo, voltaremos a este ponto.

Mas o que dizer quanto à premissa 3, com respeito à relação entre a vida e as constantes?

A VIDA, AS GALÁXIAS E OS NÚMEROS DA NATUREZA

Para muitas das constantes da natureza, até mesmo variações modestas tornariam a vida como a conhecemos impossível. Se a constante gravitacional fosse maior, as estrelas se consumiriam demasiado rápido para que os planetas pudessem formar-se e amadurecer. Se ela fosse menor, as galáxias não se manteriam coesas. Se a força eletromagnética fosse mais intensa, os átomos de hidrogênio se repeliriam com demasiada força para poder fundir-se e dar energia às estrelas.[13] Mas o que dizer da constante cosmológica? A existência da vida também depende de seu valor? Essa foi a questão de que Steven Weinberg tratou em seu artigo de 1987.

Como a formação da vida é um processo complexo, a respeito do qual nosso conhecimento está nos estágios preliminares, Weinberg reconheceu que não seria possível determinar qual seria o impacto de um ou outro valor da constante cosmológica sobre as miríades de passos que dão vida à matéria. Mas, em vez de desistir, ele apresentou um critério alternativo para a formação da vida: a formação das galáxias. Sem as galáxias, ele raciocinou, a formação das estrelas e dos planetas ficaria totalmente comprometida, o que traria um impacto devastador sobre as possibilidades de florescimento da vida. Essa abordagem não só era eminentemente lógica, mas também útil, pois deslocava o foco para a determinação do impacto que os diversos valores possíveis da constante cosmológica teria sobre a formação das galáxias e esse era um problema que Weinberg podia resolver.

Trata-se aqui, essencialmente, de uma física elementar. Embora os detalhes precisos da formação das galáxias ainda constituam uma área de investigação, o processo como um todo envolve um tipo de bola de neve astrofísica. Um núcleo de matéria se forma em um lugar ou outro e, em virtude de sua densidade ser maior do que a que existe em seus arredores, ele exerce uma maior atração gravitacional sobre a matéria que esteja próxima e, com isso, passa a crescer. O ciclo continua a autoalimentar-se e acaba por produzir uma massa giratória de gás e poeira a partir da qual se formam as estrelas e os planetas. A conclusão de Weinberg foi que uma constante cosmológica que tivesse um valor alto impediria o processo de reunião da matéria. A gravidade repulsiva por ela gerada, se fosse forte demais, afetaria a formação das galáxias porque os aglomerados iniciais, pequenos e frágeis, se dispersariam antes de ter tempo para atrair a matéria circundante e tornar-se robustos.

Weinberg trabalhou a ideia matematicamente e concluiu que uma constante cosmológica que fosse algumas centenas de vezes maior do que a densidade atual da matéria, uns poucos prótons por metro cúbico, impediria a formação das galáxias. (Ele também considerou o impacto de uma constante cosmológica negativa. Os problemas, nesse caso, são ainda maiores, porque um valor negativo aumenta a força atrativa da gravidade e faz com que o universo como um todo entre em colapso antes mesmo de ter tempo para expandir-se.) Se você imaginar, então, que fazemos parte de um multiverso e que o valor da constante cosmológica varia em uma ampla faixa, de universo para universo — assim como as distâncias entre estrela e planeta variam em uma ampla faixa, de sistema estelar para sistema estelar —, os universos que podem conter galáxias e, por conseguinte, os universos em que podemos habitar são aqueles em que a constante cosmológica não é maior do que o limite de Weinberg, que, em unidades de Planck, é de cerca de 10^{-121}.

Depois de anos de fracassos da comunidade da física, esse foi o primeiro cálculo teórico que resultou em um valor para a constante cosmológica que não era absurdamente maior do que os limites inferidos pela astronomia observacional. Tampouco ele contrariava a crença, amplamente difundida na época do trabalho de Weinberg, de que a constante cosmológica se reduzia a zero. Weinberg levou esse progresso aparente um passo adiante, encorajando uma interpretação ainda mais ousada para sua conclusão. Ele sugeriu que seria de esperar que nos encontremos em um universo com uma constante cosmológica cujo valor seja suficientemente baixo para que possamos existir, mas não muito mais baixo. Uma constante muito menor, segundo seu raciocínio, requereria uma explicação que vai além da mera compatibilidade com nossa existência. Ou seja, requereria precisamente o tipo de explicação fundamental que os físicos tanto buscaram sem jamais encontrar. Isso levou Weinberg a sugerir que, um dia, medições mais refinadas poderiam revelar que a constante cosmológica não se reduz a zero, mas, sim, teria um valor próximo ao limite superior que ele calculara. Como vimos, menos de dez anos depois da publicação do artigo de Weinberg, as observações do Supernova Cosmology Project e do High-Z Supernova Search Team revelaram o caráter profético de sua previsão.

Mas, para uma avaliação completa desse esquema explicativo não convencional, devemos examinar o raciocínio de Weinberg com mais atenção. Ele imagina um multiverso que se espraia e que tem uma população de universos tão variada que *terá* de conter pelo menos um universo com a constante cosmológica que observamos. Mas que tipo de multiverso pode garantir, ou pelo menos tornar altamente provável, essa configuração?

Para refletir, considere em primeiro lugar um problema análogo, com números mais simples. Imagine que você trabalha para o notório produtor de filmes Harvey W. Einstein, que lhe dá a missão de escolher o ator principal de seu novo filme, *Pulp friction*.* Você pergunta: "Que altura você quer que ele tenha?". "Não sei. Mais de um metro e menos de dois. Depois eu vejo, mas você tem de me garantir que, quando eu escolher, você terá alguém com a altura certa". Você, então, fica com vontade de corrigir o chefe, dizendo que, por causa da incerteza quântica, ele não precisa ter literalmente *todas* as alturas representadas. Mas, lembrando-se da mosca que quis agir assim, você se contém.

Agora você tem de tomar uma decisão. Quantos atores você terá de entrevistar? Você pensa: "Se o produtor usa como medida um intervalo de um centímetro, existem cem possibilidades diferentes entre um e dois metros". Então, você precisa de pelo menos cem atores. Mas, como alguns dos atores entrevistados poderão ter a mesma altura, para não deixar lacunas nas diferen-

* Trocadilho com o título do filme *Pulp fiction*. *Friction* traduz-se por "atrito". (N. R. T.)

tes alturas você terá de entrevistar mais de cem. Para estar seguro, você deve pensar em algumas centenas de atores. Isso é muito, mas é menos do que seria necessário se o produtor usasse como intervalo de medida um milímetro. Nesse caso, haveria mil alturas diferentes entre um e dois metros e você teria de entrevistar milhares de atores.

O mesmo raciocínio se aplica ao caso de universos com diferentes constantes cosmológicas. Suponha que todos os universos de um multiverso tenham constantes cosmológicas com valores situados entre zero e um (medidos em unidades de Planck). Valores menores levam os universos ao colapso e valores maiores dificultariam a aplicação de nossas formulações matemáticas, comprometendo nossa compreensão. Assim como as alturas dos atores tinham uma faixa de um (medida em metros), as constantes cosmológicas dos universos também têm uma faixa de um (medida em unidades de Planck). Quanto à precisão, a analogia com o uso do centímetro ou do milímetro como intervalo de medida pelo produtor é a precisão com que podemos medir a constante cosmológica. Hoje, essa precisão é de cerca de 10^{-124} (em unidades de Planck). No futuro, sem dúvida essa precisão aumentará, mas, como veremos, isso mal chegará a afetar nossas conclusões. Então, assim como há 10^{2} diferentes alturas possíveis com base no intervalo de 10^{-2} metros (um centímetro) em uma faixa de um metro, e 10^{3} diferentes alturas possíveis com base no intervalo de 10^{-3} metros (um milímetro), há 10^{124} valores diferentes para a constante cosmológica com base no intervalo de pelo menos 10^{-124} entre os valores zero e um.

Para assegurar que todos os valores possíveis da constante cosmológica alcancem a realização, precisaríamos, portanto, de um multiverso com pelo menos 10^{124} universos diferentes. Mas, tal como com os atores, temos de levar em conta as possíveis duplicações — universos com o mesmo valor para a constante cosmológica. Assim, para aumentar a segurança e tornar altamente provável que todas as constantes cosmológicas possíveis alcançarão a realização, deveríamos ter um multiverso com muito mais do que 10^{124} universos, digamos 1 milhão de vezes mais, o que perfaz um total redondo de 10^{130} universos. Estou sendo menos exato porque, quando falamos de números assim tão grandes, a exatidão importa pouco. Não há nenhum exemplo familiar — nem as células de seu corpo (10^{13}), nem o número de segundos desde o big bang (10^{18}), nem o número de fótons no universo observável (10^{88}) — que chegue sequer remotamente perto do número de universos que estamos imaginando. O importante a reter da abordagem de Weinberg para explicar a constante cosmológica é que ela só funciona se fizermos parte de um multiverso com um número enorme de universos diferentes, cujas constantes cosmológicas devem apresentar cerca de 10^{124} valores distintos. Só com esse número de universos existe uma probabilidade alta de que haja uma constante cosmológica igual à nossa.

Existem esquemas teóricos que produzem naturalmente essa profusão espetacular de universos com diferentes constantes cosmológicas?[14]

DO VÍCIO À VIRTUDE

Sim, existem. Já encontramos esse esquema no capítulo anterior. Uma contagem das diferentes formas possíveis para as dimensões extras da teoria de cordas, incluindo os fluxos que possam atuar através delas, chegou a 10^{500}. Perto desse número, 10^{124} é uma fagulha: multiplique 10^{124} por, digamos, trezentas ordens de grandeza e o resultado continua a ser uma fagulha, se comparado a 10^{500}. Subtraia 10^{124} de 10^{500} e depois subtraia de novo e de novo, 1 bilhão de vezes, e o resultado, a sobra, ainda estaria perto de 10^{500}.

Um aspecto crucial é que a constante cosmológica efetivamente varia de um universo para outro. Assim como o fluxo magnético transporta energia (pode fazer com que as coisas se movam), os fluxos que percorrem os furos das formas de Calabi-Yau têm energia, cuja quantidade é muito sensível aos aspectos geométricos das formas. Se tivermos duas formas de Calabi-Yau diferentes com fluxos diferentes que penetram em furos diferentes, suas energias também serão, em geral, diferentes. E, como uma determinada forma de Calabi-Yau está ligada a todos os pontos das três dimensões espaciais que nos são familiares, assim como os laços de lã estão ligados a todos os pontos do forro de um tapete, a energia que a forma contém preencherá uniformemente as três dimensões estendidas, assim como se encharcarmos todas as fibras de um tapete, ele ficará uniformemente pesado. Portanto, se uma ou outra das 10^{500} formas de Calabi-Yau vestidas e diferentes constitui as dimensões extras requeridas, *a energia que ela contém contribui para a constante cosmológica.* Os resultados obtidos por Raphael Bousso e Joe Polchinski deram aspecto quantitativo a essa observação. Eles argumentaram que as várias constantes cosmológicas fornecidas pelas 10^{500} diferentes formas possíveis para as dimensões extras estão distribuídas uniformemente por uma ampla faixa de valores.

Isso é exatamente o que desejávamos. Ter 10^{500} possibilidades distribuídas por uma faixa que vai de zero a um assegura que muitas delas estarão extremamente próximas do valor da constante cosmológica que os astrônomos mediram na última década. Pode ser difícil encontrar exemplos explícitos entre 10^{500} possibilidades, porque, mesmo que os computadores mais rápidos de hoje levassem apenas um segundo para analisar cada forma possível das dimensões extras, depois de 1 bilhão de anos somente 10^{32} amostras teriam sido examinadas. Mas o raciocínio sugere fortemente que elas existem.

Por certo, um conjunto de 10^{500} diferentes formas possíveis para as dimensões extras está mais longe de um universo único do que qualquer pessoa poderia haver imaginado. E aqueles que acalentam o sonho de Einstein de encontrar uma teoria unificada que descreva um único universo — o nosso — ficaram profundamente desencantados com esses desenvolvimentos. Mas a análise da constante cosmológica vê a situação a partir de outro ângulo. Em vez de entrar em desespero porque um universo não aparece no cenário, podemos até comemorar: a teoria de cordas se encarrega de que a parte menos plausível da explicação de Weinberg para a constante cosmológica — o requisito de que haja muito mais do que 10^{124} universos diferentes — pareça plausível.

O PASSO FINAL, EM RESUMO

Os ingredientes dessa história tão provocante parecem estar entrando em linha. Mas persiste uma lacuna no raciocínio. Uma coisa é a teoria de cordas permitir a existência de um número gigantesco de diferentes universos possíveis. Outra coisa é dizer que a teoria de cordas assegura que todos os universos possíveis cuja existência ela permite existam realmente como universos paralelos que povoam um vastíssimo multiverso. Como disse da maneira mais enfática Leonard Susskind — inspirado pelo trabalho pioneiro de Shamit Kachru, Renata Kallosh, Andrei Linde e Sandip Trivedi —, se colocarmos a inflação eterna na tessitura do tapete, a lacuna pode ser preenchida.[15]

Agora explicarei esse passo final, mas, caso você esteja ficando saturado e queira ir direto para a resposta, aí vai um resumo de três frases. O multiverso inflacionário — o queijo suíço cósmico que se expande eternamente — contém um número enorme e sempre crescente de universos-bolhas. A ideia é que, quando a cosmologia inflacionária e a teoria de cordas estiverem fundidas, o processo da inflação eterna salpicará por todas as bolhas as 10^{500} formas possíveis para as dimensões extras previstas pela teoria de cordas — uma forma de dimensões extras para cada universo-bolha —, o que propiciará um esquema cosmológico em que todas as possibilidades se realizam. De acordo com esse raciocínio, vivemos na bolha cujas dimensões extras produzem um universo — com sua constante cosmológica e tudo o mais — que pode gerar nossa forma de vida e cujas propriedades estão de acordo com nossas observações.

Na continuação deste capítulo, assinalarei os detalhes, mas, se você se sentir pronto para ir em frente, passe logo para a última seção do capítulo.

A PAISAGEM DAS CORDAS

Ao explicar a cosmologia inflacionária no capítulo 3, usei uma variação de uma metáfora comum. O pico de uma montanha representa o valor mais alto da energia contida em um campo de ínflaton que permeia o espaço. O ato de rolar pela encosta da montanha e chegar ao repouso em uma parte baixa do terreno representa o ínflaton descarregando sua energia, que, no processo, converte-se em partículas de matéria e radiação.

Revisitemos três aspectos da metáfora, atualizando-os com as informações que adquirimos. Em primeiro lugar, vimos que o ínflaton é apenas uma das fontes de energia que podem preencher o espaço. Outras contribuições provêm das flutuações quânticas de todos e quaisquer campos — eletromagnético, nuclear etc. Revisando a metáfora, nesse sentido, a altitude passa a refletir o total da energia uniforme que permeia o universo.

Em segundo lugar, a metáfora original via a base da montanha, onde o ínflaton finalmente alcança o repouso, como se fosse o "nível do mar", com altitude zero, como se o ínflaton houvesse descarregado toda a sua energia (e pressão). Mas, em nossa metáfora revista, a altitude da base da montanha deve representar a energia combinada que permeia o espaço a partir de todas as fontes depois que a inflação chega ao fim. Essa é uma descrição com nome alternativo para a constante cosmológica desse universo-bolha. O mistério da explicação de nossa constante cosmológica traduz-se agora no mistério da explicação da altitude da base de nossa montanha — por que ela é tão próxima do nível do mar, mas não chega a ele.

Finalmente, consideramos inicialmente o mais simples dos terrenos montanhosos: um pico que leva diretamente à base, onde o ínflaton finalmente chega ao repouso (figura 3.1, página 72). Depois avançamos um passo, levando em conta outros componentes (campos de Higgs), cuja evolução e cujos lugares finais de repouso influenciariam os aspectos físicos que se manifestam nos universos-bolhas (figura 3.6, página 86). Na teoria de cordas, a faixa de universos possíveis é ainda mais rica. A forma das dimensões extras determina as características físicas de um universo-bolha, de modo que os possíveis "lugares de repouso", os diversos vales da figura 3.6b, representam agora as possíveis formas que as dimensões extras podem tomar. Para acomodar as 10^{500} formas diferentes dessas dimensões, o terreno da montanha precisa agora de uma pletora de vales, planaltos e picos, como se vê na figura 6.4. Qualquer dessas

Figura 6.4. *A paisagem das cordas pode ser vista esquematicamente como um terreno montanhoso em que diferentes vales representam diferentes formas para as dimensões extras e a altitude representa o valor da constante cosmológica.*

características do terreno em que uma bola possa chegar ao repouso representa uma forma possível em que uma dimensão adicional pode "relaxar". A altitude desse lugar representa a constante cosmológica do respectivo universo-bolha. A figura 6.4 ilustra o que se denomina a *paisagem das cordas.*

Com essa compreensão mais refinada da montanha — ou da paisagem — metafórica, consideraremos agora como os processos quânticos afetam a forma das dimensões extras nesse cenário. Como veremos, a mecânica quântica ilumina a paisagem.

TUNELAMENTO QUÂNTICO NA PAISAGEM

A figura 6.4 é necessariamente esquemática. (Cada um dos diferentes campos de Higgs da figura 3.6 tem seu próprio eixo; do mesmo modo, cada um dos cerca de quinhentos diferentes fluxos de campo que podem percorrer uma forma de Calabi-Yau deve também ter seu próprio eixo — mas representar montanhas em um espaço com quinhentas dimensões espaciais é difícil.) Contudo, ela sugere corretamente que os universos com diferentes formas para as dimensões extras fazem parte de um terreno interligado.[16] E quando se leva em conta a física quântica, usando resultados obtidos, independentemente da teoria de cordas, pelo legendário físico Sidney Coleman, em colaboração com Frank De Luccia, as conexões entre os universos permitem transmutações fantásticas.

As ideias físicas básicas dependem de um processo conhecido como *tunelamento quântico*. Imagine uma partícula, um elétron, por exemplo, que encontra uma barreira sólida, digamos um bloco de aço de três metros de espessura, na qual, segundo a física clássica, ele não consegue penetrar. Um dos traços distintivos da mecânica quântica é que noções rígidas da física clássica, como "não consegue penetrar", traduzem-se em expressões mais suaves como "tem uma probabilidade pequena, mas diferente de zero, de penetrar". A razão está no fato de que as flutuações quânticas de uma partícula permitem, muito raramente, que ela se materialize, de repente, do outro lado de uma barreira impenetrável. O momento em que acontece esse tunelamento quântico é aleatório. O máximo que podemos fazer é prever a probabilidade de que ele aconteça durante um determinado intervalo de tempo. Mas a matemática nos diz que, se esperarmos o tempo suficiente, qualquer barreira pode ser penetrada.

E efetivamente será penetrada. Se não fosse assim, o Sol não brilharia: para que os núcleos de hidrogênio possam aproximar-se o suficiente para fundir-se, eles têm de fazer o tunelamento através da barreira criada pela repulsão eletromagnética entre os prótons.

Coleman e De Luccia, e muitos outros que seguiram sua linha, estimaram o tunelamento quântico desde os que ocorrem entre partículas aos que envolvem universos inteiros que se defrontem com tais barreiras "impenetráveis", que separam as configurações presentes de outras configurações possíveis. Para termos uma ideia do resultado, imagine dois universos possíveis e idênticos, salvo quanto ao valor de um campo que permeia ambos uniformemente, mas cuja energia é mais alta em um deles do que no outro. Se não houvesse a barreira, o valor do campo que tem mais energia escorreria em direção ao do campo com menos energia, como uma bola que desce pela encosta de uma montanha, tal como vimos na discussão da cosmologia inflacionária. Mas o que acontece se a

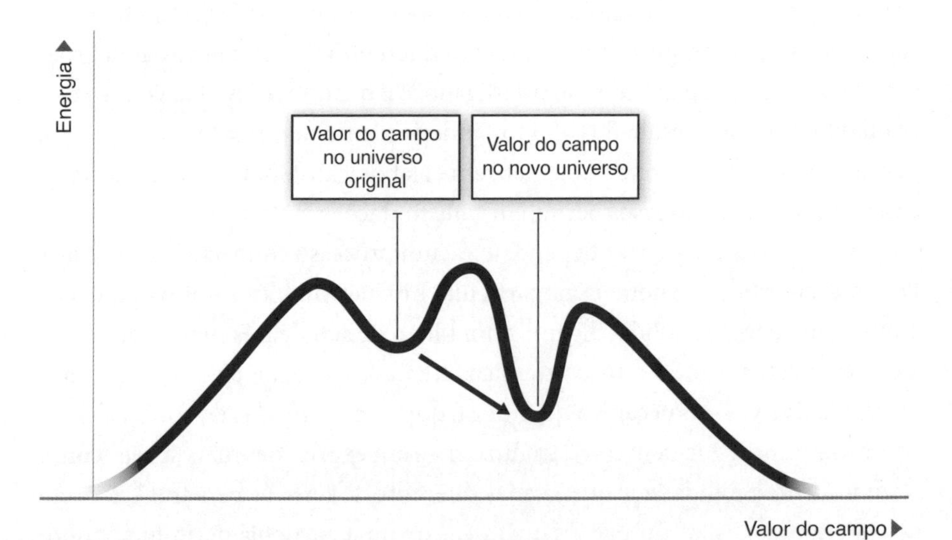

Figura 6.5. *Exemplo de curva de energia de um campo que tem dois valores — dois vales, ou bacias — onde o campo naturalmente entra em repouso. Um universo permeado de um campo de energia de valor mais alto pode chegar ao valor mais baixo por meio de um tunelamento quântico. O processo envolve uma região pequena e de localização aleatória, no universo original, que adquire o valor do campo mais baixo. Essa região, então, se expande, levando um domínio de extensão cada vez maior a passar do nível mais alto de energia para o nível mais baixo.*

curva de energia do campo apresenta um "ressalto montanhoso" que separa seu valor presente do valor que ele busca, como aparece na figura 6.5? Coleman e De Luccia descobriram que, assim como no caso de uma partícula individual, um universo também pode fazer o que a física clássica proíbe: por meio de "flutuações" pode encontrar um caminho — um tunelamento quântico — através da barreira e alcançar a configuração de menor energia.

Mas, como estamos falando de um universo e não de uma partícula, o processo de tunelamento é mais complexo. Coleman e De Luccia advertem que não é que o valor do campo em todo o espaço faça o tunelamento simultaneamente através da barreira. Um pequeno evento de tunelamento quântico, como uma "semente", criaria uma pequena bolha, de localização aleatória, permeada com o valor do campo de energia mais baixa. A bolha então cresceria, em um processo que ampliaria continuamente o domínio em que o campo cai para o valor mais baixo de energia.

Essas ideias podem ser aplicadas diretamente à paisagem das cordas. Imagine que o universo tem uma forma particular para as dimensões extras que corresponde ao vale da esquerda da figura 6.6a. Devido à pronunciada altitude desse vale, as três dimensões espaciais familiares estão permeadas por uma constante cosmológica grande — que produz uma gravidade repulsiva forte — e se inflam rapidamente. O universo em expansão, juntamente com suas dimensões extras, está ilustrado do lado esquerdo da figura 6.6b. Então, em algum momento e em algum local, ambos aleatórios, uma região mínima do espaço faz o tunelamento quântico, através da montanha que separa os dois vales, em direção ao vale do lado direito da figura 6.6a. Não é que a região mínima mude de lugar (o que quer que isso signifique); em vez disso, é a forma das dimensões extras (a forma, o tamanho e os fluxos que contém) nessa região mínima que se modifica. Nessa região, as dimensões extras transmutam-se, adquirindo a forma associada ao vale da direita da figura 6.6a. Esse novo universo-bolha fica no interior do universo original, como ilustrado na figura 6.6b.

O novo universo se expandirá rapidamente e continuará a transformar as dimensões extras à medida que cresce. Mas, como a constante cosmológica do novo universo decresceu — sua altitude na paisagem é menor do que a original —, a gravidade repulsiva a que ela se submete é mais fraca e, portanto, ele não se expandirá tão rapidamente quanto o universo original. Temos, assim, um universo-bolha em expansão, com a nova forma para as dimensões extras,

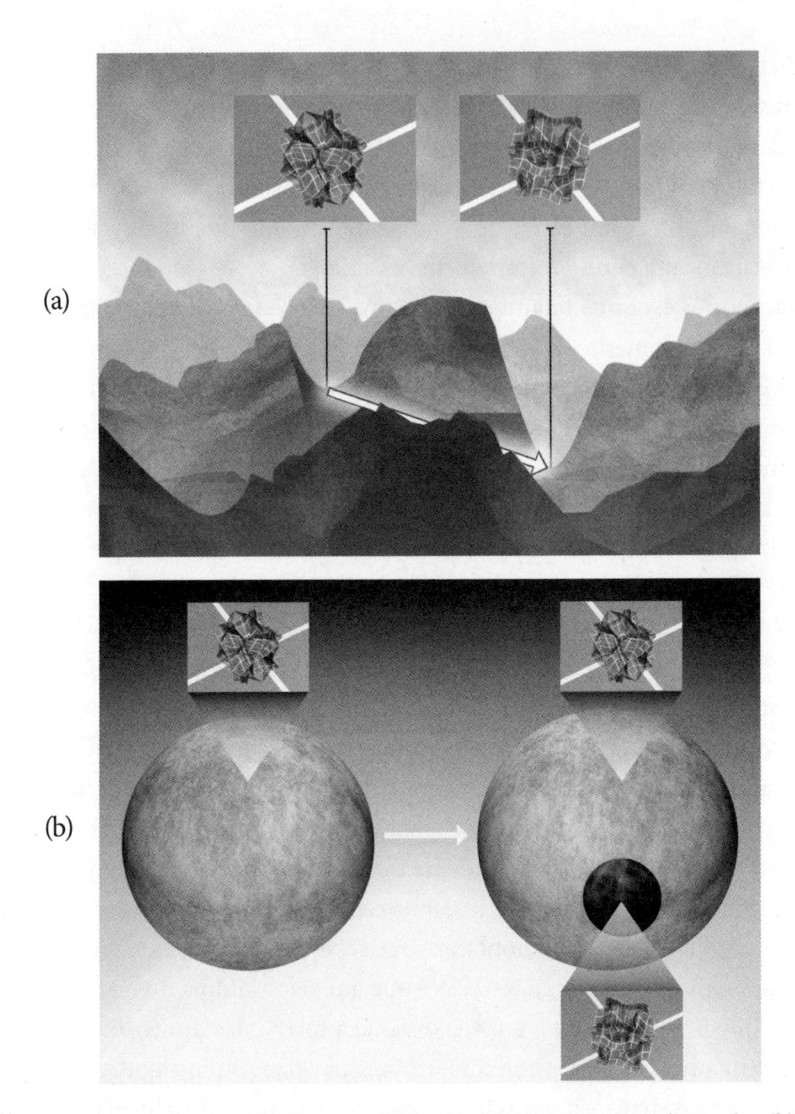

Figura 6.6. (a) *Um evento de tunelamento quântico, dentro da paisagem das cordas.* (b) *O tunelamento cria uma pequena região do espaço — representada pela bolha menor e mais escura — no interior da qual a forma das dimensões extras muda.*

que está contido no interior de outro universo-bolha, que se expande ainda mais rapidamente e que mantém a forma original para as dimensões extras.[17]

O processo pode repetir-se. Em outros locais do interior do universo original, assim como no interior do novo universo, outros eventos de tunelamen-

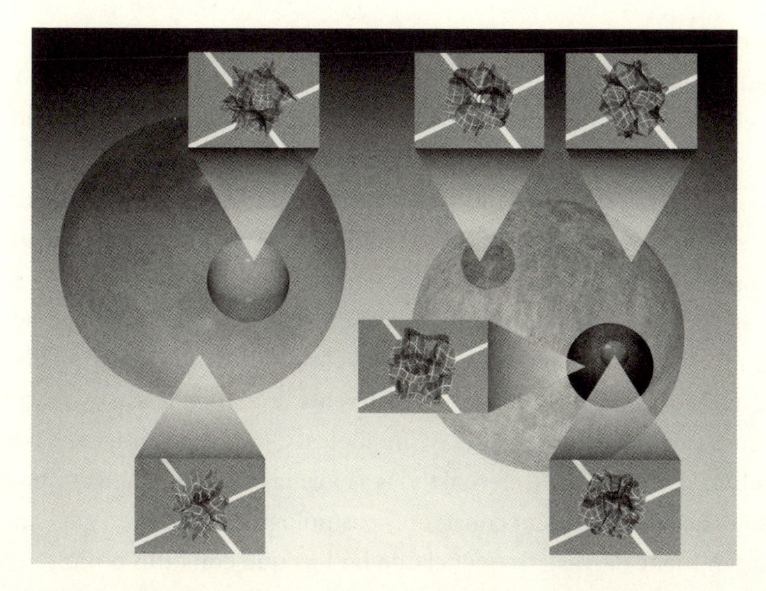

Figura 6.7. *O processo de tunelamento quântico pode repetir-se, produzindo uma vasta sequência de universos-bolhas em expansão, cada qual com uma forma diferente para as dimensões extras.*

to quântico levam ao aparecimento de outras bolhas e criam regiões com outras formas diferentes para as dimensões extras (figura 6.7). Com o tempo, a extensão espacial maior estará cheia de bolhas dentro de bolhas dentro de bolhas — cada uma das quais estará passando por uma expansão inflacionária, terá formas diferentes para as dimensões extras e terá constantes cosmológicas menores do que a do universo dentro do qual se formou.

O resultado é uma versão mais complicada do multiverso do queijo suíço que vimos em nosso encontro interior com a inflação eterna. Naquela versão, tínhamos dois tipos de regiões: o "queijo" propriamente dito, que passa pela expansão inflacionária, e os "buracos", que não a sofrem. Esse era um reflexo direto da paisagem simplificada, com uma única montanha, cuja base supusemos estar no nível do mar. A paisagem mais rica da teoria de cordas, com seus diversos picos e vales que correspondem a diferentes valores da constante cosmológica, dá lugar às muitas regiões diferentes da figura 6.7 — bolhas no interior de bolhas, como um conjunto de *matrioshkas*,* cada qual pintada por um

* Bonecas russas de madeira que se alojam umas dentro das outras. (N. T.)

artista diferente. Em última análise, a série infindável de tunelamentos quânticos através da paisagem montanhosa das cordas faz com que todas as formas possíveis para as dimensões extras alcancem a realização em algum dos universos-bolhas. Esse é o *multiverso da paisagem.*

O multiverso da paisagem é justamente o que precisamos para a explicação que Weinberg dá à constante cosmológica. Argumentamos que a paisagem das cordas assegura que existem, por princípio, formas *possíveis* para as dimensões extras que teriam uma constante cosmológica próxima ao valor observado. Existem vales na paisagem das cordas cuja altitude pequeníssima é compatível com o valor mínimo, mas diferente de zero, que as observações das supernovas atribuem à constante cosmológica. Quando a paisagem das cordas se combina com a inflação eterna, todas as formas possíveis para as dimensões extras, inclusive as que têm constantes cosmológicas pequenas, ganham vida. Em algum lugar da vasta sequência de bolhas que constitui o multiverso da paisagem, há universos cuja constante cosmológica é de cerca de 10^{-123}, o número minúsculo que abriu este capítulo. E, de acordo com esta linha de pensamento, é em uma dessas bolhas que vivemos.

E O RESTO DA FÍSICA?

A constante cosmológica é apenas um dos aspectos do universo em que vivemos. Pode-se dizer que é um dos mais enigmáticos, uma vez que o valor tão pequeno que nela observamos é famoso por divergir dos números que surgem das estimativas mais diretas que se obtinham usando a teoria estabelecida. Essa diferença abismal dá uma importância singular à constante cosmológica e ressalta a urgência de encontrar um esquema, ainda que exótico, que tenha a capacidade de explicá-la. Os proponentes das ideias interligadas que expusemos acima argumentam que o multiverso das cordas faz exatamente isso.

Mas o que dizer de todas as outras características de nosso universo — a existência de três tipos de neutrinos, a massa específica do elétron, a intensidade da força nuclear fraca, e assim por diante? Embora possamos pelo menos imaginar a possibilidade de deduzir esses números, ninguém até agora conseguiu fazê-lo. É possível perguntar também se seus valores estão maduros para uma explicação baseada em um multiverso. Com efeito, pesquisadores que analisam a paisagem das cordas perceberam que esses números, como a constante cosmológica, também variam de um lugar para outro e, portanto — pelo menos segundo nosso entendimento atual da teoria de cordas —, não têm uma determinação única. Isso leva a uma perspectiva muito diferente da que predominava nos primeiros tempos das pesquisas sobre esse tema e sugere que a tentativa de deduzir as propriedades das partículas fundamentais, assim como a tentativa de explicar a distância entre a Terra e o Sol, pode ser simplesmente inútil. Assim como as distâncias planetárias, algumas das propriedades, ou todas elas, variariam de um universo para outro.

Para que essa linha de pensamento seja crível, contudo, precisamos, no mínimo, saber não só que existem universos-bolhas em que a constante cosmológica tem o valor adequado, mas também que, em pelo menos uma dessas bolhas, as forças e as partículas concordam com o que os cientistas de nosso planeta mediram. Precisamos ter certeza de que nosso universo, em todos os seus detalhes, está em algum lugar da paisagem. Esse é o objetivo de um campo vibrante de pesquisas denominado *construção de modelos de cordas*. O programa de pesquisas significa sair caçando por toda a paisagem das cordas com o fim de examinar matematicamente as formas possíveis para as dimensões extras, em busca de universos que se assemelhem o mais possível ao nosso. É um tremendo desafio, porque a paisagem é demasiado grande e complexa para poder ser estudada de maneira sistemática. Avançar nesse campo requer grande habilidade calculacional e intuitiva na identificação das peças a serem reunidas — a forma das dimensões extras, seu tamanho, os fluxos de campo que circulam por seus furos, a presença de várias branas, e assim por diante. Os que lideram a empreitada combinam o melhor da ciência rigorosa com a sensibilidade artística. Até aqui, ninguém encontrou um exemplo que reproduza as características de nosso universo com exatidão. Mas, com cerca de 10^{500} possibilidades esperando ser exploradas, há um consenso no sentido de que nosso universo está incluído em algum lugar da paisagem.

MAS ISSO É CIÊNCIA?

Neste capítulo, viramos uma página na lógica. Até aqui vínhamos explorando as implicações para a realidade — em sentido amplo — de vários desenvolvimentos na física fundamental e na pesquisa cosmológica. Sinto prazer ante a possibilidade de que existam cópias da Terra nos rincões remotos do espaço, ou que nosso universo seja uma dentre tantas bolhas em um cosmo que se infla, ou que vivamos em um dos muitos mundos-brana que constituem um gigantesco pão cósmico. São ideias provocativas e deslumbrantes.

Mas com o multiverso da paisagem invocamos universos paralelos em um sentido diferente. No esquema que acabamos de ver, o multiverso da paisagem não se limita a ampliar nossa visão de tudo o que pode existir. Um conjunto de universos paralelos, de mundos que podem estar fora de nossa capacidade de ver, ou testar, ou influenciar, agora e talvez para sempre, é invocado diretamente para propiciar novas maneiras de compreender as observações que fazemos aqui, neste nosso universo.

E isso traz uma questão essencial: Mas isso é ciência?

7. A ciência e o multiverso
Inferências, explicações e previsões

Quando David Gross, um dos ganhadores do Prêmio Nobel de Física em 2004, investe contra o multiverso da paisagem da teoria de cordas, há uma chance razoável de que ele cite o discurso que Winston Churchill fez em 29 de outubro de 1941: "Nunca desistir... Nunca, nunca, nunca, nunca — em nada, grande ou pequeno, maior ou menor —, nunca desistir". Quando Paul Steinhardt, professor da cátedra Albert Einstein de ciência na Universidade de Princeton e codescobridor da forma moderna da cosmologia inflacionária, fala de sua antipatia pelo multiverso da paisagem, a retórica é menos intensa, mas você pode estar certo de que uma comparação com a religião, naturalmente em termos desfavoráveis, aparecerá em algum momento. Martin Rees, o astrônomo real do Reino Unido, vê o multiverso como o próximo passo natural em nosso empenho em conhecer tudo o que existe. Leonard Susskind diz que os que ignoram a possibilidade de que façamos parte de um multiverso estão simplesmente tirando os olhos de uma cena que não conseguem suportar. E estes são apenas uns poucos exemplos. Muitos outros há, em ambos os lados, de inimigos veementes e devotos entusiastas, que nem sempre expressam suas opiniões em termos tão elevados.

Nestes 25 anos em que venho trabalhando com a teoria de cordas, nunca vi a paixão imperar tanto nem a linguagem tornar-se tão afiada como nas discussões sobre a paisagem da teoria de cordas e o multiverso a que ela pode dar lugar. O porquê é claro. Muitos veem esses desenvolvimentos como campos de batalha pela própria alma da ciência.

A ALMA DA CIÊNCIA

O multiverso da paisagem foi o catalisador e os argumentos giram em torno de questões que são decisivas com relação a qualquer teoria em que o multiverso tenha um papel. Será cientificamente justificável falar de um multiverso — ideia que invoca domínios inacessíveis não só na prática, mas muitas vezes também por princípio? Será a ideia do multiverso testável, ou falseável?* Poderá a invocação do multiverso nos dar o poder de explicar coisas que de outro modo não teríamos como fazer?

Se a resposta a essas perguntas for não, como os detratores insistem ser o caso, os proponentes do multiverso estariam tomando uma atitude incomum. Propostas que não podem ser testadas ou falseadas e invocam domínios ocultos, que estão além de nossa capacidade de acessar — tudo isso parece estar muito distante do que a maioria de nós chamaria de ciência. E aí está a faísca que desperta as paixões. Os proponentes contra-argumentam que, embora a maneira pela qual um determinado multiverso conecta-se com as observações possa ser diferente daquilo a que estamos acostumados — pode ser mais indireta; pode ser menos explícita; pode requerer sorte para que os futuros experimentos tenham êxito —, mesmo em propostas respeitáveis esses problemas não estão sempre ausentes. Essa argumentação desembaraçada tem uma visão ampla sobre o que nossas teorias e observações podem revelar e sobre como podemos verificar a veracidade de nossas percepções.

A posição a tomar com relação ao multiverso depende também da maneira como se aprecia a essência do mandato científico. As descrições gerais muitas vezes dão destaque a que a ciência trata de encontrar regularidades no funcionamento do universo, explicar como tais regularidades iluminam e também refletem as leis da natureza e testar as supostas leis por meio de

* Falseabilidade é um conceito da filosofia da ciência segundo o qual para se refutar uma afirmação basta fazer uma observação que mostre que essa afirmação é falsa. (N. R. T.)

previsões que possam ser verificadas ou refutadas por meio de experimentos e observações ulteriores. Essa descrição pode ser razoável, mas passa por alto sobre o fato de que o progresso real da ciência é um tema muito mais complexo, em que fazer a pergunta certa é muitas vezes tão importante quanto descobrir e confirmar a resposta. E as perguntas não estão flutuando em um domínio preexistente, no qual o papel da ciência seria escolhê-las, uma a uma. Ao contrário, as perguntas de hoje normalmente refletem os pontos de vista de ontem. Os avanços espetaculares geralmente dão resposta a algumas perguntas, só para dar origem a uma série de outras, que antes não se podia sequer imaginar. Ao julgar quaisquer desenvolvimentos, inclusive as teorias sobre o multiverso, devemos levar em conta não só a capacidade desses avanços para revelar verdades ocultas, mas também seu impacto sobre os pontos que seremos levados a discutir — ou seja, seu impacto sobre a própria prática da ciência. Como há de ficar claro, as teorias sobre o multiverso têm a capacidade de reformular algumas das perguntas mais profundas com que os cientistas têm se defrontado nas últimas décadas. Essa perspectiva entusiasma alguns e enfurece outros.

Preparado o cenário, vamos agora pensar de maneira sistemática sobre a legitimidade, a testabilidade e a utilidade dos esquemas que supõem que o nosso seja apenas um dentre múltiplos universos.

MULTIVERSOS ACESSÍVEIS

É difícil chegar a um consenso sobre tais questões, em parte porque o conceito do multiverso não é monolítico. Já vimos cinco de suas versões — o repetitivo, o inflacionário, o das branas, o cíclico e o da paisagem — e nos próximos capítulos encontraremos mais quatro. A noção *genérica* do multiverso, compreensivelmente, tem a reputação de estar além da testabilidade. De acordo com a avaliação costumeira, estamos considerando universos diferentes do nosso, mas, como só temos acesso a este, seria a mesma coisa se estivéssemos discutindo sobre fantasmas ou sobre o coelhinho da Páscoa. Na verdade, esse é o problema central, com o qual logo vamos nos defrontar, mas veja antes que alguns dos multiversos *permitem* interações entre os universos membros. Vimos que, no multiverso das branas, cordas fechadas e livres podem viajar de uma brana a outra. E no multiverso inflacionário universos-bolhas podem ver-se em contato ainda mais direto.

Lembre-se de que o espaço entre dois universos-bolhas no multiverso inflacionário é permeado por um campo de ínflaton cuja energia e cuja pressão negativa permanecem altas e que por isso sofrem a expansão inflacionária. Essa expansão separa os universos-bolhas. Mesmo assim, se a taxa de expansão das próprias bolhas for maior do que a do espaço em que elas se formam, as bolhas colidirão. Se tivermos presente que a expansão inflacionária é cumulativa — quanto maior for o espaço inflacionário entre duas bolhas, mais rapidamente elas se afastarão uma da outra —, chegaremos a uma conclusão interessante. Se duas bolhas se formam relativamente próximas uma à outra, o espaço entre elas poderá ser tão pequeno que sua taxa de separação será menor do que sua taxa de expansão. Isso as coloca no rumo de uma colisão.

Esse raciocínio nos é dado pela matemática. No multiverso inflacionário, os universos podem colidir. Além disso, diversos grupos de pesquisadores (entre eles Jaume Garriga, Alan Guth e Alexander Vilenkin; Ben Freivogel, Matthew Kleban, Alberto Nicolis e Kris Sigurdson; assim como Anthony Aguirre e Matthew Johnson) estabeleceram que, se por um lado algumas colisões podem desorganizar violentamente as estruturas internas dos universos-bolhas — o que seria péssimo para os possíveis usuários das bolhas, como nós —, em outros casos podem ocorrer encontros mais suaves, que, sem provocar consequências desastrosas, deixam marcas observáveis. Os cálculos indicam que, se tivéssemos um desses acidentes com outro universo, o impacto enviaria ondas de choque pelo espaço afora que gerariam modificações nos padrões de variação de temperatura da radiação cósmica de fundo em micro-ondas.[1] Os pesquisadores estão agora à procura das "impressões digitais" bem detalhadas que uma alteração como essa deixaria. Isso, por sua vez, prepara o terreno para observações que, algum dia, podem proporcionar informações sobre a possibilidade de que um choque assim tenha ocorrido no passado remoto — o que nos daria informações sobre a existência de outros universos por aí.

Mas, por mais instigante que essa perspectiva possa ser, devemos ainda perguntar: E se os testes não produzirem indicações de uma interação ou encontro com outro universo? Assumindo um ponto de vista cabeça-dura: o que acontece com o conceito de multiverso se não encontrarmos nunca nenhum sinal, experimental ou observacional, de outros universos?

A CIÊNCIA E O INACESSÍVEL I

É justificável cientificamente invocar universos inobserváveis?

Todo esquema teórico tem uma arquitetura implícita — seus componentes fundamentais e as leis matemáticas que os regem. Além de definir a teoria, essa arquitetura também estabelece os tipos de perguntas que podem ser feitas dentro da teoria. A arquitetura de Isaac Newton era tangível. Sua matemática lidava com as posições e velocidades de objetos que conhecemos diretamente, ou podemos ver com facilidade, sejam pedras, bolas, a Lua ou o Sol. Muitíssimas observações confirmaram as previsões de Newton, dando-nos confiança em que sua matemática realmente descrevia como se movem os objetos com os quais temos familiaridade. A arquitetura de James Clerk Maxwell deu um passo significativo no rumo da abstração. Campos vibrantes, elétricos e magnéticos, não são coisas com as quais nossos sentidos tenham desenvolvido qualquer intimidade. Embora vejamos a "luz" — ondulações eletromagnéticas cujos comprimentos de onda estão na faixa que nossos olhos podem detectar —, nossas experiências visuais não nos levam diretamente aos campos ondulatórios que a teoria apresenta como reais. Mesmo assim, podemos construir equipamentos sofisticados que conseguem medir essas vibrações e que, em conjunto com a abundância de confirmações das previsões da teoria, dão-nos uma inabalável convicção de que vivemos imersos em um oceano pulsante de campos eletromagnéticos.

No século XX, a ciência fundamental passou a depender cada vez mais de categorias inacessíveis. O espaço e o tempo formam uma liga que constitui o andaime da relatividade especial. Quando, subsequentemente, eles foram dotados da maleabilidade einsteiniana, converteram-se no pano de fundo da teoria da relatividade geral. Em minha vida, vi e usei relógios que marcam o tempo e réguas que medem o espaço, mas nunca tomei em minhas mãos o espaço-tempo, da maneira como tomo os braços de minha cadeira. Sinto os efeitos da gravidade, mas, se você me perguntar se posso afirmar por experiência própria que me encontro imerso em um espaço-tempo curvo, eu me sentirei na mesma situação maxwelliana. Estou convencido de que as teorias da relatividade especial e da relatividade geral são corretas não porque tenha acesso tangível a seus componentes básicos, mas porque, quando aceito seus esquemas implícitos, a matemática faz previsões sobre coisas que podemos medir. E essas previsões revelam-se extraordinariamente precisas.

A mecânica quântica leva ainda mais longe tal inacessibilidade. O componente central da mecânica quântica é a onda de probabilidade, comandada por uma equação descoberta em meados dos anos 1920 por Erwin Schrödinger. Mesmo sendo tais ondas a característica principal da teoria, veremos no capítulo 8 que a arquitetura da física quântica deixa claro que elas permanecerão para sempre completamente inobserváveis. As ondas de probabilidade dão lugar a previsões quanto às possíveis localizações das partículas, mas as ondas, elas próprias, flutuam fora da arena da realidade cotidiana.[2] Apesar disso, como as previsões têm um êxito tão grande, sucessivas gerações de cientistas aceitam essa situação estranha: uma teoria introduz um arcabouço radicalmente novo e vital que, de acordo com a própria teoria, é inobservável.

O tema comum a todos esses exemplos é que o êxito de uma teoria pode ser usado como justificativa *post-factum* de sua arquitetura básica, mesmo quando essa arquitetura permanece além de nossa capacidade de acessá-la diretamente. Isso faz parte da experiência diária dos físicos teóricos de maneira tão flagrante que a linguagem usada e as perguntas feitas regularmente referem-se, sem nenhuma hesitação, a coisas que são, no mínimo, muito menos acessíveis do que mesas e cadeiras e que, em muitos casos, estão permanentemente fora dos limites da experiência direta.*

Quando prosseguimos em nosso caminho e usamos a arquitetura de uma teoria para conhecer melhor os fenômenos de que ela trata, novos tipos de inacessibilidade se apresentam. Os buracos negros decorrem da matemática da relatividade geral e as observações astronômicas já propiciaram comprovações substanciais de que eles não só são reais, mas são mesmo comuns. Por outro

* Como há perspectivas diferentes a respeito do papel da teoria científica na busca da compreensão da natureza, os pontos que aqui assinalo estão sujeitos a uma série de interpretações. Duas posições proeminentes são a dos *realistas*, que sustentam que as teorias matemáticas podem oferecer uma compreensão direta da natureza da realidade, e a dos *instrumentalistas*, que creem que as teorias oferecem um meio de prever o que nossos aparelhos de medição devem registrar, mas não nos dizem nada a respeito da realidade subjacente. Depois de décadas de debates acirrados, os filósofos da ciência desenvolveram numerosos refinamentos dessas e de outras posições congêneres. Como deve estar bem claro, minha perspectiva e o enfoque que dou a este livro estão firmemente no campo realista. Este capítulo em particular, ao examinar a validade científica de certos tipos de teorias e ao avaliar o que elas podem implicar com relação à natureza da realidade, é um dos que podem ser vistos pelas várias orientações filosóficas de maneiras consideravelmente diferentes.

lado, o interior de um buraco negro é um ambiente exótico. De acordo com as equações de Einstein, a superfície externa de um buraco negro, seu horizonte de eventos, é uma superfície da qual não se pode regressar. É possível atravessá-lo para entrar, mas não para sair. Nós, resolutos habitantes do exterior, nunca observaremos o interior de um buraco negro, não só devido a considerações de ordem prática, mas em consequência das próprias leis da relatividade geral. Há, contudo, pleno consenso sobre o fato de que a região do outro lado do horizonte de eventos do buraco negro é real.

A aplicação da relatividade geral à cosmologia fornece instâncias ainda mais extremas de inacessibilidade. Se você não se importar em fazer uma viagem só de ida, o interior de um buraco negro é pelo menos um destino possível. Mas os domínios que estão além de nosso horizonte cósmico são inalcançáveis, mesmo que consigamos viajar a velocidades próximas à da luz. Em um universo em aceleração como o nosso, esse ponto fica em grande evidência. Dado o valor observado da aceleração cosmológica (e supondo que ele nunca se modifique), qualquer objeto que diste de nós mais do que algo como 20 bilhões de anos-luz estará permanentemente fora de nosso alcance, seja para ver, visitar, medir ou influenciar. Além dessa distância, o espaço se afasta de nós tão rapidamente que qualquer tentativa de diminuir a separação seria tão infrutífera quanto navegar contra uma corrente mais rápido do que seu barco.

Os objetos que sempre estiveram além de nosso horizonte cósmico são objetos que nunca observamos e nunca poderemos observar. Do mesmo modo, tampouco eles nos observaram e jamais nos observarão. Objetos que em algum momento do passado estiveram dentro de nosso horizonte cósmico, mas foram arrastados para além dele por causa da expansão espacial, são objetos que uma vez pudemos ver, porém nunca poderemos voltar a fazê-lo. No entanto, acho que podemos estar de acordo em que tais objetos são tão reais como qualquer coisa tangível, assim como os domínios em que eles habitam. Seria verdadeiramente estranho se disséssemos que uma galáxia que antes podia ser vista, mas que foi arrastada para além de nosso horizonte cósmico, tenha entrado em um domínio não existente, um domínio que, por causa de sua inacessibilidade permanente, tem de ser varrido do mapa da realidade. Mesmo que não possamos observar ou influenciar esses domínios, nem eles a nós, é justo incluí-los em nosso quadro da realidade.[3]

Esses exemplos deixam claro que a ciência não é alheia a teorias que incluem elementos, sejam componentes básicos ou consequências derivadas, que nos são inacessíveis. Nossa confiança nessas coisas intangíveis depende de nossa confiança na teoria. Quando a mecânica quântica invoca as ondas de probabilidade, sua notável capacidade de descrever coisas que podemos medir, como o comportamento dos átomos e das partículas subatômicas, nos impele a crer na realidade abstrata que ela nos apresenta. Quando a relatividade geral prevê a existência de lugares que não podemos observar, seu êxito fenomenal em descrever as coisas que observamos, como o movimento dos planetas e a trajetória da luz, nos leva a levar a sério tais previsões.

Assim, para que a confiança em uma teoria cresça, não se requer que todos os seus aspectos sejam verificáveis. Basta uma série robusta e variada de previsões confirmadas. Por bem mais de um século, a comunidade científica tem aceitado que uma teoria pode invocar elementos ocultos e inacessíveis, desde que também faça previsões interessantes, novas e testáveis sobre um grande número de fenômenos observáveis.

Isso sugere que é possível construir uma argumentação convincente para uma teoria que envolva um multiverso, ainda que não possamos obter nenhum elemento de comprovação direta com relação a outros universos. Se os dados experimentais e observacionais obtidos por uma teoria nos levam a adotá-la, e se a teoria tem por base uma estrutura matemática estrita que não dá lugar a que escolhamos suas características a nosso bel-prazer, temos de aceitá-la globalmente. E, se a teoria implica a existência de outros universos, essa é a realidade que a teoria requer que incorporemos.

Em princípio, portanto — e, veja bem, o que levanto aqui é uma questão de princípio —, a mera invocação de universos inacessíveis não condena uma proposta a ficar fora do âmbito científico. Para simplificar esse ponto, imagine que um dia consigamos desenvolver uma visão convincente, do ponto de vista experimental e observacional, da teoria de cordas. Talvez um futuro acelerador de partículas seja capaz de detectar sequências de padrões de vibrações das cordas e indicações claras da existência de dimensões extras, e que novas observações astronômicas consigam detectar características típicas das cordas na radiação cósmica de fundo em micro-ondas, assim como as assinaturas de cordas longas que ondulem pelo espaço. Suponha ainda que nosso entendimento da teoria de cordas venha a progredir substancialmente e que sejamos capazes de afirmar de maneira absoluta, positiva e incontestável que a teoria gera o multiverso da paisagem. Apesar das reações contrárias, uma teoria com forte apoio experimental e observacional e cuja estrutura interna requeira um multiverso nos levaria inexoravelmente a concluir que a hora de ceder chegou.* Assim, ao focalizarmos o tema desta seção, em um contexto científico correto, invocar um multiverso não seria apenas algo respeitável: *não fazê-lo* seria demonstração de preconceito científico.

A CIÊNCIA E O INACESSÍVEL II

Chega de princípios; qual é a situação na prática?

Os céticos dirão que uma coisa é levantar uma questão de princípio sobre a formulação de uma determinada teoria relativa a um multiverso, e outra é avaliar se se pode dizer de qualquer uma das propostas de multiverso que descrevemos aqui está realmente confirmada do ponto de vista experimental e é capaz de fazer uma previsão absoluta da existência de outros universos. Será esse o caso?

O multiverso repetitivo deriva de uma extensão espacial infinita, possibilidade que se insere claramente dentro da relatividade geral. A questão é que a relatividade geral contempla a possibilidade de uma extensão espacial infinita, mas não a *requer* necessariamente, o que explica, por sua vez, por que o multiverso repetitivo permanece como uma hipótese mesmo sendo a relatividade geral uma teoria consagrada. Uma extensão espacial infinita decorre diretamente da inflação eterna — lembre-se de que cada universo-bolha, quando visto por dentro, parece infinitamente grande —, mas, nesse cenário, o multiverso repetitivo se torna incerto porque a proposta subjacente, a inflação eterna, permanece hipotética.

* Em um multiverso que contenha um número enorme de universos diferentes, é razoável pensar que, independentemente do que nos indiquem os experimentos e as observações, haverá, em todo o conjunto apresentado pela teoria, algum universo que seja compatível com um resultado qualquer. Nesse caso, não poderia haver comprovação experimental que determinasse que a teoria está errada; por outro lado, nenhum dado poderia ser interpretado como demonstração de que a teoria está certa. Considerarei esse tema em breve.

A mesma consideração afeta o multiverso inflacionário, que também decorre da inflação eterna. Observações astronômicas feitas na última década aumentaram a confiança da comunidade dos físicos na cosmologia inflacionária, mas elas não dizem nada sobre se a expansão inflacionária é eterna. Estudos teóricos revelam que, embora muitas versões sejam eternas e produzam universos-bolhas um atrás do outro, outras propõem uma expansão inflacionária única.

O multiverso das branas, o cíclico e o da paisagem baseiam-se na teoria de cordas e por isso padecem de múltiplas incertezas. Ainda que a teoria de cordas seja notável e sua estrutura matemática tenha se tornado rica, a falta de previsões testáveis e a ausência concomitante de contato com observações e experimentos relegam-na ao campo da especulação científica. Além disso, como a teoria é essencialmente uma obra em andamento, não está claro ainda quais de suas características continuarão a desempenhar um papel importante nos refinamentos futuros. As branas, que são a base do multiverso das branas e do multiverso cíclico, continuarão a ser fundamentais? A escolha extraordinariamente abundante de formas possíveis para as dimensões extras, que está na base do multiverso da paisagem, persistirá? Ou será que acabaremos por descobrir um princípio matemático que identifique uma forma específica? Simplesmente não sabemos.

Desse modo, é possível que cheguemos a desenvolver uma argumentação convincente em favor de uma teoria de multiverso sem fazer, praticamente, nenhuma previsão com relação a outros universos, mas, para os cenários de multiversos que examinamos, essa abordagem não funciona. Pelo menos ainda não funciona. Para avaliá-los, precisamos confrontar-nos diretamente com as previsões que fazem a respeito de outros universos.

Conseguiremos fazê-lo? Será que a invocação teórica de outros universos gerará previsões testáveis, ainda que esses mesmos universos permaneçam fora do alcance dos experimentos e das observações? Enfrentaremos essa questão essencial passo a passo. Seguiremos o padrão acima delineado, progredindo a partir de uma posição de "princípio" para uma perspectiva "prática".

PREVISÕES EM UM MULTIVERSO I

Se os universos que constituem um multiverso forem inacessíveis, poderão eles, apesar disso, contribuir com previsões significativas?

Alguns cientistas que resistem às teorias sobre o multiverso veem nelas uma admissão de fracasso e um completo abandono do objetivo tão acalentado de tentar compreender por que o universo tem as propriedades que apresenta. Sendo eu um dos que têm trabalhado há décadas com o fim de realizar a fugidia promessa da teoria de cordas de calcular todas as propriedades fundamentais observáveis do universo, inclusive os valores das constantes da natureza, compreendo bem essa inconformidade. Se aceitarmos que fazemos parte de um multiverso no qual algumas das constantes, ou talvez todas, variam de um universo para outro, teremos de aceitar que esse objetivo é inatingível. Se as leis fundamentais permitem, digamos, que a intensidade da força eletromagnética tenha diversos valores diferentes através do multiverso, a própria noção de calcular *a* força é incorreta, algo assim como pedir a um pianista que toque *a* nota.

Mas a questão é a seguinte: o fato de que as propriedades variam significa que perdemos o poder de prever (ou "pós-ver") aquelas que são inerentes a nosso próprio universo? Não necessariamente. Embora o multiverso ponha fim à unicidade, é possível que consigamos conservar um grau de capacidade previsora. Em última análise, tudo se resume a estatísticas.

Tomemos como exemplo os cachorros. Eles não têm um peso único. Há os que são leves, como os chihuahuas, que podem pesar menos de um quilo, e os muito pesados, como os mastins ingleses, que podem chegar aos cem quilos. Se eu o desafiasse a prever o peso do próximo cachorro que passar pela rua, aparentemente o máximo que você poderia fazer seria tomar um número qualquer, dentro da faixa a que aludi. No entanto, com um pouco de informação, seria possível fazer uma estimativa mais refinada. Se você dispuser de dados relativos à população canina da vizinhança onde mora, como o número de pessoas que têm cães desta ou daquela raça, a distribuição de pesos dentro de cada raça e talvez mesmo a informação de quantas vezes por dia cada raça diferente costuma sair para passear, você poderá deduzir o peso do cachorro que terá a maior *probabilidade* de encontrar.

Não seria uma previsão precisa; a abordagem estatística muitas vezes não o permite. Mas, dependendo da distribuição dos cachorros, você poderá obter um resultado bem melhor do que se simplesmente tirasse um número qualquer da cartola. Se a distribuição em sua vizinhança for bem definida, por exemplo, com 80% de labradores, que pesam por volta de trinta quilos, e os outros 20% compostos de uma grande variedade de raças, como terriers e poodles, que pesam na faixa de treze quilos, talvez uma estimativa por volta dos 26 quilos seja uma boa aposta. O próximo cachorro que você encontrar pode ser um leve e peludo shih tzu, mas isso não seria provável. Para distribuições ainda mais concentradas, as previsões podem ser mais precisas. Se 95% dos cachorros de sua área forem labradores de trinta quilos, haverá boas condições de prever que o próximo cachorro a passar seja um deles.

Uma abordagem estatística similar pode ser aplicada a um multiverso. Imagine que estejamos investigando uma teoria sobre multiversos que preveja uma ampla gama de universos diferentes, com diferentes valores para as intensidades das forças, as propriedades das partículas, os valores da constante cosmológica, e assim por diante. Imagine também que o processo cosmológico pelo qual esses universos se formam (como a criação de universos-bolhas no multiverso da paisagem) seja suficientemente claro e propicie a determinação da distribuição dos universos, com suas diferentes propriedades, por todo o multiverso. Essas informações têm a capacidade de proporcionar avaliações significativas.

Para ilustrar as possibilidades, suponha que nossos cálculos produzam uma distribuição particularmente simples: alguns aspectos físicos variam amplamente de universo para universo, mas outros permanecem fixos. Imagine, por exemplo, que a matemática revele a existência de um conjunto de partículas, comum a todos os universos do multiverso, cujas massas e cargas tenham os mesmos valores em cada universo. Uma distribuição como essa gera previsões absolutamente firmes. Se experimentos realizados em nosso próprio universo não encontrarem o conjunto previsto de partículas, poderíamos desprezar a teoria, o multiverso e tudo o mais. O conhecimento da distribuição, portanto, torna falseável a proposta de multiverso. Do mesmo modo, se nossos experimentos encontrassem as partículas previstas, nossa confiança quanto à correção da teoria aumentaria.[4]

Para termos outro exemplo, imagine um multiverso em que a constante cosmológica varie em uma ampla faixa de valores, mas o faça de uma maneira acentuadamente não uniforme, tal como ilustrado esquematicamente na

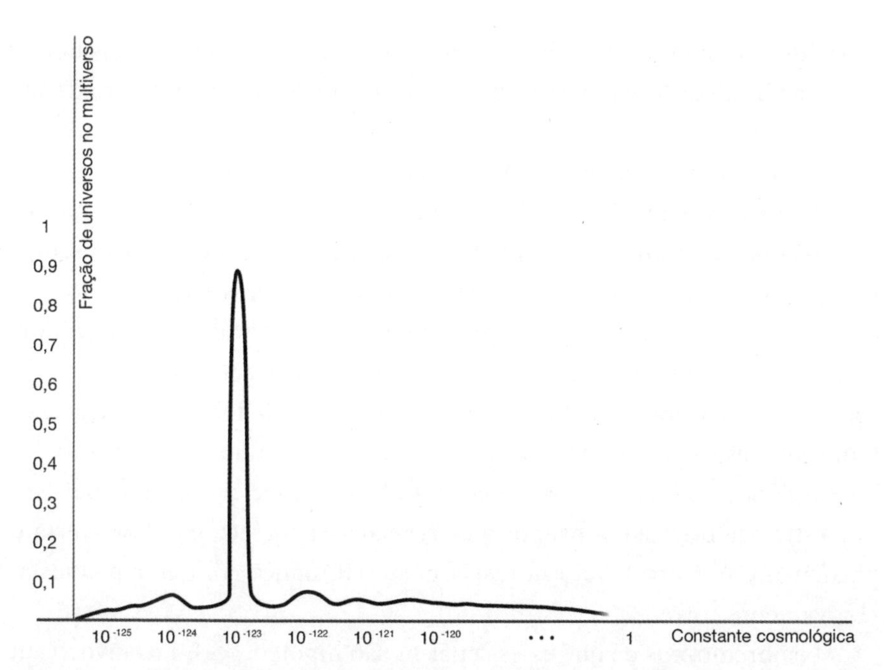

Figura 7.1. *Uma distribuição possível dos valores da constante cosmológica em um multiverso hipotético, a qual ilustra que as distribuições fortemente concentradas podem tornar compreensíveis observações que de outra maneira seriam enigmáticas.*

figura 7.1. O gráfico denota a fração de universos do multiverso (eixo vertical) que tem um determinado valor para a constante cosmológica (eixo horizontal). Se fizermos parte desse multiverso, o mistério da constante cosmológica tomará um caráter decididamente diferente. A maior parte dos universos desse cenário tem uma constante cosmológica próxima à que medimos em nosso universo, de modo que, embora a faixa de valores *possíveis* seja grande, a distribuição concentrada implica que o valor observado não é propriamente especial. Em um multiverso assim, a surpresa de que nosso universo tem uma constante cosmológica com o valor de 10^{-123} não tem por que ser maior do que a que você terá ao encontrar um labrador de trinta quilos na próxima vez em que sair caminhando pelo bairro. Levadas em conta as distribuições pertinentes, as duas ocorrências são simplesmente o mais provável que pode acontecer.

Agora vejamos uma variação sobre o tema. Imagine que em um dado multiverso o valor da constante cosmológica varie amplamente, mas, ao contrário do exemplo anterior, a variação seja uniforme: o número dos universos que têm determinado valor para a constante é igual ao número de universos cujas constantes têm qualquer outro valor específico. Mas imagine também que um estudo matemático mais profundo revele um aspecto inesperado nessa distribuição. Para os universos em que a constante cosmológica esteja na faixa que observamos, a matemática revela que existe sempre uma espécie de partícula cuja massa é, digamos, 5 mil vezes maior do que a do próton — demasiado pesada para poder ser observada nos aceleradores de partículas construídos no século XX, mas no nível adequado para ser observada nos aceleradores do século XXI. Em razão da forte correlação existente entre esses dois aspectos físicos, essa teoria do multiverso também seria falseável. Se não nos fosse possível encontrar a espécie pesada da partícula que estivesse prevista, a proposta se revelaria incorreta; e a descoberta da partícula, por outro lado, reforçaria nossa confiança em que a proposta é efetivamente correta.

Lembremo-nos de que esses cenários são hipotéticos. Eu os invoco aqui porque eles esclarecem um perfil possível para a formulação e a verificação científicas no contexto de um multiverso. Já havia sugerido que, se uma teoria do multiverso dá lugar a características testáveis que vão além da simples previsão de outros universos, é possível — em princípio — defendê-la mesmo que os outros universos sejam inacessíveis. Os exemplos que acabo de dar tornam essa possibilidade explícita. Para esses tipos de propostas de multiversos, a resposta à pergunta que dá o título a esta seção seria um sim inequívoco.

A característica essencial de tais "multiversos previsores" é que eles não são constituídos por um conjunto aleatório de universos constituintes. Em vez disso, a capacidade de fazer previsões deriva do fato de que o multiverso demonstra um padrão matemático subjacente: as propriedades físicas distribuem-se para os universos constituintes de uma maneira fortemente aguçada, ou altamente correlacionada.

Como isso poderia acontecer? E, se deixarmos o domínio do "em princípio", isso realmente *acontece* nas teorias de multiverso que encontramos?

PREVISÕES EM UM MULTIVERSO II

Chega de princípios; qual é a situação na prática?

A distribuição de cachorros em determinada área depende de uma série de fatores, entre os quais estão os de ordem cultural, financeira e as simples casualidades. Devido a essa complexidade, se você estivesse empenhado em fazer previsões estatísticas, o melhor caminho seria desprezar as considerações relativas às razões de uma distribuição específica e simplesmente consultar os dados disponíveis no veterinário do bairro. Infelizmente, os cenários dos multiversos não dispõem de instituições censitárias e, portanto, opções desse tipo não estão disponíveis. Somos forçados a recorrer a nosso conhecimento teórico sobre como um dado multiverso poderia surgir para determinar a distribuição dos universos que ele conteria.

O multiverso da paisagem, que depende da inflação eterna e da teoria de cordas, é um bom caso para estudar. Nesse cenário, as duas forças motoras que executam a produção de novos universos são a expansão inflacionária e o tunelamento quântico. Lembre-se de como isso ocorre: um universo em expansão, correspondente a um ou outro vale da paisagem das cordas, faz o tunelamento quântico através de uma das montanhas circundantes e se estabelece em outro vale. O primeiro universo — com características definidas, como as intensidades das forças, as propriedades das partículas, o valor da constante cosmológica etc. — desenvolve uma bolha do novo universo que se expande (veja figura 6.7), que tem um novo conjunto de características físicas e, assim, o processo continua.

Como se trata de um processo quântico, os tunelamentos têm um caráter probabilístico: não se pode prever quando e onde eles acontecerão. Mas pode-se prever a *probabilidade* de que um tunelamento quântico ocorra em certo intervalo de tempo e tome uma direção qualquer. Essas probabilidades dependem de características específicas da paisagem das cordas, tais como as alturas dos picos e dos vales (ou seja, os valores de suas respectivas constantes cosmológicas). Os tunelamentos quânticos mais prováveis acontecerão com maior frequência e a consequente distribuição de universos refletirá esse padrão. A estratégia, então, é usar a matemática da cosmologia inflacionária e a teoria de cordas para calcular a distribuição de universos, com variadas características físicas, através do multiverso da paisagem.

A dificuldade é que até agora ninguém conseguiu fazer isso. Nosso nível atual de conhecimento sugere uma rica paisagem de cordas, com um número descomunal de montanhas e vales, o que torna a tarefa de estabelecer os detalhes do multiverso resultante extraordinariamente difícil. O trabalho pioneiro de cosmólogos e estudiosos da teoria de cordas tem contribuído substancialmente para aumentar nosso entendimento, mas as pesquisas ainda estão em nível rudimentar.[5]

Com o objetivo de avançar, os propositores do multiverso advogam pela introdução de um novo elemento: a consideração dos efeitos de seleção apresentados no capítulo anterior, o raciocínio antrópico.

PREVISÕES EM UM MULTIVERSO III
O raciocínio antrópico

Muitos dos universos que compõem um multiverso não devem conter vida. A razão, como vimos, é que a alteração dos valores dos parâmetros fundamentais da natureza tende a afetar negativamente as condições favoráveis ao surgimento da vida.[6] Nossa própria existência implica que nunca poderíamos estar presentes nos domínios que não contêm vida, de modo que não é preciso explicar mais nada para entender por que não observamos a combinação específica de propriedades que os caracterizam. Se determinada proposta de multiverso implicasse a existência de um único universo capaz de desenvolver a vida, ganharíamos a sorte grande. Determinaríamos matematicamente as propriedades desse universo especial. Se elas diferissem daquilo que observamos em nosso universo, poderíamos excluir tal proposta. Se as propriedades concordassem com as nossas, teríamos uma bela afirmação do argumento antrópico na teoria do multiverso e teríamos também uma bela razão para expandir consideravelmente nosso conceito da realidade.

No caso, mais plausível, de não existir apenas um universo capaz de abrigar a vida, um grupo de cientistas (que inclui Steven Weinberg, Andrei Linde, Alex Vilenkin, George Efstathiou e muitos outros) propõe a adoção de uma abordagem estatística mais potente. Em vez de calcular a abundância relativa de vários tipos de universo dentro do multiverso, eles propõem que calculemos o número de habitantes — os físicos normalmente os chamam de "observadores" — que se encontrariam em vários tipos de universo. Em alguns universos, as condições mal poderiam ser compatíveis com a existência da vida, razão por que os observadores seriam raros, assim como a presença ocasional de um cacto em um deserto. Outros universos, dotados de condições mais hospitaleiras, poderiam estar repletos de observadores. A ideia é que, assim como os dados do recenseamento de cães nos permitem prever o tipo de cachorro que devemos encontrar, os dados do recenseamento de observadores nos permitirão prever as propriedades que esperamos que sejam observadas por um habitante típico de algum lugar do multiverso — você e eu, de acordo com o raciocínio aqui empregado.

Weinberg e seus colaboradores, Hugo Martel e Paul Shapiro, desenvolveram um exemplo concreto em 1997. Eles calcularam qual seria a abundância de vida nos diferentes universos que povoariam um multiverso em que a constante cosmológica variasse de um universo para outro. Essa difícil tarefa foi possibilitada mediante o recurso ao método usado por Weinberg (capítulo 6): em vez de considerar diretamente a própria existência de vida, orientaram-se pela formação de galáxias. Mais galáxias significam mais sistemas planetários e, por conseguinte, de acordo com a premissa implícita, maior probabilidade de existência de vida e de vida inteligente em particular. Como o próprio Weinberg havia descoberto em 1987, mesmo uma constante cosmológica modesta gera uma gravidade repulsiva suficiente para afetar a formação de galáxias, de modo que só é necessário considerar os domínios do multiverso em que as constantes cosmológicas sejam suficientemente pequenas. Uma constante cosmológica negativa resulta em um universo que entra em colapso muito antes que as galáxias possam formar-se, o que significa que esses domínios do multiverso também podem ser omitidos da análise. O raciocínio antrópico, portanto, leva nossa atenção àquelas partes do multiverso em que o valor da constante cosmológica está em uma faixa bem estreita. Como discutido no capítulo 6, os cálculos revelam que, para que um universo possa conter galáxias, sua constante cosmológica deve ter como valor máximo o equivalente a cerca de duzentas vezes o valor da densidade crítica (uma massa de cerca de 10^{-27} gramas por centímetro cúbico de espaço, ou cerca de 10^{-121} em unidades de Planck).[7]

Para os universos cujas constantes cosmológicas estejam nessa faixa, Weinberg, Martel e Shapiro fizeram, então, um cálculo mais refinado. Determinaram, para cada um deles, a fração de matéria que se reuniria em conglomerados, com o transcurso da evolução cosmológica, o que é um passo fundamental no processo de formação das galáxias. Os resultados obtidos indicam que, se a constante cosmológica estiver muito próxima do limite superior da faixa, os conglomerados serão relativamente poucos, uma vez que o impulso centrífugo da constante cosmológica agiria como um vento forte que espalharia a maior parte das acumulações de poeira. Se o valor da constante cosmológica estiver próximo ao limite inferior da faixa, que é zero, o que se verifica é que muitos conglomerados se formam, porque o efeito diluidor da constante cosmológica fica minimizado. Isso significa que há uma grande possibilidade de que vivamos em um universo cuja constante cosmológica seja próxima a zero, uma vez que esse tipo de universo apresenta uma abundância de galáxias e, de acordo com esse modelo de raciocínio, também de vida. Existe uma probabilidade pequena de que estejamos em um universo cuja constante cosmológica esteja próxima ao limite superior, de cerca de 10^{-121}, visto que esses universos exibem quantidades muito menores de galáxias. Há também uma pequena probabilidade de que vivamos em um universo cuja constante cosmológica tenha um valor que fique mais ou menos no centro da faixa.

Usando a versão quantitativa desses resultados, Weinberg e seus colaboradores calcularam o que corresponderia a encontrar um labrador de 28 quilos ao dar uma volta pela vizinhança — ou seja, o valor da constante cosmológica que seria experimentado por um observador típico no multiverso. Qual é a resposta? Algo maior do que o que foi revelado pelas subsequentes medições das supernovas, mas certamente não muito distante delas. Verificou-se que entre um décimo e um vigésimo dos habitantes do multiverso teriam uma experiência comparável à nossa, vivendo em universos cuja constante cosmológica fique próxima a 10^{-123}.

Se bem que um percentual mais alto houvesse sido mais satisfatório, o resultado não deixa de ser impressionante. Antes desse cálculo, a ciência física estava diante de uma desproporção entre teoria e observação de mais de 120 ordens de grandeza, o que indicava que nossa abordagem padecia de um problema seríssimo. A abordagem dada ao multiverso por Weinberg e seus colaboradores mostrou, contudo, que o fato de estarmos em um universo cuja constante cosmológica tem o valor que observamos é tão surpreendente quanto o fato de encontrarmos um cachorro maltês em uma área dominada por labradores — o que significa que não é surpreendente de modo algum. Com certeza, o valor observado de nossa constante cosmológica, quando visto a partir desta perspectiva do multiverso, não sugere a existência de nenhum problema profundo com nossa percepção científica, o que constitui um avanço estimulante.

No entanto, análises posteriores deslocaram a ênfase para uma faceta interessante que, no entender de alguns, retira força ao resultado. Weinberg e seus colaboradores adotaram uma versão simplificada, segundo a qual apenas o valor da constante cosmológica variava de um universo para outro, no interior do multiverso, enquanto os outros parâmetros permaneciam fixos. Max Tegmark e Martin Rees notaram que, se tanto o valor da constante cosmológica quanto, digamos, a intensidade das primeiras flutuações quânticas dos diferentes universos variassem de um caso a outro, essa conclusão se modificaria. Lembre-se de que as flutuações são as sementes originais da formação das galáxias: flutuações quânticas mínimas, amplificadas pela expansão inflacionária, produzem uma variedade aleatória de regiões em que a densidade da matéria é um pouco maior ou um pouco menor do que a média. As regiões que têm densidade maior exercem uma atração gravitacional maior sobre a matéria que esteja próxima, tornando-se, assim, maiores ainda, o que leva, finalmente, à formação de galáxias. Tegmark e Rees assinalaram que, assim como um grande amontoado de folhas secas resiste melhor a um golpe de vento, também as sementes originais resistem melhor à impulsão centrífuga da constante cosmológica. Um multiverso em que tanto a intensidade das flutuações quânticas — e, portanto, das sementes originais — quanto o valor da constante cosmológica variem conteria, por conseguinte, universos em que as constantes cosmológicas maiores seriam contrabalançadas por sementes também maiores. Essa combinação seria compatível com a formação de galáxias — e, portanto, com a existência de vida. Um multiverso desse tipo faz com que o valor da constante cosmológica identificada por um observador típico seja mais alto, resultando, assim, em uma diminuição — potencialmente forte — da proporção de observadores que obteriam valores tão pequenos para constante cosmológica quanto o que apuramos.

Os defensores mais intensos do multiverso gostam de referir-se à análise de Weinberg e seus colaboradores como um êxito do raciocínio antrópico. Seus detratores preferem valer-se das questões levantadas por Tegmark e Rees para mostrar os aspectos menos convincentes da aplicação desse raciocínio. Na verdade, o debate é prematuro. Todos esses cálculos são altamente exploratórios, passos iniciais que devem ser vistos como maneiras possíveis de investigar o domínio global do raciocínio antrópico. De acordo com certas premissas mais restritivas, os cálculos revelam que as considerações antrópicas podem levar-nos a valores relativamente próximos aos que atribuímos à constante cosmológica. Se afrouxarmos um pouco essas premissas, a imprecisão da medida aumenta substancialmente. Essa forte sensibilidade indica que, para obtermos cálculos mais sofisticados sobre o multiverso, será necessário um entendimento superior dos detalhes relativos às propriedades que caracterizam os universos que o constituem e de como eles variam, substituindo, assim, as premissas arbitrárias por diretrizes teóricas. Isso é essencial para que o multiverso possa, algum dia, produzir conclusões claras.

Os pesquisadores estão trabalhando com afinco para alcançar esse patamar, mas até aqui esse esforço não tem sido suficiente.[8]

PREVISÕES EM UM MULTIVERSO IV
O que falta?

Quais são, então, os obstáculos que nos impedem de formular previsões relativas a um determinado multiverso? Três são os principais.

Em primeiro lugar, tal como claramente ilustrado pelo exemplo que acabamos de discutir, a proposta do multiverso deve permitir-nos determinar quais são as características físicas que variam de um universo para outro. E, com relação a essas características que variam, devemos saber calcular sua distribuição estatística por todo o multiverso. Para isso, é essencial que compreendamos o mecanismo cosmológico que preside à formação dos universos que o compõem (como, por exemplo, a criação de universos-bolhas no multiverso da paisagem). Esse é o mecanismo que determina a frequência relativa com que aparecem os diferentes tipos de universos e que, por conseguinte, determina a distribuição estatística das características físicas. Se tivermos sorte, as distribuições resultantes, seja no seio do multiverso como um todo, seja no seio dos universos que abrigam a vida, poderão ser definidas com a precisão suficiente para gerar previsões claras.

Outro desafio, se realmente precisarmos invocar o pensamento antrópico, deriva da premissa central de que nós, humanos, somos típicos entre os observadores. A vida pode ser rara no multiverso; a vida inteligente pode ser mais rara ainda. Mas, entre os seres inteligentes, segundo o princípio antrópico, somos tão típicos que nossas observações devem representar a média das observações dos seres inteligentes que povoam o multiverso (Alexander Vilenkin deu a isso o nome de *princípio da mediocridade*).* Se conhecermos a distribuição das características físicas entre os universos que abrigam vida, poderemos calcular tais médias. Mas a tipicidade é uma premissa espinhosa. Se o desenvolvimento dos trabalhos mostrar que nossas observações ficam dentro da média calculada para um multiverso particular, crescerá a confiança em nossa tipicidade — assim como na própria proposta do multiverso —, o que seria muito estimulante. Contudo, se nossas observações ficarem fora das médias, isso poderá revelar que a proposta do multiverso está errada, mas também poderá ser apenas uma indicação de que não somos propriamente típicos. Mesmo em um lugar em que os labradores representem 99% da população canina é possível encontrar um doberman, um cachorro atípico. A distinção entre uma proposta errada para o multiverso e outra que seja certa, mas em que nosso universo seja atípico, pode ser algo difícil.[9]

Provavelmente, o progresso no exame dessa questão requererá um conhecimento melhor a respeito do surgimento da vida inteligente em um determinado multiverso. De posse de tal conhecimento, poderíamos ao menos esclarecer quão típica terá sido nossa história evolucionária, pelo menos até aqui. Esse é, evidentemente, um grande desafio. Até agora, o pensamento antrópico tem evitado por completo essa questão, invocando para isso a premissa de Weinberg — de que o número de formas de vida inteligente em um dado universo é proporcional ao número de galáxias que ele contém. Tanto quanto podemos saber, a vida inteligente requer um planeta de temperatura moderada, o que requer uma estrela, que geralmente faz parte de uma galáxia, o que nos faz pensar que a abordagem de Weinberg faz sentido. Mas, como nosso conhecimento a respeito de nossa própria origem é rudimentar, a premissa continua a ser apenas tentativa. O desenvolvimento de nossos cálculos requer que nosso conhecimento a respeito da vida inteligente ainda melhore muito.

* No original, *principle of mediocrity*. (N. R. T.)

O terceiro obstáculo é fácil de explicar, mas, a longo prazo, pode ser o último a ser resolvido. Ele tem a ver com o problema de como dividir o infinito.

A DIVISÃO DO INFINITO

Para compreender o problema, voltemos aos cachorros. Se no lugar onde você mora há três labradores e um bassê, então, ignorando complicações como o número de vezes que os cachorros saem para passear, a probabilidade de que você encontre um labrador é três vezes maior do que a de encontrar um bassê. A mesma conta se aplica se houver trezentos labradores e cem bassês, ou 3 mil labradores e mil bassês, ou 3 milhões de labradores e 1 milhão de bassês, e assim por diante. Mas e se essas quantidades forem *infinitamente* grandes? Como comparar um número infinito de bassês com um número três vezes infinito de labradores? A pergunta parece essas que os meninos inteligentes de sete anos fazem aos professores no meio da aula, mas a resposta é realmente difícil. Três vezes infinito é realmente maior do que um infinito só? E, se for maior, será três vezes maior?

As comparações que envolvem números infinitamente grandes são notoriamente tortuosas. Com relação aos cachorros deste mundo, naturalmente, a dificuldade não chega a ocorrer porque a população de cachorros é finita. Mas com relação aos universos que compõem multiversos o problema pode ser bem sério. Tomemos o multiverso inflacionário. Se examinarmos a totalidade do queijo suíço pela perspectiva imaginária de um observador externo, veremos que ele cresce continuamente, produzindo novos universos infindavelmente. Esse é o significado da palavra "eterna", no conceito de "inflação eterna". Além disso, a partir da perspectiva de um observador interno, vimos que cada universo-bolha abriga, por si só, um número infinito de domínios separados, que compõem um multiverso repetitivo. Ao fazer previsões confrontaremos necessariamente uma infinidade de universos.

Para termos uma ideia do desafio matemático, imaginemos que você esteja em um game show de televisão e tenha ganhado um prêmio verdadeiramente extraordinário: um conjunto infinito de envelopes, dos quais o primeiro contenha um dólar, o segundo dois dólares, o terceiro três, e assim por diante. A multidão aplaude efusivamente e o apresentador lhe faz uma oferta:

você pode ficar com o prêmio que ganhou ou, se preferir, pode também receber cada envelope com o dobro do conteúdo prometido. À primeira vista, parece óbvio que você deve aceitar a oferta. "Cada envelope conterá o dobro do dinheiro que continha", você pensa, "portanto, essa é a escolha certa."

Se você tivesse ganhado um número finito de envelopes, efetivamente essa *seria* a escolha certa: trocar cinco envelopes que contêm um, dois, três, quatro e cinco dólares por outros cinco que contêm dois, quatro, seis, oito e dez dólares faz todo sentido. Mas você continua pensando um momento mais e fica em dúvida, pois percebe que, como se trata de um número infinito de envelopes, a coisa não é tão clara. "Se eu aceitar a oferta", você pensa, "ficarei com envelopes que contêm dois, quatro, seis dólares, e assim por diante, em um conjunto que contém *todos os números pares*. Mas, nos termos do prêmio inicial, meus envelopes formariam um conjunto que contém *todos os números inteiros*, tanto os pares quanto os ímpares. Portanto, aparentemente, se eu aceitar a segunda oferta, estarei *suprimindo* todos os valores ímpares do novo total. E essa não parece uma decisão inteligente." Seu cérebro começa a dar voltas. Se compararmos envelope por envelope, a segunda oferta parece boa. Mas se compararmos diretamente os dois conjuntos a oferta parece ruim.

Seu dilema ilustra o tipo de problema matemático que afeta de maneira tão radical a comparação entre conjuntos infinitos. A plateia vai ficando ansiosa e você tem de tomar uma decisão, mas sua avaliação depende da maneira pela qual você faz a comparação.

Uma ambiguidade similar afeta a comparação de uma característica ainda mais básica desses conjuntos: o número de membros que cada um deles contém. O exemplo do prêmio do game show também pode ilustrar esse caso. Qual é o conjunto mais abundante — o dos números inteiros ou o dos números pares? A maior parte das pessoas diria que é o conjunto dos números inteiros, uma vez que apenas a metade deles corresponde a números pares. Mas sua experiência na televisão deu-lhe um entendimento mais aguçado. Imagine que você aceita a oferta que lhe foi feita e fica com todos os envelopes com valores pares. Ao fazê-lo, você não teria de devolver nenhum envelope nem precisaria de nenhum envelope novo. Simplesmente, os valores de cada envelope seriam dobrados. Concluímos, portanto, que o número de envelopes necessários para acomodar todos os números inteiros é igual ao número necessário para acomodar todos os números pares, o que

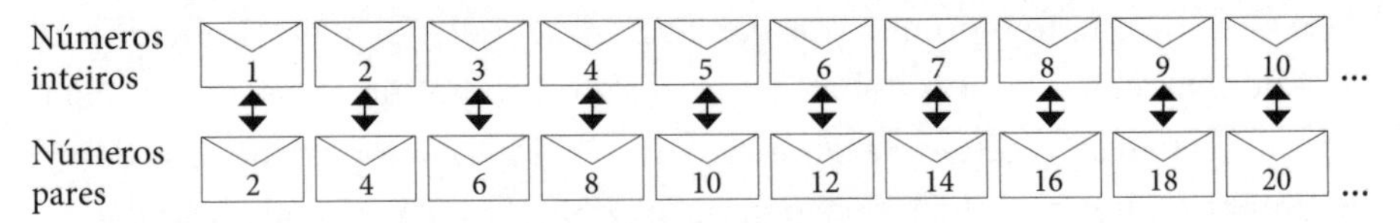

Tabela 7.1. *Cada número inteiro é emparelhado com um número par e vice-versa, o que sugere que ambos os conjuntos têm o mesmo número de elementos.*

sugere que ambos os conjuntos têm o mesmo número de elementos (tabela 7.1). Isso é estranho. De acordo com um método de comparação — em que consideramos os números pares como um subconjunto dos números inteiros —, concluímos que existem mais números inteiros. De acordo com um método diferente de comparação — em que consideramos quantos envelopes são necessários para conter os membros de cada grupo —, concluímos que o conjunto dos números inteiros e o conjunto dos números pares têm o mesmo número de elementos.

Você pode até mesmo ficar convencido de que existem *mais* números pares do que números inteiros. Imagine que, na televisão, o apresentador lhe ofereça quadruplicar o dinheiro contido em cada envelope, de modo que o primeiro contenha quatro dólares, o segundo contenha oito, o terceiro contenha doze e assim por diante. Como também neste caso o número de envelopes envolvido na operação permanece o mesmo, isso sugere que a quantidade de números inteiros, como no prêmio inicial, é igual à quantidade dos números que são múltiplos de quatro (tabela 7.2), como nesta última oferta. Mas, ao emparelhar cada número inteiro com cada múltiplo de quatro, deixamos de fora um conjunto infinito de números pares que não são múltiplos de quatro — os números dois, seis, dez etc. —, o que dá a impressão de que os números pares são mais abundantes do que os números inteiros.

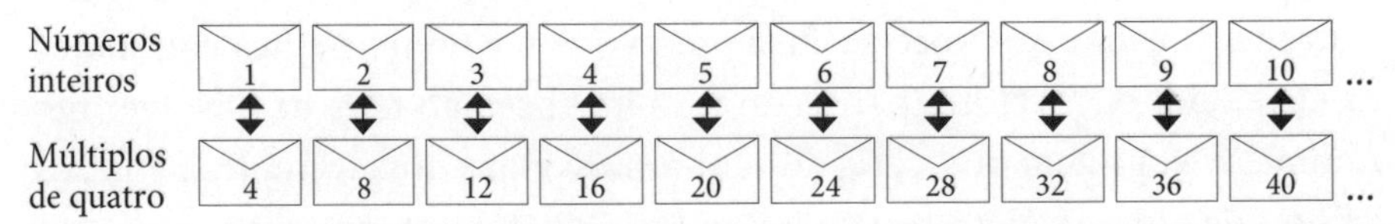

Tabela 7.2. *Cada número inteiro é emparelhado com cada múltiplo de quatro, deixando fora um conjunto infinito de números pares (os que não são múltiplos de quatro), o que sugere que existem mais números pares do que números inteiros.*

De acordo com uma perspectiva, o conjunto dos números pares é menor do que o conjunto dos números inteiros. De acordo com outra, ambos os conjuntos têm o mesmo número de elementos. E, de acordo com uma terceira, o conjunto dos números pares é maior do que o dos números inteiros. Não é que apenas uma das conclusões seja verdadeira e as outras sejam erradas. Simplesmente não existe uma resposta absoluta para a questão de saber qual desses tipos de conjuntos infinitos é maior. O resultado depende da maneira como a comparação é feita.[10]

Isso coloca um problema para as teorias do multiverso: Como determinar se as galáxias e a existência de vida são mais abundantes em um ou outro tipo de universo quando o número de universos é infinito? A mesmíssima ambiguidade que acabamos de encontrar nos afetará de maneira igualmente severa, *a menos que a ciência física consiga escolher com precisão a base sobre a qual devem ser feitas as comparações*. Os teóricos já apresentaram propostas — várias das quais são análogas aos emparelhamentos mostrados nas tabelas — que decorrem de diferentes considerações físicas. Mas ainda não existe um procedimento definitivo de derivação sobre o qual todos estejam de acordo. E, assim como no caso dos conjuntos infinitos de números, as diferentes abordagens produzem diferentes resultados. De acordo com uma maneira de fazer a comparação, preponderam os universos que apresentam um determinado conjunto de propriedades; e, de acordo com uma maneira alternativa, preponderam universos de outro tipo.

A ambiguidade exerce um impacto intenso sobre nossas conclusões a respeito de quais seriam as propriedades típicas ou mais frequentes em um determinado multiverso. Os físicos dão a esse impasse o nome de *problema da medição*, termo matemático cujo nome expressa bem seu significado. Precisamos de uma maneira de medir os tamanhos de diferentes conjuntos infinitos de universos. Essa é a informação de que necessitamos para poder fazer previsões. Essa é a informação de que necessitamos para determinar a probabilidade da ocorrência de nosso universo perante a de outros tipos de universos. Enquanto não encontrarmos uma resposta fundamental e conclusiva para o problema de comparar conjuntos infinitos de universos, não poderemos prever matematicamente o que os habitantes típicos do multiverso — nós — deveriam ver nos experimentos e observações. Resolver o problema da medição é imperativo.

OUTRA PREOCUPAÇÃO CONTRÁRIA

Dediquei uma seção inteira ao problema da medição não só porque ele é um obstáculo poderoso a nossa capacidade de fazer previsões, mas também porque pode produzir outra consequência inquietante. No capítulo 3, expliquei por que a teoria inflacionária tornou-se, na prática, o paradigma cosmológico. Um breve surto de expansão rápida nos primeiros momentos de nosso universo teria permitido que regiões hoje distantes umas das outras pudessem ter tido uma comunicação inicial, o que explicaria a temperatura comum que as medições revelam. A expansão rápida também consegue neutralizar qualquer curvatura espacial, tornando o espaço plano, o que está de acordo com as observações. E, finalmente, essa expansão transforma as flutuações quânticas em mínimas variações de temperatura no espaço como um todo, que podemos medir na radiação cósmica de fundo em micro-ondas e que são essenciais no processo de formação das galáxias. Esses êxitos compõem um quadro convincente.[11] Mas a versão eterna da inflação tem a capacidade de afetar negativamente a conclusão.

Sempre que os processos quânticos são relevantes, o máximo que podemos fazer é prever a probabilidade de um resultado com relação a outro. Os físicos experimentais, seguindo essa orientação, fazem sucessivos experimentos e adquirem enormes quantidades de dados que servem de apoio a análises estatísticas. Se a mecânica quântica prevê que um resultado é dez vezes mais provável do que outro, os dados observados devem refletir essa proporção com grande aproximação. Os dados da radiação cósmica de fundo em micro-ondas, cuja concordância com as observações constitui a comprovação mais convincente da teoria inflacionária, dependem das flutuações nos campos quânticos e são, portanto, probabilísticas. Mas, ao contrário do que ocorre com os experimentos de laboratório, não é possível verificá-las por meio de sucessivas repetições do big bang. Como, então, interpretá-las?

Pois bem, se as considerações teóricas concluem que há, digamos, 99% de probabilidade de que os dados das micro-ondas tomem uma forma e não outra e se o resultado mais provável é o que observamos, considera-se que os dados apoiam fortemente a teoria. Como consequência lógica, se um conjunto de universos foi inteiramente produzido pelos mesmos princípios físicos subjacentes, a teoria prevê que cerca de 99% desses universos devem se assemelhar muito ao que observamos e cerca de 1% apresentar desvios significativos.

Ora, se o multiverso inflacionário tivesse um número finito de universos, poderíamos rapidamente concluir que o número de universos estranhos, em que os processos quânticos resultam em dados que não conferem com as expectativas, seria, comparativamente, muito pequeno. Mas se, como no multiverso inflacionário, a população de universos não for finita, a interpretação dos números será muito mais difícil. O que significa 99% de infinito? É infinito. E o que significa 1% de infinito? Também é infinito. Qual das duas é maior? A resposta requer que comparemos dois conjuntos infinitos. E, como vimos, mesmo quando nos parece claro que um conjunto infinito é maior do que outro, a conclusão a que chegamos dependerá do método de comparação que usamos.

Os opositores da ideia concluem que, quando a inflação é eterna, *as próprias previsões em que baseamos nossa confiança na teoria ficam comprometidas.* Todos os resultados possíveis permitidos pelos cálculos quânticos, por mais improváveis que sejam — uma probabilidade quântica de 0,1%, ou de 0,0001%, ou de 0,0000000001% —, seriam realizadas em um número infinito de universos, simplesmente porque o resultado da multiplicação de qualquer desses números por infinito é infinito. Sem um método prescrito que nos permita fazer a comparação entre conjuntos infinitos, não poderemos nunca dizer que um determinado conjunto de universos é maior do que os outros e determinar, portanto, qual é o tipo mais provável de universo que devemos observar. Perdemos, assim, a capacidade de fazer previsões definidas.

Já os defensores da ideia creem que a maravilhosa concordância entre os cálculos quânticos relativos à cosmologia inflacionária e os dados observados, como vimos na figura 3.5, não pode deixar de refletir uma verdade profunda. Com um número finito de universos e de observadores, a verdade mais profunda é que os universos em que os dados se desviam das previsões quânticas — aqueles cuja probabilidade quântica é de 0,1, ou 0,0001, ou 0,0000000001 — são efetivamente raros. Por isso, habitantes corriqueiros do multiverso, como nós, não se veem residindo em um deles. Com um número infinito de universos, concluem, a verdade profunda deve ser que a raridade dos universos anômalos tem de continuar a prevalecer, ainda que de um modo que ainda não conhecemos. A expectativa é que algum dia seremos capazes de derivar uma medida, um modo definido de comparação entre os vários conjuntos infinitos de universos e que, em consequência, os universos que resultem de aberrações quânticas raras serão efetivamente raros em comparação com os universos que resultam das probabilidades quânticas mais altas. Chegar a esse ponto continua a ser um imenso desafio, mas a maioria dos pesquisadores desse campo está convencida de que a concordância revelada na figura 3.5 significa que algum dia teremos êxito.[12]

MISTÉRIOS E MULTIVERSOS

O multiverso tem o poder de explicar o que, sem ele, permaneceria inexplicado?

Sem dúvida, você terá percebido que mesmo as projeções mais favoráveis sugerem que as previsões geradas pela abordagem do multiverso serão de natureza diferente com relação ao que esperamos da física tradicional. A precessão do periélio de Mercúrio, o momento de dipolo magnético do elétron, a energia gerada quando um núcleo de urânio se decompõe em bário e criptônio — todas essas são *previsões*. Elas decorrem de cálculos matemáticos detalhados, com base em teorias físicas sólidas e produzem resultados precisos, testáveis e verificados experimentalmente. Os cálculos teóricos estabelecem, por exemplo, que o momento magnético do elétron é 2,0023193043628; e as medições lhe dão o valor de 2,0023193043622. Dentro das reduzidíssimas margens de erro inerentes a cada um desses resultados, o experimento confirma a teoria na margem de um para 10 bilhões.

De nosso ponto de vista atual, não parece viável que as previsões do multiverso possam chegar a esse nível de precisão. Nos cenários mais refinados, poderíamos prever que é "muito provável" que os valores da constante cosmológica, ou da intensidade da força magnética, ou da massa do quark-up estejam dentro de uma determinada faixa. Alcançar mais do que isso requereria uma sorte extraordinária. Além de resolver o problema da medição, teremos de descobrir uma teoria convincente para o multiverso, com probabilidades extremamente bem definidas (como uma probabilidade de 99,9999% de que um observador pertença a um universo cuja constante cosmológica tenha valor igual ao que nós próprios medimos) ou com correlações incrivelmente estreitas (como, por exemplo, que os elétrons existam apenas em universos cuja constante cosmológica tenha o valor de 10^{-123}). Se a proposta para o multiverso não tiver essas características favoráveis, não obedecerá tampouco aos critérios de precisão que distinguem a física de outras disciplinas científicas. Para muitos cientistas, esse preço é alto demais.

Por muito tempo também mantive essa posição, mas meu ponto de vista foi se alterando gradualmente. Como qualquer físico, prefiro previsões agudas, precisas e inequívocas. Mas, assim como muitos outros, acabei por perceber que, embora algumas das características fundamentais do universo se prestem a esse tipo de previsão matemática precisa, outras não o permitem. Devemos admitir, pelo menos, que existe a possibilidade lógica de que *haja* características que fiquem fora do alcance das previsões precisas. A partir de meados da década de 1980, quando eu era um jovem estudante universitário e trabalhava com a teoria de cordas, havia uma ampla expectativa de que a teoria pudesse, algum dia, explicar os valores das massas das partículas, das intensidades das forças, do número das dimensões espaciais e de praticamente todas as demais características físicas fundamentais. Mantenho as esperanças de que um dia consigamos alcançar esse objetivo. Mas também reconheço que é uma tarefa bem difícil para uma teoria refinar suas equações ao ponto de deduzir números como o da massa do elétron (0,0000000000000000000091095 unidades da massa de Planck), ou o da massa do quark top (0,000000000000000632 unidades da massa de Planck). E quanto à constante cosmológica o desafio é digno de Hércules. Completar um cálculo que, após páginas e páginas de manipulações e megawatts de energia computacional, explique o número que aparece no primeiro parágrafo do capítulo 6 não chega a ser impossível, mas submete a um forte estresse mesmo o otimismo do mais otimista. É verdade que, hoje, a teoria de cordas não parece estar mais próxima de poder calcular esses números do que estava quando comecei a trabalhar com ela. Isso não significa que ela, ou outra teoria no futuro, não possa ter êxito um dia. Talvez os otimistas precisem ser ainda mais imaginativos. Mas, levando em conta o estado atual da física, faz sentido buscar abordagens novas. E é isso que faz o multiverso.

Uma proposta bem desenvolvida para o multiverso deve conter um delineamento claro das características físicas que devem ser buscadas de maneiras diferentes das tradicionais: as que variam de universo para universo. Aí está a potencialidade dessa abordagem. O que uma teoria do multiverso pode, sem dúvida, propiciar é um exame cuidadoso de quais são os mistérios de um universo que persistem no contexto do multiverso e quais os que não persistem.

A constante cosmológica é um exemplo crucial. Se o valor da constante cosmológica variar em um determinado multiverso, e se essa variação se der em incrementos mínimos, o que antes era um mistério — seu valor — se transformará em algo prosaico. Assim como uma loja de sapatos com um bom estoque certamente oferece sapatos com seu número, um multiverso que se expande certamente oferece universos com o valor que observamos para a constante cosmológica. O que gerações de cientistas lutaram bravamente para explicar teria, com o multiverso, essa explicação simples. O multiverso mostraria que uma questão aparentemente profunda e intratável como essa deriva da premissa errônea de que a constante cosmológica só pode ter um valor. É nesse sentido que a teoria do multiverso tem uma capacidade explicativa apreciável e a potencialidade de influenciar profundamente o desenvolvimento da pesquisa científica.

Esse raciocínio deve ser conduzido com cuidado. E se Newton, depois de ter caído a maçã, tivesse a intuição de que todos nós fazemos parte de um multiverso em que, em alguns universos, as maçãs caem para baixo e, em outros, elas caem para cima, de modo que o sentido da queda da maçã apenas nos informaria o tipo de universo que habitamos, sem que houvesse necessidade de pesquisar mais nada? E se ele concluísse que, em cada universo, algumas maçãs caem para baixo e outras caem para cima e que a razão pela qual só vemos a variedade que cai para baixo resulta do fato ambiental de que, em nosso universo, as maçãs que caem para cima já o fizeram e estão viajando pelo espaço profundo há muito tempo? Esse é um exemplo tolo, é claro, pois não existe nenhuma razão, teórica ou prática, que nos leve a esse pensamento, mas a questão de princípio é real. Ao invocar o multiverso, a ciência pode perder o ímpeto de esclarecer certos mistérios, embora alguns deles pudessem estar já maduros para explicações normais, fora do contexto do multiverso. Em situações em que o que falta é apenas mais trabalho e mais profundidade de pensamento, o multiverso poderia ser apenas uma tentação que nos faria abandonar precocemente as abordagens tradicionais.

Esse perigo potencial explica por que alguns cientistas rejeitam a ideia do multiverso. É por isso que a proposta do multiverso, para ser levada a sério, precisa estar fortemente justificada por considerações teóricas e deve articular com precisão os universos que a compõem. É necessário avançar de maneira sistemática e cuidadosa. Mas evitar a ideia do multiverso porque ela *poderia* nos levar a um beco sem saída é igualmente perigoso. Se assim agirmos, poderemos errar o caminho.

8. Os Muitos Mundos da medição quântica

O multiverso quântico

A avaliação mais razoável das teorias sobre universos paralelos vistas até aqui é que ainda não chegamos a uma conclusão. Extensão espacial infinita, inflação eterna, mundos-brana, cosmologia cíclica, paisagem da teoria de cordas são ideias que surgem a partir de uma série de desenvolvimentos científicos. Mas todas elas continuam em estado tentativo, assim como as propostas de multiversos por elas produzidas. Muitos físicos opinam, a favor ou contra, com relação a esses esquemas de multiversos, mas a maioria reconhece que os avanços futuros — teóricos, experimentais e observacionais — determinarão se algum deles fará parte de nossos cânones científicos.

O multiverso que focalizaremos agora deriva da mecânica quântica e é visto de maneira muito diferente. Muitos cientistas já chegaram ao veredicto final quanto a este multiverso em particular. O problema está no fato de que não há acordo quanto ao teor do veredicto. As diferenças decorrem de um problema profundo e que ainda não foi resolvido: a passagem entre a estrutura probabilística da mecânica quântica e a realidade definida da experiência comum.

Em 1954, quase trinta anos depois que os fundamentos da teoria quântica foram expostos por luminares como Niels Bohr, Werner Heisenberg e Erwin Schrödinger, um desconhecido estudante da Universidade de Princeton, Hugh Everett III, chegou a uma conclusão estarrecedora. Sua análise, que se debruçava sobre um enorme buraco em torno do qual o grande mestre da mecânica quântica Niels Bohr dançara, mas não conseguira tapar, revelou que o entendimento adequado da teoria poderia requerer uma vasta rede de universos paralelos. Everett foi um dos primeiros cientistas a perceber, através da matemática, que podemos fazer parte de um multiverso.

Sua abordagem, que com o tempo tomaria o nome de interpretação dos Muitos Mundos da mecânica quântica, tem uma história de altos e baixos. Em janeiro de 1956, depois de trabalhar sobre as consequências matemáticas de sua nova proposta, Everett apresentou um esboço de sua tese a John Wheeler, seu orientador. Wheeler, um dos mais celebrados pensadores da física do século XX, ficou muito impressionado. Mas no mês de maio daquele ano, quando Wheeler foi visitar Bohr em Copenhague e discutiu com ele as ideias de Everett, encontrou uma recepção gélida por parte do dinamarquês. Bohr e seus seguidores haviam passado décadas aperfeiçoando o entendimento da mecânica quântica. Para eles, a questão levantada por Everett e a maneira extravagante com que ele pretendia abordá-la não tinham mérito algum.

Wheeler tinha o maior respeito por Bohr e deu grande importância ao imperativo de não contradizer o colega mais velho. Em consequência da crítica, retardou a concessão do grau de Ph.D. para Everett e o compeliu a modificar substancialmente sua tese. Everett teve de suprimir as partes que criticavam mais duramente a metodologia de Bohr e explicitou que seu trabalho tinha o propósito de esclarecer e ampliar a formulação convencional da teoria quântica. Ele tentou resistir, mas já havia obtido um posto de trabalho no Departamento de Defesa (onde logo viria a desempenhar um papel importante nos bastidores da política nuclear americana durante os governos de Eisenhower e Kennedy), que exigia o doutorado, e, portanto, aquiesceu a contragosto. Em março de 1957 ele apresentou uma versão muito menos pretensiosa de sua tese original. Em abril ela foi aceita em Princeton e em julho foi publicada na *Reviews of Modern Physics*.[1] Mas, como Bohr e seus seguidores já haviam desprezado a abordagem de Everett, e como a visão grandiosa articulada em sua tese original fora suprimida, o trabalho foi ignorado.[2]

Dez anos depois, o renomado físico Bryce DeWitt resgatou da obscuridade o trabalho de Everett. DeWitt ficara impressionado com as conclusões do trabalho de Neill Graham, um estudante por ele orientado, que dera desenvolvimento à matemática de Everett e tornou-se um eloquente promotor do novo pensamento quântico proposto por Everett. Além de publicar uma série de documentos técnicos que trouxeram à luz as conclusões de Everett para uma pequena mas influente comunidade de especialistas, DeWitt escreveu, em 1970, um apanhado de nível geral para a revista *Physics Today*, que alcançou um público científico muito mais amplo. Ao contrário de Everett, que em 1957 não falara de outros mundos, DeWitt ressaltou essa questão e mencionou, com rara franqueza, a reação de "choque" que tivera ao tomar conhecimento de que Everett propusera a ideia de que somos parte de um enorme "multimundo". O artigo gerou reações significativas por parte de uma comunidade física que se tornara mais receptiva aos assaltos à ortodoxia ideológica da mecânica quântica, dando início, assim, a um debate que prossegue até o dia de hoje e que tem como centro a natureza da realidade quando, como acreditamos ser o que ocorre, as leis quânticas se mantêm firmes e são seguidas até o fim.

Vamos armar esse cenário.

O tumulto intelectual que ocorreu entre 1900 e 1930 resultou em um ataque feroz à intuição, ao bom senso e às leis tradicionais, que a nova vanguarda começou a chamar de "física clássica", expressão que transmite o respeito e a consideração dados a uma descrição da realidade que é, ao mesmo tempo, venerável, imediata, satisfatória e previsora: diga-me como são as coisas agora e lhe direi, usando as leis da física, como elas serão em qualquer momento do futuro, ou como foram em qualquer momento do passado. Sutilezas como o caos (no sentido técnico: pequenas mudanças no estado atual das coisas podem provocar erros enormes nas previsões) e a complexidade das equações desafiavam a exequibilidade desse programa em todas as situações que vão além das mais simples e esquemáticas, mas as leis propriamente ditas permaneciam impassíveis no domínio férreo que exerciam sobre um futuro e um passado que eram definitivos.

A revolução quântica requeria que abandonássemos a perspectiva clássica porque os novos dados demonstravam com vigor que ela incorria em erros.

Com relação aos movimentos de objetos grandes, como a Terra e a Lua, ou cotidianos, como pedras e bolas, as leis clássicas funcionam muito bem para prever e para descrever. Mas, se passamos para o micromundo das moléculas, dos átomos e das partículas subatômicas, as leis clássicas sucumbem. Em contradição com a própria essência do raciocínio clássico, a realização de experimentos idênticos, preparados de forma idêntica, com partículas idênticas produzirá resultados em geral *não idênticos*.

Imagine, por exemplo, que você tenha cem caixas idênticas, cada uma das quais contendo um elétron, preparado de acordo com procedimentos idênticos. Depois de exatos dez minutos, você e 99 ajudantes medem as posições dos cem elétrons. A despeito do que Newton, Maxwell e até mesmo o jovem Einstein teriam previsto com tanta segurança que poderiam chegar a apostar a própria vida em defesa dos cálculos, as cem medições não produzirão o mesmo resultado. Com efeito, à primeira vista, os resultados parecerão aleatórios: alguns elétrons estarão próximos ao canto inferior, frontal e esquerdo da caixa, outros próximos ao canto superior, posterior e direito, outros próximos ao centro, e assim por diante.

As regularidades e os padrões que fizeram da física uma disciplina científica rigorosa e previsora só se tornam perceptíveis se o mesmo experimento com as cem caixas for repetido sucessivamente. Se você assim proceder, eis o que encontrará: se em sua primeira medição você encontrar 27% dos elétrons próximos ao canto inferior esquerdo, 48% próximos ao canto superior direito e 25% próximos ao centro, a segunda medição produzirá uma distribuição muito similar. O mesmo acontecerá com a terceira, a quarta e as demais medições que forem feitas. A regularidade, portanto, não se torna evidente com nenhuma medição individualmente considerada, e você não poderá prever a posição de um elétron específico com uma medição apenas. A regularidade se revela na *distribuição estatística* das múltiplas medições. Ou seja, a regularidade decorre da *probabilidade* de que o elétron esteja em um determinado lugar.

A realização maravilhosa dos fundadores da mecânica quântica foi o desenvolvimento do formalismo matemático que aboliu as previsões absolutas, intrínsecas à física clássica, e as substituiu pelas previsões probabilísticas. Trabalhando a partir de uma equação publicada por Schrödinger em 1926 (e de uma equação equivalente, embora algo mais contorcida, formulada por Heisenberg em 1925), os físicos podem manipular os detalhes relativos ao estado em que as coisas estão em um momento e calcular, a partir daí, a probabilidade de como elas estarão — se desta, dessa ou daquela maneira — em qualquer momento futuro.

Mas não se deixe levar pela simplicidade de meu pequeno exemplo do elétron. A mecânica quântica não se aplica apenas aos elétrons, e sim a todos os tipos de partículas, e nos dá informações não só a respeito de suas posições, mas também sobre a velocidade, o momento angular, a energia que elas possuem e a maneira como elas se comportam em uma ampla gama de situações, seja no caso de uma barragem de neutrinos, como a que agora mesmo atravessa seu corpo, seja no das fusões atômicas que ocorrem no cerne das estrelas distantes. Em todo esse conjunto de situações, as previsões probabilísticas da mecânica quântica coincidem com os resultados experimentais. E isso ocorre sempre. Nos mais de oitenta anos que transcorreram desde o desenvolvimento inicial dessas ideias, não aconteceu nenhum experimento verificável ou observação astrofísica cujos resultados contradissessem as previsões da mecânica quântica.

Essa realização de uma única geração de cientistas físicos — confrontar-se com o abandono radical das intuições formadas ao longo de milhares de anos de experiência coletiva e, em resposta, reconsiderar a realidade a partir de um arcabouço totalmente novo, baseado em probabilidades — é uma conquista intelectual praticamente sem precedentes. Há, no entanto, um detalhe desconfortável que tem pairado sobre a mecânica quântica desde sua origem — um detalhe que acabou por abrir um caminho em direção aos universos paralelos. Para compreender a questão, devemos examinar um pouco mais de perto o formalismo quântico.

O PUZZLE DAS ALTERNATIVAS

Em abril de 1925, durante um experimento feito por dois físicos norte-americanos, Clinton Davisson e Lester Germer, no Bell Labs, um tubo de vidro que continha um pedaço de níquel quente explodiu repentinamente. Davisson e Germer passavam os dias bombardeando amostras de níquel com feixes de elétrons para pesquisar diversos aspectos das propriedades atômicas desse metal. A falha do equipamento era um incômodo, ainda que comum no mundo dos experimentos. Ao limpar os fragmentos de vidro, os dois cientistas perceberam que o níquel ficara manchado em consequência da explosão. Não era nada de mais: bastaria reaquecer a amostra, vaporizar os contaminantes e começar de novo. Assim fizeram eles. Mas a decisão de reutilizar a amostra, em vez de simplesmente pegar outra, mostrou-se frutífera. Quando voltaram a dirigir o feixe de elétrons contra o pedaço recém-limpo de níquel, os resultados foram completamente diferentes dos que já haviam sido encontrados, seja por eles, seja por quem quer que fosse. Em 1927 ficou claro que Davisson e Germer haviam detectado uma característica vital da teoria quântica, então em desenvolvimento vertiginoso. E dentro de uma década sua descoberta casual valeu-lhes um Prêmio Nobel.

Embora a demonstração de Davisson e Germer seja anterior ao cinema falado e à Grande Depressão, até hoje ela é o método tradicional de apresentação das ideias essenciais da teoria quântica. Eis o que aconteceu: quando Davisson e Germer aqueceram a amostra manchada, fizeram com que numerosos cristais de níquel se fundissem em um número menor de cristais maiores. O feixe de elétrons, por sua vez, já não encontrava uma superfície altamente uniforme, como as das amostras anteriores, na qual se refletia. Ao contrário, os elétrons ricocheteavam para trás em alguns pontos específicos, onde estavam os cristais maiores. Uma versão simplificada do experimento, objeto da figura 8.1, em que os elétrons são disparados contra uma barreira que contém duas fendas, revela os aspectos essenciais do fenômeno físico. Os elétrons que emanam de uma ou outra fenda são como os elétrons que ricocheteiam ao chocar-se contra os cristais de níquel. De certa maneira, Davisson e Germer estavam realizando uma primeira versão do que hoje se chama *experimento da dupla fenda.*

Para formar uma ideia de quão surpreendente foi o resultado obtido por eles, imagine que uma das duas fendas, a da esquerda ou a da direita, esteja fechada e que os elétrons sejam detectados em uma tela, um por um, depois de passar pela fenda aberta. Após uma série de disparos e detecções, a tela ficará como nas figuras 8.2a e 8.2b. Um cérebro racional, mas não treinado em mecânica quântica, esperaria, portanto, que, quando ambas as fendas estivessem abertas, as detecções fossem um amálgama desses dois resultados. Mas o fato espantoso é que não é isso que acontece. Os dados que Davisson e Germer obtiveram eram similares aos que mostra a figura 8.2c, que consistem em faixas claras e escuras, as quais indicam a série de posições onde os elétrons estão, e onde não estão, ao serem detectados.

Esse resultado difere do esperado de um modo especialmente peculiar. As faixas escuras são os lugares onde os elétrons são copiosamente detectados quando apenas uma das duas fendas está aberta (e correspondem às áreas *claras* das figuras 8.2a e 8.2b), e que, aparentemente, são inatingíveis quando ambas as fendas estão abertas. *Portanto, a presença da fenda da esquerda modifica os possíveis locais de detecção dos elétrons que passam pela fenda da direita, e vice-versa,* o que nos deixa inteiramente perplexos. Na escala de uma partícula mínima como o elétron, a distância entre as fendas é enorme. Assim, quando o elétron passa por uma fenda, como pode a presença ou a ausência da outra fenda exercer qualquer efeito que seja, e muito mais ainda a influência notória revelada pelos dados? É como se você passasse vários anos entrando pela mesma porta do edifício onde trabalha, até que o proprietário decidisse abrir uma segunda porta no outro lado do prédio e você não conseguisse mais chegar a seu escritório.

Que conclusão tirar disso? O experimento da dupla fenda nos leva inescapavelmente a uma conclusão difícil de captar. Independentemente da fenda pela qual passa, cada elétron "sabe", de alguma maneira, que existem duas fendas. Há alguma coisa que faz parte do elétron, ou que está ligada a ele, que reage a ambas as fendas.

E que coisa pode ser essa?

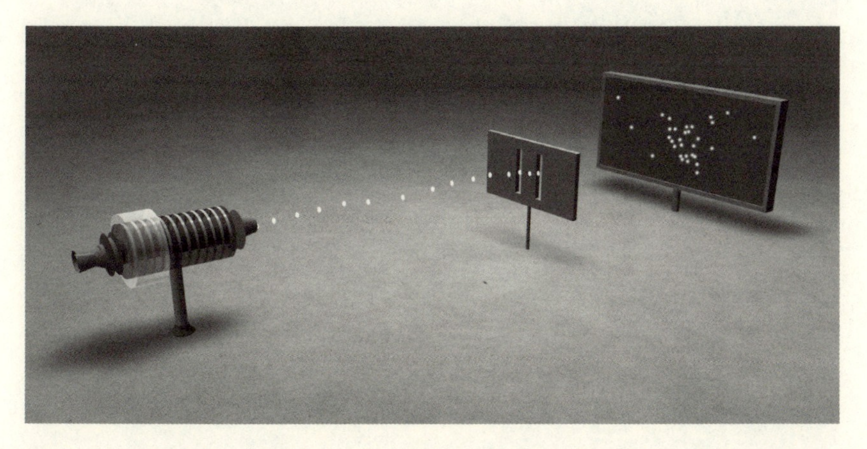

Figura 8.1. *A essência do experimento de Davisson e Germer é revelada pelo "experimento da dupla fenda", no qual um feixe de elétrons é disparado contra uma barreira que tem duas fendas estreitas. No experimento de Davisson e Germer, quando os elétrons ricocheteiam nos cristais de níquel, produzem dois feixes de elétrons. No experimento da dupla fenda, dois feixes similares são produzidos pelos elétrons que passam pelas fendas.*

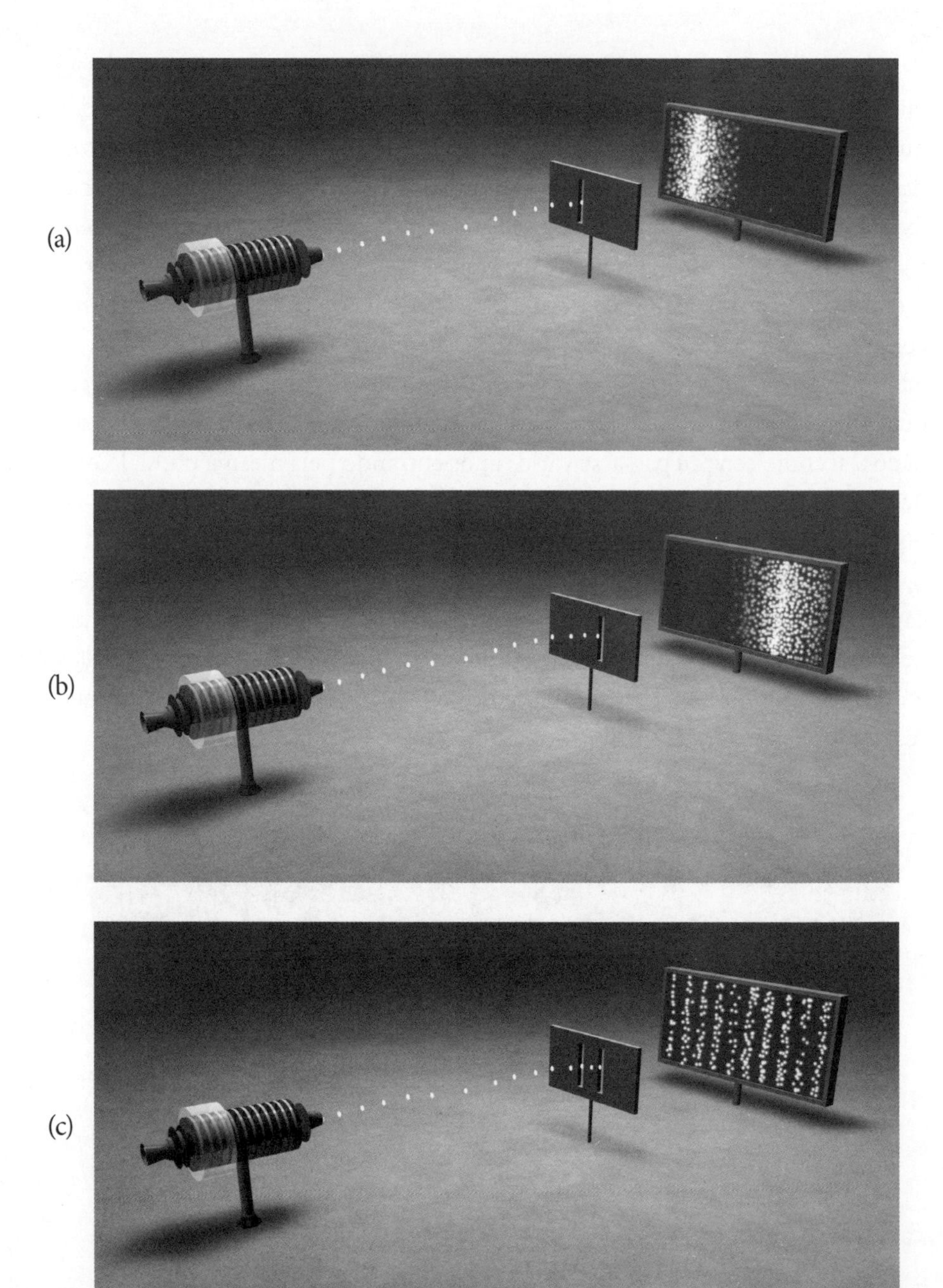

Figura 8.2. (a) *Dados obtidos quando os elétrons são disparados e apenas a fenda da esquerda está aberta.* (b) *Dados obtidos quando os elétrons são disparados e apenas a fenda da direita está aberta.* (c) *Dados obtidos quando os elétrons são disparados e ambas as fendas estão abertas.*

Para ter uma ideia de como um elétron que atravessa uma das fendas "sabe" da existência da outra, observe atentamente a figura 8.2c. O padrão claro-escuro é tão familiar para um físico quanto o rosto da mãe para seu bebê. O padrão diz — ou melhor, grita! — *ondas*. Se você alguma vez jogou pedrinhas em uma lagoa e viu como as pequenas ondas que elas formam se propagam e se atravessam, já sabe do que estou falando. Nos lugares em que a crista de uma onda cruza a crista de outra, a altura da onda é grande. Nos lugares em que o vale de uma onda cruza o vale de outra, a depressão é grande. E, mais importante ainda, quando a crista de uma onda cruza o vale de outra, ambas as ondas originais se cancelam e o nível da água fica estável. Isso é o que mostra a figura 8.3. Se você colocasse uma tela de detecção ao longo do alto da figura para registrar a agitação da água em cada lugar — quanto maior a agitação, mais clara a imagem —, o resultado seria uma série de áreas claras e escuras que se alternam na tela. As áreas claras indicam os lugares onde a agitação é grande e as ondas se reforçam mutuamente e as áreas escuras indicam os lugares onde não há agitação e as ondas se cancelam mutuamente. Os físicos dizem que as ondas que se superpõem *interferem* umas com as outras e dão ao conjunto das faixas claras e escuras que elas produzem o nome de *padrão de interferência*.

Figura 8.3. *Quando duas ondas de água se superpõem, elas "interferem" uma com a outra, criando áreas alternadas de maior ou menor agitação que tomam o nome de padrão de interferência.*

A similaridade com a figura 8.2c é inconfundível e por essa razão somos levados a pensar em ondas para explicar os dados referentes aos elétrons. Muito bem. Esse é um bom começo. Mas os detalhes ainda estão pouco definidos. Ondas de que tipo? Onde estão elas? E o que é que elas têm a ver com partículas como os elétrons?

A próxima pista provém do fato experimental que ressaltei no início. Fluxos de dados a respeito do movimento das partículas mostram que as regularidades formam-se estatisticamente. As mesmas medições feitas sobre partículas preparadas de maneira idêntica mostrarão, em geral, que elas se encontram em posições diferentes. Contudo, muitas dessas medições revelam que, em média, todas as partículas têm a mesma probabilidade de ser encontradas em qualquer lugar que determinemos. Em 1926, o físico alemão Max Born reuniu as duas pistas e deu com isso um salto que, quase três décadas depois, também lhe valeu um Prêmio Nobel. Existe comprovação experimental de que as ondas desempenham um papel. Existe comprovação experimental de que as probabilidades desempenham um papel. Talvez, sugeriu Born, a onda associada a uma partícula seja uma *onda de probabilidade*.

Era uma contribuição inédita e de uma originalidade espetacular. A ideia é que, ao analisarmos o movimento de uma partícula, não deveríamos imaginá-la como uma pedra arremessada de um lugar para outro. Em vez disso, deveríamos concebê-la como uma onda que oscila de um lugar para outro. Os locais em que os valores da onda são altos, próximos aos picos e aos vales, são aqueles em que a partícula provavelmente será encontrada. Os locais em que os valores da onda são pequenos são aqueles em que a partícula provavelmente não será encontrada. E os locais onde os valores da onda desaparecem são aqueles em que a partícula não será encontrada. À medida que a onda se expande, seus valores mudam, para cima ou para baixo. E, como estamos interpretando os valores flutuantes como probabilidades flutuantes, a onda é chamada, com razão, onda de probabilidade.

Para tornarmos a ideia clara, vejamos como ela explica o experimento da dupla fenda. Quando o elétron viaja em direção à barreira na figura 8.2c, a mecânica quântica nos ensina a concebê-lo como uma onda oscilante, como na figura 8.4. Quando a onda atinge a barreira, dois fragmentos dela passam pelas duas fendas e prosseguem em sua trajetória ondulante rumo à tela de detecção. O que acontece a seguir é crucial. Assim como as ondas aquáticas que se superpõem, as ondas de probabilidade que passam pelas duas fendas superpõem-se e interferem entre si, produzindo uma forma combinada que se parece muito com a da figura 8.3: um padrão de valores altos e baixos que, de acordo com a mecânica quântica, corresponde a um padrão de probabilidades altas e baixas relativas ao local em que o elétron aparecerá. Com os sucessivos disparos, as sucessivas posições em que os elétrons são detectados assumem esse perfil de probabilidades. Muitos elétrons aparecerão onde a probabilidade é alta, poucos onde ela é baixa e nenhum onde a probabilidade cai a zero. O resultado são as faixas claras e escuras da figura 8.2c.[3]

Assim a teoria quântica explica o experimento. A descrição deixa claro que cada elétron "*sabe*" da existência de ambas as fendas, uma vez que a onda de probabilidade de cada elétron passa por ambas. É a união dessas duas ondas parciais que determina as probabilidades de onde o elétron deverá aparecer. Essa é a razão por que a simples presença da segunda fenda afeta o resultado.

Figura 8.4. *Quando explicamos o movimento do elétron em termos de uma onda de probabilidade que oscila, o surpreendente padrão de interferência fica explicado.*

Embora até aqui tenhamos nos concentrado em elétrons, experimentos similares comprovaram que as mesmas ondas de probabilidade existem para todos os constituintes básicos da natureza. Fótons, neutrinos, múons, quarks — todas as partículas fundamentais — são descritos por ondas de probabilidade. Mas, antes de declararmos vitória, há três perguntas que se apresentam

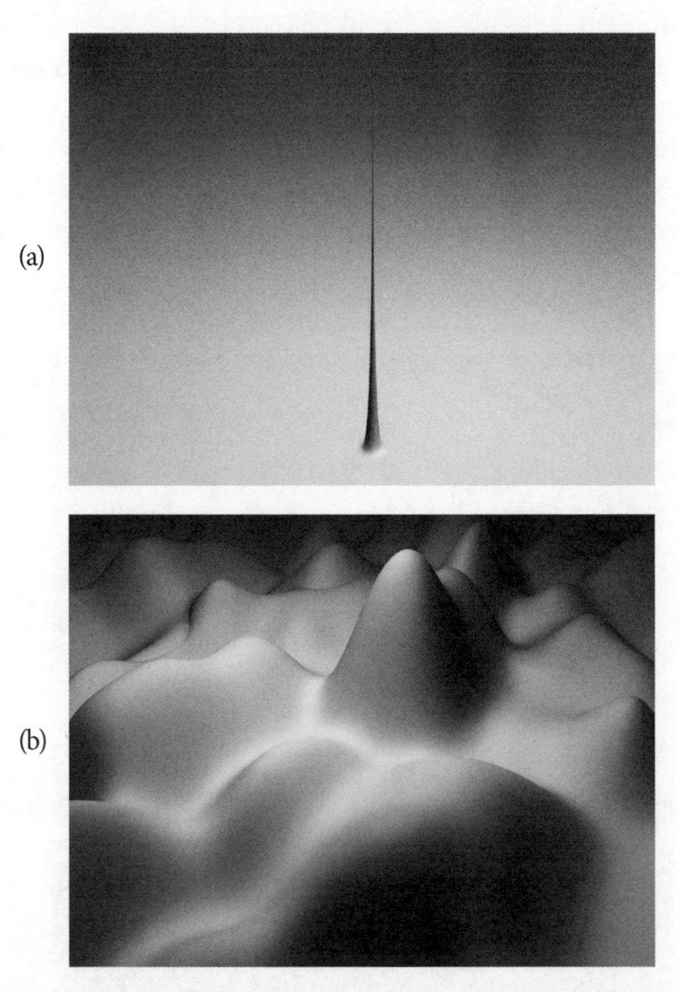

Figura 8.5. (a) *A onda de probabilidade de um objeto macroscópico tem, geralmente, a forma de uma agulha.* (b) *A onda de probabilidade de um objeto microscópico, como uma partícula, tem, geralmente, uma forma bem distribuída.*

imediatamente. Duas são diretas. A outra é enjoada. Essa foi a questão que Everett tentou resolver na década de 1950 e que levou à versão quântica dos mundos paralelos.

Primeiro: Se a teoria quântica é correta e se o mundo se desdobra de uma maneira probabilística, por que, então, a estrutura não probabilística de Newton prevê com tanta precisão o movimento das coisas — das bolas de tênis aos planetas e às estrelas? A resposta é que, normalmente (mas não sempre, como logo veremos), as ondas de probabilidade dos objetos grandes têm uma forma muito particular: são extremamente estreitas, como na figura 8.5a, o que significa que há uma enorme probabilidade, muitíssimo próxima de 100%, de que o objeto esteja localizado onde a onda tem um pico; e uma probabilidade minúscula, minimamente acima de 0%, de que ela esteja em algum outro lugar.[4] Além disso, as leis quânticas mostram que os picos dessas ondas estreitas movem-se ao longo das mesmas trajetórias previstas pelas equações de Newton. Assim, como as leis de Newton preveem com precisão as trajetórias das bolas de tênis, a teoria quântica oferece apenas um refinamento mínimo ao dizer que existe uma probabilidade de quase 100% de que a bola caia no local onde Newton diz que deve cair e de quase 0% de que caia em outro lugar.

Com efeito, as palavras "muitíssimo próxima", "minimamente" e "quase" não fazem justiça à física. A possibilidade de que um corpo macroscópico se desvie das previsões de Newton é tão fantasticamente pequena que, ainda que você possuísse o registro de tudo o que aconteceu no cosmo nos últimos bilhões de anos, a probabilidade de que isso nunca tenha ocorrido continua a ser esmagadora. Mas, de acordo com a teoria quântica, quanto menor for um objeto, tanto mais larga será sua onda de probabilidade típica. Por exemplo, a onda típica de um elétron poderia assemelhar-se à da figura 8.5b, que apresenta probabilidades substanciais de que ele esteja em diversos locais. Esse é um conceito absolutamente estranho ao mundo newtoniano. É por isso que o microcosmo é o domínio em que a natureza probabilística da realidade aparece com clareza.

Segundo: É possível ver as ondas de probabilidade nas quais está baseada a mecânica quântica? Existe alguma maneira de acessar diretamente a estranha névoa probabilística ilustrada na figura 8.5b, de acordo com a qual a partícula pode ser encontrada em uma série de locais alternativos? Não. A abordagem padrão da mecânica quântica, desenvolvida por Bohr e seu grupo e denominada, em sua honra, *interpretação de Copenhague*, diz que sempre que tentarmos ver uma onda de probabilidade, o próprio ato de observar impederá o êxito da tentativa. Se observarmos a onda de probabilidade de um elétron (contexto em que "observar" se entende como "medir a posição"), o elétron responderá a isso definindo-se, tomando forma concreta em um local específico. A onda de probabilidade, em consequência, alcança 100% naquele local e entra em colapso, caindo a 0% em todos os demais locais, como mostra a figura 8.6. Concluída a observação, a onda de probabilidade aguda rapidamente se espalha, indicando que novamente existe uma possibilidade razoável de que o elétron seja encontrado em diferentes locais. Se fizermos uma nova observação, a onda de probabilidade do elétron novamente entrará em colapso, eliminando a série de locais em que o elétron pode ser encontrado, em favor de um único local definido. Em suma, todas as vezes que tentamos ver a névoa probabilística, ela se dissipa — entra em colapso — e é suplantada pela realidade comum. A tela de detecção da figura 8.2c mostra um exemplo relevante: ela mede a onda de probabilidade do elétron que chega e com isso causa imediatamente seu colapso. O detector força o elétron a abandonar as múltiplas opções disponíveis e o obriga a definir-se em uma localização específica, o que toma a forma de um pequeno ponto na tela.

Posso compreender perfeitamente se esta explicação deixar você balançando a cabeça. Não há como negar que o dogma quântico soa como uma fraude. Ou seja, aparece uma teoria que propõe uma visão inteiramente nova da realidade, baseada em ondas de probabilidade, e já no passo seguinte ela

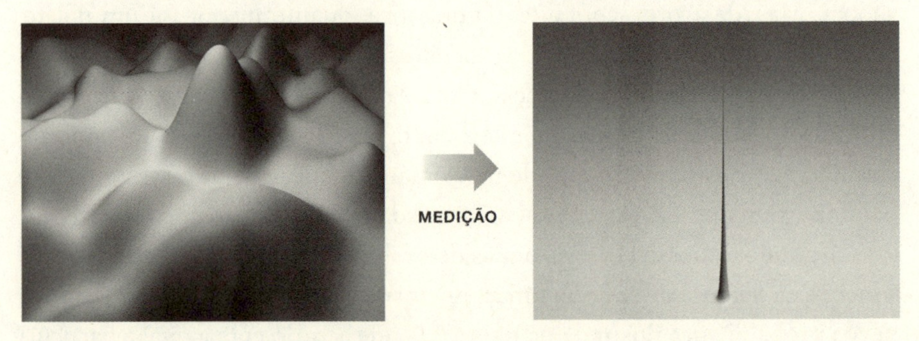

Figura 8.6. *A abordagem de Copenhague para a mecânica quântica propõe que, quando uma partícula é medida, ou observada, sua onda de probabilidade entra instantaneamente em colapso em todos os locais, menos um. A gama de posições possíveis da partícula transforma-se em um resultado definido.*

proclama que as ondas não podem ser vistas. Imagine que Lucille diz que é loura, mas, no momento em que alguém olha para ela, seus cabelos se transformam em ruivos. Por que os físicos haveriam de aceitar uma abordagem que não só é estranha, mas também tão escorregadia?

Felizmente, apesar de todas as suas características misteriosas e ocultas, a mecânica quântica é testável. De acordo com os seguidores da interpretação de Copenhague, quanto maior for uma onda de probabilidade em um local determinado, maior será a possibilidade de que, quando a onda entrar em colapso, o elétron esteja situado nesse único ponto que persiste. Essa afirmação produz previsões. Façamos um determinado experimento um bom número de vezes, estabeleçamos a frequência com que encontramos a partícula em diferentes locais e verifiquemos se as frequências observadas concordam com as probabilidades ditadas pela onda de probabilidade. Se a onda for 2874 vezes mais alta em um local do que em outro, encontraremos a partícula 2874 mais vezes no primeiro local do que no segundo? Previsões como essa têm sido realizadas com enorme sucesso. Por mais ardilosa que a perspectiva quântica possa parecer, é difícil contestar resultados tão impressionantes.

Mas não impossível.

E isso nos leva ao terceiro de nossos pontos, que é o mais difícil. O colapso das ondas de probabilidade quando chegamos a medi-las, figura 8.6, constitui o cerne da abordagem de Copenhague sobre a teoria quântica. A confluência de suas previsões corretas com o forte proselitismo de Bohr levou a maior parte dos físicos a aceitar a abordagem, mas basta uma pequena provocação para que se revele um ponto bem incômodo. A equação de Schrödinger, que é a força matemática da mecânica quântica, determina como a forma de uma onda de probabilidade modifica-se no tempo. Se dispusermos de uma forma inicial para a onda, como a da figura 8.5b, podemos usar a equação de Schrödinger para estabelecer a forma que a onda terá dentro de um minuto, ou de uma hora, ou em qualquer outro momento. Mas a análise direta da equação revela que a evolução mostrada na figura 8.6 — o colapso instantâneo de uma onda em todos os pontos menos um, como se um único fiel estivesse em pé em uma megaigreja onde todos os demais estão ajoelhados — não pode derivar da matemática de Schrödinger. É evidente que as ondas podem ter uma forma aguda como uma agulha, e pouco mais adiante faremos amplo uso de ondas aguçadas. Mas elas não podem *ficar* aguçadas da maneira prevista pela abordagem de Copenhague. A matemática simplesmente não o permite. (Já veremos o porquê.)

A solução proposta por Bohr não era hábil. É possível usar a equação de Schrödinger para desenvolver ondas de probabilidade sempre que não se esteja fazendo uma observação ou uma medição, porque, nesse caso, Bohr dizia, é preciso abandonar a equação de Schrödinger e *declarar* que a observação fez com que a onda entrasse em colapso.

Ora, essa solução não só é deselegante, arbitrária e carente de boa base matemática, como não é sequer *clara*. Ela nem mesmo define com precisão os conceitos de "observação" e "medição". É necessário o envolvimento de um ser humano? Ou, como Einstein uma vez sugeriu, será que o rápido olhar de um rato seria suficiente? E uma sondagem feita por um computador? Ou o movimento de uma bactéria ou de um vírus? Essas "medições" fazem a onda de probabilidade entrar em colapso? Bohr disse que estava traçando uma linha na areia para separar as coisas pequenas, como os átomos e seus componentes, aos quais a equação de Schrödinger se aplica, das coisas grandes, como os cientistas e seus equipamentos, aos quais ela não se aplica. Mas nunca disse onde deve ficar essa linha. A verdade é que não conseguiu fazê-lo. A cada ano que passa, os experimentos confirmam que a equação de Schrödinger funciona, sem requerer modificações, também para conjuntos cada vez mais amplos de partículas, e tudo faz crer que ela funciona também para conjuntos tão grandes quanto seu corpo, o meu e tudo o mais. Como uma inundação que começa no porão e vai subindo, chega ao andar térreo e ameaça alcançar até o terraço, a matemática da mecânica quântica foi progressivamente ultrapassando o domínio atômico e alcançando o êxito em escalas cada vez maiores.

Portanto, a maneira de pensar sobre esse problema é a seguinte: você, eu, os computadores, as bactérias e os vírus e todas as coisas materiais somos feitos de átomos e moléculas, que, por sua vez, são feitos de partículas como os elétrons e os quarks. A equação de Schrödinger funciona para os elétrons e para os quarks e tudo indica que ela também funciona para as coisas que são feitas com esses componentes, independentemente do número das partículas envolvidas. Isso significa que a equação de Schrödinger deve continuar a ser aplicável também durante as medições. Afinal, uma medição é apenas um conjunto de partículas (a pessoa, o equipamento, o computador...) que entra em contato com outro conjunto (a partícula ou as partículas que estão sendo medidas). Mas, se é assim e se a matemática de Schrödinger recusa-se a sair de cena, então Bohr tem um problema. A equação de Schrödinger não permite que as ondas entrem em colapso. Um elemento essencial da abordagem de Copenhague estaria, então, comprometido.

Assim, a terceira pergunta é a seguinte: Se o raciocínio que acabamos de expor é correto, e se as ondas de probabilidade não entram em colapso, como passamos do reino das possibilidades, que existe antes que uma medição seja feita, ao resultado único revelado pela medição? Ou então, dito de uma maneira mais geral, o que acontece com uma onda de probabilidade durante a medição que permite a conformação de uma realidade familiar, definida e única?

Everett examinou essa questão em sua tese de doutorado em Princeton e chegou a uma conclusão imprevista.

A LINEARIDADE E OS DESCONTENTES

Para compreender o caminho da descoberta de Everett, é necessário saber algo mais sobre a equação de Schrödinger. Mencionei várias vezes que ela não permite que as ondas de probabilidade entrem em colapso repentinamente. Mas por que não? E o que é que ela *permite*? Vamos examinar um pouco como a matemática de Schrödinger guia uma onda de probabilidade em sua evolução através do tempo.

Isso é relativamente simples, porque a equação de Schrödinger é do tipo mais simples, caracterizada por uma propriedade conhecida como *linearidade* — uma construção matemática que representa concretamente o princípio de que o todo corresponde à soma de suas partes. Imagine que a forma que aparece na figura 8.7a é a onda de probabilidade de um determinado elétron ao meio-dia (por uma questão de clareza visual, usarei uma onda de probabilidade cuja localização depende de uma dimensão, representada pelo eixo horizontal, mas a ideia tem aplicação geral). Podemos empregar a equação de Schrödinger para seguir a evolução futura dessa onda, deduzindo a forma que teria, digamos à uma hora da tarde, como a figura 8.7b ilustra esquematicamente. Mas note o seguinte: é possível decompor a forma inicial da onda que

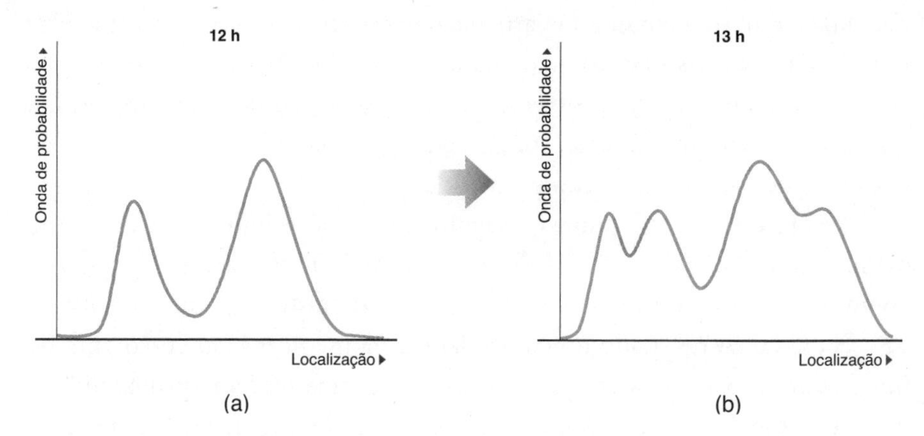

Figura 8.7. (a) *A forma inicial de uma onda de probabilidade em um momento determinado evolui, por meio da equação de Schrödinger, para uma forma diferente* (b), *em um momento posterior.*

aparece na figura 8.7a em duas peças mais simples, como na figura 8.8a. Se combinarmos ambas as ondas, somando seus valores ponto a ponto, recomporemos a forma original. A linearidade da equação de Schrödinger significa que é possível usá-la em cada peça da figura 8.8a separadamente, determinando assim como será a aparência de cada segmento à uma hora da tarde e, em seguida, combinar os resultados, como na figura 8.8b, para recuperar o resultado completo mostrado na figura 8.7b. E não há nada especial quanto à decomposição em *duas* peças. É possível dividir a forma original em qualquer número de parcelas, determinar a evolução de cada uma delas em separado e combinar os resultados para obter a forma final da onda.

Isso pode parecer um mero aspecto técnico, mas a linearidade é uma característica matemática extraordinariamente poderosa, que permite a execução de uma importante estratégia de dividir para conquistar. Se a forma inicial de uma onda for muito complicada, pode-se sempre dividi-la em peças mais simples e analisar cada uma delas em separado. Para finalizar, basta reagrupar os resultados obtidos. Na verdade, já vimos uma aplicação importante da linearidade em nossa análise do experimento da dupla fenda, na figura 8.4. Para determinar como a onda de probabilidade evolui, dividimos a tarefa: observamos como evolui a peça que passa pela fenda da esquerda e observamos como evolui a peça que passa pela fenda da direita e depois, então, somamos as duas ondas. Foi assim que encontramos o famoso padrão de interferência. Se você prestar atenção no quadro-negro de um teórico de física quântica, verá que essa é a abordagem que orienta muitas de suas manipulações matemáticas.

Mas facilitar a realização de cálculos quânticos não é a única característica da linearidade. Ela também está no cerne das dificuldades que tem a teoria em explicar o que acontece durante uma medição. Isso se vê com maior clareza aplicando-se a linearidade ao próprio ato de medir.

Imagine que você é um físico experimental cheio de saudades de sua infância em Nova York, de modo que está medindo as posições de elétrons que você mesmo insere em uma maquete de sua cidade favorita. No começo da experiência, você trabalha com um elétron cuja onda de probabilidade tem uma forma particularmente simples: bela e espigada, como na figura 8.9, o que indica que existe uma probabilidade de praticamente 100% de que o elétron esteja nesse momento localizado na esquina da rua 34 com a Broadway. (Não se preocupe sobre como a onda de probabilidade do elétron adquiriu essa for-

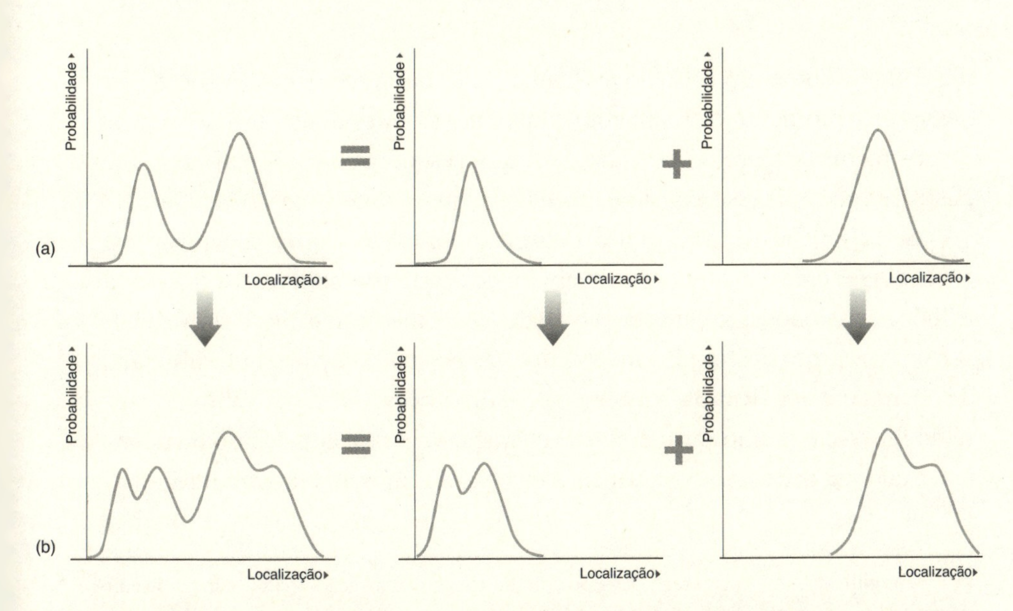

Figura 8.8. (a) *A forma inicial de uma onda de probabilidade pode ser decomposta e vista como o conjunto de duas formas mais simples.* (b) *A evolução da onda de probabilidade inicial pode ser reproduzida por meio da evolução das formas mais simples e da combinação dos resultados obtidos.*

Figura 8.9. *A onda de probabilidade de um elétron, em um dado momento, aguça-se na rua 34, esquina com a Broadway. A medida da posição do elétron nesse momento confirma que ele está localizado onde a onda toma a forma aguda.*

ma. Tome-a como um dado do problema.)* Se você medir a posição do elétron nesse exato momento com um bom equipamento, o resultado deve ser preciso. O mostrador do aparelho deve dizer: "Rua 34, esquina com a Broadway". Com efeito, se você fizer esse experimento, é isso o que acontece, como na figura 8.9.

Seria extraordinariamente complexo explicar como a equação de Schrödinger enlaça a onda de probabilidade do elétron com as dos trilhões de trilhões de átomos que compõem o aparelho de medição e ainda consegue levar um conjunto destes últimos a ocupar as posições que fazem o mostrador do aparelho dizer "Rua 34, esquina com a Broadway". Mas o inventor do aparelho fez esse trabalho duro em nosso benefício. Ele foi construído de tal maneira que sua interação com aquele elétron faz com que o mostrador indique

* Para simplificar, não consideraremos a posição do elétron na direção vertical e focalizaremos apenas sua posição sobre o mapa de Manhattan. Permita-me voltar a ressaltar que, embora esta seção deixe claro que a equação de Schrödinger não possibilita o colapso instantâneo da onda como na figura 8.6, as ondas *podem* ser cuidadosamente preparadas pelo físico experimental em forma de agulha (ou, mais precisamente, em uma forma muito próxima à de uma agulha).

a posição única e definida em que o elétron se encontra no momento. Se o aparelho chegasse a qualquer outra conclusão nessa situação, você teria de trocá-lo por outro. É claro que, apesar de a loja Macy's estar ali, não há nada de especial no endereço rua 34, esquina com a Broadway. Se fizermos um experimento similar em que a onda de probabilidade do elétron alcança a forma aguçada no Planetário Hayden, próximo à rua 81 e ao Central Park, ou no escritório de Bill Clinton, na rua 125, próximo à avenida Lenox, o mostrador do aparelho nos mostrará esses locais.

Consideremos agora uma forma de onda algo mais complicada, como a da figura 8.10. Essa onda de probabilidade indica que, em um dado momento, há dois locais em que o elétron pode estar: Strawberry Fields, o memorial de John Lennon no Central Park, e o Túmulo de Grant, no Riverside Park. (O elétron está em um de seus modos sombrios.) Se medirmos a posição do elétron, mas, em oposição a Bohr e em concordância com os experimentos mais refinados, supusermos que a equação de Schrödinger continua a ser aplicável — ao elétron, às partículas do aparelho de medição e a tudo o mais —, o que nos dirá o mostrador do aparelho? A linearidade é a chave da resposta. Sabe-

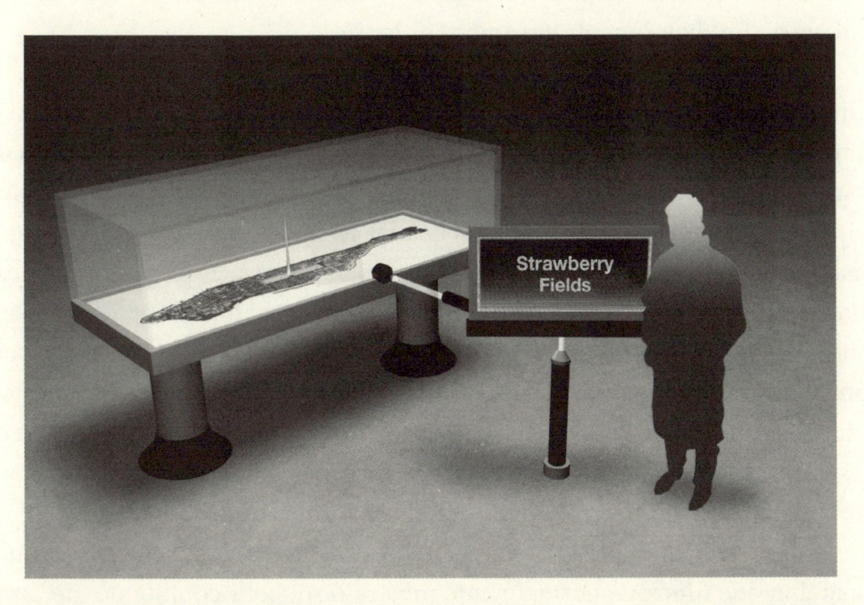

Figura 8.10. *A onda de probabilidade de um elétron aguça-se em dois locais. A linearidade da equação de Schrödinger sugere que a medição da posição do elétron produzirá uma mescla desorientadora de ambos os locais.*

mos o que acontece quando medimos as ondas aguçadas separadamente. A equação de Schrödinger faz com que o mostrador mostre a localização da forma aguda, como na figura 8.9. A linearidade nos informa, então, que para encontrar a resposta para duas agulhas devemos combinar os resultados das medições separadas de ambas as formas aguçadas.

E aqui as coisas ficam estranhas. À primeira vista, o resultado combinado sugere que o mostrador deve registrar simultaneamente as localizações de ambas as formas agudas. Tal como na figura 8.10, as palavras "Strawberry Fields" e "Túmulo de Grant" devem aparecer simultaneamente, em uma mescla entre os dois locais, como no monitor de um computador que está a ponto de entrar em pane. A equação de Schrödinger também determina como as ondas de probabilidade dos fótons emitidos pelo mostrador do aparelho de medição associam-se com os das partículas que compõem os cones e bastonetes de seus globos oculares e, subsequentemente, com os que percorrem seus neurônios e produzem o estado mental que reflete o que você vê. Supondo que a hegemonia da equação de Schrödinger é total, a linearidade também se aplica aqui e, portanto, não só o aparelho mostrará simultaneamente ambos os locais, mas seu próprio cérebro ficará envolvido na confusão e pensará que o elétron se encontra simultaneamente em ambos os locais.

Para formas de ondas ainda mais complicadas, a confusão se torna maior. Uma forma que tenha quatro agulhas redobra sua perplexidade. Uma com seis a triplica. Veja que, a continuar nesse rumo, com formas de ondas aguçadas de várias alturas em todos os locais da maquete da ilha de Manhattan, a forma combinada tomará o aspecto mais normal de uma forma de onda quântica que varia mais gradualmente, como a figura 8.11 mostra de maneira esquemática. A linearidade continua a prevalecer, o que implica que a leitura final do aparelho assim como o estado final de seu cérebro e de sua impressão mental serão ditados pela união dos resultados individuais de cada agulha. O aparelho deve registrar simultaneamente os locais de cada uma das formas aguçadas — todos os diferentes locais de Manhattan — e sua mente ficará profundamente confusa, incapaz de apontar uma localização única e definida para o elétron.[5]

Mas é evidente que isso diverge radicalmente da experiência. Nenhum aparelho que funcione normalmente mostra resultados conflitantes ao fazer uma medição. Nenhuma pessoa que atue normalmente, ao fazer uma medição, fica aturdida com uma mistura de resultados simultâneos mas diferentes.

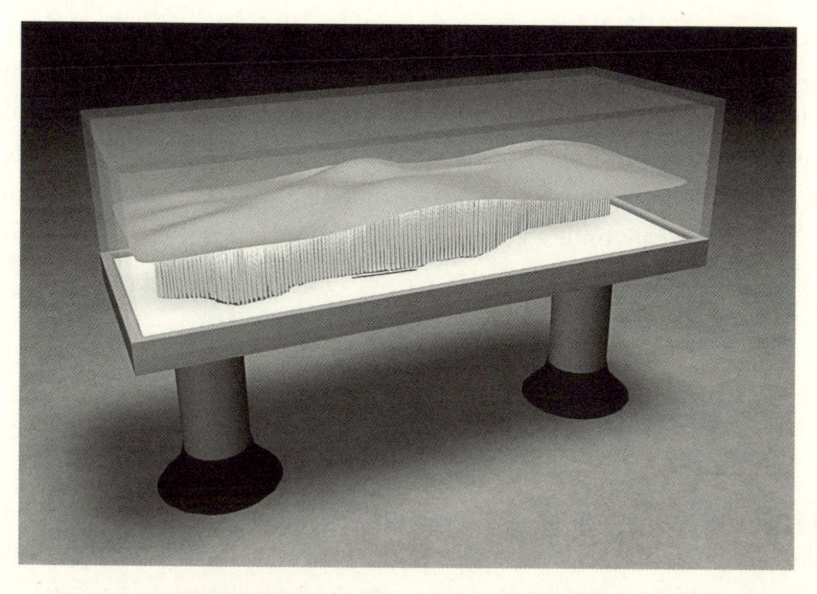

Figura 8.11. *Uma onda de probabilidade geral é a união de muitas ondas aguçadas, cada uma das quais representa uma possível posição do elétron.*

Isso dá uma ideia da atração exercida pela receita de Bohr. "Segura o Dramin!", diria ele. Segundo Bohr, nunca vemos leituras ambíguas em nossos medidores porque elas não existem. Ele argumentaria que chegamos a uma conclusão incorreta porque ampliamos demasiado o âmbito da equação de Schrödinger, estendendo-o ao domínio das coisas grandes: equipamentos de laboratório que fazem medições e cientistas que leem os resultados. Embora a equação de Schrödinger e sua característica linearidade determinem que devemos combinar todos os diferentes resultados possíveis, sem que nada entre em colapso, Bohr nos diz que isso está errado porque o ato de medir arremessa a equação de Schrödinger pela janela afora. Em vez disso, ele proclamaria que a medição faz com que todas as agulhas da figura 8.10 ou da figura 8.11, menos uma, entram em colapso. A probabilidade de que uma agulha em particular seja a única sobrevivente é proporcional à sua própria altura. Essa única agulha determina a única leitura do aparelho, assim como o reconhecimento, por sua mente, de que esse é o único resultado. Fim da tontura.

Mas, para Everett, e depois para DeWitt, o preço a pagar pela abordagem de Bohr parecia excessivo. A equação de Schrödinger serve para descrever partículas. Todas as partículas. Por que então ela não deveria aplicar-se a configurações específicas de partículas — as que compõem o equipamento que faz as medições e as que formam os corpos dos físicos experimentais que controlam o equipamento? Isso simplesmente não faz sentido. Everett, portanto, sugeriu que não nos livrássemos de Schrödinger tão depressa. Em vez disso, propôs que analisemos para onde a equação de Schrödinger nos leva a partir de uma perspectiva decididamente diversa.

MUITOS MUNDOS

Defrontamo-nos com o desafio de que é muito desconcertante pensar em um aparelho de medição ou em uma mente que percebam ao mesmo tempo realidades diferentes. Podemos ter opiniões divergentes sobre este ou aquele tema, ou emoções contrastantes com respeito a esta ou aquela pessoa, mas, quando se trata dos fatos que constituem a realidade, tudo o que sabemos leva a crer que só há uma descrição objetiva e não ambígua. Tudo o que sabemos leva a crer que um aparelho e uma medição produzem um só resultado. E que um resultado e uma mente produzem uma só impressão mental.

A ideia de Everett era que a equação de Schrödinger, o cerne da mecânica quântica, *é* compatível com essas experiências básicas. A fonte da suposta ambiguidade nas leituras dos aparelhos e nas impressões mentais está na maneira pela qual aplicamos a matemática: a maneira pela qual combinamos os resultados das medições ilustradas nas figuras 8.10 e 8.11. Pensemos um pouco sobre isso.

Quando medimos uma única onda aguçada, como a da figura 8.9, o aparelho registra a localização da agulha. Se ela se aguça em Strawberry Fields, essa será a leitura do aparelho. Ao olharmos o resultado, nosso cérebro registra essa localização e nos tornamos conscientes dela. Se ela se aguça no Túmulo de Grant, isso é o que o aparelho registra. Se olharmos o resultado, nosso cérebro registra a localização e nos tornamos conscientes dela. Ao medirmos a onda de duas agulhas da figura 8.10, a matemática de Schrödinger nos diz que devemos combinar os dois resultados encontrados. Mas Everett nos aconselha a ser prudentes e precisos ao fazer a combinação. O resultado combinado, argumenta ele, não produz uma medição e uma mente que registram simultaneamente dois locais. Essa é uma ideia tosca.

Em vez disso, procedendo com calma e literalmente, veremos que o resultado combinado consiste em um aparelho e uma mente que registram Strawberry Fields e um aparelho e uma mente que registram o Túmulo de Grant. E que significa isso? Inicialmente pintarei um quadro com grandes pinceladas e depois entraremos nos detalhes. Para adaptar-se ao esquema sugerido por Everett, o aparelho, você e tudo o mais devem dividir-se em consequência da medição, gerando então dois aparelhos, dois vocês e dois tudo o mais. A única diferença entre os dois conjuntos seria que em um deles você vê o aparelho registrar Strawberry Fields e no outro, o outro você vê o outro aparelho registrar o Túmulo de Grant. Como na figura 8.12, isso implica que agora temos duas realidades paralelas; dois mundos paralelos. Para cada um dos dois vocês,

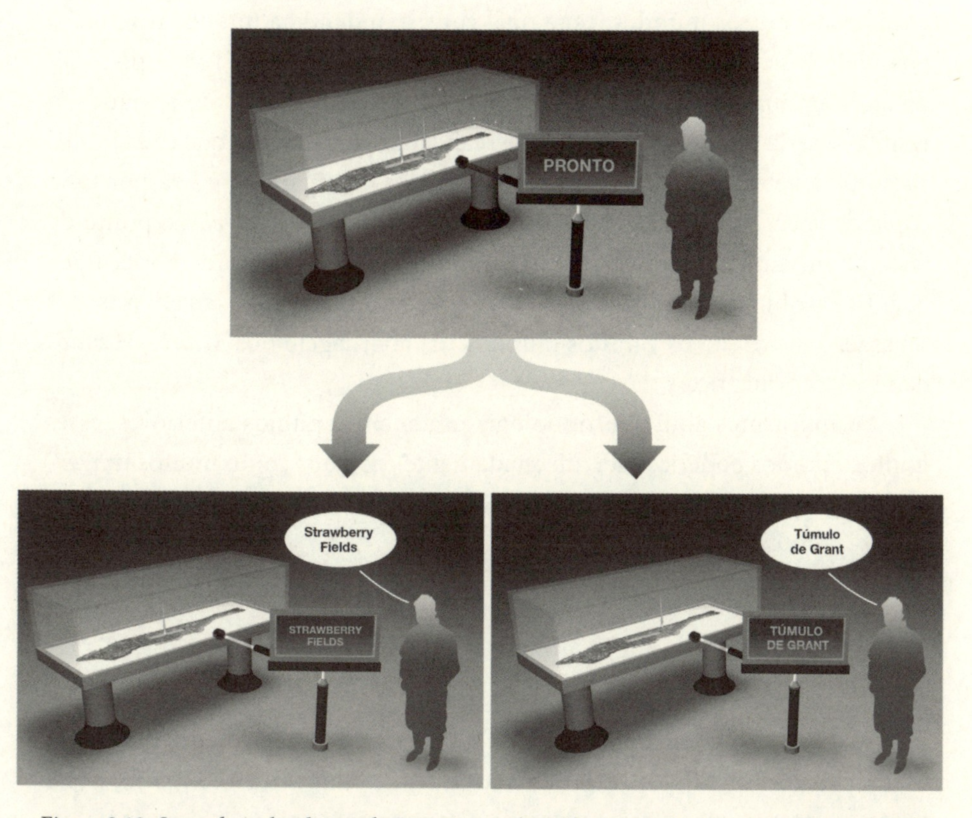

Figura 8.12. *Segundo a abordagem de Everett, a medição de uma partícula cuja onda de probabilidade tem duas agulhas produz ambos os resultados. Em um mundo, a partícula se encontra no primeiro local; no outro mundo, ela se encontra no segundo local.*

em cada uma das realidades, a medição e a impressão mental que ela causa são únicas e precisas e, portanto, a sensação é a mesma de sempre. A peculiaridade é que, naturalmente, são dois os vocês que experimentam essa sensação.

Para manter a discussão acessível, focalizei a medição da posição de uma única partícula, com uma onda de probabilidade particularmente simples. Mas a proposta de Everett aplica-se a todas as circunstâncias. Se você estivesse medindo a posição de uma partícula cuja onda de probabilidade tenha um outro número qualquer de agulhas, digamos cinco, o resultado seriam cinco realidades paralelas, que difeririam apenas quanto ao local registrado pelo aparelho e por sua mente em cada uma das realidades. Se, em seguida, um desses vocês medisse a posição de outra partícula, cuja onda de probabilidade tivesse sete agulhas, esse você e esse mundo se dividiriam novamente em sete outros vocês e sete outros mundos, cada qual correspondendo a um dos resultados possíveis. E se você medisse uma onda como a da figura 8.11, que pode ser dividida em um grande número de agulhas apinhadas umas com as outras, o resultado seria um grande número de realidades paralelas em que cada localização possível da partícula seria registrada por um aparelho e lida por uma cópia de você. Na abordagem de Everett, tudo o que é *possível*, do ponto de vista da mecânica quântica (ou seja, todos os resultados a que a mecânica quântica atribui uma probabilidade diferente de zero), *é realizado* em mundos separados. Esses são os "muitos mundos" da abordagem dos *Muitos Mundos* da mecânica quântica.

Se aplicarmos aqui a terminologia usada em capítulos anteriores, esses muitos mundos poderiam ser adequadamente descritos como muitos universos, compondo um multiverso, o sexto que encontramos. Eu o denomino *multiverso quântico.*

UM CONTO DE DOIS CONTOS

Ao descrever como a mecânica quântica pode gerar realidades múltiplas, usei a palavra "dividir". Everett a usou. DeWitt também. No entanto, neste contexto, o termo tem a potencialidade de causar uma profunda desorientação e, por isso, eu preferiria não tê-lo empregado. Mas cedi à tentação. Em minha defesa, devo dizer que às vezes é mais efetivo usar uma marreta para quebrar uma barreira — como a que nos separa de propostas incomuns a respeito do funcionamento da realidade — e depois consertar os danos do que tentar abrir com delicadeza uma janela destinada a revelar diretamente o novo panorama. Tenho usado a marreta. Agora e na próxima seção, tratarei de fazer os reparos necessários. Algumas ideias são algo mais difíceis do que as até aqui expostas e as cadeias explicativas são algo mais longas, mas o exorto a persistir. Percebi que, muitíssimas vezes, as pessoas que aprendem algo a respeito da ideia dos Muitos Mundos têm a impressão de que ela resulta do tipo mais extravagante de especulação. Mas nada pode estar mais longe da verdade. Como explicarei, a abordagem dos Muitos Mundos é, de certo modo, o esquema mais conservador para definir a física quântica, e é bom sabermos por quê.

O ponto essencial é que os físicos sempre têm de contar dois tipos de história. Uma é a história matemática de como o universo evolui, segundo uma teoria determinada. A outra, que também é essencial, é a história física, que traduz a matemática abstrata para a linguagem da experiência. Essa segunda história descreve como a evolução matemática aparece diante de observadores como você e eu e o que os símbolos matemáticos da teoria nos dizem a respeito da natureza da realidade.[6] No tempo de Newton, as duas histórias eram essencialmente idênticas. No capítulo 7 sugeri em meu comentário que a "arquitetura" newtoniana era imediata e palpável. Todos os símbolos matemáticos das equações de Newton têm uma correlação direta e transparente com a física. O símbolo x refere-se à posição da bola. O símbolo v à sua velocidade. Quando chegamos à mecânica quântica, porém, a tradução entre os símbolos matemáticos e o que vemos no mundo a nossa volta torna-se muito mais sutil. Por sua vez, a linguagem utilizada e os conceitos considerados relevantes para as duas histórias tornam-se tão diferentes que cada uma delas se vê diante da necessidade de tornar-se compreensível. Mas é importante manter claras as identidades próprias de ambas as histórias e entender bem quais são as ideias e descrições que fazem parte da estrutura matemática fundamental da teoria e quais são empregadas para estabelecer a ligação com a experiência humana.

Vamos às duas histórias da abordagem dos Muitos Mundos na mecânica quântica. Esta é a primeira.

A matemática dos Muitos Mundos, ao contrário da de Copenhague, é pura, simples e constante. A equação de Schrödinger determina como as ondas de probabilidade evoluem no tempo e nunca é posta de lado. Ela é sempre efetiva. A matemática de Schrödinger nos guia quanto à forma das ondas de probabilidade, explicando como elas mudam, conformam-se e oscilam com o tempo. Seja para explicar a onda de probabilidade de uma partícula, seja de um conjunto de partículas, seja ainda dos diversos conglomerados de partículas que compõem seu corpo e seu instrumento de medidas, a equação de Schrödinger toma como dados de entrada a forma inicial da onda de probabilidade das partículas e, como nos programas gráficos dos protetores de tela mais sofisticados, fornece a forma da onda em qualquer momento futuro. Além disso, de acordo com essa abordagem, essa é a maneira pela qual o universo evolui. E ponto final. Fim da história. Ou melhor, fim da primeira história.

Veja que, ao contar a primeira história, não empreguei a palavra "dividir" nem as expressões "Muitos Mundos", "universos paralelos" ou "multiverso quântico". A abordagem dos Muitos Mundos não elabora hipóteses a respeito dessas características e elas não desempenham nenhum papel na estrutura matemática fundamental da teoria. Ao contrário, como veremos agora, essas ideias aparecem na segunda história da teoria, quando, seguindo Everett e outros que complementaram seu trabalho pioneiro, investigarmos o que nos diz a matemática a respeito de nossas observações e medições.

Vamos começar de maneira simples — ou da maneira mais simples possível. Consideremos a medição de um elétron que tem uma onda de probabilidade aguçada, como na figura 8.9. (Mais uma vez, não se preocupe sobre como ela chegou a ter essa forma. Tome-a como algo dado.) Como já assinalamos antes, contar com detalhes a primeira história, mesmo de uma medição simples como essa, está além de nossas possibilidades. Teríamos de empregar a matemática de Schrödinger para saber como a onda de probabilidade que descreve as posições do enorme número de partículas que constituem seu corpo e seu aparelho de medição associa-se com a onda de probabilidade do elétron e como essa união evolui no tempo. Meus alunos universitários mais jovens, muitos dos quais são muito capazes, frequentemente encontram dificuldades para resolver a equação de Schrödinger, ainda que para uma única partícula. Entre você e o instrumento há algo como 10^{27} partículas. Trabalhar com a matemática de Schrödinger sobre um número tão grande de componentes é virtualmente impossível. Mesmo assim, podemos compreender qualitativamente o que a matemática gera. Ao medirmos a posição do elétron, causamos uma migração maciça de partículas. Algo como 10^{24} partículas correm, em uma coreografia precisa, até os lugares apropriados no mostrador do aparelho, onde escrevem coletivamente "Rua 34, esquina com a Broadway", enquanto um número similar, em meus olhos e em meu cérebro, faz tudo o que é necessário para que eu desenvolva a compreensão clara do resultado. A matemática de Schrödinger — se bem que o número exagerado de partículas torne inacessível sua análise explícita — descreve esse fluxo de partículas.

Visualizar essa transformação no nível de uma onda de probabilidade também fica muito além de nosso alcance. Na figura 8.9 e nas outras da mesma sequência, usei dois eixos, o norte-sul e o leste-oeste, que compõem a malha viária da maquete de Manhattan, para denotar as posições possíveis de uma partícula individual. O valor da onda de probabilidade em cada local é denotado pela altura da onda. Isso já é uma simplificação das coisas, porque não usei o terceiro eixo, que determinaria a posição vertical da partícula (que nos diria se ela está no segundo ou no quinto andar da loja Macy's, por exemplo). A inclusão da vertical geraria confusão porque, se eu a usasse para denotar a posição vertical, ficaríamos sem o eixo necessário para mostrar o tamanho da onda. Isso faz parte das limitações de um cérebro e de um sistema visual que, graças a nossa evolução, está firmemente implantado para registrar três dimensões espaciais. Para a visualização apropriada da onda de probabilidade de cerca de 10^{27} partículas, seria necessário incluir três eixos para cada uma delas, de modo a cobrir matematicamente todas as posições possíveis que cada partícula poderia ocupar.* A adição até mesmo de um único eixo vertical na figura 8.9 tornaria muito difícil a visualização; a adição de bilhões de bilhões de bilhões mais seria simplesmente uma tolice.

Mas é importante formar uma imagem mental dessas ideias cruciais. Portanto, ainda que o resultado seja imperfeito, vamos fazer um esforço. Ao esboçar a onda de probabilidade para as partículas que formam seu corpo e seu aparelho, me limitarei aos dois eixos que compõem um plano, mas empregarei uma interpretação não convencional do significado dos eixos. Em uma primeira aproximação, direi que vejo cada um dos eixos como um enorme feixe de eixos estreitamente reunidos, que, simbolicamente, delineiam as possíveis posições de um

* Para uma abordagem matemática, veja a nota 4.

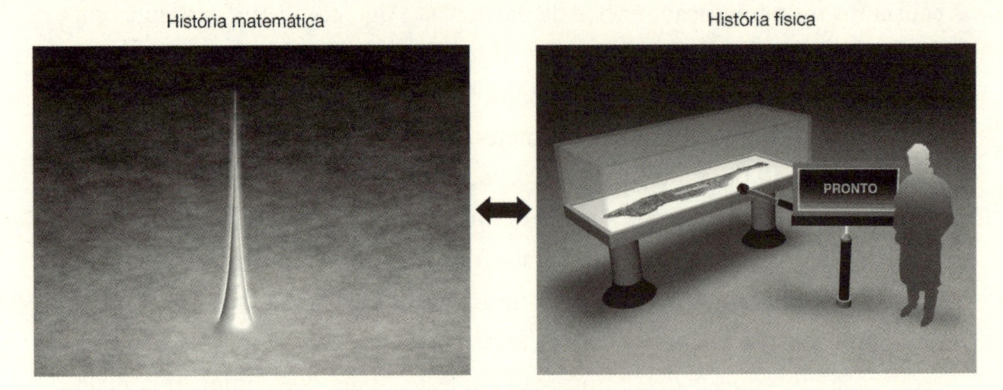

Figura 8.13. *Representação esquemática da onda de probabilidade combinada para todas as partículas que compõem seu corpo e seu aparelho de medição.*

número igualmente enorme de partículas. Uma onda que incorpore esses eixos agrupados exibirá, portanto, as probabilidades para as posições de um enorme grupo de partículas. Com o objetivo de marcar claramente a distinção entre as situações de muitas partículas e as de uma só partícula, usarei um tom brilhante para a onda de probabilidade de muitas partículas, como na figura 8.13.

As ilustrações de muitas partículas e de uma só partícula têm algumas características em comum. Assim como a forma aguda da onda da figura 8.6 indica probabilidades que são muito pronunciadas (de quase 100% no local da agulha e de quase 0% em todos os demais lugares), a onda espigada da figura 8.13 denota probabilidades muito pronunciadas. Mas é preciso ter cautela, porque a compreensão conseguida com base nas ilustrações de uma só partícula não nos leva muito longe. Com base na figura 8.6, por exemplo, é natural pensar que a figura 8.13 representa partículas que estão agrupadas em torno de um mesmo local. Mas isso não é verdade. A forma aguçada da figura 8.13 simboliza que cada uma das partículas que compõem seu corpo e cada uma das partículas que compõem o aparelho estão inicialmente no estado comum e corrente de ter uma posição que é quase 100% definida. Mas elas não estão de modo algum posicionadas no mesmo local. As partículas que constituem sua mão, seu ombro e seu cérebro estão, com quase toda a certeza, agrupadas nos locais de sua mão, de seu ombro e de seu cérebro. As partículas que constituem o aparelho de medição estão, com quase toda a certeza, agrupadas nos locais do aparelho. A forma aguçada da onda da figura 8.13 denota que cada uma dessas partículas tem apenas uma chance muito remota de ser encontrada em algum outro lugar.

Se você fizer agora a medição ilustrada na figura 8.14, a onda de probabilidade de múltiplas partículas (para as partículas de seu corpo e do aparelho) evolui em virtude da interação com o elétron (tal como esquematicamente ilustrado na figura 8.14a). Todas as partículas envolvidas ainda têm posições praticamente definidas (em você e no aparelho), razão pela qual a onda da figura 8.14a mantém a forma aguçada. Mas ocorre um grande rearranjo de partículas que resulta do aparecimento das palavras "Strawberry Fields" no mostrador do instrumento e também em seu cérebro (como na figura 8.14b). A figura 8.14a representa a transformação matemática ditada pela equação de Schrödinger, o primeiro tipo de história. A figura 8.14b ilustra a descrição física dessa evolução matemática, o segundo tipo de história. Do mesmo modo, se fizermos o experimento da figura 8.15, uma alteração análoga ocorre na onda (figura 8.15a). Essa alteração corresponde a um rearranjo maciço de partículas que produz o aparecimento das palavras "Túmulo de Grant" no mostrador e que gera em você a impressão mental correspondente (figura 8.15b).

Usemos agora a linearidade para unir as duas imagens. Se você medir a posição de um elétron cuja onda de probabilidade tem duas agulhas, a onda de probabilidade relativa a você e ao aparelho funde-se com a do elétron e produz a evolução mostrada na figura 8.16a — a evolução combinada do que mostram as figuras 8.14a e 8.15a. Até aqui, isso é apenas uma versão ilustrada e anotada do primeiro tipo de história quântica. Começamos com uma onda de probabilidade de uma determinada forma, a equação de Schrödinger a faz desenvolver-se no tempo e terminamos com uma onda de probabilidade de outra forma. Mas os detalhes que agora sobrepomos permitem-nos contar essa história matemática com uma linguagem mais qualitativa, característica das histórias do segundo tipo.

Do ponto de vista físico, cada agulha da figura 8.16a representa uma configuração de um enorme número de partículas que resulta em que o aparelho apresente uma leitura particular e que a sua mente adquira essa informação. Na agulha da esquerda, a leitura é Strawberry Fields; na da direita, é Túmulo de Grant. Além dessa diferença, não há *nada* que distinga uma agulha da outra. Ressalto esse fato porque é essencial saber que nenhuma das duas é mais real do que a outra. A única distinção entre as duas agulhas da onda de muitas partículas está na leitura específica dada pelo aparelho e na leitura que você faz dessa leitura.

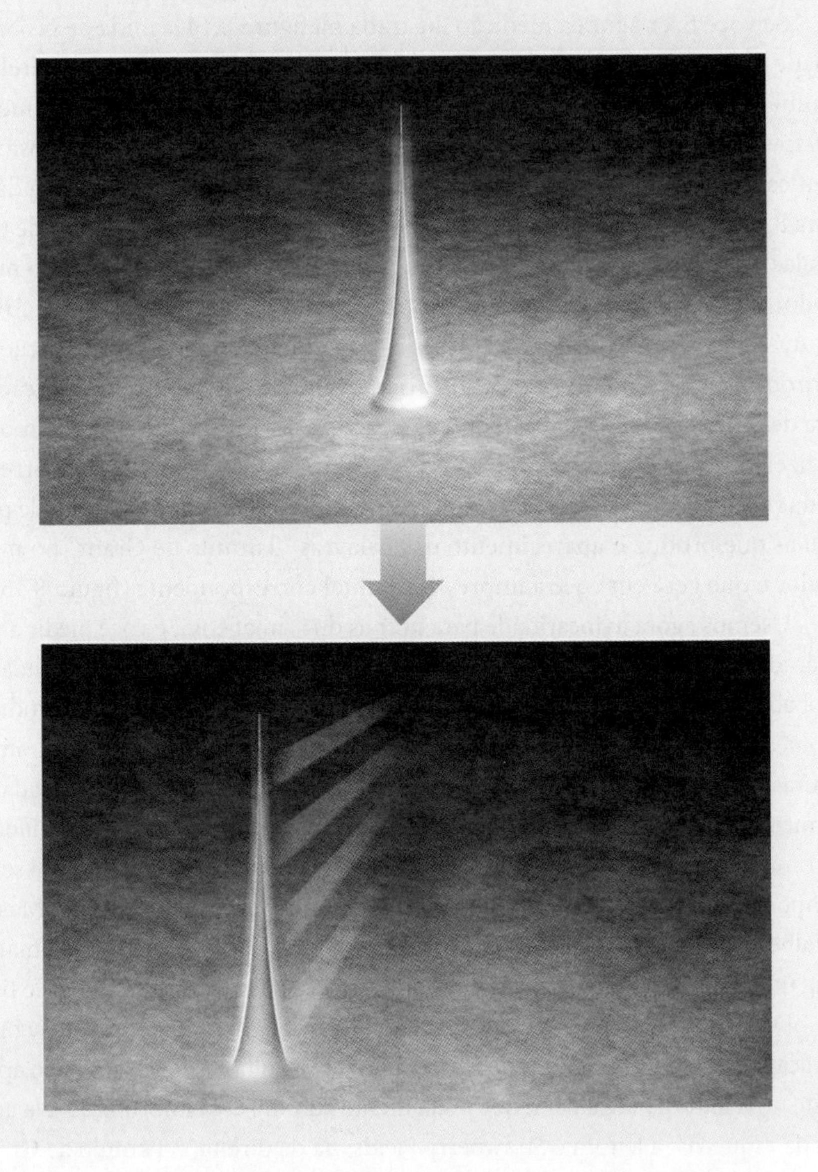

Figura 8.14. (a) *Ilustração esquemática da evolução, ditada pela equação de Schrödinger, da onda de probabilidade combinada de todas as partículas que compõem seu corpo e o aparelho de medição, durante a medição da posição de um elétron. A onda de probabilidade do próprio elétron se aguça em Strawberry Fields.*

Figura 8.14. (b) *A correspondente história física ou da experiência.*

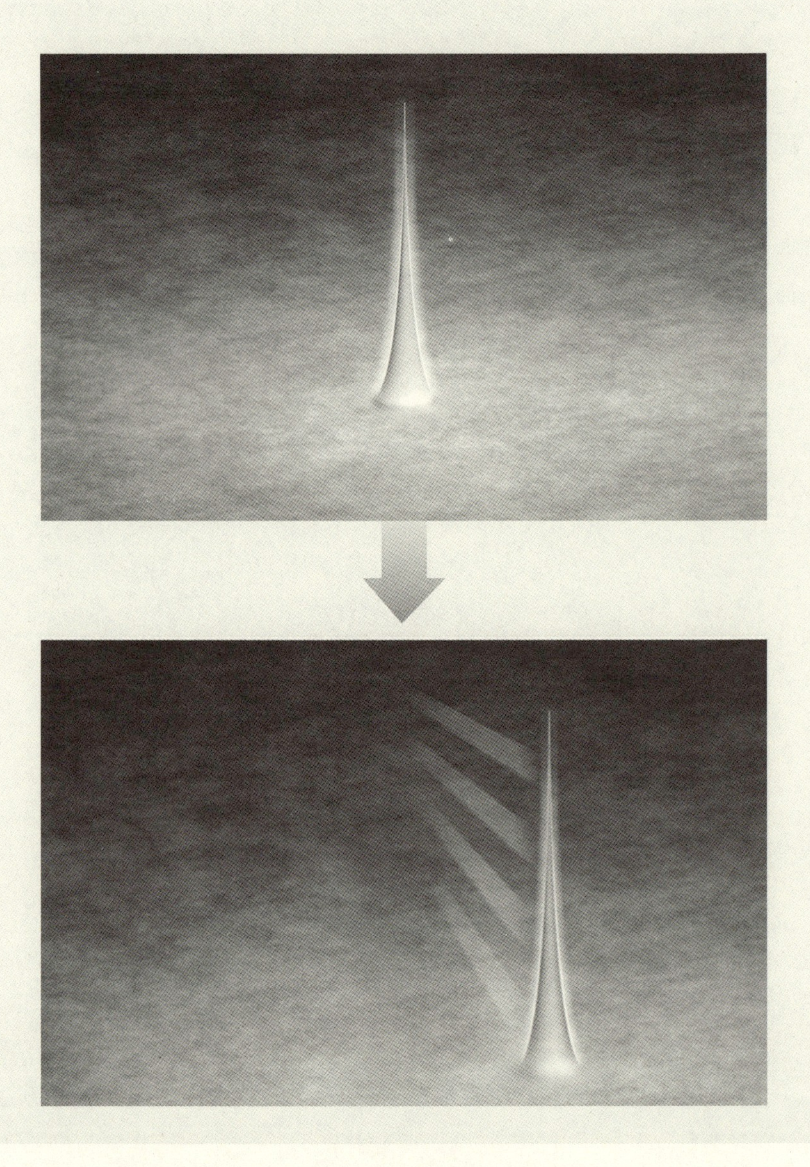

Figura 8.15. (a) *O mesmo tipo de evolução matemática da figura 8.14a, mas com a agulha da onda de probabilidade do elétron localizada no Túmulo de Grant.*

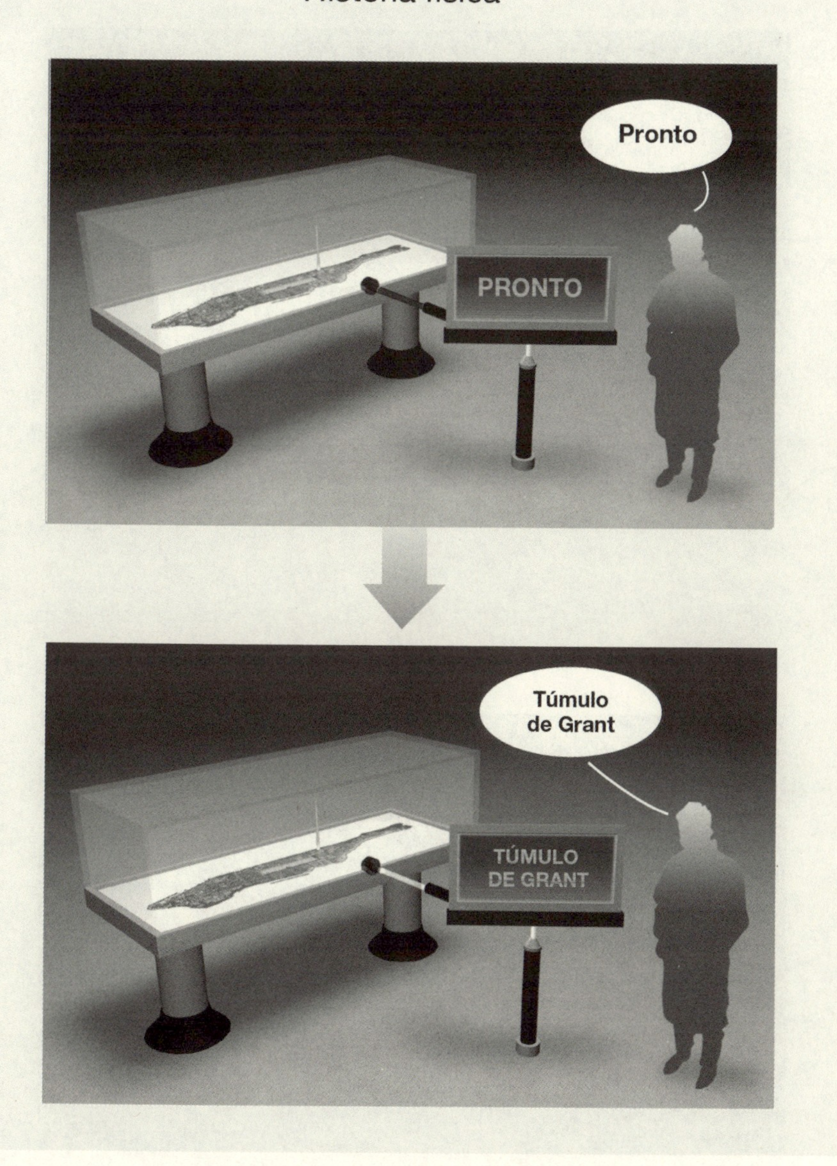

Figura 8.15. (b) *A correspondente história física ou da experiência.*

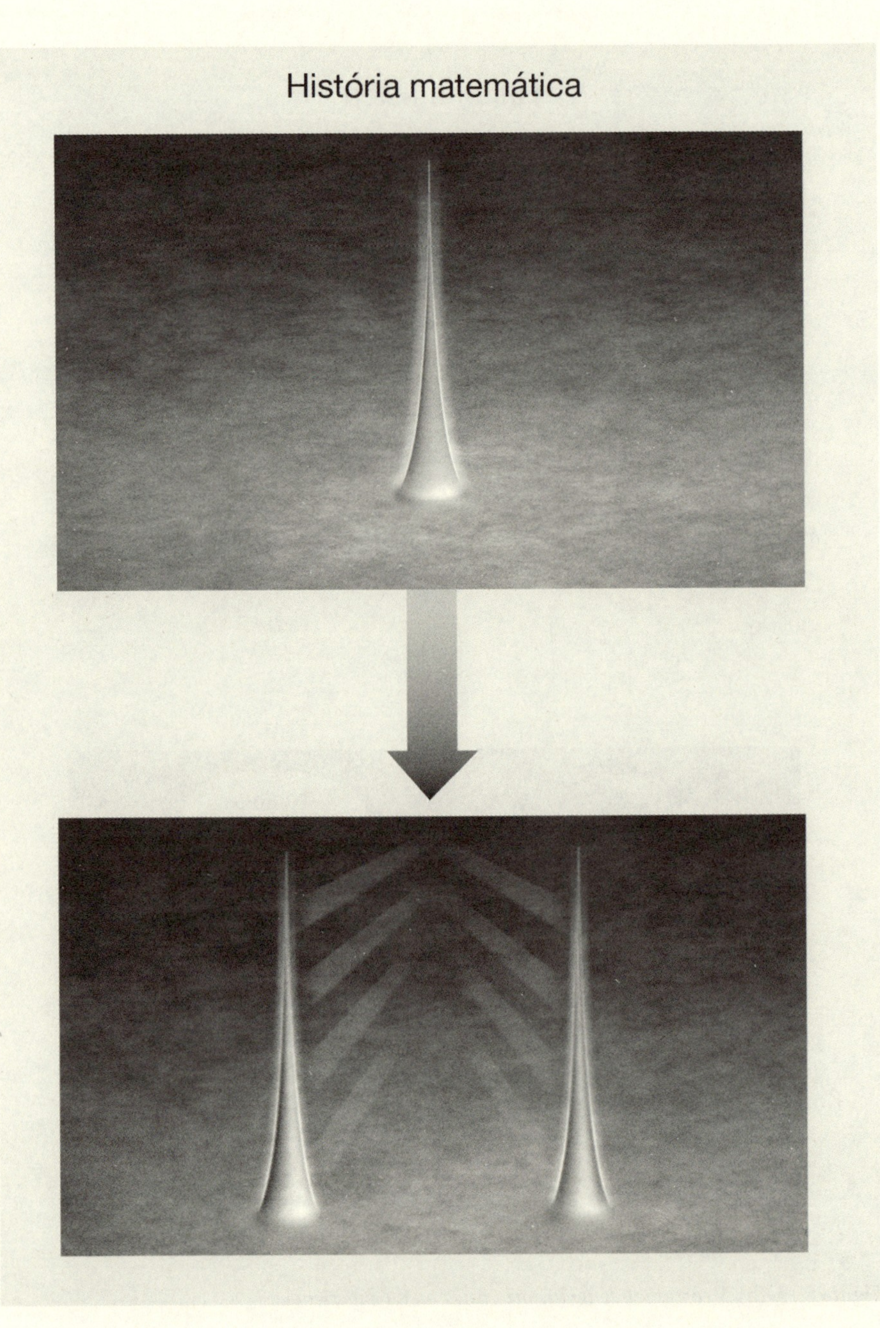

Figura 8.16. (a) *Ilustração esquemática da evolução da onda de probabilidade combinada de todas as partículas que compõem seu corpo e seu aparelho, durante a medição da posição de um elétron cuja onda de probabilidade tem duas agulhas em dois locais diferentes.*

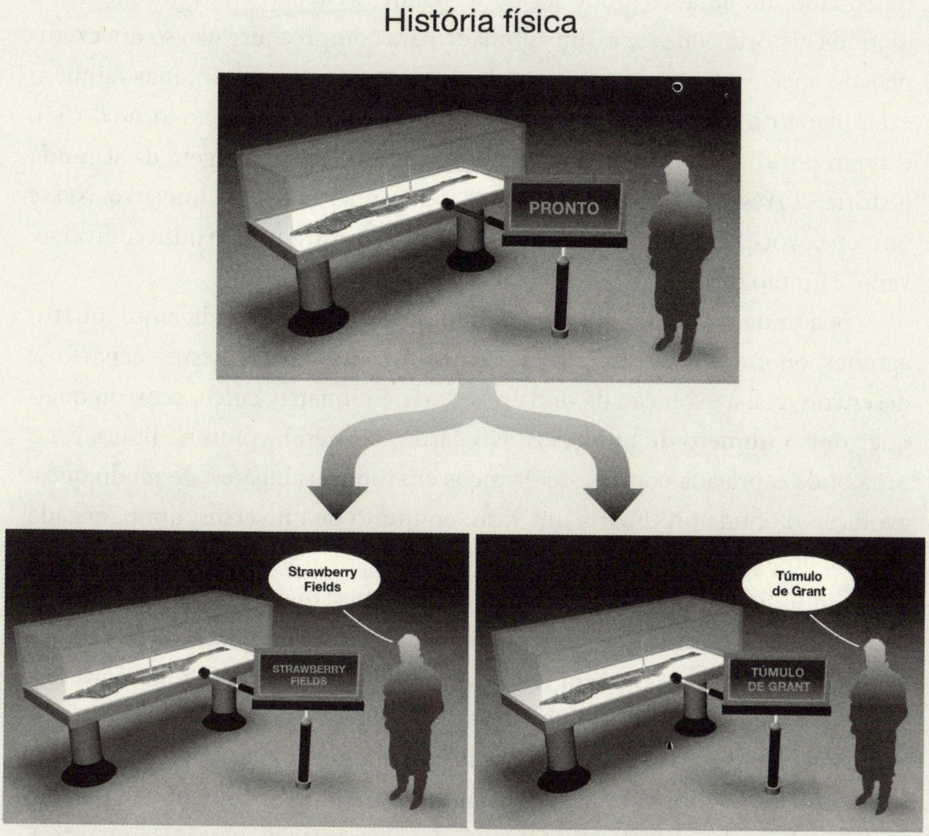

Figura 8.16. (b) *A correspondente história física ou da experiência.*

Isso significa que sua história do segundo tipo, ilustrada na figura 8.16b, envolve duas realidades.

Com efeito, o foco no aparelho e em sua mente não é mais do que uma nova simplificação. Eu poderia ter incluído as partículas que constituem o laboratório e tudo o que ele contém, assim como as que constituem a Terra, o Sol, e assim por diante, e a discussão teria sido essencialmente a mesma. A única diferença teria sido que a onda de probabilidade brilhante da figura 8.16a agora teria informações sobre todas as demais partículas também. Mas, como a medição de que falamos não exerce praticamente nenhum impacto sobre ela, essas informações apenas se somariam ao grupo já existente. Por outro lado, no entanto, pode ser bom incluir essas partículas porque nossa segunda história pode ser assim ampliada para compreender não só um exemplar de você examinando um aparelho que fez uma medição, mas também exemplares do laboratório, do resto do planeta em sua órbita em torno do Sol, e assim por diante. Isso significa que cada agulha, na linguagem da segunda história, corresponde ao que, de boa-fé, denominaríamos um universo. Nesse universo, você verá "Strawberry Fields" em um mostrador; no outro universo, verá "Túmulo de Grant".

Se a onda de probabilidade original do elétron tivesse, digamos, quatro agulhas, ou cinco, ou cem, ou qualquer outro número, o mesmo cenário se desenvolveria: a evolução da onda resultaria em quatro, cinco, cem, ou qualquer outro número de universos. No caso mais geral, como na figura 8.11, uma onda espraiada compõe-se de picos em todos os lugares, de modo que a evolução da onda produziria um vasto conjunto de universos, um para cada posição possível.[7]

Contudo, como já mencionamos, a única coisa que acontece em qualquer desses cenários é que a onda de probabilidade passa pela equação de Schrödinger, cuja matemática entra em função, e surge uma onda com uma nova forma. Não existe nenhuma "máquina de clonagem". Não existe nenhuma "máquina de dividir". Por isso observei que esses mundos podem dar uma impressão enganadora. A única coisa que existe é uma "máquina" de evolução da onda de probabilidade, dirigida pela lei elementar da mecânica quântica. Quando a onda resultante tem uma forma *particular*, como na figura 8.16a, recontamos a história matemática na linguagem do segundo tipo e concluímos que em cada agulha existe um ser sensível, situado em um universo de aparência normal, certo de que ele vê um e apenas um resultado definido de um determinado experimento, como na figura 8.16b. Se, de alguma maneira, eu pudesse entrevistar todos esses seres sensíveis, veria que cada um deles é uma réplica dos demais. Seu único ponto de diferença seria que cada um verificaria um resultado definido e diferente.

Desse modo, embora Bohr e a turma de Copenhague argumentassem que apenas um desses universos existe (porque o ato da medição, que eles dizem ficar fora do âmbito da equação de Schrödinger, faria com que todos os outros entrassem em colapso), e embora as primeiras tentativas de transcender Bohr e estender o âmbito da equação de Schrödinger a todas as partículas, inclusive as que compõem os equipamentos e os cérebros, tenham produzido uma grande confusão (porque uma determinada máquina ou uma determinada mente parece internalizar todos os resultados possíveis simultaneamente), Everett descobriu que uma leitura mais cuidadosa da matemática de Schrödinger leva a outro destino: uma realidade abundante, povoada de um conjunto cada vez maior de universos.

Antes da publicação do artigo de Everett, em 1957, uma versão preliminar circulou entre alguns físicos em diferentes partes do mundo. Sob a orientação de Wheeler, a linguagem do documento havia sido abreviada de maneira tão radical que muitos dos leitores ficavam incertos sobre se Everett realmente argumentava que todos os universos apontados pela matemática eram reais. Everett deu-se conta dessa confusão e decidiu esclarecê-la. Em uma "nota adicionada às provas", que ele aparentemente inseriu logo antes da publicação, e sem o conhecimento de Wheeler, ele articulou com precisão sua posição quanto à realidade dos diferentes resultados: "Do ponto de vista da teoria, todos [...] são 'verdadeiros' e nenhum é mais 'real' do que os demais".[8]

QUANDO É QUE UMA ALTERNATIVA É UM UNIVERSO?

Além das palavras conotadas, como "divisão" e "clonagem", invocamos aqui duas outras expressões grandiloquentes em nossas histórias do segundo tipo — "mundo" e, como sinônimo neste contexto, "universo". Existem regras que determinam quando o emprego de tais expressões é apropriado? Quando consideramos uma onda de probabilidade de um único elétron que tem dois (ou mais) picos, não falamos de dois (ou mais) mundos. Ao contrário, falamos de um mundo — o nosso — que contém um elétron cuja posição é ambígua. No entanto, na abordagem de Everett, quando medimos ou observamos esse elétron, falamos em termos de muitos mundos. O que distingue a partícula que foi medida da que não foi medida e provoca resultados tão radicalmente diferentes?

A resposta rápida é que, para um elétron único e isolado, não contamos a história do segundo tipo porque, sem uma medição, ou uma observação, não há nenhum vínculo com a experiência humana que precise ser articulado. A história do primeiro tipo de uma onda de probabilidade que evolua de acordo com a matemática de Schrödinger é suficiente. E, sem uma história do segundo tipo, não há oportunidade para invocar realidades múltiplas. Embora essa explicação seja adequada, vale a pena aprofundar-nos um pouco mais, revelando uma característica especial das ondas quânticas, que entra em ação quando estão envolvidas muitas partículas.

Para compreender a essência da ideia, o mais fácil é voltar ao experimento da dupla fenda, das figuras 8.2 e 8.4. Lembre-se de que a onda de probabilidade de um elétron encontra a barreira e que dois fragmentos de onda atravessam as fendas e continuam a viajar em direção à tela de detecção. Inspirados por nossa discussão dos Muitos Mundos, poderíamos nos sentir tentados a pensar nas duas ondas assim formadas como representações de realidades separadas. Em uma delas, um elétron passa através da fenda da esquerda e, na outra, um elétron passa pela fenda da direita. Mas você imediatamente se dá conta de que a interpenetração dessas supostas "diferentes realidades" afeta profundamente o resultado do experimento: a interpenetração é a razão pela qual o padrão de interferência se produz. Assim, considerar que as duas trajetórias das ondas existem em universos separados não faz muito sentido, nem produz nenhuma percepção nova.

Mas, se modificamos o experimento e colocamos atrás de cada fenda um medidor que registra se um elétron passa ou não passa através dela, a situação é radicalmente diferente. Uma vez que essa situação envolve a presença de equipamentos macroscópicos, as duas trajetórias diferentes de um elétron geram diferenças para um enorme número de partículas — o enorme número de partículas que estão no mostrador do medidor e que registram "elétron passou pela fenda esquerda" ou "elétron passou pela fenda direita". E, por causa disso, as respectivas ondas de probabilidade para cada possibilidade tornam-se tão diferentes que é virtualmente impossível que elas possam exercer qualquer influência subsequente umas sobre as outras. Assim como na figura 8.16a, as diferenças entre os bilhões e bilhões de partículas nos medidores fazem com que as ondas para os dois resultados se separem uma da outra, sem deixar praticamente nenhuma interseção entre elas. Sem essa interseção, as ondas não produzem nenhum dos fenômenos que caracterizam a interferência na física quântica. Com efeito, com os medidores no lugar, os elétrons já não produzem o padrão de faixas da figura 8.2c. Em vez disso, geram um amálgama simples e sem interferências dos resultados das figuras 8.2a e 8.2b. Os físicos dizem que as ondas de probabilidade sofreram *descoerência** (você pode ler mais detalhes sobre isso, por exemplo, no capítulo 7 de *O tecido do cosmo*).

A questão é, portanto, que, uma vez estabelecida a descoerência, as ondas de cada resultado evoluem independentemente — não há nenhuma mescla entre os diferentes resultados possíveis — e cada uma delas pode, por conseguinte, ser considerada um mundo ou um universo. No caso em pauta, em um dos universos, o elétron passa pela fenda da esquerda e o mostrador mostra a esquerda; no outro universo, o elétron passa pela fenda da direita e o mostrador registra a direita.

Nesse sentido, e apenas nesse sentido, há uma ressonância com Bohr. De acordo com a abordagem dos Muitos Mundos, as coisas grandes, feitas de muitas partículas, diferem efetivamente das coisas pequenas, feitas por uma única partícula ou por um pequeno conjunto delas. As coisas grandes não ficam fora da lei matemática básica da mecânica quântica, como Bohr pensava, mas elas permitem, sim, que as ondas de probabilidade adquiram variações suficientes para que sua capacidade de interferir umas com as outras se torne desprezível. E, se duas ou mais ondas não podem afetar-se mutuamente, elas se tornam mutuamente invisíveis; cada uma "acha" que as outras desapareceram. Assim, embora Bohr tenha eliminado por decreto todos menos um dos resultados de uma medição, a abordagem dos Muitos Mundos, combinada com a descoerência, assegura que, dentro de cada universo, a percepção será que os outros resultados desapareceram. Ou seja, dentro de cada universo, é *como se* a onda de probabilidade tivesse entrado em colapso. Mas, em comparação com a abordagem de Copenhague, esse "como se" produz um quadro muito diferente do âmbito da realidade. De acordo com os Muitos Mundos, todos os resultados, e não apenas um deles, realizam-se.

A INCERTEZA E A VANGUARDA

Este poderia parecer um bom lugar para terminar o capítulo. Vimos como a estrutura matemática essencial da mecânica quântica nos leva forçosa-

* No original, *decohered*. O termo inglês *decoherence* é traduzido por "descoerência", e frequentemente formas verbais como *descoere* ou *descoeriu* são usadas coloquialmente. (N. R. T.)

mente a uma nova concepção de universos paralelos. Contudo, você notará que o capítulo ainda tem um bom caminho a percorrer. Nas próximas páginas, explicarei por que a abordagem dos Muitos Mundos permanece controvertida na mecânica quântica. Veremos que a resistência vai muito além do mal-estar que algumas pessoas sentem com relação ao salto conceitual que caracteriza essa perspectiva exótica da realidade. Caso, no entanto, você se sinta saturado e deseje logo passar ao próximo capítulo, aqui está um pequeno resumo.

Na vida cotidiana, as probabilidades entram em nosso pensamento quando deparamos com uma série de possibilidades alternativas, mas, por alguma razão, não conseguimos saber qual delas se concretizará. Por vezes, temos suficiente informação para determinar quais são as possibilidades que apresentam mais chances de realizar-se e o cálculo das probabilidades é o instrumento que permite a quantificação dessa previsão. A confiança em uma abordagem probabilística aumenta quando percebemos que os resultados considerados mais previsíveis acontecem mais vezes e os considerados mais difíceis ocorrem raramente. O desafio enfrentado pela abordagem dos Muitos Mundos é dar sentido às probabilidades — às previsões probabilísticas da mecânica quântica — em um contexto totalmente diferente, que admite a ocorrência de *todos os* resultados possíveis. O dilema é simples de enunciar: Como falar de resultados mais prováveis e menos prováveis quando todos ocorrem?

Nas próximas seções, explicarei essa questão com maior profundidade e discutirei as tentativas de resolvê-la. Atenção: estamos penetrando profundamente na vanguarda das pesquisas, de modo que existem muitas opiniões diferentes, dependendo da posição em que nos encontramos.

UM PROBLEMA PROVÁVEL

Uma crítica que se faz com frequência à abordagem dos Muitos Mundos é que ela é demasiado barroca para ser real. A história da física nos ensina que as teorias bem-sucedidas são simples e elegantes; e explicam os dados com um número mínimo de premissas, ao mesmo tempo que fornecem um conhecimento preciso e econômico. Uma teoria que introduz uma cornucópia inesgotável de universos fica muito distante desse ideal.

Os proponentes dos Muitos Mundos argumentam, com credibilidade, que, ao avaliarmos a complexidade de uma proposta científica, não devemos concentrar a atenção em suas *implicações*. O que importa são as características fundamentais da própria proposta. A abordagem dos Muitos Mundos supõe que uma única equação — a equação de Schrödinger — governa todas as ondas de probabilidade todo o tempo. Em termos de simplicidade de formulação e economia de premissas, ela é difícil de bater. A abordagem de Copenhague certamente não é mais simples. Ela também invoca a equação de Schrödinger, mas inclui igualmente uma instrução mal definida sobre quando devemos "desligar" essa equação e outra instrução ainda menos definida referente ao processo de colapso da onda, que supostamente ocorre. O fato de que a abordagem dos Muitos Mundos leva a um quadro excepcionalmente rico da realidade não deve ser visto necessariamente como algo negativo, assim como a riqueza da diversidade da vida na Terra não deve ser vista como algo negativo com relação à seleção natural de Darwin. Mecanismos essencialmente simples podem produzir consequências bem complexas.

Não obstante, embora isso enfraqueça o uso do argumento da "navalha de Occam"* contra a abordagem dos Muitos Mundos, a pletora de universos que caracteriza a proposta efetivamente causa um problema potencial. Já disse antes que, ao aplicar uma teoria, os físicos têm de contar dois tipos de história — a que descreve a evolução do mundo do ponto de vista matemático e a que liga a matemática a nossas experiências. Mas existe também uma terceira história, que se relaciona às outras duas e que os físicos também devem contar. É a que diz como se chegou a ter confiança em uma determinada teoria. Para a mecânica quântica, a terceira história geralmente é contada assim: a confiança que temos na mecânica quântica provém de seu fenomenal êxito em explicar os dados experimentais. Se um especialista em mecânica quântica usar a teoria para determinar que, ao repetir determinado experimento, teremos a expectativa de que um resultado ocorra, digamos, com uma frequência 9,62 vezes maior do que outro resultado, isso é o que os físicos experimentais veem invariavelmente. Se invertêssemos o sentido, diríamos que, se os resultados não

* Navalha de Occam: princípio lógico atribuído ao filósofo inglês William de Occam (1285-1347), que recomenda que, dadas várias teorias para explicar algo, devemos escolher a que necessita de menos hipóteses. (N. R. T.)

estivessem de acordo com as previsões quânticas, os pesquisadores concluiriam que a mecânica quântica não está certa. Mas, na verdade, como bons cientistas, eles teriam de ser mais cuidadosos. Teriam dito que há dúvidas sobre se a mecânica quântica está certa, mas teriam também feito a observação de que os resultados obtidos não condenam a teoria definitivamente. Mesmo quando se joga uma moeda ao ar mil vezes, podem ocorrer resultados surpreendentes que desafiam as probabilidades. Mas, quanto maior for o desvio, tanto mais se suspeitará de que temos uma moeda viciada. Por outro lado, quanto maiores fossem os desvios experimentais com relação às previsões da mecânica quântica, mais fortes seriam as suspeitas dos físicos experimentais de que a teoria quântica estivesse errada.

É essencial que essa confiança na mecânica quântica pudesse ter sido posta em dúvida pelos dados experimentais. Toda teoria científica proposta, desenvolvida e suficientemente estudada deve nos permitir dizer, pelo menos em princípio, que, se fizermos um determinado experimento e não obtivermos um determinado resultado, nossa crença na teoria diminui. E que, quanto maior for o desvio das observações com relação às previsões, maior também será a perda de credibilidade.

O problema potencial com a abordagem dos Muitos Mundos e a razão pela qual ela permanece controvertida derivam do fato de que ela solapa esse meio de avaliar a credibilidade da mecânica quântica. Eis por quê. Ao jogar ao ar uma moeda, sei que há 50% de chance de que ela produza o resultado "cara" e 50% para o resultado "coroa". Mas essa conclusão está baseada na premissa normal de que o lançamento da moeda produz um resultado único. Se o lançamento da moeda produz cara em um mundo e coroa em outro, e, além disso, se existe, em cada mundo, uma cópia de mim observando o resultado, como dar sentido às probabilidades normais? Haverá alguém que se assemelha exatamente a mim, que tem todas as minhas memórias, que afirma enfaticamente ser eu próprio e que vê o resultado "cara"; e outro ser, igualmente convencido de ser eu próprio, que vê o resultado "coroa". Como ambos os resultados ocorrem — há um Brian Greene que vê cara e um Brian Greene que vê coroa —, a probabilidade normal de que Brian Greene tem chances iguais de ver *ou* cara *ou* coroa simplesmente desaparece.

O mesmo problema aplica-se a um elétron cuja onda de probabilidade circula entre Strawberry Fields e o Túmulo de Grant, como na figura 8.16b.

O raciocínio quântico tradicional diz que você, o físico experimental, tem 50% de chance de encontrar o elétron em qualquer um dos dois locais. Mas na abordagem dos Muitos Mundos ambos os resultados ocorrem. Existe um você que encontrará o elétron em Strawberry Fields e outro você que o encontrará no Túmulo de Grant. Como então dar sentido às previsões probabilísticas tradicionais, que dizem, neste caso, que há chances iguais de obter um resultado *ou* o outro?

A inclinação natural de muitas pessoas, ao defrontar-se pela primeira vez com essa questão, é pensar que, entre os vários vocês da abordagem dos Muitos Mundos, há um que, de algum modo, é mais real do que os demais. Muito embora cada você em cada mundo pareça idêntico e tenha as mesmas memórias, o pensamento usual é que apenas um de todos os seres é *verdadeiramente* você. E, sempre segundo essa linha de raciocínio, é *esse* você que vê um e apenas um resultado, ao qual as previsões probabilísticas se aplicam. Entendo essa reação. Anos atrás, quando ouvi falar pela primeira vez dessas ideias, também a tive. Mas o desenvolvimento desse raciocínio se dá, na verdade, de maneira totalmente oposta à da abordagem dos Muitos Mundos. Os Muitos Mundos praticam uma arquitetura minimalista. As ondas de probabilidade simplesmente evoluem de acordo com a equação de Schrödinger. Essa é a única regra. Imaginar que um dos vocês é você "de verdade" equivale a introduzir pela porta dos fundos algo semelhante à interpretação de Copenhague. O colapso das ondas na abordagem de Copenhague é uma maneira bruta de considerar real um e apenas um dos resultados possíveis. Se, na abordagem dos Muitos Mundos, você imaginar que um e apenas um dentre os múltiplos vocês é você *de verdade*, você estará fazendo a mesma coisa, com a diferença de que estaria agindo de um modo um pouco mais discreto. Essa opção eliminaria a própria razão pela qual o esquema dos Muitos Mundos foi arguido. Os Muitos Mundos surgiram em consequência da tentativa de Everett de resolver os problemas de Copenhague e sua estratégia foi não invocar nada mais do que a amplamente testada equação de Schrödinger.

Essa constatação mostra um ângulo preocupante da abordagem dos Muitos Mundos. Temos confiança na mecânica quântica porque os experimentos confirmam suas previsões probabilísticas. Mas, na abordagem dos Muitos Mundos, é difícil até mesmo perceber que papel têm as probabilidades. Como então poderíamos contar a história do terceiro tipo, a história que deveria dar a base para nossa confiança no esquema dos Muitos Mundos? Esse é o dilema.

Pensando bem, não é surpreendente que nos tenhamos chocado contra esse muro. Não existe nada que seja fortuito na abordagem dos Muitos Mundos. As ondas simplesmente evoluem de uma forma para outra da maneira que a equação de Schrödinger descreve, completa e deterministicamente. Não se jogam dados e não se giram roletas. Em contraste, na abordagem de Copenhague, as probabilidades entram por meio do colapso da onda, vagamente definido e induzido pelas medições (também aqui, quanto maior for o valor da onda em um local determinado, tanto maior será a probabilidade de que seu colapso coloque a partícula nesse local). Esse é o ponto da abordagem de Copenhague em que o "jogo de dados" entra em ação. Mas como a abordagem dos Muitos Mundos abandona o colapso, abandona também o ponto de entrada tradicional das probabilidades.

Existe, então, um lugar para as probabilidades na abordagem dos Muitos Mundos?

AS PROBABILIDADES E OS MUITOS MUNDOS

Com certeza, Everett pensou que sim. O texto básico de sua tese, de 1956, assim como a versão truncada de 1957, dedicava-se a explicar como incorporar as probabilidades à abordagem dos Muitos Mundos. Mas cinquenta anos depois o debate prossegue. Entre os físicos e filósofos que passaram a vida refletindo sobre o problema, há uma ampla variedade de opiniões sobre se, e como, os Muitos Mundos e as probabilidades podem conviver. Alguns argumentam que o problema é insolúvel, razão por que a abordagem dos Muitos Mundos deve ser descartada. Outros ponderam que as probabilidades, ou, pelo menos, algo que se apresenta como probabilidade, podem ser efetivamente incorporadas.

A proposta original de Everett dá um bom exemplo dos pontos difíceis que surgem daí. Em ambientes cotidianos, invocamos a probabilidade porque nosso conhecimento é geralmente incompleto. Se, quando uma moeda é jogada ao ar, conhecêssemos detalhes suficientes (as dimensões e o peso precisos da moeda, a maneira precisa como ela foi lançada, e assim por diante), poderíamos prever o resultado. Mas, como em geral não dispomos dessas informações, recorremos às probabilidades. Um raciocínio semelhante aplica-se ao clima, à loteria e a todos os demais exemplos familiares em que a probabilidade tem um papel: consideramos os resultados incertos apenas porque nosso conhecimento de cada situação é incompleto. Everett argumentou que as probabilidades abrem o caminho da abordagem dos Muitos Mundos em virtude do aparecimento de uma ignorância análoga, de uma fonte inteiramente diferente. Cada um dos habitantes dos Muitos Mundos só tem acesso a seu próprio mundo e não tem nenhuma experiência com relação aos demais. Everett pondera que uma perspectiva assim tão limitada vem acompanhada de uma infusão de probabilidades.

Para termos uma ideia inicial, deixemos de lado, por um momento, a mecânica quântica e consideremos uma analogia imperfeita, mas útil. Imagine que habitantes do planeta Zaxtar conseguiram construir uma máquina de fazer clonagens capaz de fazer cópias idênticas de você próprio, de mim e de qualquer pessoa. Se você entrasse na máquina, quando você e seu clone saíssem, cada um estaria absolutamente convencido de ser o verdadeiro você e ambos estariam certos. Os zaxtarianos adoram submeter formas de vida menos inteligentes a dilemas existenciais. Assim, eles se deslocam até a Terra, com sua característica rapidez, e lhe fazem uma oferta: nessa mesma noite, ao dormir, você será conduzido com todo cuidado à máquina de clonar. Cinco minutos depois, dois vocês serão conduzidos com todo cuidado para fora da máquina. Quando um dos dois vocês despertar, a vida seguirá normal — exceto pelo fato de que você terá direito à realização de um desejo de sua escolha. Quando o outro você acordar, a vida não seguirá normal. Você será escoltado a uma câmara de torturas em Zaxtar, de onde nunca mais sairá. E não, o outro você não terá direito à realização do desejo de que você seja solto. Você aceitaria a oferta?

Para a maior parte das pessoas, a resposta é não. Como ambos os clones *são* real e verdadeiramente você, aceitar a oferta seria uma garantia de que um de seus eus estará submetido a uma vida de tormentos. Evidentemente, haverá também outro você que despertará para sua vida normal, tornada mais interessante pelo poder ilimitado de um desejo arbitrário. Mas, para você em Zaxtar, a única realidade será a tortura. O preço é alto demais.

Já temendo sua relutância, os zaxtarianos modificam a oferta. As condições são as mesmas, mas agora haverá 1 milhão de cópias de você. Um milhão de vocês despertarão em 1 milhão de Terras idênticas à nossa, com o poder de realizar um desejo. E um deles receberá a tortura zaxtariana. Você aceitaria? A essa altura, você começa a vacilar. "A probabilidade de que *eu* não acabe em Zaxtar", você pensa, "e continue aqui mesmo e com um desejo satisfeito parece muito boa."

Essa última intuição é particularmente relevante para a abordagem dos Muitos Mundos. Se você considerou probabilidades porque imagina que apenas um dentro do milhão de clones é o "verdadeiro" você, é porque você não compreendeu completamente o cenário. Cada clone *é* você. Há 100% de certeza de que um dos vocês estará condenado a um futuro insuportável. Se a razão apresentada foi, de fato, o que o levou a pensar em termos de probabilidades, você precisa esquecer essa ideia. Mas as probabilidades podem ter lhe ocorrido por uma razão mais requintada. Imagine que você acaba de concordar com a oferta zaxtariana e agora está pensando em como será acordar amanhã de manhã. Encolhido sob o cobertor, recém-recobrada a consciência, mas ainda sem abrir os olhos, você recordará a oferta de Zaxtar. Inicialmente, ela parecerá um pesadelo particularmente vívido, mas, quando seu coração começar a apresentar taquicardia, você reconhecerá a realidade — que um milhão e uma cópias de você estão no processo de despertar, que um de vocês está destinado a ir para Zaxtar e todos os outros estão a ponto de receber um dom extraordinário. "Qual é a probabilidade", você se pergunta nervosamente, "de que, ao abrir os olhos, eu me veja indo para Zaxtar?"

Antes da clonagem, não havia um modo razoável de avaliar a probabilidade de que você estivesse a caminho de Zaxtar. Existe uma certeza absoluta de que um exemplar de você o fará, o que mostra o vigor dessa possibilidade. Mas depois da clonagem a situação parece diferente. Cada clone se vê como o você real. Na verdade, cada um *é* o você real. Mas cada exemplar de você é também um indivíduo autônomo que pode fazer perguntas a respeito de seu próprio futuro. Cada uma das um milhão e uma cópias de você pode fazer a pergunta a respeito da probabilidade de ir para Zaxtar. E, como todos sabem que só um dentre o milhão e um encontrará esse resultado ao despertar, todos avaliarão que a chance de ser exatamente esse indivíduo é baixa. Ao despertar, 1 milhão dentre todos verão sua expectativa positiva confirmada — e um verá o contrário. Portanto, embora não haja nada incerto, nada fortuito e nada probabilístico no cenário de Zaxtar — repetindo: não se jogam dados nem se giram roletas —, de algum modo as probabilidade parecem entrar em cena.

Elas o fazem por meio da ignorância subjetiva experimentada por cada exemplar de você com relação ao destino que lhe caberá.

Isso sugere uma maneira de introduzir as probabilidades na abordagem dos Muitos Mundos. Antes de efetuar determinado experimento, você se parece muito com seu eu antes da clonagem. Você contempla todos os resultados permitidos pela mecânica quântica e verifica que há uma certeza de 100% de que cada um dos resultados será visto por alguma cópia de você. Não há nada que seja fortuito. Você faz, então, o experimento. Nesse ponto, tal como no cenário zaxtariano, apresenta-se uma noção de probabilidade. Cada cópia de você é um ser consciente e independente, capaz de preocupar-se a respeito de em que mundo estará; ou seja, a respeito das possibilidades de que, quando se conhecerem os resultados do experimento, cada cópia de você veja este ou aquele resultado específico. As probabilidades entram por meio da experiência subjetiva de cada um.

A abordagem de Everett, que ele descreveu como "objetivamente determinista" e na qual as probabilidades "reaparecem no nível subjetivo", tem uma ressonância com essa estratégia. E ele ficou entusiasmado com isso. Como ele próprio notou no rascunho de sua dissertação, em 1956, o esquema de trabalho oferecia a possibilidade de conjugar a posição de Einstein (famoso por crer que uma teoria fundamental da física não deve envolver a probabilidade) com a posição de Bohr (que estava perfeitamente feliz com uma teoria que assim o fizesse). Segundo Everett, a abordagem dos Muitos Mundos acomodava ambas as posições, reduzindo a diferença entre elas a uma simples questão de perspectiva. A perspectiva de Einstein é a da matemática, na qual a grande onda de probabilidade de todas as partículas evolui impassivelmente de acordo com a equação de Schrödinger, sem nenhum lugar para os aspectos fortuitos.* Gosto de pensar em Einstein flutuando acima dos muitos mundos dos Muitos Mundos, observando a equação de Schrödinger determinar como o panorama inteiro se desenvolverá, e concluindo, com alegria, que, embora a mecânica quântica esteja correta, Deus *não* joga dados. A perspectiva de Bohr é a do habitante de um desses mundos, também feliz,

* A perspectiva não fortuita é um forte argumento em favor de abandonar a terminologia coloquial que venho empregando, "onda de probabilidade", em troca da expressão técnica, "função de onda".

usando as probabilidades para explicar, com estupenda precisão, as observações às quais sua perspectiva limitada dá acesso.

É uma imagem cativante — Einstein e Bohr de acordo sobre a mecânica quântica. Há, no entanto, detalhes irritantes, que por mais de cinquenta anos têm levado muitos a refrear sua concordância. Os que estudaram a tese de Everett em geral estão de acordo em que sua intenção era clara — uma teoria determinista, que, contudo, apresenta-se como probabilística aos próprios habitantes —, mas ele não conseguiu ser suficientemente convincente a respeito de como construí-la. Em consonância com a ideia geral do material focalizado no capítulo 7, por exemplo, Everett tentou determinar o que um habitante "típico" dos muitos mundos observaria em um experimento qualquer. Mas (ao contrário da abordagem que adotamos no capítulo 7) na abordagem dos Muitos Mundos os habitantes que devemos considerar são todos a mesma pessoa. Se você for o físico experimental, todos eles são você e coletivamente eles verão um conjunto de resultados diferentes. Quem é, então, o você "típico"?

Usando a inspiração do cenário de Zaxtar, uma sugestão natural seria contar o número de cópias de você que verá um determinado resultado. O

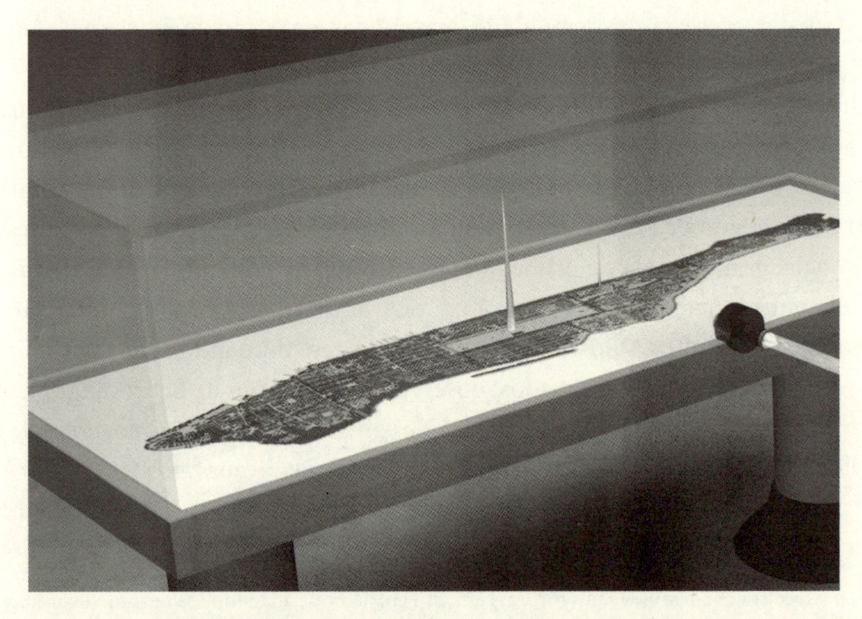

Figura 8.17. *A onda de probabilidade combinada para você e seu aparelho encontra uma onda de probabilidade que tem múltiplas agulhas de diferentes magnitudes.*

resultado observado pelo maior número de vocês seria então considerado típico. De um modo mais quantitativo, pode-se definir a probabilidade de um resultado como proporcional ao número de vocês que o testemunharam. Para exemplos simples, isso funciona: na figura 8.16, há sempre um de vocês que vê a realização de cada resultado, de modo que você deduz que a probabilidade de ver um resultado ou o outro é de 50%. Está bem; a previsão usual da mecânica quântica também é 50:50, porque a altura da onda de probabilidade é igual nos dois locais.

Consideremos, porém, uma situação mais genérica, como a da figura 8.17, na qual as alturas da onda de probabilidade são desiguais. Se a onda for cem vezes mais alta em Strawberry Fields do que no Túmulo de Grant, a mecânica quântica predirá que você tem cem vezes mais chances de encontrar o elétron em Strawberry Fields do que no Túmulo de Grant. Mas na abordagem dos Muitos Mundos sua medição gera um você que vê Strawberry Fields e outro você que vê o Túmulo de Grant. A probabilidade baseada na contagem do número de vocês é sempre 50:50 — que é o resultado errado. A razão do desencontro é clara: o número de vocês que vê um resultado ou o outro é determinado pelo número das agulhas da onda de probabilidade; mas as probabilidades da mecânica quântica são determinadas não pelo número das agulhas, e sim por suas respectivas alturas. E essas previsões, as previsões da mecânica quântica, são aquelas que os experimentos confirmam da maneira mais convincente.

Everett desenvolveu um argumento matemático destinado a resolver esse desencontro. Muitos outros cientistas o desenvolveram posteriormente.[9] Em linhas gerais, a ideia é que, ao calcular as probabilidades de testemunhar um resultado ou o outro, deveríamos atribuir pesos menores aos universos cujas ondas de probabilidade sejam mais baixas, como representado simbolicamente na figura 8.18. Mas isso nos deixa perplexos. E é controvertido. O universo em que você vê o elétron localizado em Strawberry Fields por acaso é cem vezes mais genuíno? Ou cem vezes mais provável? Ou cem vezes mais relevante do que o universo em que você vê o elétron no Túmulo de Grant? Esse tipo de sugestão certamente pode criar tensões com a premissa de que todos os universos são igualmente reais.

Depois de mais de cinquenta anos, durante os quais destacados cientistas revisitaram, revisaram e ampliaram a argumentação de Everett, muitos creem que os puzzles persistem. Permanece, contudo, a sedução de imaginar que a abordagem dos Muitos Mundos, matematicamente simples, totalmente despojada e profundamente revolucionária, produz as previsões probabilísticas que formam a base da teoria quântica. Isso tem inspirado muitas outras ideias favoráveis a uma associação entre as probabilidades e os Muitos Mundos, que vão além dos raciocínios de tipo zaxtariano.[10]

Uma proposta de envergadura provém de um destacado grupo de pesquisadores de Oxford, que inclui, entre outros, David Deutsch, Simon Saunders, David Wallace e Hilary Greaves. Eles desenvolveram uma sofisticada linha de ataque que tem como foco uma questão aparentemente prosaica. Se você gosta de apostar e acredita na abordagem dos Muitos Mundos, qual será a melhor estratégia para apostar em experimentos de mecânica quântica? A resposta, elaborada a partir de argumentos matemáticos, é que você deve apostar exatamente como Niels Bohr teria feito. Ao falar de maximização de lucros, os autores têm em mente algo que teria causado a Bohr um grande susto: eles tratavam de trabalhar com uma média dos múltiplos habitantes do multiverso que afirmam ser você. Mas, mesmo assim, sua conclusão é que os números que Bohr e todos os demais calcularam e definiram como probabilidade são os números que efetivamente devem orientar suas apostas. Ou seja: embora a teoria quântica seja totalmente determinista, os números devem ser tratados *como se fossem* probabilidades.

Algumas pessoas entendem que isso completa o programa de Everett. Outros acham que não.

A falta de consenso sobre a questão crucial de como tratar as probabilidades no contexto da abordagem dos Muitos Mundos não chega a ser inesperada. As análises são altamente técnicas e também se referem a um tópico — as probabilidades — que é reconhecidamente problemático, mesmo fora do âmbito da teoria quântica. Quando você joga um dado, todos estamos de acordo em que você tem uma chance em seis de que saia o número três e, em consequência, prevemos que depois de, digamos, 1200 vezes o número três sairá cerca de duzentas vezes. Mas, uma vez que é possível, e na verdade provável, que o número de vezes em que o três sai desvie-se um pouco de exatos duzentos, qual é o verdadeiro significado da previsão? Queremos dizer que é altamente provável que em uma sexta parte dos resultados aparecerá a número três, mas, se o fizermos, estaremos definindo a probabilidade de que saia o três

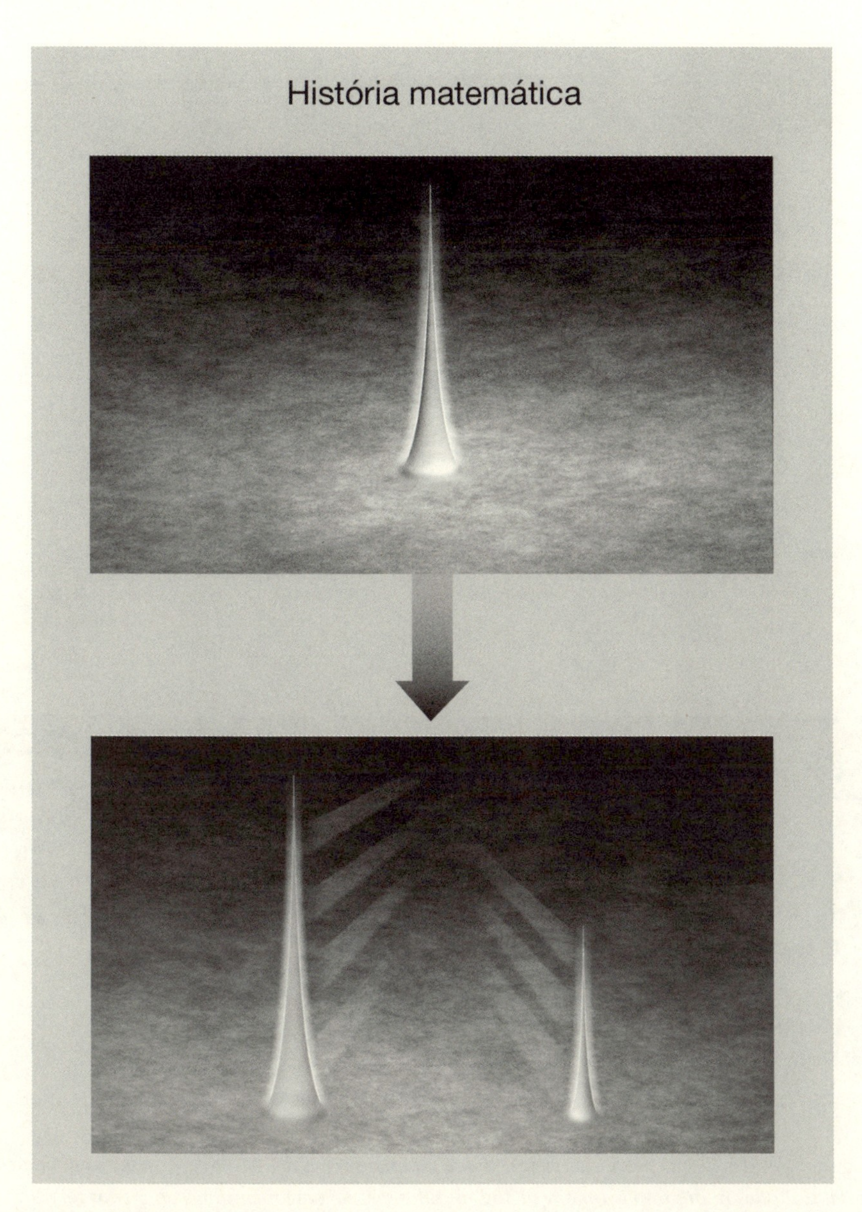

Figura 8.18. (a) *Ilustração esquemática da evolução, ditada pela equação de Schrödinger, da onda de probabilidade combinada para todas as partículas que compõem seu corpo e o aparelho de medição, quando se mede a posição de um elétron. A onda de probabilidade do elétron tem duas agulhas em dois locais diferentes, com alturas diferentes.*

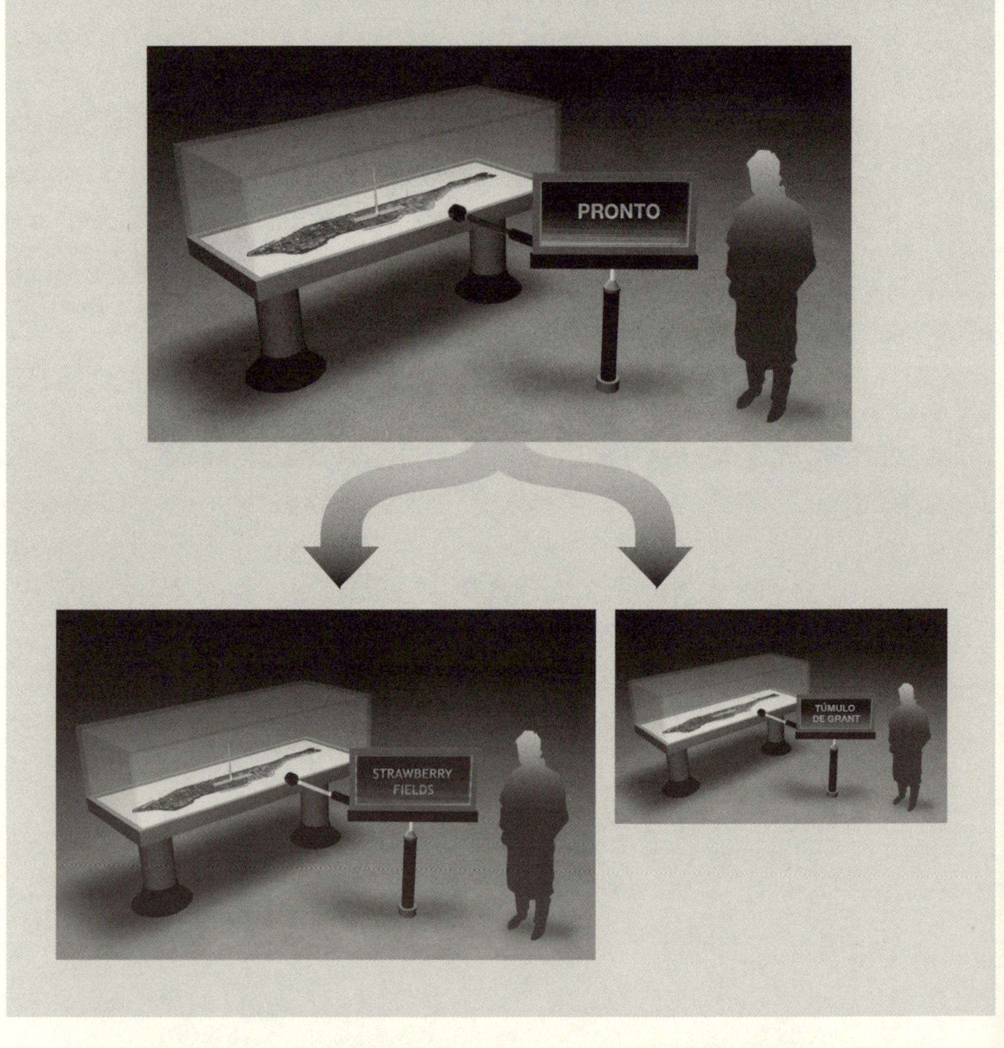

Figura 8.18. (b) *Certas propostas sugerem que na abordagem dos Muitos Mundos as diferenças nas alturas das ondas implicam que alguns mundos sejam menos genuínos, ou menos relevantes, do que outros. Existem controvérsias a respeito de qual seria o significado disso.*

invocando o próprio conceito de probabilidade. Estaríamos andando em um círculo. Essa é apenas uma pequena amostra de como as questões, além de sua complexidade matemática intrínseca, são escorregadias do ponto de vista conceitual. Se você ainda acrescentar ao bolo a confusão de diferentes "vocês", em vez de uma só pessoa, que é uma característica dos Muitos Mundos, compreendemos por que os pesquisadores têm tantas reservas e pontos de divergência. Tenho poucas dúvidas de que a clareza total um dia se estabelecerá, mas isso não será agora e talvez tampouco ocorra no futuro próximo.

PREVISÃO E COMPREENSÃO

Apesar de todas essas controvérsias, a mecânica quântica continua a ser tão bem-sucedida quanto qualquer teoria na história das ideias. A razão, como vimos, é que, para os tipos de experimentos que se fazem em laboratórios e para muitas das observações que fazemos a respeito de processos astrofísicos, temos um "algoritmo quântico" que gera previsões testáveis. Use a equação de Schrödinger para calcular a evolução das ondas de probabilidade relevantes, e use estes resultados — as diferentes alturas das ondas — para prever as probabilidades de encontrar um ou outro resultado. No que concerne às previsões, saber por que o algoritmo funciona — se a onda entra em colapso ao ser medida, ou se todas as possibilidades se realizam em diferentes universos, ou se algum outro processo entra em funcionamento — é secundário. Há físicos que argumentam que até mesmo o ato de conferir o título de secundária a essa questão já é dar-lhe demasiada importância. Na opinião deles, a física limita-se *exclusivamente* a fazer previsões e, contanto que as diferentes abordagens não afetem essas previsões, não deveríamos preocupar-nos com qual delas seria, em última análise, a correta. Ofereço três ponderações a esse respeito.

Em primeiro lugar, além de fazer previsões, as teorias físicas têm de ser matematicamente coerentes. A abordagem de Copenhague é um belo esforço, mas não chega a satisfazer esse requisito: no momento crítico da observação, ela se recolhe em um silêncio matemático. Essa é uma omissão substancial. A abordagem dos Muitos Mundos visa a superá-la.[11]

Em segundo lugar, em certas situações as previsões da abordagem dos Muitos Mundos *seriam* diferentes das da abordagem de Copenhague. Do ponto de vista de Copenhague, o processo de colapso levaria a que a onda da figura 8.16a tivesse uma só agulha. Assim, se você pudesse fazer com que as duas ondas descritas na figura — que representam situações macroscopicamente diferentes — interferissem uma com a outra, gerando um padrão similar ao da figura 8.2c, estaria demonstrado que o hipotético colapso da onda não teria acontecido. Em virtude da descoerência, como já discutimos, fazer isso é uma tarefa extraordinariamente complexa, mas, pelo menos do ponto de vista teórico, a abordagem dos Muitos Mundos e a de Copenhague propiciam previsões diferentes.[12] Este é um importante ponto de princípio. As abordagens de Copenhague e dos Muitos Mundos são comumente consideradas diferentes "interpretações" da mecânica quântica. A linguagem não é correta. Se as duas abordagens podem gerar previsões diferentes, não se pode considerá-las simplesmente interpretações. Na prática, se pode e se faz. Mas a terminologia não é correta.

Em terceiro lugar, a física não se limita a fazer previsões. Se algum dia encontrássemos uma caixa-preta que nos desse sempre a previsão correta dos resultados de nossos experimentos, na física de partículas ou em nossas observações astronômicas, nem mesmo isso poria fim às perguntas e às pesquisas. Existe uma diferença entre *fazer* previsões e *compreendê-las*. A beleza da física, sua razão de ser, está no fato de que ela oferece percepções sobre *por que* as coisas do universo ocorrem da maneira que ocorrem. A capacidade de prever o comportamento é um aspecto sumamente importante do poder da física, mas o coração da física se perderia se ela não nos proporcionasse a compreensão mais profunda da realidade oculta subjacente ao que podemos observar. E, se a abordagem dos Muitos Mundos estiver correta, nosso compromisso irremovível com a compreensão das previsões terá descoberto uma realidade verdadeiramente espetacular. Não espero que, durante meu tempo de vida, venha a ocorrer um consenso teórico ou experimental a respeito de qual é a versão da realidade — um universo único, um multiverso, ou algo inteiramente diferente — a que a mecânica quântica se refere. Mas tenho poucas dúvidas de que as gerações futuras verão nosso trabalho nos séculos XX e XXI como o que estabeleceu, com nobreza, as bases do que por fim surgirá.

9. Buracos negros e hologramas
O multiverso holográfico

Platão comparou nossa visão do mundo à de um ancestral pré-histórico em uma caverna, que via apenas o movimento das sombras que se projetavam nas paredes de pedra. Ele considerava que nossa percepção era apenas um tênue indício de uma realidade muito mais rica, que nos parece imprecisa e inalcançável. Dois milênios depois, parece que a caverna de Platão é mais do que uma metáfora. Virando a ideia platônica de cabeça para baixo, pode ser que a realidade — e não sua sombra — tenha lugar em uma distante superfície de contorno, enquanto tudo o que observamos nas três dimensões espaciais conhecidas é uma projeção do que lá acontece. Ou seja: a realidade pode ser como um holograma. Ou, melhor, como um filme holográfico.

O *princípio holográfico* talvez seja o mais estranho dos candidatos à formação de mundos paralelos. Ele supõe que tudo o que constitui nossa experiência pode ser descrito, de maneira completa e equivalente, como acontecimentos que ocorrem em um local tênue e remoto. Ele diz que, se pudermos compreender as leis que controlam a física nessa superfície distante, assim como o modo pelo qual os fenômenos que lá ocorrem ligam-se às experiências que aqui vivemos, conheceremos tudo o que se pode saber sobre a realidade. Essa versão do mundo das sombras de Platão — uma encapsulação dos fenômenos cotidianos, paralela, mas totalmente estranha a nós — seria a realidade.

A viagem no rumo dessa possibilidade particular combina desenvolvimentos extensos, profundos e remotos — insights derivados da relatividade geral; das pesquisas sobre buracos negros; da termodinâmica; da mecânica quântica; e, mais recentemente, da teoria de cordas. O fio que une essas áreas diversas é a natureza da informação em um universo quântico.

INFORMAÇÃO

John Wheeler tinha a capacidade de descobrir e orientar os jovens cientistas mais talentosos de todo o mundo (além de Hugh Everett, os alunos de Wheeler incluíram Richard Feynman, Kip Thorne e, como veremos em breve, Jacob Bekenstein). Além disso, ele também tinha uma incrível capacidade de identificar temas cuja exploração teria o poder de alterar os paradigmas fundamentais com que acompanhamos os acontecimentos da natureza. Durante um almoço que tivemos em Princeton, em 1998, perguntei-lhe qual seria, em sua opinião, o tema dominante da física nas décadas seguintes. Wheeler abaixou a cabeça, como já fizera várias vezes naquele dia, como se o esforço de sustentar seu pesado cérebro lhe fosse ficando excessivo. A duração de seu silêncio deixou-me, por um momento, pensando que talvez ele não quisesse responder ou que, quem sabe, houvesse esquecido a pergunta. Então ele reergueu vagarosamente os olhos e disse: "Informação".

Não fiquei surpreso. Já havia algum tempo, Wheeler vinha defendendo um ponto de vista sobre as leis da física muito diferente daquilo que os físicos jovens aprendem nos livros-textos usuais de seu currículo. Tradicionalmente, a física coloca o foco sobre as *coisas* — planetas, pedras, átomos, partículas, campos — e investiga as forças que afetam seu comportamento e comandam as interações por que elas passam. Wheeler sugeria que as *coisas* — matéria e radiação — deveriam ser vistas como secundárias, como veículos de uma entidade mais abstrata e fundamental: a informação. Não que Wheeler estivesse afirmando que a matéria e a radiação fossem, de algum modo, ilusórias. Ao contrário, ele argumentava que elas deveriam ser vistas como manifestações materiais de algo mais básico. Ele acreditava que a informação — onde está a partícula, quais são as características de seu spin, se sua carga é positiva ou negativa e assim por diante — forma um núcleo irredutível que está no cerne da realidade. A informação é consubstanciada em partículas reais, que ocupam posições reais e têm cargas e spins bem definidos. É como a realização de um plano arquitetônico para a construção de um edifício. A informação fundamental está no plano. O edifício é apenas a realização física da informação contida no projeto arquitetônico.

A partir dessa perspectiva, o universo pode ser concebido como um processador de informações. Ele toma as informações referentes ao estado das coisas em um determinado momento e produz informações que delineiam o estado das coisas no momento seguinte e nos momentos seguintes a esse. Nossos sentidos tomam conhecimento desse processamento ao detectar as mudanças físicas sofridas pelo ambiente com o tempo. Mas o ambiente físico por si só é emergente. Ele deriva do ingrediente fundamental, a informação, e evolui de acordo com regras fundamentais — as leis da física.

Não sei se essa visão da física, com base em uma teoria da informação, alcançará a dominância prevista por Wheeler. Mas recentemente, graças ao trabalho de físicos como Gerard 't Hooft e Leonard Susskind, vem ocorrendo uma alteração decisiva no pensamento, decorrente de questões suscitadas pela informação em um contexto particularmente exótico: os buracos negros.

BURACOS NEGROS

Antes de completar-se um ano da publicação da relatividade geral, o astrônomo alemão Karl Schwarzschild encontrou a primeira solução exata para as equações de Einstein, um resultado que determinou a forma do espaço e do tempo nas proximidades de um corpo esférico de grande massa, como uma estrela ou um planeta. É digno de nota que Schwarzschild encontrou sua solução quando calculava trajetórias de artilharia na frente russa da Primeira Guerra Mundial. Também é notável que ele tenha superado o mestre em seu próprio campo de ação: até aquele momento, Einstein só encontrara soluções aproximadas para as equações da relatividade geral. Impressionado, Einstein divulgou a realização de Schwarzschild apresentando seu trabalho perante a Academia da Prússia, mas nessa ocasião ele não atinou com o ponto que viria a tornar-se a herança mais significativa de Schwarzschild.

A solução de Schwarzschild revela que corpos familiares como o Sol e a Terra produzem uma modesta curvatura, uma leve depressão na cama elástica normalmente plana do espaço-tempo. Ela se combinava bem com os resultados aproximados que Einstein já conseguira obter, mas, ao dispensar as aproximações, Schwarzschild podia avançar mais. Sua solução exata revelou algo extraordinário: se uma esfera suficientemente pequena contiver uma quantidade de massa suficientemente grande, ocorrerá a formação de um abismo gravitacional — a curvatura do espaço-tempo se tornará tão extrema que qualquer coisa que se aproxime demasiado ficará retida. E, como "qualquer coisa" inclui a luz, essa região toda terá uma aparência negra, característica que inspirou o nome inicial de "estrela escura". A curvatura extrema também fará com que o passar do tempo se reduza a zero no limiar da estrela, o que levou à criação de outro nome primevo: "estrela congelada". Meio século depois, Wheeler, quase tão bom em marketing quanto em física, popularizou essas estrelas, na comunidade física e para o público em geral, com um nome novo e mais memorável: buraco negro. O nome pegou.

Quando Einstein leu o trabalho de Schwarzschild, concordou com a matemática aplicada às estrelas e aos planetas comuns. Mas, quanto ao que hoje chamamos de buraco negro, ele não viu sentido. Naqueles dias, entender a complicada matemática da relatividade geral era um desafio até mesmo para Einstein. A compreensão atual que temos dos buracos negros ainda estava a décadas de distância e a intensidade da curvatura do espaço prevista por Schwarzschild, ainda que com base nas próprias equações de Einstein, pareceu-lhe demasiado radical para ser verdadeira. Assim como ele resistiu, poucos anos depois, à ideia de que o cosmo estivesse em expansão, Einstein recusou-se a crer que tais configurações extremas da matéria pudessem ser mais do que manipulações matemáticas (ainda que baseadas em suas próprias equações) malucas.[1]

Quando se veem os números envolvidos, é fácil chegar a uma conclusão similar. Para que uma estrela com a massa do Sol se transformasse em um buraco negro, ela teria de ser comprimida até alcançar um diâmetro de três quilômetros. Um corpo com a massa da Terra só se tornaria um buraco negro se fosse comprimido a um diâmetro de um centímetro. A ideia de que a matéria possa alcançar níveis tão extremos de concentração parece simplesmente ridícula. Contudo, nas décadas posteriores, os astrônomos reuniram dados observacionais contundentes no sentido de que os buracos negros não só são reais, como abundantes. Há um amplo consenso quanto a que muitas galáxias são alimentadas por um enorme buraco negro em seu centro. Acredita-se que nossa própria Via Láctea gira em torno de um buraco negro cuja massa corresponde à de cerca de 3 milhões de estrelas como o Sol. Há até mesmo a possibilidade, como vimos no capítulo 4, de que o Grande Colisor de Hádrons venha a produzir buracos negros mínimos concentrando a massa (e a energia) de prótons que colidem com violência em um volume tão pequeno que o resultado de Schwarzschild também aí se aplicaria, embora em escalas microscópicas. Os buracos negros são extraordinários emblemas do poder que tem a matemática para iluminar os pontos escuros do cosmo, até transformá-los em magníficos pontos de referência.

Além de serem uma benesse para a astronomia observacional, os buracos negros também têm sido uma fértil fonte de inspiração para as pesquisas teóricas ao proporcionar um parque de diversões matemático no qual os físicos podem entreter-se, esticando ideias até seu limite e fazendo explorações em um dos ambientes mais exóticos da natureza. Em um exemplo bem ilustrativo, Wheeler, no início da década de 1970, percebeu que a venerável segunda lei da termodinâmica — estrela-guia, por mais de cem anos, da compreensão das interações entre energia, trabalho e calor —, quando considerada nas proximidades de um buraco negro, parece perder o sentido. O pensamento renovador de um jovem aluno de Wheeler, Jacob Bekenstein, veio em socorro dela e, ao fazê-lo, plantou a semente da proposta holográfica.

A SEGUNDA LEI

A máxima "Quanto menor, melhor" toma muitas formas diferentes: "Vamos ao sumário executivo"; "Só quero os fatos"; "Informação demais". Essas expressões são comuns porque nós, a cada momento e a cada dia, somos bombardeados com informações. Felizmente, na maioria dos casos, nossos sentidos desprezam detalhes e concentram-se no que realmente importa. Se eu estiver na savana africana e topar com um leão, não vou querer saber sobre o movimento de cada fóton que seu corpo reflete. Seria realmente informação demais. Sobre esses fótons, só quero saber sobre certos padrões muito específicos: os que meus olhos registram automaticamente e meu cérebro decifra com rapidez. O leão está se aproximando de mim? Ele está em posição de salto? Se eu dispuser de um catálogo de todos os fótons refletidos por ele a cada momento, sem dúvida terei todos os detalhes. Mas não terei a compreensão. Se eu souber menos, sem dúvida saberei muito mais.

Considerações semelhantes a essas têm um papel essencial na física teórica. Por vezes, desejamos conhecer todos os detalhes microscópicos de um sistema que estamos estudando. Ao longo do túnel de 27 quilômetros do Grande Colisor de Hádrons, onde as partículas são conduzidas de maneira a entrarem em colisões frontais, os cientistas colocaram enormes detectores capazes de seguir com precisão extrema os movimentos dos fragmentos produzidos pelos choques. Os dados essenciais para que investiguemos as leis fundamentais da física das partículas são tão detalhados que um ano de trabalho corresponderia a uma pilha de DVDs cinquenta vezes mais alta do que o Empire State Building. Mas na própria física existem outras situações, como a do encontro repentino com o leão, em que esse nível de detalhe ofuscaria a percepção, em vez de facilitá-la. Um ramo da física do século XIX chamado *termodinâmica*, ou *mecânica estatística*, em sua encarnação mais moderna, focaliza esses sistemas. O motor a vapor, a inovação tecnológica que impulsionou a termodinâmica — e a própria revolução industrial — é um bom exemplo.

O cerne de uma máquina a vapor é uma caldeira de vapor d'água cujo conteúdo, ao ser aquecido, expande-se e causa o deslocamento de um pistom, e ao resfriar-se contrai-se, fazendo o pistom retornar à posição inicial, para dar começo a um novo ciclo. No final do século XIX e no começo do século XX, cientistas investigaram os fundamentos moleculares da matéria, que proporcionam, entre outras coisas, uma descrição microscópica da ação do vapor. Quando o vapor se aquece, suas moléculas de H_2O ganham velocidade crescente e se dirigem à base do pistom. Quanto mais aquecidas elas estiverem, maiores serão sua velocidade e seu empuxo. Um fator simples mas essencial para a termodinâmica é que, para compreender a força do vapor, não precisamos conhecer os detalhes relativos às moléculas específicas, como sua velocidade, seu momento exato e a posição que ocupam quando atingem o pistom. Se você me der uma lista com bilhões e bilhões de trajetórias moleculares, ficarei olhando para você com o mesmo ar impassível com que veria a lista dos fótons refletidos pelo corpo do leão. Para conhecer o empuxo do pistom, basta conhecer o número médio das moléculas que o atingirão em um determinado intervalo de tempo e sua velocidade média no momento em que o fazem.

Esses dados são muito mais gerais, mas é exatamente dessa informação seletiva que necessitamos.

Ao desenvolver métodos matemáticos para o sacrifício sistemático dos detalhes em favor desse entendimento em um nível superior de agregação, os físicos aperfeiçoaram um amplo leque de técnicas e diversos conceitos eficazes. Um destes, com que cruzamos em capítulos anteriores, é a *entropia*. O conceito de entropia foi introduzido em meados do século XIX com o propósito de quantificar a dissipação de energia nos motores a combustão. A visão moderna do conceito, que surgiu a partir do trabalho de Ludwig Boltzmann, na década de 1870, é que a entropia propicia uma caracterização do grau de organização, ou arranjo, que os componentes de um determinado sistema devem ter para que o próprio sistema mantenha sua aparência normal.

Para ter uma ideia, imagine que Felix está em polvorosa porque acha que o apartamento que ele divide com Oscar foi revistado.* "Fomos revistados!", ele diz a Oscar. E este tenta dissuadi-lo, achando que Felix está tendo um de seus pequenos ataques. Para ilustrar sua opinião, Oscar abre a porta de seu quarto e mostra todas as roupas espalhadas, caixas de pizza e latas de cerveja amassadas que estão por toda parte. "Está vendo?", ele retruca; "Tudo está como sempre esteve." Mas Felix não muda de ideia. "Claro! Quando alguém revista um chiqueiro, fica tudo do mesmo jeito. Mas dê uma olhada em meu quarto." Felix entra e abre gavetas, mas Oscar debocha: "Revistado! — tudo está mais organizado do que caderno de melhor aluno". "Organizado, sim. Mas os espiões deixaram pistas. Veja minhas vitaminas, não estão na ordem certa, com os vidros maiores à esquerda. E minha coleção das obras de Shakespeare não está em ordem alfabética. Olhe bem para isto — minhas meias! Meias pretas na caixa das meias azuis! Fomos revistados, sim, senhor! Obviamente fomos revistados!"

Deixando de lado a histeria de Felix, o cenário torna claro um ponto simples, mas essencial. Quando algo está em estado altamente desordenado, como o quarto de Oscar, muitos rearranjos possíveis de seus componentes não trazem modificação à aparência geral. Se você pegar as 26 camisas amarrotadas que estão na cama, no chão e na cadeira e colocá-las em outros lugares do

* Referência aos personagens Felix (organizado) e Oscar (bagunceiro) da peça e do filme *Um estranho casal*, do dramaturgo e roteirista americano Neil Simon. (N. R. T.)

quarto, aleatoriamente, ou fizer a mesma coisa com as 42 latas de cerveja, a aparência do local vai ficar igual. Mas, quando algo está em estado altamente organizado, como o quarto de Felix, mesmo os menores rearranjos podem ser facilmente identificados.

Essa diferença é relevante para a definição matemática da entropia feita por Boltzmann. Tome qualquer sistema e conte o número de maneiras em que seus componentes podem ser rearranjados sem que se afete com isso sua aparência macroscópica geral.* Se o número desses rearranjos for grande, a entropia é alta, pois o sistema está em estado altamente desordenado. Se o número desses rearranjos for pequeno, a entropia é baixa, pois o sistema está em estado altamente ordenado (ou conterá um nível baixo de desordem, o que é equivalente).

Para um exemplo mais convencional, consideremos uma caldeira de vapor e um cubo de gelo. Focalize apenas suas propriedades macroscópicas gerais, que podem ser medidas e observadas sem necessidade de acessar os detalhes dos estados de seus componentes moleculares. Se você colocar a mão no vapor, causará o rearranjo das posições de bilhões e bilhões de moléculas de H_2O, mas o estado geral do vapor permanecerá praticamente uniforme e inalterado. Mas, se você provocar um rearranjo aleatório semelhante nas posições e nas velocidades das moléculas de um pedaço de gelo, o impacto será imediatamente visível: a estrutura cristalina do gelo ficará alterada. Fissuras e fraturas aparecerão. O vapor, em que as moléculas de H_2O se acomodam aleatoriamente pela caldeira, é altamente desordenado; e o gelo, em que as moléculas de H_2O obedecem a um arranjo regular de padrão cristalino, é altamente ordenado. A entropia do vapor é alta (múltiplos rearranjos o manterão inalterado); e a entropia do gelo é baixa (poucos rearranjos o manterão inalterado).

Ao acessar a sensibilidade da aparência macroscópica de um sistema a seus detalhes microscópicos, a entropia é um conceito natural em um formalismo matemático que focaliza as propriedades físicas em seu conjunto. A segunda lei da termodinâmica deu forma quantitativa a esse conceito. A lei diz que, com o passar do tempo, a entropia total de um sistema aumentará.[2] A compreensão desse processo requer apenas um conhecimento elementar de estatística e aleatoriedade. Por definição, uma configuração de alta entropia

* Essa definição elástica de entropia será suficiente por enquanto. Em breve, serei mais preciso.

pode ser atingida por um número bem maior de arranjos microscópicos do que uma configuração de baixa entropia. A evolução de um sistema implica uma probabilidade esmagadora de que ele passe a estados de entropia mais alta, simplesmente porque, de maneira geral, esses estados são mais numerosos. *Muito mais* numerosos. Quando você põe um pão para tostar, o cheiro se espalha pela casa porque os arranjos das moléculas que exalam do pão e se espalham, produzindo assim um aroma uniforme, são trilhões de vezes mais numerosos do que os arranjos em que essas mesmas moléculas ficam todas agrupadas em um canto da cozinha. Os movimentos aleatórios das moléculas aquecidas as levarão, com certeza praticamente total, a um dos numerosíssimos arranjos espalhados e não a uma das pouquíssimas configurações agrupadas. Ou seja, o conjunto das moléculas evolui da entropia baixa para a alta. Assim é a ação da segunda lei da termodinâmica.

Essa ideia é geral. O vidro que se quebra, a vela que se queima, a tinta que se derrama, o perfume que se difunde, todos esses são processos diferentes, mas as considerações estatísticas são as mesmas. Em cada um deles, a ordem se degrada em desordem e o faz porque há muitas maneiras mais de ser desordenado. A beleza desse tipo de análise — cuja percepção propiciou-me um dos mais expressivos momentos de "Ahá!" em minha formação em física — está no fato de que, sem nos perdermos nos detalhes microscópicos, dispomos de um princípio que nos orienta e explica por que tantos fenômenos desdobram-se da maneira como o fazem.

Observe também que, por ser de natureza estatística, a segunda lei da termodinâmica não diz que a entropia *não pode* diminuir, mas apenas que é extremamente improvável que isso ocorra. As moléculas de leite que você derrama sobre o café poderiam, em razão de seus movimentos aleatórios, agrupar-se em uma figurinha flutuante de Papai Noel. Mas não fique esperando por isso. Um Papai Noel flutuante feito de leite tem uma entropia muito baixa. Basta deslocar uns poucos bilhões de suas moléculas e o resultado será visível: Papai Noel perderá a cabeça, ou um braço, ou se transformará em abstratos fios brancos. Em comparação, uma configuração em que as moléculas de leite se espalham pela xícara tem uma entropia enormemente maior: um vasto número de rearranjos conserva a aparência normal do café com leite. Portanto, com grande probabilidade, o leite derramado sobre o café lhe dará uma coloração média, sem nenhum Papai Noel à vista. Considerações similares valem para a vasta maioria das evoluções de uma baixa entropia para uma alta entropia, fazendo com que a segunda lei da termodinâmica pareça inviolável.

A SEGUNDA LEI DA TERMODINÂMICA E OS BURACOS NEGROS

Vamos agora à observação de Wheeler sobre os buracos negros. No início da década de 1970, ele notou que, quando os buracos negros entram em cena, a segunda lei da termodinâmica parece fraquejar. Um buraco negro que esteja razoavelmente próximo parece fornecer um meio imediato e confiável para reduzir a entropia total. Lance um sistema qualquer que você esteja estudando — vidros quebrados, velas queimadas, tinta derramada — no buraco negro. Como nada pode escapar dele, a desordem desse sistema pareceria estar desaparecendo para sempre. O método pode ser tosco, mas, se você tiver um buraco negro para trabalhar, parece fácil diminuir a entropia total. Muita gente pensou que a segunda lei da termodinâmica havia encontrado seu limite.

Bekenstein, o aluno de Wheeler, não se deixou convencer. Talvez, ele sugeriu, a entropia não se perca no buraco negro, mas apenas se transfira para ele. Afinal de contas, ninguém afirmou que, ao devorar estrelas e poeira, os buracos negros geram um mecanismo que viola a primeira lei da termodinâmica, a lei da conservação da energia. Ao contrário, as equações de Einstein mostram que, quando um buraco negro devora a matéria, ele se torna maior e ganha mais massa. A energia que está em uma região pode ser redistribuída, com uma parte caindo no buraco negro e outra permanecendo fora dele, mas seu total será preservado. Talvez, dizia Bekenstein, a mesma ideia possa aplicar-se à entropia. Uma parte dela permanece fora de um determinado buraco negro e outra parte cai no buraco negro, mas nada se perde.

Parece razoável. Mas os especialistas fuzilaram Bekenstein. A solução de Schwarzschild, e todo o trabalho feito em cima dela, parecia caracterizar os buracos negros como um exemplo de ordem. A matéria e a radiação que se aproximam demasiado, não importa o estado de confusão e desordem em que se encontrem, são esmagadas até atingir um tamanho infinitesimal no centro do buraco negro — a última palavra em termos de compactadores de lixo. É verdade que ninguém sabe o que acontece durante essa tremenda compressão, porque os extremos de curvatura e densidade dissolvem as equações de Einstein. Mas

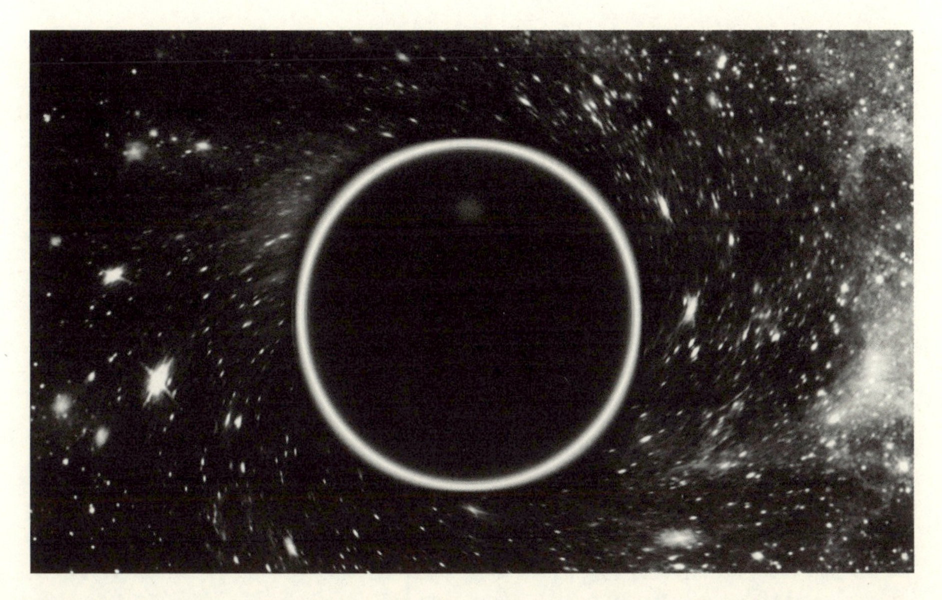

Figura 9.1. *Um buraco negro compreende uma região do espaço-tempo circundada por uma superfície sem retorno, o horizonte de eventos.*

simplesmente não parecia haver nenhuma possibilidade de que o centro de um buraco negro pudesse abrigar desordem. E, fora do centro, o buraco negro é apenas uma região vazia do espaço-tempo, que se estende até a fronteira do não retorno — o horizonte de eventos —, como se vê na figura 9.1. Sem nenhum átomo ou molécula que passe por ali e, portanto, sem nenhum componente que possa ser rearranjado, o buraco negro parece ser livre de entropia.

Na década de 1970, essa perspectiva foi reforçada pelos chamados *teoremas do sem cabelo.** Esses teoremas estabeleceram matematicamente que os buracos negros, assim como os calvos membros do grupo Blue Man, apresentam uma carência de características de identificação. De acordo com os teoremas, quaisquer dois buracos negros que tenham a mesma massa, carga e momento angular (taxa de rotação) são *idênticos*. Sem nenhum outro traço que lhes seja intrínseco — sem franjas, topetes ou coques, como os Blue Men —, os buracos negros pareciam carecer dos traços constitutivos diferenciados que podem abrigar a entropia.

* No original, *no hair theorems*. (N. R. T.)

Por si só, esse era um argumento bastante convincente, mas havia também outra consideração ainda mais demolidora, que parecia desacreditar definitivamente a ideia de Bekenstein. De acordo com a termodinâmica básica, existe uma associação íntima entre entropia e temperatura. A temperatura é uma medida do movimento médio dos componentes de um objeto: objetos quentes têm componentes que se movem rapidamente; objetos frios têm componentes que se movem vagarosamente. A entropia é uma medida dos rearranjos possíveis desses componentes que, do ponto de vista macroscópico, não seriam notados. Portanto, tanto a entropia quanto a temperatura dependem de características coletivas dos componentes de um objeto. Elas andam juntas. A elaboração matemática deixou claro que, se Bekenstein tivesse razão e se os buracos negros tivessem entropia, deveriam também ter temperatura.[3] *Essa* foi a ideia que fez soar o alarme. Qualquer objeto que tenha uma temperatura diferente de zero emite radiação. O carvão em brasa emite luz visível; nós, humanos, a emitimos, normalmente, em infravermelho. Se um buraco negro tiver uma temperatura diferente de zero, as próprias leis da termodinâmica que Bekenstein buscava preservar determinam que ele deve emitir radiação. Mas isso entra em conflito flagrante com o entendimento já estabelecido de que nada pode escapar da atração gravitacional do buraco negro. Praticamente todos concluíram que Bekenstein estava errado: os buracos negros não têm temperatura. Os buracos negros não abrigam entropia. Os buracos negros são sorvedouros de entropia. Diante deles, a segunda lei da termodinâmica dissolve-se.

Apesar de todas as evidências contrárias, Bekenstein dispunha de um dado provocante e fugidio a seu favor. Em 1971, Stephen Hawking verificara que os buracos negros obedecem a uma curiosa lei. Se você tiver um conjunto de buracos negros de diferentes massas e tamanhos, uns executando órbitas majestosas, outros devorando a matéria e a radiação que estiverem próximas, outros ainda chocando-se entre si, *a área total da superfície dos buracos negros cresce com o tempo.* Por "área da superfície", Hawking entendia a área do horizonte de eventos de cada buraco negro. Na física existem muitos dados que asseguram que determinadas quantidades se mantenham estáveis com o passar do tempo (a conservação da energia, a conservação da carga, a conservação do momento e assim por diante), mas existem algumas quantidades que crescem com o tempo. Era, portanto, natural considerar uma possível relação entre o resultado obtido por Hawking e a segunda lei da termodinâmica. Se imaginarmos que, de algum modo, a área da superfície de um buraco negro é a medida da entropia que ele contém, então o aumento da área total da superfície poderia ser visto como um aumento da entropia total.

Era uma analogia provocante, mas ninguém se deixou encantar por ela. A similaridade entre o teorema da área de Hawking e a segunda lei da termodinâmica era, na opinião de quase todos, nada mais do que uma coincidência. Isso durou até alguns anos depois, quando Hawking concluiu um dos cálculos mais significativos da física teórica moderna.

RADIAÇÃO HAWKING

Como os mecanismos quânticos não desempenham nenhum papel na relatividade geral de Einstein, a solução de Schwarzschild para os buracos negros baseia-se puramente na física clássica. Mas o tratamento adequado da matéria e da radiação — partículas como fótons, neutrinos e elétrons, que podem transportar massa, energia e entropia de um lugar para outro — requer a física quântica. Para assessarmos por completo a natureza dos buracos negros e compreendermos como eles interagem com a matéria e a radiação, temos de atualizar o trabalho de Schwarzschild de modo a incluir considerações quânticas. Isso não é fácil. Apesar dos avanços da teoria de cordas (assim como em outras abordagens que não discutimos, como a gravidade quântica de laços, os twistors e a teoria de topos), estamos ainda nos estágios iniciais de nossa busca com o fim de unir a física quântica e a relatividade geral. Na década de 1970, era ainda menor a base teórica para compreendermos como a mecânica quântica afeta a gravidade.

Mesmo assim, diversos pesquisadores desses primeiros tempos desenvolveram uma união parcial entre a mecânica quântica e a relatividade geral pela consideração de campos quânticos (a parte quântica) que evoluem no ambiente de um espaço-tempo fixo, mas curvo (a parte da relatividade geral). Como assinalei no capítulo 4, a união completa teria de considerar não apenas as flutuações quânticas dos campos que existem no espaço-tempo, mas também as flutuações do próprio espaço-tempo. Com o propósito de facilitar o progresso, os trabalhos iniciais evitaram sistematicamente essa complicação. Hawking aceitou a união parcial e estudou como os campos quânticos se comportariam em uma arena muito particular do espaço-tempo: o ambiente criado pela presença de um buraco negro. O que ele encontrou fez com que os físicos caíssem de suas cadeiras.

Uma característica bem conhecida dos campos quânticos no espaço-tempo normal, vazio e não curvo é que suas flutuações geram a irrupção momentânea de pares de partículas, por exemplo, um elétron e sua antipartícula, o pósitron, a partir do nada. Elas têm a vida breve, pois em seguida colidem uma com a outra, o que causa sua mútua destruição. Esse processo chama-se *produção quântica de pares*; ele foi estudado intensamente, tanto do ponto de vista teórico quanto do experimental, e é hoje inteiramente conhecido.

Uma característica marcante da produção quântica de pares é que, quando um membro do par tem energia positiva, a lei da conservação da energia determina que o outro membro tenha a mesma quantidade de energia *negativa* — um conceito que não teria sentido em um universo clássico.* Mas o princípio da incerteza proporciona uma janela de estranheza que permite a existência de partículas de energia negativa, desde que elas não ultrapassem um tempo determinado e exíguo. Se uma partícula existe apenas brevissimamente, a incerteza quântica estabelece que nenhum experimento, nem mesmo em princípio, terá o tempo necessário para determinar o sinal dessa energia. Essa é a verdadeira razão pela qual o par de partículas está condenado pelas leis quânticas à aniquilação súbita. Assim, as flutuações quânticas resultam, continuamente, na criação e aniquilação de pares de partículas, o que constitui o borbulhar inevitável que a incerteza quântica gera no espaço supostamente vazio.

Hawking reconsiderou essas flutuações quânticas ubíquas, não no ambiente do espaço vazio, mas na proximidade do horizonte de eventos de um buraco negro. Ele descobriu que alguns eventos se parecem muito aos que ocorrem normalmente. Pares de partículas são normalmente criados; logo as partículas se encontram; e são assim destruídas. Mas muito de vez em quando acontece algo novo. Se as partículas se formam em um local suficientemente próximo à orla do buraco negro, uma delas pode ser tragada enquanto a outra escapa pelo espaço afora. Fora do âmbito de um buraco negro isso nunca

* No capítulo 3, discutimos como a energia incorporada em um campo gravitacional pode ser negativa. Essa energia, contudo, é energia potencial. A energia que discutimos aqui, a energia cinética, provém da massa e do movimento do elétron. Na física clássica, ela tem de ser positiva.

acontece, porque, se as partículas não se aniquilarem mutuamente, a que tem energia negativa ultrapassará o limite permitido pela incerteza quântica. Hawking percebeu que a deformação radical que o buraco negro causa no espaço e no tempo pode fazer com que partículas que têm energia negativa, do ponto de vista de qualquer pessoa que esteja fora do buraco, pareçam ter energia *positiva* do ponto de vista de um infeliz observador que mergulhe no interior do buraco. Desse modo, o buraco negro fornece um lugar de asilo para as partículas de energia negativa e elimina, assim, a necessidade do desaparecimento quântico. Com isso, as partículas que irrompem podem livrar-se da aniquilação mútua e seguir seus caminhos separados.[4]

As partículas que têm energia positiva afastam-se da proximidade do horizonte de eventos do buraco negro e aparecem para quem as observe como radiação, em uma forma que ficou conhecida como *radiação Hawking*. As partículas que têm energia negativa não podem ser vistas diretamente porque caem no buraco negro, mas deixam um impacto detectável. Assim como a massa de um buraco negro aumenta quando ele absorve qualquer coisa que tenha energia positiva, sua massa decresce quando ele absorve qualquer coisa que tenha energia negativa. Em conjunto, esses dois processos fazem com que o buraco negro pareça um carvão em brasa: ele emite um fluxo contínuo de radiação e sua massa diminui.[5] Quando se incluem as considerações quânticas, portanto, os buracos negros não são completamente negros. Esse foi o lampejo de Hawking.

Isso não significa que os buracos negros típicos sejam realmente quentes. Ao escapar da área próxima ao buraco negro, as partículas travam uma dura batalha para fugir da forte atração gravitacional. Ao fazê-lo, elas despendem energia e, por essa razão, esfriam-se substancialmente. Hawking calculou que, para um observador externo ao buraco negro, a temperatura dessa radiação "cansada" é inversamente proporcional à massa do buraco negro. Um buraco negro gigantesco, como o que está no centro de nossa galáxia, tem uma temperatura inferior a um trilionésimo de grau* acima do zero absoluto. Um buraco negro com a massa do Sol teria uma temperatura inferior a um milionésimo de grau, minúscula se comparada aos 2,7 graus da radiação cósmica de fundo em

* Aqui a temperatura é medida em graus Kelvin. (N. R. T.)

micro-ondas que nos foi deixada pelo big bang. Para que a temperatura de um buraco negro seja suficientemente alta para que pudéssemos fazer um churrasco para a família, sua massa teria de ser de cerca de um décimo de milésimo da massa da Terra — extraordinariamente pequena em termos astrofísicos.

Mas a magnitude da temperatura de um buraco negro é secundária. Embora a radiação proveniente de buracos negros distantes não chegue a iluminar nosso céu, o fato de que eles têm, sim, uma temperatura, de que eles emitem, sim, radiação, indica que os especialistas rejeitaram cedo demais a sugestão de Bekenstein no sentido de que os buracos negros têm, sim, entropia. Hawking, então, matou a questão. Seus cálculos teóricos que determinaram a temperatura dos buracos negros e a radiação por eles emitida deram-lhe todos os dados necessários para determinar a magnitude da entropia que ele deve conter, segundo as leis da termodinâmica. E a resposta que ele encontrou é proporcional à área da superfície do buraco negro, tal como propusera Bekenstein.

Assim, ao final de 1974, a segunda lei da termodinâmica voltou a ser lei. As percepções de Bekenstein e Hawking estabeleceram que em qualquer situação a entropia total aumenta, desde que se inclua não só a entropia da matéria e da radiação comuns, mas também a que se contém dentro dos buracos negros e que é medida pela área total de sua superfície. Em vez de serem sorvedouros de entropia, que subvertem a segunda lei da termodinâmica, os buracos negros desempenham um papel ativo na confirmação de que o universo, tal como diz a lei, vive em estado de desordem crescente.

Essa conclusão provocou um alívio generalizado. Para muitos físicos, a segunda lei da termodinâmica, por resultar de considerações estatísticas aparentemente inatacáveis, era, mais do que qualquer outra lei da ciência, quase sagrada. Sua restauração significou que o mundo estava, novamente, em paz. Mas, com o tempo, um detalhe crucial na contabilidade da entropia deixou claro que o balanço da segunda lei da termodinâmica não era a questão mais profunda que estava em pauta. Essa honra caberia à identificação do lugar *onde ela é armazenada*, questão cuja importância se torna clara quando reconhecemos o vínculo profundo que existe entre a entropia e o tema central deste capítulo: a informação.

A ENTROPIA E A INFORMAÇÃO OCULTA

Até aqui, descrevemos a entropia, de maneira ligeira, como a medida da desordem e, quantitativamente, como o número de rearranjos dos componentes microscópicos de um sistema que não causa modificações em suas características macroscópicas gerais. Deixei implícito, mas torno explícito agora, que a entropia pode ser entendida como medida do *hiato de informação* existente entre os dados que estão disponíveis (as características macroscópicas gerais de um sistema) e os que não estão disponíveis (o arranjo microscópico particular do sistema). A entropia mede a informação adicional oculta nos detalhes microscópicos de um sistema, os quais, se tivéssemos acesso a eles, distinguiriam a configuração no nível micro de todas as que são semelhantes a ela no nível macro.

Como ilustração, imagine que Oscar tenha, finalmente, arrumado o quarto, exceto em um aspecto: as mil moedas de prata de um dólar que ele ganhou no jogo de pôquer do fim de semana ficaram espalhadas pelo chão. Mesmo depois que ele as reuniu em um canto, o que se vê é um conjunto de moedas cujas posições são aleatórias. Umas mostram a cara, outras, a coroa. Se você, também aleatoriamente, mudasse caras por coroas e coroas por caras, ele não notaria nunca — o que é uma evidência de que o sistema das mil moedas derramadas tem alta entropia. Com efeito, este exemplo é tão explícito que podemos até fazer a conta da entropia. Se as moedas fossem apenas duas, haveria quatro configurações possíveis: (cara, cara), (cara, coroa), (coroa, cara) e (coroa, coroa) — duas possibilidades para a primeira moeda vezes duas possibilidades para a segunda. Se houvesse três moedas, os arranjos possíveis seriam oito: (cara, cara, cara), (cara, cara, coroa), (cara, coroa, cara), (cara, coroa, coroa), (coroa, cara, cara), (coroa, cara, coroa), (coroa, coroa, cara) e (coroa, coroa, coroa), decorrentes de duas possibilidades para a primeira moeda vezes duas possibilidades para a segunda vezes duas para a terceira. Com mil moedas, o número de possibilidades segue exatamente o mesmo padrão: um fator de dois para cada moeda — que produz um total de 2^{1000}, que corresponde a 10 715 086 071 862 673 209 484 250 490 600 018 105 614 048 117 055 336 074 437 503 883 703 510 511 249 361 224 931 983 788 156 958 581 275 946 729 175 531 468 251 871 452 856 923 140 435 984 577 574 698 574 803 934 567 774 824 230 985 421 074 605 062 371 141 877 954 182 153 046 474 983 581 941 267 398 767 559 165 543 946 077 062 914 571 196 477 686 542 167 660 429 831 652 624 386 837 205 668 069 376.

A vasta maioria dos arranjos entre cara e coroa não teria características distintivas e, portanto, não teria nenhuma relevância. Alguns, *sim*, teriam. Por exemplo, se todas as mil moedas apontassem cara, ou se todas apontassem coroa, ou se 999 apontassem cara, ou se 999 apontassem coroa. Mas o número dessas configurações incomuns é tão extraordinariamente pequeno, em comparação com o enorme número total das possibilidades, que retirá-los da conta praticamente não faz diferença.*

A partir de nossa discussão anterior, você poderia deduzir que o número 2^{1000} é a entropia das moedas. E, para certos fins, essa conclusão seria perfeita. Mas, para estabelecer o vínculo mais forte entre entropia e informação, é necessário aperfeiçoar a descrição dada antes. A entropia de um sistema *relaciona-se* com o número de rearranjos indistinguíveis de seus componentes, mas não é propriamente igual a esse número. A relação é expressa por uma operação matemática denominada *logaritmo*. Não se irrite se isso lhe traz más recordações de suas aulas de matemática do ensino médio. Em nosso exemplo das moedas, isso significa simplesmente que você usa apenas o expoente do número de arranjos. Ou seja, a entropia é definida como sendo de mil, em vez de 2^{1000}. O uso dos logaritmos tem a vantagem de permitir-nos trabalhar com números mais manejáveis, mas existe também uma motivação mais importante. Imagine que eu lhe pergunte quantas informações são necessárias para que se possa descrever um determinado arranjo do tipo cara ou coroa para mil moedas. A resposta mais simples é que você deve proporcionar uma lista — cara, cara, coroa, cara, coroa, coroa... — que especifique a disposição de cada uma das mil moedas. Claro, digo eu, isso me daria os detalhes da configuração, mas não era essa a minha pergunta. Eu perguntei *quantas informações* essa lista contém.

Você, então, começa a refletir. Afinal, *o que é* informação e qual é sua função? A resposta é simples e direta: a informação responde a perguntas. Anos de pesquisas de matemáticos, físicos e cientistas da computação deram precisão a esse conceito. As pesquisas deixaram claro que a medida mais útil sobre o conteúdo de informações é *o número de diferentes perguntas do tipo sim ou não a que a informação consegue responder*. A informação contida nas moedas responde a

* Além de notar o lado das moedas que aparece, também seria possível trocar suas localizações. Mas, para o propósito de ilustrar as ideias principais, esse aspecto pode ser tranquilamente ignorado.

mil perguntas desse tipo: A primeira moeda mostra cara? Sim. A segunda moeda mostra cara? Sim. A terceira moeda mostra cara? Não. A quarta moeda mostra cara? Sim. E assim por diante. O dado que responde a uma pergunta do tipo sim ou não denomina-se um *bit* — termo familiar da era do computador que corresponde a uma abreviação da expressão *binary digit* (dígito binário), que significa *zero* ou *um*, e que pode ser visto como uma representação numérica de *sim* ou *não*. O arranjo do tipo cara ou coroa para mil moedas contém mil bits de informação. De maneira equivalente, se você parte da perspectiva macroscópica de Oscar e focaliza apenas a aparência geral e casual das moedas e ignora os detalhes "microscópicos" do arranjo, a informação "oculta" das moedas é de mil bits.

Note que o valor da entropia e o da informação oculta são o mesmo. E isso não ocorre por acidente. O número de rearranjos possíveis do tipo cara ou coroa *é* o número de respostas possíveis para as mil perguntas — (sim, sim, não, não, sim...) ou (sim, não, sim, sim, não...) ou (não, sim, não, não, não...), e assim por diante —, ou seja, 2^{1000}. Como a entropia está definida como o logaritmo do número desses rearranjos — mil, neste caso —, a entropia *é* o número de perguntas do tipo sim ou não respondidas por uma sequência qualquer desse tipo.

Concentrei-me no caso das mil moedas para oferecer um exemplo específico, mas a questão do vínculo entre a entropia e a informação é de caráter geral. Os detalhes microscópicos de qualquer sistema contêm informações que ficam ocultas quando nos concentramos apenas nas características macroscópicas e gerais. Por exemplo, conhecemos a temperatura, a pressão e o volume de uma caldeira de vapor, mas não sabemos se uma determinada molécula de H_2O acaba de chocar-se com o lado direito superior, ou se outra determinada molécula deslocou-se para o extremo inferior do lado esquerdo da caldeira. Tal como no caso dos dólares derramados, a *entropia de um sistema é o número de perguntas de tipo sim ou não a que seus detalhes microscópicos têm a capacidade de responder e, portanto, a entropia é uma medida do conteúdo de informação oculta do sistema.*[6]

ENTROPIA, INFORMAÇÃO OCULTA E BURACOS NEGROS

Como essa noção de entropia e sua relação com a informação oculta aplicam-se aos buracos negros? Quando Hawking elaborou em detalhe a argumentação da mecânica quântica que liga a entropia de um buraco negro à área

Figura 9.2. *Stephen Hawking demonstrou matematicamente que a entropia de um buraco negro é igual ao número de células, cujos lados têm o tamanho do comprimento de Planck, necessário para cobrir a área de seu horizonte de eventos. É como se cada cela carregasse um bit, ou seja, uma unidade básica de informação.*

de sua superfície, ele não só deu precisão quantitativa à sugestão original de Bekenstein, mas também proporcionou um algoritmo para calculá-la. Hawking propôs que consideremos o horizonte de eventos de um buraco negro e o dividamos em quadrados, ou células, que formam uma malha, na qual os lados de cada célula medem um comprimento de Planck (10^{-33} centímetros). Hawking comprovou matematicamente que a entropia do buraco negro é o número de células necessário para cobrir toda a área de seu horizonte de eventos — ou seja, a área da superfície do buraco negro medida em unidades quadradas de Planck (10^{-66} centímetros quadrados por célula). Na linguagem da informação oculta, é como se cada célula carregasse secretamente um bit de informação, um zero ou um um, que dá resposta a uma única pergunta de tipo sim ou não que descreve algum aspecto da estrutura microscópica do buraco negro.[7] Isso é o que ilustra esquematicamente a figura 9.2.

A relatividade geral de Einstein, assim como os teoremas sem cabelo dos buracos negros, ignora a mecânica quântica e, por conseguinte, não percebe essa informação. De acordo com a relatividade geral, se você conhecer os valores da massa, da carga e do momento angular de um buraco negro específico, você o terá descrito completamente. Mas a leitura mais direta de Bekenstein e Hawking nos diz que não. Seu trabalho estabelece que tem de haver muitos buracos negros diferentes que têm as mesmas características macroscópicas, mas que diferem entre si do ponto de vista microscópico. E, tal como acontece em cenários menos extravagantes, como moedas pelo chão e caldeiras de vapor, a entropia do buraco negro reflete as informações ocultas que residem nos menores detalhes.

Ainda que os buracos negros sejam objetos exóticos, esses desenvolvimentos sugerem que, quando se trata de entropia, eles funcionam do mesmo modo que todas as demais coisas. Mas esse resultado também traz puzzles. Embora Bekenstein e Hawking nos digam quanta informação está oculta no interior de um buraco negro, não nos dizem em que consiste essa informação. Não nos dizem quais são as perguntas de tipo sim ou não a que essa informação responde. Nem sequer especificam os componentes microscópicos que a informação se destina a descrever. As análises matemáticas indicam a *quantidade* de informação que um buraco negro contém, mas não nos ajudam a conhecer a própria informação.[8]

Essas questões traziam — e trazem — perplexidade. E há também outro puzzle que parece ainda mais básico: Por que razão a quantidade da informação tem de ser determinada pela área da superfície do buraco negro? Se você me perguntar quanta informação está guardada na Biblioteca do Congresso, eu pensaria no espaço disponível que existe *no interior* da biblioteca. Procuraria saber qual é a capacidade existente no interior cavernoso do prédio para guardar livros, arquivar microfichas e empilhar mapas, fotografias e documentos. O mesmo se aplica às informações que existem dentro de minha cabeça, que parecem estar relacionadas ao volume de meu cérebro e ao espaço disponível para as interconexões neurais. E também às informações de uma caldeira de vapor, que se alojam nas propriedades das partículas que enchem seu espaço interno. Mas, surpreendentemente, Bekenstein e Hawking estabeleceram que, para um buraco negro, a capacidade de armazenagem da informação não é determinada por seu volume interno, mas sim pela área de sua superfície.

Até então, os físicos acreditavam que, se o comprimento de Planck (10^{-33} centímetros) era, aparentemente, a menor extensão para a qual a noção de "distância” continua a fazer sentido, o menor espaço significativo possível seria um ínfimo cubo cujas arestas tivessem um comprimento de Planck (um volume de 10^{-99} centímetros cúbicos). Uma conjectura razoável, e aceita por um grande número de cientistas, era que, independentemente de saltos tecnológicos futuros, o menor volume possível não poderia conter mais do que a menor unidade possível de informação — um bit. Assim, a expectativa era que uma região do espaço alcançaria o máximo de sua capacidade de armazenar informação quando o número de bits que ela contém fosse igual ao número de cubos de Planck que nela coubessem. Portanto, não causava surpresa que o resultado de Hawking envolvesse o comprimento de Planck. A surpresa estava no fato de que o armazém onde o buraco negro guarda a informação oculta era determinado pelo número de quadrados de Planck que coubessem em sua superfície e não pelo número de cubos de Planck que coubessem em seu volume.

Esse foi o primeiro indício de holografia — o fato de que a capacidade de armazenar informação é determinado pela área de uma superfície circundante e não pelo volume interior a essa superfície. Em um vaivém de ideias que prosseguiu por três décadas, esse indício transformou-se em uma forma inteiramente nova de pensar as leis da física.

A LOCALIZAÇÃO DA INFORMAÇÃO OCULTA DE UM BURACO NEGRO

A malha planckiana de zeros e uns que se distribuem em pelo horizonte de eventos da figura 9.2 é uma ilustração simbólica do resultado de Hawking para a quantidade de informação guardada por um buraco negro. Mas até que ponto podemos tomar essa imagem literalmente? Quando a matemática diz que a capacidade que um buraco negro tem de guardar informação é medida pela área de sua superfície, isso reflete apenas uma conta numérica, ou significa que a superfície do buraco negro é o lugar em que a informação é efetivamente armazenada?

Essa é uma questão profunda que vem sendo estudada há décadas por alguns dos físicos de maior renome.* A resposta depende sensivelmente do ponto a partir do qual você vê o buraco negro: interna ou externamente. E, se

* Se você tiver interesse pela história completa, recomendo vivamente o excelente livro de Leonard Susskind *The black hole wars*.

a perspectiva for externa, há boas razões para acreditar que a informação esteja realmente guardada no horizonte.

Para uma pessoa que esteja familiarizada com os detalhes da maneira pela qual a relatividade geral descreve os buracos negros, essa é uma afirmação extraordinariamente esdrúxula. A relatividade geral diz com clareza que, se você atravessar o horizonte de eventos e cair em um buraco negro, não encontrará nada — nenhuma superfície material, nenhum sinal de trânsito, nenhuma luz que pisca — que pudesse, de algum modo, marcar a passagem pela fronteira que não permite o retorno. Essa é uma conclusão que decorre de uma das percepções mais simples e também mais cruciais de Einstein. Ele percebeu que, quando você (ou qualquer objeto) entra em movimento de queda livre, torna-se sem peso. Se você saltar de um lugar alto com uma balança amarrada nos pés, verá que, durante o salto, ela marcará zero quilo. Na verdade, você cancela a gravidade ao entregar-se por inteiro a ela. A partir daí, Einstein saltou para uma consequência imediata. Com base em sua relação com o ambiente circundante, não há maneira pela qual você possa distinguir entre uma queda livre em direção a um corpo de grande massa e uma flutuação livre na profundidade do espaço vazio: em ambas as situações, você estará inteiramente sem peso. Evidentemente, se você olhar para além do ambiente imediato e vir, digamos, a superfície da Terra aproximando-se rapidamente, essa é uma boa pista de que já está chegando a hora de puxar a cordinha do paraquedas. Mas, se você estiver confinado em uma pequena cápsula sem janelas, ambas as experiências, a queda livre e a flutuação livre, são indistinguíveis.[9]

Nos primeiros anos do século XX, Einstein explorou essa simples mas profunda interconexão entre o movimento e a gravidade e, depois de uma década de desenvolvimentos, elaborou a teoria da relatividade geral. Nossos objetivos aqui são mais modestos. Suponha que você está nessa cápsula, em situação de queda livre, não em direção à Terra, mas em direção a um buraco negro. Esse mesmo raciocínio assegura que você não tem meios de saber se está se precipitando ou flutuando no espaço profundo. E isso significa que nada especial ou incomum acontecerá se você, em sua queda livre, atravessar o horizonte de eventos do buraco negro. Quando você acabar atingindo o centro do buraco negro, já não estará em queda livre e sua experiência certamente se tornará distinguível. E de maneira espetacular. Mas, até então, você poderia perfeitamente estar flutuando, sem destino, pela escuridão do espaço exterior.

Essa situação torna ainda mais intrigante a entropia do buraco negro. Se, ao passar pelo horizonte de eventos de um buraco negro, você não encontra nada — nada que distinga a região com relação ao espaço vazio —, como será possível que ela armazene informações?

Uma resposta que vem ganhando adeptos nesta última década tem uma ressonância com o tema da dualidade que vimos em capítulos anteriores. Lembre-se de que a dualidade se refere a uma situação em que perspectivas complementares, que parecem inteiramente diferentes entre si, estão intimamente ligadas por uma mesma âncora física. A imagem de Marilyn e Einstein, na figura 5.2, oferece uma boa metáfora visual. As formas espelhadas das dimensões extras da teoria de cordas (capítulo 4) e suas próprias teorias parciais, aparentemente diferentes mas duais (capítulo 5), constituem exemplos matemáticos. Nos anos mais recentes, pesquisadores liderados por Susskind perceberam que os buracos negros apresentam também outro contexto em que perspectivas complementares, mas amplamente divergentes, geram insights fundamentais.

Uma perspectiva essencial é a sua, na qual você se dirige, em queda livre, a um buraco negro. A outra é a de um observador distante que vê sua viagem através de um telescópio poderoso. Coisa notável é o fato de que, enquanto você passa sem sequer notar pelo horizonte de eventos, o observador distante percebe uma sequência de eventos radicalmente diferente. A discrepância tem a ver com a radiação Hawking emitida pelo buraco negro.* Quando o observador distante mede a temperatura da radiação Hawking, vê que ela é mínima — digamos, 10^{-13} K —, o que indica que o buraco negro tem um tamanho comparável ao que se encontra no centro de nossa galáxia. Mas o observador distante sabe que a radiação é fria apenas porque os fótons, que viajam desde a orla do horizonte de eventos até chegar a seus olhos, gastam sua energia lutando bravamente para vencer a atração gravitacional do buraco negro. Como na descrição que dei antes, os fótons estão "cansados". O observador deduz que, quanto mais próxima ao horizonte de eventos for feita a sondagem, tanto mais alta será a energia dos fótons, que estarão aí apenas começando sua viagem e, portanto, cheios de energia e calor. Com efeito, o observador vê que,

* O leitor informado sobre buracos negros notará que, mesmo sem as considerações quânticas que levam à radiação Hawking, as duas perspectivas diferem também com relação ao ritmo da passagem do tempo. A radiação Hawking torna essa diferença ainda mais notável.

quando você se aproxima até praticamente tocar no horizonte de eventos, seu corpo é bombardeado por uma radiação Hawking cada vez mais intensa, até que, por fim, só persistem seus restos torrados.

Felizmente, contudo, sua própria experiência é muito mais agradável. Você não vê, não sente nem dispõe de qualquer elemento que permita identificar essa radiação quente. Também, como seu movimento cancela o efeito da gravidade,[10] sua experiência é indistinguível com relação à de flutuar no espaço vazio. E algo que sabemos com segurança é que, quando você flutua no espaço vazio, não corre o risco de, de repente, explodir em chamas. Assim, a conclusão é que, a partir de sua perspectiva, você passa impassível pelo horizonte e corre veloz (menos felizmente) em direção ao centro do buraco negro, enquanto, do ponto de vista do observador distante, você é imolado por uma coroa incandescente que envolve o horizonte de eventos.

Qual das perspectivas é a correta? A resposta dada por Susskind e por outros físicos é que ambas estão corretas. É claro que é difícil compatibilizar essa conclusão com a lógica comum — aquela segundo a qual *ou* você está vivo *ou* não está. Mas essa não é uma situação comum. Muito importante também é o fato de que essas duas perspectivas radicalmente diferentes jamais se confrontarão uma com a outra. Você não pode sair do buraco negro para provar ao observador distante que está vivo. E ele, por sua vez, não pode pular para dentro do buraco negro e provar a você que isso não é verdade. Quando afirmei que o observador distante "vê" você ser imolado pela radiação Hawking do buraco negro, estou fazendo uma simplificação. Examinando cuidadosamente a radiação "cansada" que chega até ele, o observador distante pode compor a história de seu brilhante desaparecimento. Mas a informação leva tempo para chegar até ele. E a matemática revela que, no momento em que o observador pode concluir que você foi imolado, ele já não terá tempo para pular para dentro do buraco negro e alcançá-lo antes de você ser destruído pela singularidade. As perspectivas podem divergir, mas a física tem um dispositivo automático contra os paradoxos.

E a informação? De sua perspectiva, toda a sua informação armazenada em seu corpo, em seu cérebro e no computador portátil que você carrega passa juntamente com você através do horizonte do buraco negro. Da perspectiva do observador distante, toda a informação que você transporta é absorvida pela camada de radiação que borbulha incessantemente logo além do horizonte. Os bits contidos em seu corpo, em seu cérebro e em seu computador seriam preservados, mas ficariam totalmente misturados uns com os outros e com tudo o mais que pulula no horizonte. Isso significa que, para o observador distante, o horizonte de eventos é um lugar *real*, onde existem coisas reais que dão expressão física à informação simbolicamente descrita na malha da figura 9.2.

A conclusão é que o observador distante — nós — infere que a entropia do buraco negro é determinada pela área de seu horizonte de eventos porque é nele que a entropia é armazenada. Colocado dessa maneira, isso parece fazer todo sentido. Mas não perca de vista o fato de que é muito surpreendente que a capacidade de armazenagem não seja determinada pelo volume do buraco negro. E, como veremos agora, esse dado revela mais do que uma simples característica peculiar dos buracos negros. Os buracos negros não nos informam apenas sobre como as informações são armazenadas neles. Eles nos informam sobre a armazenagem da informação em qualquer contexto. Isso abre um caminho direto à perspectiva holográfica.

ALÉM DOS BURACOS NEGROS

Imagine um objeto qualquer ou um conjunto qualquer de objetos — as coleções da Biblioteca do Congresso, todos os computadores do Google, os arquivos da CIA — situados em uma região do espaço. Para maior facilidade de identificação, imagine que a região esteja demarcada por uma esfera imaginária que a circunda, como na figura 9.3a. Suponha também que a massa total dos objetos, em comparação com o volume que eles ocupam, é de magnitude normal, muito menor, portanto, do que a densidade necessária para criar um buraco negro. Esses são os ingredientes. Agora, a questão crucial: Qual é a quantidade máxima de informação que pode ser armazenada nessa região do espaço?

A resposta é dada por esse estranho casal — a segunda lei da termodinâmica e os buracos negros. Imagine que adicionemos matéria a essa região, com o propósito de aumentar sua capacidade de armazenar informações. Poderíamos incluir chips de memória de alta capacidade, ou volumosos discos rígidos do banco de computadores do Google. Poderíamos também proporcionar livros e kindles bem carregados para ampliar as coleções da Biblioteca do Congresso. Como até a matéria corriqueira contém informação (os locais onde estão as

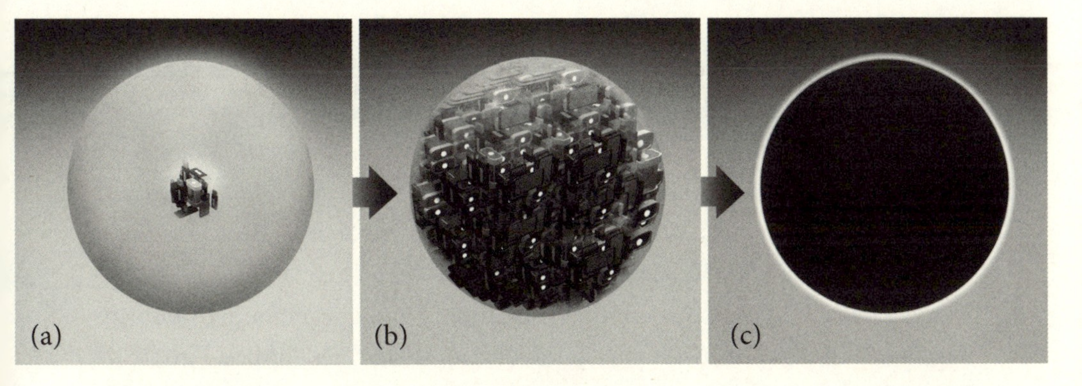

Figura 9.3. (a) *Diversos objetos que armazenam informações, situados em uma região bem demarcada do espaço.* (b) *Fazemos aumentar a capacidade dessa região para armazenar informações.* (c) *Quando a quantidade de matéria ultrapassa um determinado limite (cujo valor pode ser calculado pela relatividade geral),*[11] *a região se transforma em um buraco negro.*

moléculas de vapor, a velocidade com que elas se movem), podemos encher cada recanto e cada buraco dessa região com toda a matéria que pudermos conseguir. Até alcançarmos uma situação crítica. Em um determinado momento, a região estará tão cheia de matéria que, se você acrescentar mais um grão de areia, suas entranhas se tornarão negras e ela se converterá em um buraco negro. E, quando isso acontece, termina o jogo. O tamanho de um buraco negro é determinado por sua massa, de maneira que, se você tentar aumentar a capacidade de armazenar informação acrescentando mais matéria, o buraco negro reagirá aumentando de tamanho. E, como estamos interessados na informação que pode existir em determinado volume *fixo* de espaço, esse resultado está fora da configuração que estamos considerando. Não é possível aumentar a capacidade de informação do buraco negro sem forçá-lo a crescer.[12]

Duas observações nos levam até a linha de chegada. A segunda lei da termodinâmica assegura que a entropia aumenta durante todo o desenrolar do processo e, portanto, a informação oculta que existe nos discos rígidos, nos kindles, nos tradicionais livros de papel e em tudo o mais que você enfiou na tal região do espaço constitui uma quantidade menor do que a que está oculta no buraco negro. A partir das conclusões de Bekenstein e Hawking, sabemos que o conteúdo de informações ocultas do buraco negro é dado pela área de seu horizonte de eventos. Além disso, como você tomou o cuidado de não ultrapassar a capacidade da região original do espaço, o horizonte de eventos do buraco negro coincide com a fronteira da região, de modo que a entropia do buraco negro é igual à área dessa superfície circundante. Aprendemos, assim, uma lição importante. *A quantidade da informação contida dentro de uma região do espaço, armazenada em quaisquer objetos de qualquer natureza, é sempre menor do que a área da superfície que circunda a região (medida em comprimentos de Planck ao quadrado).*

Essa é a conclusão que estamos buscando. Note que, embora os buracos negros sejam fundamentais para o raciocínio, a análise se aplica a *qualquer* região do espaço, exista ou não um buraco negro presente. Se ultrapassarmos a capacidade de armazenamento de uma região, criaremos um buraco negro, mas, enquanto estivermos abaixo desse limite, o buraco negro não se forma.

Apresso-me em acrescentar que o limite ao armazenamento de informação não apresenta nenhuma preocupação do ponto de vista prático. Em comparação com os rudimentares instrumentos de armazenamento de nossos dias, a capacidade potencial de armazenagem na superfície de uma região do espaço é fabulosamente grande. Uma pilha de cinco discos rígidos não comerciais na faixa dos terabytes cabe confortavelmente em uma esfera com raio de cinquenta centímetros, cuja superfície é coberta por cerca de 10^{70} quadrados de Planck.* A capacidade de armazenamento dessa superfície é, portanto, de 10^{70} bits, que corresponde a 1 bilhão de trilhões de trilhões de trilhões de trilhões de terabytes e excede enormemente tudo o que você possa comprar. Ninguém no Vale do Silício se importa muito com essas questões teóricas. Contudo, como guia sobre como funciona o universo, as limitações do armazenamento são reveladoras. Pense em uma região qualquer do espaço, como a sala em que estou escrevendo, ou a sala em que você está lendo. Adote uma perspectiva wheeleriana e imagine que o que quer que aconteça nessa região resulte em processamento de informações — as informações relativas ao estado em que as coisas são ou estão neste momento transformam-se, pela ação das leis da física, nas informações relativas a como as coisas serão ou estarão dentro de um segundo, um minuto ou uma hora. Como os processos físicos que testemunhamos, assim como os processos físicos que comandam nossa existência,

* "Quadrado de Planck": um quadrado cujo lado tem um comprimento de Planck. (N. R. T.)

aparentemente ocorrem dentro da região, é natural esperar que as informações contidas nesses processos também sejam encontradas dentro da região. Mas os resultados que acabamos de obter sugerem uma visão alternativa. Com relação aos buracos negros, vemos que o vínculo entre informação e área de superfície vai além da simples contabilidade numérica, uma vez que há um sentido concreto quando dizemos que a informação é armazenada em suas superfícies. Susskind e 't Hooft ressaltaram que a lição é geral: como as informações necessárias para descrever fenômenos físicos dentro de *qualquer* região dada do espaço pode ser totalmente codificada por dados que ficam em uma superfície que circunda essa região, há razão para pensar que essa superfície é o lugar onde os processos físicos fundamentais na verdade ocorrem. Nossa realidade familiar tridimensional poderia então, segundo a sugestão desses corajosos pensadores, ser assemelhada a uma projeção holográfica desses distantes processos físicos bidimensionais.

Se essa linha de raciocínio for correta, existem, então, processos físicos que ocorrem em uma superfície distante os quais, assim como um manipulador de marionetes ao puxar os cordões, estão totalmente ligados aos processos que ocorrem em meus dedos e em meu cérebro, enquanto digito estas linhas em meu escritório. Nossas experiências aqui e essa realidade distante formariam o mais interligado dos mundos paralelos. Os fenômenos que ocorrem nos dois mundos — que chamarei de *universos paralelos holográficos* — seriam tão intimamente ligados que suas respectivas evoluções andariam juntas, como eu e minha sombra.

A LETRA MIÚDA

A hipótese de que nossa realidade familiar possa ser espelhada, talvez mesmo produzida, por fenômenos que acontecem em uma superfície bidimensional distante está entre os desenvolvimentos mais inesperados de toda a física teórica. Mas qual é o grau de confiança que devemos ter em que o princípio holográfico seja correto? Estamos navegando por mares profundos da física teórica, orientados quase que exclusivamente por desenvolvimentos que não foram testados experimentalmente e, portanto, claramente há lugar para o ceticismo. Há muitas instâncias nas quais a argumentação pode mostrar-se inconsistente. Os buracos negros têm realmente entropia diferente de zero e temperatura diferente de zero? E, se assim for, seus valores serão compatíveis com as previsões teóricas? A capacidade de informação de uma região do espaço é realmente determinada pela quantidade de informações que podem ser armazenadas em uma superfície que a circunda? E, nessa superfície, o limite será mesmo um bit por quadrado de Planck? Cremos que a resposta a cada uma dessas perguntas é afirmativa, porque o edifício teórico no qual as conclusões se inserem, com perfeição, foi construído com cuidado, consistência e coerência. Mas, como nenhuma dessas ideias foi submetida à comprovação experimental, certamente é possível (embora, na minha opinião, muito improvável) que avanços futuros venham a convencer-nos de que um ou mais desses passos intermediários essenciais são equivocados. Isso poderia tornar a ideia holográfica inaproveitável.

Outro ponto importante é que, durante toda a discussão, falamos de uma região do espaço, ou de uma superfície que a circunda, e do conteúdo de informação de cada uma. Mas, como nosso foco tem sido a entropia e a segunda lei da termodinâmica — sendo que ambas se interessam sobretudo pela *quantidade* da informação em um dado contexto —, não fizemos elaborações sobre os detalhes de *como* a informação é fisicamente concretizada, ou armazenada. Quando falamos sobre a informação que reside em uma esfera que circunda uma região do espaço, o que é que queremos dizer com isso? Como é que a informação se manifesta? Que forma ela toma? Até que ponto poderíamos desenvolver um dicionário explícito que faça a tradução entre os fenômenos que ocorrem na borda da esfera e os que acontecem em seu interior?

Ainda está por armar-se uma estrutura geral de pensamento que resolva essas questões. Dado que tanto a gravidade quanto a mecânica quântica são cruciais para o raciocínio, poderíamos esperar que a teoria de cordas proporcionasse um contexto adequado às explorações teóricas. Mas, quando 't Hooft formulou pela primeira vez o conceito holográfico, ele revelou dúvidas sobre se a teoria de cordas seria capaz de produzir avanços no tema, notando que "a natureza é muito mais louca na escala de Planck do que até mesmo os teóricos de cordas podem imaginar".[13] Menos de uma década depois, a teoria de cordas mostrou que 't Hooft estava errado ao provar que ele estava certo. Em um trabalho marcante, um jovem teórico demonstrou que a teoria de cordas propicia uma realização explícita do princípio holográfico.

Quando fui chamado ao palco da Universidade da Califórnia em Santa Barbara para fazer minha palestra na conferência internacional anual sobre a teoria de cordas, em 1998, fiz algo que nunca fizera antes e que, suspeito, nunca voltarei a fazer. Olhei para a plateia, coloquei a mão direita no ombro esquerdo e a mão esquerda no ombro direito, desci as mãos, uma de cada vez, para tocar a parte posterior de minha calça, saltei como um coelho e girei para o lado, ao que, felizmente, seguiram-se os risos do público, enquanto eu subia os três últimos degraus que me levaram ao palco, onde comecei a falar. Os espectadores entenderam a brincadeira. Na ceia da véspera, os participantes da conferência haviam cantado e dançado para celebrar — de uma maneira que só os físicos sabem fazer — um êxito notável do teórico argentino Juan Maldacena. A letra dizia: "Os buracos negros eram um grande mistério; / Agora usamos D-branas para computar a D-entropia". Era uma versão da teoria de cordas para a dança que havia irrompido nas festas de 1990, a macarena — um pouco mais animada que a versão de Al Gore na Convenção do Partido Democrata, um pouco menos melíflua do que a versão original de Los del Río, mas melhor do que todas em termos de paixão. Eu era um dos poucos palestrantes da conferência que não abordavam o avanço revolucionário de Maldacena e, por isso, julguei apropriado fazer esse "prefácio" à minha fala, como expressão de meu apreço.

Agora, passada já mais de uma década, muitos concordarão em que nenhum trabalho sobre a teoria de cordas teve magnitude e influência comparáveis. Dentre as numerosas ramificações das conclusões de Maldacena, há uma que é diretamente relevante para a linha que estamos seguindo aqui. Em um determinado contexto hipotético, o resultado de Maldacena *realiza explicitamente o princípio holográfico e, ao fazê-lo, proporciona o primeiro exemplo matemático de universos paralelos holográficos*. Maldacena alcançou esse estágio considerando a teoria de cordas em um universo cuja forma difere da de nosso universo, mas que, para o propósito específico, é mais fácil de analisar. Em um sentido matemático mais preciso, a forma tem uma fronteira, uma superfície impenetrável que envolve por completo seu interior. Ao concentrar-se nessa superfície, Maldacena argumentou de maneira convincente que tudo que tem lugar dentro desse universo é um reflexo de leis e processos que se desenvolvem na fronteira.

Embora o método de Maldacena não pareça diretamente aplicável a um universo com a forma que tem o nosso, seu trabalho é decisivo porque estabelece um campo de provas matemático no qual as ideias relativas a universos holográficos podem ser explicitadas e pesquisadas quantitativamente. Os resultados desses estudos provocaram uma mudança de atitude em um grande número de físicos que antes viam o princípio holográfico com muita suspeita e isso, por sua vez, desencadeou uma avalanche de pesquisas que produziram milhares de artigos e uma compreensão consideravelmente mais profunda do tema. O aspecto mais interessante de todos é que hoje está comprovado que *é* possível estabelecer um vínculo entre esses insights teóricos e a física existente em nosso universo. Nos próximos anos, esse vínculo poderá permitir até que as ideias holográficas sejam testadas experimentalmente.

O restante desta seção e a próxima serão dedicados a explicar como Maldacena conseguiu completar seu raciocínio. Esse é o material mais difícil que cobriremos neste livro. Começaremos por um breve sumário — um conjunto de notas que funcionam também como um passe que permite ir diretamente, sem sentimentos de culpa, para a seção seguinte. Isso se, em algum momento, a densidade do material aqui apresentado superar seu apetite pelos detalhes.

A inspiração da ação de Maldacena foi invocar uma nova versão dos argumentos de dualidade discutidos no capítulo 5. Lembre-se das branas — os universos de "fatias de pão" — que foram então apresentadas. Maldacena considerou, a partir de duas perspectivas complementares, as propriedades de um conjunto de branas tridimensionais, como na figura 9.4. Uma das perspectivas, a perspectiva "intrínseca", concentrava-se em cordas que se movem, vibram e se agitam ao longo das próprias branas. A outra, a perspectiva "extrínseca", analisava como as branas influenciam gravitacionalmente seu ambiente imediato, assim como o Sol e a Terra influenciam os seus. Maldacena argumentou que ambas as perspectivas descrevem uma única e mesma situação física, analisada de dois diferentes pontos de vista. A perspectiva intrínseca envolve cordas que se movem por uma pilha de branas, e a perspectiva extrínseca envolve cordas que se movem através de uma região de espaço-tempo curvo, limitada pela pilha de branas. Igualando as duas, Maldacena encontrou um vínculo explícito entre a física que acontece em uma região e a física que acontece na fronteira dessa região. Encontrou uma realização explícita da holografia. Essa é a ideia básica.

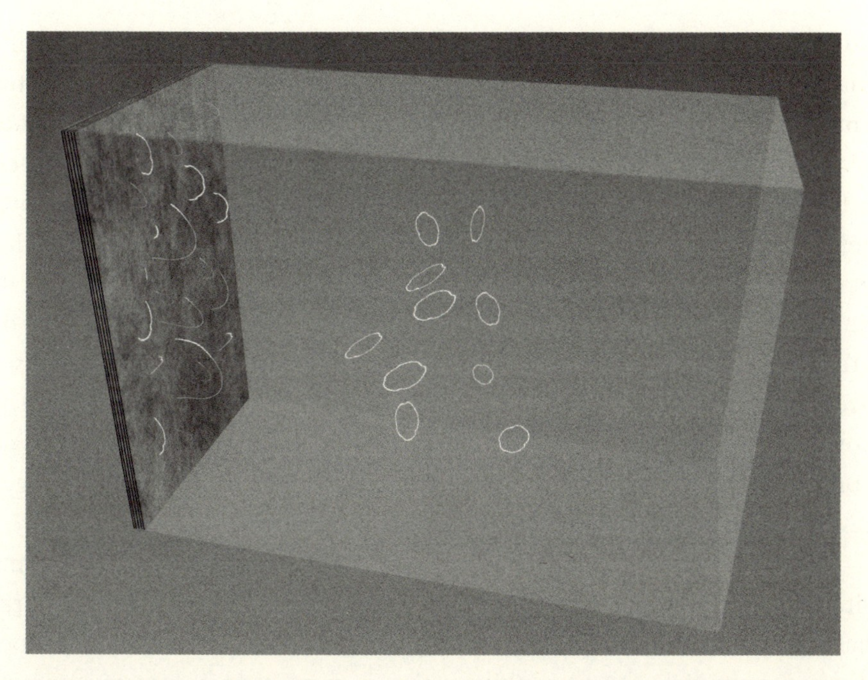

Figura 9.4. *Um conjunto de 3-branas, dispostas com grande proximidade, com cordas abertas, confinadas às superfícies das branas, e com cordas fechadas, que podem mover-se através do espaço maior, o "bulk".*

Com um pouco mais de cores, a história é a seguinte.

Consideremos, diz Maldacena, uma pilha de 3-branas tão próximas umas às outras que a pilha parece um bloco monolítico — figura 9.4 — e estudemos o comportamento das cordas que se movem nesse ambiente. Você se lembra de que há dois tipos de cordas — as que são traços abertos e as que são laços fechados — e que as pontas das cordas abertas podem mover-se dentro e através das branas, mas não podem sair delas, enquanto as cordas fechadas não têm pontas e por isso podem mover-se livremente por toda a extensão espacial. No jargão dos especialistas, dizemos que as cordas abertas são confinadas às branas e as cordas fechadas podem mover-se através do "bulk",* o espaço maior.

O passo inicial de Maldacena foi concentrar sua atenção matemática nas cordas que têm baixa energia, ou seja, as que vibram lentamente. Esta é a razão:

* *Bulk* poderia ser traduzido como "miolo", mas optou-se por manter o termo em inglês. (N. R. T.)

a força da gravidade que atua entre dois objetos quaisquer é proporcional à massa de cada um deles. O mesmo acontece quando a força da gravidade atua entre duas cordas quaisquer. As cordas com baixa energia têm também pouca massa e portanto apresentam uma resposta quase nula à gravidade. Colocando o foco sobre as cordas com baixa energia, Maldacena estava, dessa maneira, suprimindo a influência da gravidade e isso gera uma simplificação substancial. Na teoria de cordas, como já vimos (capítulo 5), a gravidade é transmitida de um lugar a outro por meio de cordas fechadas. A supressão da influência da gravidade equivale, portanto, à supressão da influência das cordas fechadas sobre tudo o que elas encontrem — e muito especialmente neste caso sobre as cordas abertas que habitam a pilha de branas. Ao assegurar que os dois tipos de cordas, abertas e fechadas, não exercem efeitos recíprocos, Maldacena assegurava também que elas pudessem ser analisadas independentemente.

Em seguida, ele mudou de ótica e sugeriu que pensemos sobre a mesma situação, mas a partir de uma perspectiva diferente. Em vez de tratar as 3-branas como um substrato que permite o movimento das cordas abertas, ele pediu que as víssemos como um objeto único, com sua própria massa intrínseca, que, por conseguinte, encurva o espaço e o tempo nas suas proximidades. Maldacena teve a sorte de que pesquisas anteriores, conduzidas por diversos cientistas, já haviam assentado as bases para essa perspectiva alternativa. Esses trabalhos tinham estabelecido que, quando se empilham mais e mais branas, sua força gravitacional coletiva cresce progressivamente. Em última análise, o bloco de branas comporta-se de maneira muito semelhante à de um buraco negro. Mas se trata de um buraco negro com forma de brana, que é, portanto, chamado de *brana negra*. Como no caso dos buracos negros mais comuns, se você se aproximar demasiado de uma brana negra, não poderá escapar. E, também como no caso de um buraco negro comum, se você ficar olhando, de longe, alguma coisa que se aproxima de uma brana negra, a luz que chega até você estará muito enfraquecida pela luta que teve de travar contra a gravidade da brana negra. Isso fará com que o objeto pareça ter cada vez menos energia e mover-se cada vez mais devagar.[14]

A partir dessa segunda perspectiva, Maldacena voltou a concentrar o foco nos aspectos de baixa energia de um universo que contém esse bloco negro. De modo muito semelhante ao que usara para trabalhar com a primeira perspectiva, ele verificou que a física de baixa energia envolve dois componentes que podem ser analisados independentemente. As cordas fechadas, que vibram vagarosamente e se movem por qualquer lugar do espaço maior, são as transportadoras mais óbvias de baixas energias. O segundo componente deriva da presença da brana negra. Imagine que você está longe da brana negra e tem em sua posse uma corda fechada que vibra com uma quantidade arbitrariamente alta de energia. Imagine, em seguida, que a corda se aproxima do horizonte de eventos enquanto você se mantém a uma distância prudente. Como ressaltamos acima, a brana negra fará com que a energia da corda pareça cada vez mais baixa. A luz que chega a você fará com que a corda pareça mover-se em câmara lenta. As segundas transportadoras de baixa energia são, portanto, todas as cordas vibrantes que estejam suficientemente próximas ao horizonte de eventos da brana negra.

O movimento final de Maldacena foi comparar as duas perspectivas. Ele notou que, como ambas descrevem a mesma pilha de branas, sob pontos de vista diferentes, elas também estarão de acordo entre si. Ambas as descrições envolvem cordas fechadas de baixa energia que se movem através do "bulk" espacial, de modo que essa parte do acordo é manifesta. Mas as partes restantes de cada descrição deverão também estar de acordo.

E isso se revela absolutamente surpreendente.

A parte restante da primeira descrição consiste em cordas abertas de baixa energia que se movem nas 3-branas. Lembramos, do capítulo 4, que as cordas com baixa energia são bem descritas pela teoria quântica de campos das partículas puntiformes e esse é também o caso nesta situação. O tipo particular de teoria quântica de campos envolve diversos componentes matemáticos sofisticados (e tem um nome de meter medo: *teoria quântica de campos de calibre supersimétrica conformalmente invariante*), mas duas características vitais podem ser prontamente compreendidas. A ausência das cordas fechadas assegura a ausência do campo gravitacional. E, como as cordas só podem mover-se através das branas empilhadas, a teoria quântica de campos existe em três dimensões espaciais (além da dimensão temporal única, o que dá o total de quatro dimensões espaço-temporais).

A parte restante da segunda descrição consiste em cordas fechadas que executam quaisquer padrões de vibração, sempre que elas estejam suficientemente próximas ao horizonte de eventos da brana negra para que pareçam estar em estado letárgico, ou seja, para que pareçam ter baixa energia. Essas cordas, embora limitadas no que diz respeito à distância a que podem estar com relação à pilha negra, vibram e movem-se através de nove dimensões espaciais (além da dimensão única do tempo, o que perfaz o total de dez dimensões espaço-temporais). E, como esse setor está construído a partir de cordas fechadas, ele contém a força da gravidade.

Por mais diferentes que as duas perspectivas possam parecer, elas descrevem uma mesma e única situação física. Portanto, deverão concordar entre si. Isso leva a uma conclusão totalmente estranha. *Uma determinada teoria quântica de campos não gravitacional de partículas puntiformes em quatro dimensões espaço-temporais* (a primeira perspectiva) *descreve a mesma física, incluindo a gravidade, que as cordas que se movem através de uma faixa determinada de dez dimensões espaço-temporais* (a segunda perspectiva). Isso parece mais exorbitante do que dizer que... Bem, honestamente, eu tentei, mas não consegui me lembrar de duas coisas do mundo real que sejam mais diferentes entre si do que estas duas teorias. Mas Maldacena seguiu a matemática, do modo como assinalamos, e chegou a essa conclusão.

A própria estranheza da conclusão — assim como a audácia da afirmação — ainda se vê aumentada pelo fato de que em questão de momentos ela pode ser colocada em linha com a corrente de pensamento já desenvolvida neste capítulo. Tal como a figura 9.5 ilustra esquematicamente, a gravidade do bloco monolítico negro de 3-branas confere uma forma curva à região contígua do espaço-tempo de dez dimensões (os detalhes são secundários, mas o espaço-tempo curvo é chamado *espaço de anti-de Sitter pentadimensional vezes a cinco-esfera*). O monolito da brana negra é, ele próprio, a fronteira, o limite desse espaço. Assim, o resultado de Maldacena diz que a teoria de cordas, no "bulk" dessa forma de espaço-tempo, é idêntica à teoria quântica de campos que vive em sua *fronteira*.[15]

A holografia vem à luz.

O que Maldacena fez foi construir um laboratório matemático que se autocontém e no qual os físicos podem, entre outras coisas, explorar em detalhes concretos uma realização holográfica das leis da física. Em poucos meses, dois novos trabalhos, um de Edward Witten e outro de Steven Gubser, Igor Klebanov e Alexander Polyakov, propiciaram um nível adicional de compreensão. Eles elaboraram um dicionário matemático preciso para fazer as traduções entre as duas perspectivas: dado um processo físico na fronteira da brana, o

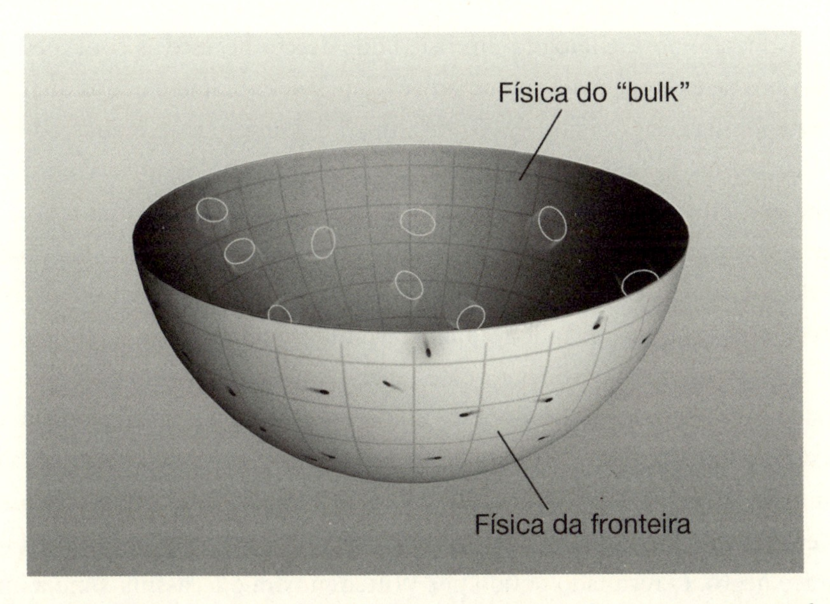

Figura 9.5. *Ilustração esquemática da dualidade entre a teoria de cordas que atua no interior de um espaço-tempo particular e a teoria quântica de campos que atua na fronteira do espaço-tempo.*

dicionário mostrava como ele apareceria no interior do "bulk", e vice-versa. Assim, em um universo hipotético, o dicionário tornava explícito o princípio holográfico. Na fronteira desse universo, a informação é incorporada em campos quânticos. Quando a informação é traduzida pelo dicionário matemático, ela narra, na linguagem da teoria de cordas, uma história de fenômenos que ocorrem no interior do universo.

O próprio dicionário torna a metáfora holográfica mais apropriada. Um holograma comum não tem nenhuma semelhança com a imagem tridimensional que ele gera. Em sua superfície aparecem apenas várias linhas, arcos e espirais gravados no plástico. Contudo, uma transformação complexa, levada a efeito operacionalmente pela aplicação de um feixe de laser através do plástico, transforma essas marcas em uma imagem tridimensional. Isso significa que o holograma de plástico e a imagem tridimensional incorporam os mesmos dados, ainda que as informações, em um caso, não sejam reconhecíveis na perspectiva do outro. Do mesmo modo, o exame da teoria quântica de campos da fronteira do universo de Maldacena revela que ela não apresenta nenhuma semelhança óbvia com a teoria de cordas que vigora no interior. Se ambas as teorias fossem apresentadas a um físico que desconhecesse as conexões que acabamos de expor, é mais do que provável que ele concluísse que as duas não têm nenhuma relação entre si. No entanto, o dicionário matemático que liga as duas teorias — funcionando tal como um laser nos hologramas comuns — torna explícito que seja o que for que aconteça em uma das teorias tem também uma encarnação na outra. Ao mesmo tempo, um exame do dicionário revela que, assim como em um holograma real, a informação em cada versão parece irreconhecível quando traduzida na linguagem da outra.

Em um exemplo particularmente expressivo, Witten investigou como um buraco negro comum, no interior do universo de Maldacena, pareceria quando visto na perspectiva da teoria da fronteira. Lembre-se de que a teoria da fronteira não inclui a gravidade, razão por que o buraco negro necessariamente tem de ser traduzido em algo que não se parece nem um pouco com um buraco negro. O resultado obtido por Witten mostra que, assim como a imagem assustadora do Mágico de Oz era produzida por um homem normal, o buraco negro voraz é a projeção holográfica de algo igualmente comum: um banho de partículas quentes na teoria da fronteira (Figura 9.6). Assim como no caso de um holograma real e da imagem por ele gerada, as duas teorias — um buraco negro no espaço interior e uma teoria quântica de campos de alta temperatura na fronteira — não apresentam nenhuma semelhança entre si, mas incorporam informações idênticas.*

Na parábola da caverna, de Platão, nossos sentidos só reconhecem uma versão achatada e empobrecida de uma realidade cuja textura é mais rica. O mundo achatado de Maldacena é muito diferente disso. Longe de ser um mun-

* Existe uma história correlata que não mencionei neste capítulo e que tem a ver com um longo debate sobre se os buracos negros requerem uma modificação na mecânica quântica — se, por devorarem informações, eles põem fim à capacidade de construir a evolução completa das ondas de probabilidade no tempo futuro. Para resumi-la em uma frase, pode-se dizer que o resultado obtido por Witten, ao estabelecer uma equivalência entre um buraco negro e uma situação física que *não destrói* a informação (a teoria quântica de campos de alta temperatura), fornece uma comprovação efetiva de que toda informação que se precipita em um buraco negro é, em última análise, acessível ao mundo exterior. A mecânica quântica não precisa ser modificada. Essa aplicação da descoberta de Maldacena também estabelece que a teoria da fronteira proporciona a descrição completa da informação (entropia) armazenada na superfície de um buraco negro.

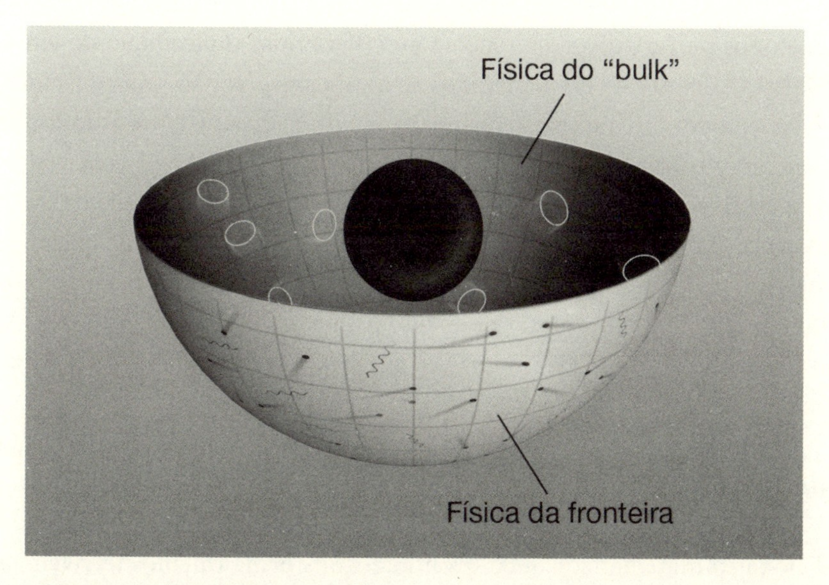

Figura 9.6. *A equivalência holográfica aplicada a um buraco negro no "bulk" do espaço-tempo revela um banho de partículas quentes e radiação na fronteira da região.*

do empobrecido, ele nos revela a história como um todo. E é uma história profundamente diferente daquela a que estamos acostumados. E esse mundo achatado pode ser seu narrador principal.

UNIVERSOS PARALELOS OU MATEMÁTICAS PARALELAS?

As conclusões de Maldacena, e as muitas outras que elas provocaram nos anos seguintes, são consideradas conjecturais. Como sua matemática é tremendamente difícil, a composição de uma argumentação definitiva permanece incompleta. Mas as ideias holográficas já foram submetidas a muitos testes matemáticos estritos e, tendo passado ilesas por eles, foram guindadas às correntes principais do conhecimento entre os físicos que buscam as raízes profundas das leis da natureza.

Um fator que contribui para a dificuldade de uma comprovação rigorosa de que a fronteira e o "bulk" são versões disfarçadas uma da outra deixa claro por que essa conclusão, se for correta, é tão decisiva. No capítulo 5, descrevi como, em muitas situações, os físicos confiam em técnicas aproximativas, como os métodos perturbativos que mencionei (lembre-se do exemplo da loteria). Ressaltei também que esses métodos só alcançam precisão se a constante de acoplamento for um número pequeno. Ao analisar a relação entre a teoria quântica de campos na fronteira e a teoria de cordas no "bulk", Maldacena verificou que, quando o acoplamento em uma teoria é pequeno, ele é grande na outra, e vice-versa. O teste natural, e um possível meio de comprovação de que as duas teorias são secretamente idênticas, é o desenvolvimento independente dos cálculos em cada teoria e a posterior análise para a verificação da igualdade. Mas isso também é difícil de fazer, uma vez que, quando os métodos perturbativos funcionam bem para uma teoria, funcionam mal para a outra.[16]

Contudo, se aceitarmos a argumentação mais abstrata de Maldacena, vista na seção anterior, o vício do método perturbativo transforma-se em virtude. Tal como vimos com relação às dualidades, na teoria de cordas, no capítulo 5, o dicionário matemático "bulk"-fronteira transforma cálculos terrivelmente difíceis, afetados pelo acoplamento grande que existe em um dos cenários, em cálculos simples e diretos, com acoplamento pequeno, no outro cenário. Nos anos mais recentes, essa técnica produziu resultados que podem vir a ser testados experimentalmente.

No Colisor Relativístico de Íons Pesados (Relativistic Heavy Ion Collider — RHIC), em Brookhaven, Nova York, núcleos de ouro são lançados uns contra os outros a velocidades pouco abaixo da velocidade da luz. Como os núcleos contêm muitos prótons e nêutrons, as colisões criam uma comoção entre as partículas, com temperaturas que podem ser mais de 200 mil vezes mais altas do que as do centro do Sol. Esse calor é suficiente para fundir os prótons e os nêutrons em um fluido de quarks e dos glúons que interagem com eles. Os físicos esforçam-se ao máximo para compreender essa fase fluida, denominada *plasma de quarks e glúons*, porque é provável que a matéria tenha tomado essa forma durante um brevíssimo período logo após o big bang.

O desafio está no fato de que a teoria quântica de campos (*cromodinâmica quântica*) que descreve a sopa fervente de quarks e glúons tem um valor elevado para sua constante de acoplamento e isso compromete a precisão dos métodos perturbativos. Técnicas engenhosas têm sido desenvolvidas para contornar esse obstáculo, mas as medições experimentais continuam a provocar dúvidas sobre as conclusões teóricas. Por exemplo, na movimentação de qualquer fluido — seja água, xarope, ou plasma de quarks e glúons —, cada camada do fluido exerce uma força retentiva sobre as camadas que fluem acima ou abaixo. Essa força é denominada *viscosidade de cisalhamento*. Experimentos realizados no RHIC mediram a viscosidade de cisalhamento do plasma de quarks e glúons e os resultados obtidos foram muito menores do que os previstos pelos cálculos perturbativos da teoria quântica de campos.

Aqui está uma maneira possível de avançar. Ao introduzir o princípio holográfico, adotei a perspectiva de imaginar que tudo o que constitui nossa experiência está no interior do espaço-tempo, com o toque inesperado de que há processos que espelham essas experiências e que têm lugar em uma fronteira distante. Vamos inverter essa perspectiva. Imagine que nosso universo — ou, com maior precisão, os quarks e glúons de nosso universo — existe na fronteira e, portanto, é aí que os experimentos do RHIC ocorrem. Invoque, agora, Maldacena. Suas conclusões mostram que os experimentos do RHIC (que são descritos pela teoria quântica de campos) têm uma descrição matemática alternativa em termos de cordas que se movem no "bulk". Os detalhes são complexos, mas o poder dessa conversão é imediato: cálculos que são difíceis na descrição da fronteira (onde o acoplamento é grande) são transformados em cálculos mais fáceis na descrição do "bulk" (onde o acoplamento é pequeno).[17]

Pavel Kovtun, Andrei Starinets e Dam Son aplicaram a matemática e os resultados que obtiveram aproximam-se de modo impressionante dos dados experimentais. Esse trabalho pioneiro deu motivação a um exército de pesquisadores teóricos no sentido de executar muitos outros cálculos na teoria de cordas, com o objetivo de fazer contato com as observações do RHIC, o que produziu uma vigorosa interação entre teoria e experimentos — uma ótima novidade para quem trabalha com a teoria de cordas.

Tenha em mente que a teoria da fronteira não modela nosso universo por inteiro, pois, por exemplo, ela não contém a força gravitacional. Isso não compromete o contato com os dados do RHIC porque, nesses experimentos, as partículas têm massa tão pequena (mesmo quando viajam a velocidades próximas à da luz) que a força gravitacional não desempenha, na prática, nenhum papel. Mas isso deixa claro que, nessa aplicação, a teoria de cordas não está sendo usada como uma "teoria de todas as coisas". Em vez disso, a teoria de cordas proporciona um novo instrumento de cálculo para a superação de obstáculos que têm causado dificuldades em métodos mais tradicionais. De um ponto de vista conservador, analisar quarks e glúons por meio de uma teoria de cordas com dimensões extras pode ser visto como um poderoso truque matemático que tem essa teoria por base. De um ponto de vista menos conservador, pode-se imaginar que a descrição da teoria de cordas com dimensões extras é, de uma maneira que ainda não compreendemos bem, fisicamente real.

Independentemente da perspectiva, de maneira conservadora ou não, a resultante confluência de resultados matemáticos com observações experimentais é extremamente significativa. Não sou favorável a hipérboles, mas situo esses desenvolvimentos entre os avanços mais expressivos das últimas décadas. As manipulações matemáticas que utilizam cordas que se movem através de um determinado espaço-tempo de dez dimensões nos dizem algo a respeito de quarks e glúons que habitam um espaço-tempo quadridimensional — e esse "algo" que os cálculos nos mostram parece refletir-se nos experimentos.

CONCLUSÃO: O FUTURO DA TEORIA DE CORDAS

Os desenvolvimentos que cobrimos neste capítulo transcendem as avaliações da teoria de cordas. Da ênfase de Wheeler na análise do universo em termos de informação ao reconhecimento de que a entropia é uma medida da informação oculta, à reconciliação entre a segunda lei da termodinâmica e os buracos negros, à percepção de que os buracos negros armazenam a entropia em sua superfície e ao entendimento de que os buracos negros estabelecem um limite máximo para a quantidade de informação que uma determinada região pode conter, percorremos uma estrada cheia de curvas, através de muitas décadas e de um complexo conjunto de resultados. A viagem foi cheia de insights notáveis e levou-nos a uma nova ideia unificadora — o princípio holográfico. Esse princípio, como vimos, sugere que os fenômenos que testemunhamos são espelhados em uma superfície limítrofe, tênue e distante. Olhando para o futuro, suspeito que o princípio holográfico será um farol que guiará os físicos por boa parte do século XXI.

O fato de que a teoria de cordas incorpora o princípio holográfico e fornece exemplos concretos de mundos holográficos paralelos é uma expressão de como certos desenvolvimentos que estão na vanguarda da ciência unem-se na formação de uma síntese nova e potente. Esses exemplos proporcionaram as bases para cálculos explícitos que levam a algumas conclusões que podem ser comparadas com resultados de experimentos do mundo real, e esse é um passo positivo no rumo do contato com a realidade observável. Mas dentro da própria teoria de cordas existe um contexto mais amplo, no qual esses desenvolvimentos devem ser examinados.

Durante quase trinta anos, desde a descoberta da teoria de cordas, os físicos não dispuseram de uma definição matemática completa da teoria. Os primeiros teóricos lançaram as ideias essenciais de cordas que vibram e dimensões extras, mas, mesmo depois de décadas de trabalho, as bases matemáticas da teoria continuavam a ser aproximativas e, por conseguinte, incompletas. A abordagem de Maldacena representa um grande progresso. A espécie de teoria quântica de campos que Maldacena identificou como a teoria da fronteira está entre as que os matemáticos conhecem melhor, dentre todas as que os físicos de partículas vêm estudando desde meados do século XX. Ela não inclui a gravidade e essa é uma grande vantagem, pois, como vimos, tentar juntar a relatividade geral e a teoria quântica de campos é como fazer uma fogueira em uma fábrica de explosivos. Agora já aprendemos que esta teoria quântica de campos não gravitacional e matematicamente sóbria *gera* a teoria de cordas — uma teoria que contém a gravidade — holograficamente. Operando na fronteira de um universo que tem a forma específica ilustrada esquematicamente na figura 9.5, essa teoria quântica de campos incorpora todas as características físicas, os processos e as interações das cordas que se movem em seu interior, em uma vinculação tornada também explícita através do dicionário que traduz os fenômenos de um cenário para o outro. E, como já temos uma definição matemática segura da teoria quântica de campos da fronteira, *podemos usá-la como definição matemática da teoria de cordas*, pelo menos para as cordas que se movem no interior dessa forma de espaço-tempo. Os universos paralelos holográficos podem, assim, ser algo mais do que um desdobramento potencial das leis fundamentais; eles podem ser parte da própria definição das leis fundamentais.[18]

Ao introduzir a teoria de cordas no capítulo 4, observei que ela se insere no campo venerável das que proporcionam novas abordagens sobre as leis da natureza sem, contudo, anular teorias anteriores. Os desenvolvimentos que acabamos de descrever levam essa observação a um nível totalmente diferente. A teoria de cordas não se limita a conformar-se com a teoria quântica de campos em certas circunstâncias. As conclusões de Maldacena sugerem que a teoria de cordas e a teoria quântica de campos são abordagens equivalentes expressas em linguagens diferentes. A tradução entre elas é complexa e essa é a razão por que foram necessários mais de quarenta anos para que tal nexo viesse à luz. Mas, se os insights de Maldacena forem totalmente válidos, como atestam todos os elementos de comprovação disponíveis, a teoria de cordas e a teoria quântica de campos podem bem ser duas faces de uma mesma moeda.

Os físicos trabalham agora com afinco no esforço de generalizar os métodos para que eles possam ser aplicados a universos que tenham qualquer tipo de forma. Se a teoria de cordas estiver certa, isso incluirá nosso universo. Mas, mesmo com as limitações atuais, o fato de dispormos, finalmente, de uma formulação firme de uma teoria sobre a qual trabalhamos por muitos anos é um fundamento essencial para o progresso futuro. É o bastante para fazer um físico cantar e dançar.

10. Universos, computadores e realidade matemática

*O multiverso simulado e o multiverso máximo**

As teorias sobre universos paralelos que consideramos nos capítulos anteriores surgiram de leis matemáticas desenvolvidas pelos físicos em busca de desvendar os mecanismos mais profundos da natureza. A credibilidade alcançada por este ou aquele conjunto de leis varia muitíssimo — a mecânica quântica é vista como uma realidade consagrada; a cosmologia inflacionária tem apoio observacional; a teoria de cordas é inteiramente especulativa —, assim como o tipo e a necessidade lógica dos universos paralelos associados a cada uma delas. Mas existe um padrão claro: quando passamos o controle para os próprios fundamentos matemáticos das principais propostas de leis da física que consideramos, somos levados reiteradamente a alguma versão de mundos paralelos.

Vamos agora mudar de abordagem. O que acontecerá se tomarmos o controle? Nós, seres humanos, poderemos manipular a evolução do cosmo e criar, nós mesmos, universos paralelos ao nosso? Se você acredita, como eu, que o comportamento dos seres vivos é ditado pelas leis da natureza, então talvez você não veja aqui nenhuma mudança de abordagem, mas simplesmente um estreitamento da perspectiva em torno das interações entre as leis da natureza e a atividade humana. Essa linha de pensamento logo nos traz questões espinhosas,

* No original, *ultimate multiverse.* (N. R. T.)

como o debate imemorial entre o determinismo e o livre-arbítrio. Mas essa não é a direção que quero tomar. Na verdade, minha pergunta é a seguinte: com o mesmo sentido de intenção e controle que você experimenta ao escolher um filme ou uma refeição, você poderia também criar um universo?

A pergunta soa extravagante. E é mesmo. Devo avisar logo que, ao contemplá-la, nós nos veremos em território ainda mais especulativo do que o que já cobrimos. E, levando em conta os lugares por onde já andamos, isso diz muito. Mas vamos nos divertir um pouco e ver aonde essa pergunta nos leva. Permita-me delinear a perspectiva que tomaremos. Ao contemplar a criação do universo, estou menos interessado em contingências práticas do que nas possibilidades tornadas possíveis pelas leis da física. Assim, quando falo em "você" como criador de um universo, quero referir-me a você, ou a um distante descendente seu, ou a um exército de descendentes, depois de milênios de progresso científico. Esses seres humanos presentes ou futuros continuarão a estar sujeitos às leis da física, mas também imaginarei que eles detêm tecnologias avançadas — arbitrariamente avançadas. Considerarei também a criação de dois tipos distintos de universos. O primeiro tipo compreende os universos usuais: os que preenchem uma extensão de espaço e contêm diversas formas de matéria e energia. O segundo tipo é menos tangível: universos virtuais gerados por computadores. A discussão também gerará naturalmente um vínculo com uma terceira proposta de multiverso. Essa variedade não se origina do pensamento a respeito da criação, propriamente dita, de universos. Ela se refere à questão de saber se a matemática é "real" ou criada pela mente.

COMO CRIAR UM UNIVERSO

Apesar das incertezas quanto à composição do universo — O que é a energia escura? Qual é a lista completa das partículas fundamentais? —, os cientistas confiam na estimativa de que, se pesássemos tudo o que existe no âmbito de nosso horizonte cósmico, o total chegaria a cerca de 10 bilhões de bilhões de bilhões de bilhões de bilhões de bilhões de gramas. Se a medida fosse significativamente maior ou menor, a influência gravitacional sobre a radiação cósmica de fundo em micro-ondas teria feito com que as manchas da figura 3.4 fossem muito maiores ou menores; e isso entraria em conflito com as medições refinadas já feitas sobre seu tamanho angular. Mas o peso preciso do universo observável é secundário. O que quero dizer é que ele é muito grande. Tão grande que a própria noção de que nós, seres humanos, possamos criar um outro domínio como esse parece totalmente fora de propósito.

O emprego da cosmologia do big bang como guia para formação de um universo não nos serve como orientação para superar esse obstáculo. Na teoria padrão do big bang, o universo observável é cada vez menor à medida que recuamos no passado, mas as prodigiosas quantidades de matéria e energia que hoje medimos sempre estiveram presentes. Elas simplesmente se apertavam em um volume que era cada vez menor. Se quiséssemos um universo semelhante ao que vemos hoje, teríamos de começar com uma matéria-prima cuja massa e energia fossem do porte das que hoje observamos. A teoria do big bang toma essa matéria-prima como um dado inicial não explicado.[1]

Em grandes linhas, portanto, as instruções do big bang para a criação de um universo como o nosso requerem que reunamos uma quantidade gigantesca de massa e a comprimamos a um tamanho fantasticamente pequeno. Mas, tendo conseguido isso, por mais improvável que seja, teríamos de enfrentar outro desafio: como fazer a ignição do bang? Esse é um obstáculo que se torna ainda mais desanimador se considerarmos que o big bang não é uma explosão que ocorre em uma região estática do espaço, mas que dá início à expansão do próprio espaço.

Se a teoria do big bang fosse o pináculo do pensamento cosmológico, a busca científica da criação universal terminaria aí. Mas não é assim. Vimos que a teoria do big bang deu lugar à teoria mais robusta da cosmologia inflacionária e a inflação oferece uma estratégia para avançar. Tendo a poderosa impulsão da expansão espacial como sua marca genuína, a teoria inflacionária dá o bang ao big bang — um bang realmente grande. De acordo com a inflação, uma explosão antigravitacional foi o que pôs em movimento a expansão do espaço. Igualmente importante, como veremos agora, a inflação estabelece que vastas quantidades de matéria podem ser *criadas* a partir da mais modesta das sementes.

Lembre-se do capítulo 3, quando vimos que na abordagem inflacionária um universo como o nosso — um buraco no queijo suíço cósmico — forma-se quando o valor do ínflaton rola para baixo em sua curva de energia potencial, pondo fim à monumental expansão no que diz respeito a uma região específica. Com a queda do valor do ínflaton, a energia que ele continha transforma-se em uma chuva de partículas que ocorre de maneira uniforme em toda a extensão da bolha recém-criada. Assim surgiu a matéria que vemos. Sem dúvida é um progresso, que traz, no entanto, a pergunta seguinte: Qual é a fonte da energia do ínflaton?

Ela provém da gravidade. Lembre-se de que a expansão inflacionária é muito semelhante à replicação de um vírus: um campo de ínflaton de valor alto leva a região em que ele está a um rápido crescimento e, ao fazê-lo, cria um volume espacial cada vez maior que, por sua vez, também é preenchido com um campo de ínflaton de valor alto. E, como um campo de ínflaton uniforme apresenta uma energia constante por unidade de volume, quanto maior for o volume que ele ocupa, tanto mais energia ele incorporará. A força propulsora da expansão é a gravidade — sob sua forma repulsiva — e, portanto, a gravidade é a fonte da quantidade crescente de energia que a região contém.

Pode-se dizer, assim, que a cosmologia inflacionária cria um fluxo sustentável de energia do campo gravitacional para o campo do ínflaton. Isso pode parecer mais um passe para o lado: e de onde a gravidade tira *sua* energia? Mas a situação aqui é bem melhor. A gravidade é diferente das outras forças porque onde há gravidade há um reservatório virtualmente ilimitado de energia. É uma ideia familiar expressa em linguagem incomum. Quando uma pessoa salta sobre um precipício, sua energia cinética — a energia de seu movimento — aumenta progressivamente. A gravidade é a força que comanda o movimento dessa pessoa, sua fonte da energia. Em uma situação realista, a pessoa atingirá o solo, mas, em princípio, a queda livre pode ser arbitrariamente longa, como quem cai por um buraco de coelho cada vez mais comprido, e a energia cinética da pessoa fica cada vez maior. A razão pela qual a gravidade pode suprir essas quantidades ilimitadas de energia está no fato de que, assim como o Tesouro dos Estados Unidos, ela não teme as dívidas. Com a queda, a energia da pessoa se torna cada vez mais positiva e isso é compensado pela gravidade, cuja energia se torna cada vez mais negativa. Você pode formar uma ideia intuitiva de que a energia gravitacional é negativa pensando que, para subir de volta pelo buraco do coelho, é preciso consumir a energia positiva — empurrar o corpo com as pernas, puxá-lo com os braços — e repagar, assim, a dívida energética acumulada.[2]

A conclusão essencial é que, à medida que uma região preenchida pelo ínflaton cresce rapidamente, o ínflaton extrai sua energia a partir dos recursos inesgotáveis do campo gravitacional e disso resulta que a energia dessa região também cresce rapidamente. E, como o campo do ínflaton supre a energia que é convertida em matéria comum, a cosmologia inflacionária — ao contrário do modelo do big bang — não requer que se tome como dado inicial a matéria-prima necessária para a criação de planetas, estrelas e galáxias. A gravidade dá à matéria tudo o que ela quer.

A única dotação de energia requerida pela cosmologia inflacionária é a necessária para a semente inflacionária inicial, uma pequena pepita esférica de espaço, preenchida com um campo de ínflaton de valor alto, que dá o impulso inicial à expansão inflacionária. Em termos numéricos, as equações mostram que a pepita não precisa ter mais do que 10^{-26} centímetros de diâmetro e conter um campo de ínflaton cuja energia, quando convertida em massa, pesaria menos de dez gramas.[3] Essa mínima semente passaria por uma expansão espetacular, mais rápida do que um raio, crescendo muito além do universo observável e acumulando quantidades sempre crescentes de energia. A energia total do ínflaton aumentaria com extraordinária rapidez, além do que seria necessário para criar todas as estrelas de todas as galáxias que podemos observar. Assim, sob o comando da inflação, o impossível ponto de partida da receita do big bang — a acumulação de mais de 10^{55} gramas colocadas em um espaço infinitesimalmente pequeno — transforma-se radicalmente. Acumule apenas dez gramas do campo do ínflaton e comprima-as em um espaço de cerca de 10^{-26} centímetros de diâmetro. É um punhado que caberia em sua carteira.

Essa abordagem apresenta, no entanto, desafios desanimadores. Em primeiro lugar porque o ínflaton continua a ser um campo puramente hipotético. Os cosmólogos incorporam livremente o ínflaton em suas equações, mas, ao contrário do que acontece com o campo do elétron, ou o do quark, ainda não há provas de que o campo do ínflaton exista. Em segundo lugar, mesmo que o ínflaton se revele real, e mesmo que, um dia, cheguemos a desenvolver os meios para manipulá-lo, assim como hoje manipulamos o campo eletromagnético, a *densidade* da semente de que necessitamos seria simplesmente enorme: cerca de 10^{67} vezes maior do que a de um núcleo atômico. Embora o peso da semente seja menor do que o de um punhado de pipocas, a força de compressão que teríamos de aplicar é trilhões e trilhões de vezes maior do que nossa capacidade atual de fazê-lo.

Mas esse é exatamente o tipo de problema que imaginamos que uma civilização avançada possa resolver. Portanto, se nossos descendentes remotos um dia conseguirem domar o campo do ínflaton e desenvolver compressores extraordinários, capazes de produzir essas densas pepitas, teremos nós alcançado o *status* de criadores de universos? E, já que contemplamos esse passo em direção ao Olimpo, devemos também preocupar-nos com a possibilidade de que, se desencadearmos artificialmente novos domínios inflacionários, nosso próprio lugar no espaço possa ser sugado pelo expansionismo que geramos? Alan Guth e diversos colaboradores investigaram essas questões e obtiveram boas e más notícias. Comecemos com a última questão, pois é aí que encontraremos as boas notícias.

Guth, juntamente com Steven Blau e Eduardo Guendelman, mostrou que não há necessidade de nos preocuparmos com que um surto artificial de expansão inflacionária venha a alterar nosso ambiente cósmico. A razão disso tem a ver com a pressão. Se uma semente inflacionária fosse criada em laboratório, ela abrigaria a energia positiva e a pressão negativa que são características do campo do ínflaton, mas ela estaria em meio ao espaço comum, em que o valor e a pressão do campo do ínflaton seriam iguais a zero (ou quase isso).

Normalmente, não atribuímos muito poder ao zero, mas, neste caso, o zero faz toda a diferença. Uma pressão igual a zero é maior do que uma pressão negativa, de modo que a pressão externa à semente seria maior do que a interna. Isso submeteria a semente a uma força externa líquida que exerce pressão sobre ela, assim como nossos tímpanos sofrem quando fazemos um mergulho profundo no mar. O diferencial de pressão é suficientemente forte para impedir que a semente se expanda pelo ambiente contíguo.

Mas isso não elimina o impulso expansivo do ínflaton. Se você injetar ar em um balão ao mesmo tempo que segura sua superfície, o balão se inflará a partir do espaço existente entre suas mãos. A semente do ínflaton pode ter um comportamento similar. A semente pode gerar um novo domínio espacial em expansão que brota a partir do ambiente espacial original, o que é ilustrado pela pequena esfera que cresce na figura 10.1. Os cálculos revelam que, quando o novo domínio em expansão alcança um tamanho crítico, o cordão umbilical que o une ao espaço original se corta, como na imagem final da figura 10.1, e nasce um universo inflacionário novo e independente.

Figura 10.1. *Devido à pressão maior do ambiente externo, uma semente inflacionária se vê forçada a expandir-se em um novo espaço, que se forma nesse momento. Com o crescimento do universo-bolha, ele se destaca do ambiente original, o que gera um domínio espacial separado, que se expande. Para alguém que esteja no ambiente externo, o processo se assemelhará à formação de um buraco negro.*

Por mais fascinante que seja esse processo — *a criação artificial de um novo universo* —, do ponto de vista de quem está no laboratório o espetáculo não estaria à altura do prometido. É verdade que o fato de a bolha inflacionária não engolir o ambiente circundante é um alívio, mas o lado negativo é que praticamente não haveria comprovação da própria criação. Um universo que se expande gerando um novo espaço que imediatamente se destaca do nosso é um universo que não podemos ver. Com efeito, quando esse universo se desprende, o único resíduo deixado seria um profundo poço gravitacional — que se pode ver na última imagem da figura 10.1 — que apareceria para nós como um buraco negro. E, como não temos a capacidade de enxergar para além da borda de um buraco negro, nem sequer poderíamos ter certeza de que nosso experimento teve êxito. Sem acesso ao novo universo, não teríamos os meios para determinar observacionalmente sua própria criação.

A física nos protege, mas o preço dessa segurança é a separação total entre criador e criatura. E essa é a boa notícia.

A má notícia para os aspirantes a criadores de universos é dada por uma conclusão menos exuberante de Guth e seu colega do MIT Edward Farhi. O tratamento matemático cuidadoso que eles deram ao tema revelou que a sequência ilustrada na figura 10.1 requer um componente adicional. Muitos balões requerem um forte sopro de ar inicial para que possam inflar-se mais facilmente. Guth e Farhi descobriram que o universo nascente da figura 10.1

requer uma forte ignição desse tipo para que a expansão inflacionária se desenvolva. Uma ignição tão forte que só há uma entidade capaz de proporcioná-la: um buraco branco. Um buraco branco, o contrário de um buraco negro, é um objeto hipotético que jorra matéria em vez de sugá-la. Isso requer condições tão extremas que os métodos matemáticos que conhecemos entram em colapso (assim como no caso do centro de um buraco negro). Evidentemente, ninguém está pensando em gerar buracos brancos em laboratório. Nunca. Guth e Farhi encontraram um problema fundamental nos trabalhos sobre a criação de universos.

Numerosos grupos de pesquisa sugeriram, a partir de então, maneiras possíveis de contornar o problema. Guth e Farhi, auxiliados por Jemal Guven, verificaram que, com a criação da semente inflacionária por meio de um processo de tunelamento quântico (similar ao que discutimos no contexto do multiverso da paisagem), a singularidade do buraco branco pode ser evitada. Mas a probabilidade de que o processo do tunelamento quântico possa ocorrer é tão fantasticamente pequena que não há praticamente nenhuma chance de que ele venha a acontecer em escalas de tempo que qualquer pessoa possa considerar digna de contemplar. Um grupo de físicos japoneses, Nobuyuki Sakai, Ken-ichi Nakao, Hideki Ishihara e Makoto Kobayashi, demonstrou que um monopolo magnético — uma partícula hipotética que tem ou o polo sul ou o polo norte de um ímã comum — poderia catalisar a expansão inflacionária, evitando também as singularidades. Mas, depois de quase quarenta anos de intensas pesquisas, ninguém jamais encontrou sequer uma única dessas partículas.*

Até hoje, portanto, o resumo é que a porta da criação de novos universos permanece aberta, mas só com uma fresta. Devido ao fato de que as propostas dependem fortemente de elementos hipotéticos, os desenvolvimentos futuros podem fechar a porta de maneira permanente. Mas, mesmo que não seja assim — ou mesmo que os trabalhos subsequentes produzam resultados mais convincentes quanto à possibilidade da criação de universos —, haveria motivação

* Ironicamente, uma explicação para o fato de que os monopolos magnéticos nunca foram encontrados (embora sua existência seja prevista por muitos métodos de chegar-se a uma teoria unificada) é que seu número ficou diluído pela rápida expansão do espaço que ocorre na cosmologia inflacionária. A sugestão que se faz agora é que os monopolos magnéticos podem desempenhar um papel na geração de futuros episódios inflacionários.

suficiente para prosseguirmos nesse caminho? Para que criar um universo se não há maneira de vê-lo, ou de interagir com ele, nem mesmo de saber com certeza que ele *foi* criado? Andrei Linde, famoso não só por seus profundos insights cosmológicos, mas também por seu pendor para o falso drama, observou que o encanto de brincar de deus é simplesmente irresistível.

Não sei se isso é verdade. É claro que seria fascinante conhecer tão bem as leis da natureza que pudéssemos reproduzir o mais importante de todos os eventos. Suspeito, contudo, que, quando tivermos a possibilidade de considerar seriamente a criação de um universo — se é que isso acontecerá algum dia —, nosso desenvolvimento técnico e científico tornará possível um número tão grande de outras realizações espetaculares, cujos resultados possam não apenas ser imaginados, mas também vividos, que a natureza intangível da criação de universos será muito menos interessante.

A atração nesse sentido seria seguramente mais forte se fosse possível aprender a fazer universos que pudéssemos ver e com eles interagir. Com relação à criação de universos "reais", no sentido usual de um universo constituído com os componentes normais de espaço, tempo, matéria e energia, não temos ainda nenhuma estratégia que seja compatível com as leis da física tal como as entendemos hoje.

Mas e se colocamos de lado os universos reais e consideramos os virtuais?

A MATÉRIA DO PENSAMENTO

Dois anos atrás, tive uma gripe forte, acompanhada de uma febre que me produziu alucinações muito mais vívidas do que qualquer sonho ou pesadelo. Em uma delas, que ficou em minha memória, eu me via com um grupo de pessoas em um quarto de hotel muito simples, sofrendo uma alucinação dentro da alucinação. Eu estava absolutamente seguro de que haviam se passado dias e mesmo semanas — até que me vi de volta na primeira alucinação e percebi, chocado, que praticamente não havia passado tempo algum. Cada vez que sentia que estava voltando para o quarto, tratava de resistir com toda a força, pois sabia, pelas experiências anteriores, que se entrasse no quarto seria completamente engolido novamente, incapaz de reconhecer a situação como falsa, até voltar para a primeira alucinação, quando, de novo, ficaria chocado ao perceber que o que pensava ser real era ilusório. Periodicamente, quando a febre baixava, eu conseguia saltar de nível, de volta à vida normal, e ver que todas as mudanças de lugar e de situação ocorriam apenas em minha mente.

Normalmente, não se aprende muito quando se tem febre, mas essa experiência deu caráter concreto a algo que, até então, eu havia compreendido apenas de maneira abstrata. Nossa ligação com a realidade é mais tênue do que a vida cotidiana nos leva a supor. Se as funções cerebrais normais forem modificadas, ainda que minimamente, a solidez da realidade pode desaparecer de repente. Embora o mundo externo permaneça estável, a maneira como o percebemos muda. Isso nos leva a uma questão filosófica clássica. Como todas as nossas experiências são filtradas e analisadas por nosso próprio cérebro, que certeza podemos ter de que nossas experiências refletem o que é real? Na linguagem que os filósofos preferem: como você sabe que está realmente lendo esta frase e não flutuando em um tanque em um planeta distante onde cientistas extraterrestres estimulam seu cérebro para produzir os pensamentos e experiências que você julga reais?

Essas são questões fundamentais da epistemologia, um dos ramos da filosofia, que pergunta em que consiste o conhecimento, como o adquirimos e como podemos estar certos de que efetivamente o temos. A cultura popular trouxe essas indagações acadêmicas para as grandes plateias em filmes como *Matrix*, *13º andar* e *Vanilla sky*, brincando com elas, de modo a divertir e fazer pensar. Assim, em uma linguagem mais livre, a pergunta que fazemos é: Como é que você sabe que não está preso à Matrix?

A conclusão é que você não pode ter certeza total. Você se comunica com o mundo através dos sentidos, que estimulam seus circuitos cerebrais da maneira como a evolução nos preparou para interpretá-lo. Se alguém estimular artificialmente seu cérebro, provocando impulsos elétricos exatamente iguais aos que são produzidos pelo ato de comer uma pizza, ler um livro ou flutuar no espaço vazio, a experiência virtual será indistinguível da experiência real. A experiência é ditada pelos processos cerebrais e não por aquilo que ativa esses processos.

Avançando um pouco mais, podemos considerar a possibilidade de prescindir por completo das limitações inerentes ao material biológico. Seus pensamentos e experiências poderiam ser apenas o resultado de estimulações que põem em ação um conjunto de softwares e circuitos suficientemente elaborado para imitar a função cerebral? Você fica mesmo convencido da realidade da carne, do sangue e do mundo físico, quando, na verdade, sua experiência é apenas uma aglomeração de impulsos elétricos que circulam por um supercomputador hiperavançado?

Um desafio imediato na consideração desses cenários é que eles facilmente desencadeiam uma espiral que leva a um colapso por ceticismo; terminamos por não confiar em nada, nem mesmo no poder de nosso raciocínio dedutivo. Minha resposta básica a questões como essas é buscar determinar a quantidade de poder computacional que seria necessária para que tenhamos a possibilidade de simular um cérebro humano. Mas se, na verdade, eu e nós todos fizermos parte dessa simulação, por que eu haveria de acreditar nos textos que leio sobre neurobiologia? Os livros também seriam simulações escritas por biólogos simulados, cujas conclusões seriam ditadas pelo software que produz a simulação e poderiam, assim, ser irrelevantes para o trabalho dos cérebros "reais". A própria noção de cérebro "real" poderia ser também um artifício gerado no computador. Se você não puder confiar em sua base de conhecimentos, a realidade logo se perde no mar.

Voltaremos a esses conceitos, mas não quero deixá-lo com a sensação de que estamos afundando — pelo menos ainda não. Então, por enquanto, lancemos a âncora. Imagine que você é realmente feito de carne e osso — e eu também — e que tudo o que você e eu pensamos ser real, no sentido corriqueiro da palavra, *é mesmo* real. Com todas essas premissas, vejamos a questão dos computadores e do poder do cérebro. Qual é, aproximadamente, a velocidade de processamento do cérebro humano e qual é o resultado de uma comparação entre ela e a capacidade dos computadores?

Mesmo que não estejamos perdidos em um pântano de ceticismo, a pergunta é difícil. A execução das funções cerebrais é ainda, em grande medida, um tema desconhecido. Mas, para formarmos uma primeira ideia do terreno, ainda que nebulosa, consideremos alguns números. A retina humana, uma fina placa de 100 milhões de neurônios, menor do que uma moeda de dez centavos de dólar e com a espessura de umas poucas folhas de papel, é um dos conglomerados de neurônios que estão mais bem estudados. O pesquisador de robótica Hans Moravec estimou que, para que um sistema retinal de base computacional possa estar em igualdade de condições com o dos seres humanos, teria de executar cerca de 1 bilhão de operações a cada segundo. Ampliar a escala do sistema retinal para a do cérebro como um todo significa multiplicá-lo cerca de 100 mil. Moravec sugere que, para estimularmos efetivamente um cérebro, é necessário um aumento comparável do poder de processamento para um total de cerca de 100 milhões de milhões (10^{14}) de operações por segundo.[4] Estimativas independentes, baseadas no número de sinapses do cérebro e do número típico de vezes em que elas entram em ação, levam a velocidades de processamento algumas ordens de grandeza maiores do que esse resultado — cerca de 10^{17} operações por segundo. Embora seja difícil alcançar uma precisão maior, essas cifras dão uma ideia do tamanho dos números envolvidos. O componente que estou usando agora tem uma velocidade de cerca de 1 bilhão de operações por segundo. Os computadores mais rápidos do mundo atual têm uma velocidade máxima de cerca de 10^{15} operações por segundo (dado que, sem dúvida, rapidamente tornará este livro desatualizado). Se usarmos a estimativa mais rápida para a velocidade do cérebro, veremos que, para aproximar-nos do poder de processamento de um cérebro, são necessários 100 milhões de laptops, ou cem supercomputadores.

Essas comparações tendem a ser ingênuas: os mistérios do cérebro são múltiplos e a velocidade é apenas um dos fatores genéricos de medida da função. Mas a grande maioria das pessoas concorda que, um dia, teremos computadores com capacidade igual, e provavelmente muito maior, àquilo que a biologia nos deu. Os futuristas afirmam que esses saltos tecnológicos produzirão um mundo tão diferente de nossa experiência familiar que não temos nem sequer a capacidade de imaginar como ele será. A partir de uma analogia com os fenômenos que estão além do alcance de nossas teorias físicas mais sofisticadas, eles dão a esse marco visionário o nome de singularidade. Um prognóstico muito aproximado diz que a ultrapassagem do poder cerebral pelo computador fará desaparecer completamente a fronteira entre os seres humanos e a tecnologia. Alguns antecipam um mundo inteiramente controlado por máquinas capazes de pensar e de sentir, enquanto aqueles de nós ainda baseados na velha biologia receberão rotineiramente novos conteúdos de informação cerebral e armazenarão com segurança seu conhecimento e sua própria personalidade *em silício*, de maneira integral, com discos de reserva e com duração ilimitada.

Essa visão pode ser hiperbólica. Pouco há que discutir com respeito às projeções relativas ao poder computacional, mas o que obviamente desconhecemos é se chegaremos algum dia a utilizar esse poder em uma fusão radical entre mente e máquina. Essa é uma questão de nossos dias, mas que tem raízes antigas. Estamos pensando sobre o pensamento há milhares de anos. Como é que o mundo externo gera nossas reações internas? Sua sensação de cor é a mesma que a minha? E suas sensações de som e de tato? O que é exatamente essa voz que escutamos dentro da cabeça, essa corrente de conversa interior que reconhecemos como nosso eu consciente? Ele é derivado exclusivamente de processos físicos? Ou a consciência surge de uma camada da realidade que transcende o aspecto físico? Em todas as eras, homens de pensamento profundo, como Platão e Aristóteles, Hobbes e Descartes, Hume e Kant, Kierkegaard e Nietzsche, James e Freud, Wittgenstein e Turing, entre tantos outros, tentaram compreender (ou negar) processos que animam a mente e criam a vida interior singular que podemos desenvolver através da introspecção.

Recentemente têm surgido muitas teorias sobre a mente que diferem entre si de maneiras significativas e sutis. Não precisamos ocupar-nos dos múltiplos detalhes, mas, para formar uma ideia sobre a direção em que a estrada está nos levando, eis alguns. As teorias *dualistas*, que apresentam muitas variantes, afirmam que o pensamento tem um componente não físico e essencial. Já as teorias *fisicalistas* da mente, que também apresentam muitas variantes, negam essa hipótese e propõem, por sua vez, que na base de toda experiência subjetiva singular existe um estado cerebral também singular. As teorias *funcionalistas* vão mais além nesse mesmo rumo e sugerem que o que realmente importa no funcionamento de uma mente são os processos e funções — os circuitos, suas interconexões, suas relações — e não os aspectos particulares do meio físico no qual esses processos ocorrem.

Os fisicalistas estão basicamente de acordo em que, se você conseguir replicar fielmente meu cérebro, qualquer que seja o meio adotado — molécula por molécula, átomo por átomo —, o produto final efetivamente pensará e sentirá como eu. Os funcionalistas estão basicamente de acordo em que, se você se concentrar nas estruturas de nível mais alto — replicando todas as minhas conexões cerebrais, preservando todos os processos do cérebro e mudando apenas o substrato físico através do qual eles acontecem —, chegamos ao mesmo ponto. Os dualistas estariam basicamente em desacordo com ambas as hipóteses.

A possibilidade do surgimento de uma consciência artificial está claramente baseada em um ponto de vista funcionalista. Uma premissa central dessa perspectiva é que o pensamento consciente não se sobrepõe ao cérebro, mas sim *constitui* a própria sensação gerada por um tipo particular de processamento de informações. Se esse processamento ocorre dentro de uma massa biológica de um quilo e meio ou dentro dos circuitos de um computador é irrelevante. A premissa pode estar errada. Talvez um conglomerado de conexões requeira um substrato de matéria cinzenta, úmida e enrugada para possuir a consciência de si mesmo. Talvez as moléculas físicas que constituem o cérebro, e não apenas os processos e conexões que essas moléculas permitem, sejam realmente necessárias para que o pensamento consciente possa animar o que é inanimado. Talvez o tipo de processamento de informação que os computadores realizam seja e continue a ser sempre essencialmente diferente do funcionamento do cérebro e torne impossível o salto até a consciência. Talvez o pensamento consciente seja fundamentalmente não físico, como afirmam tantas tradições, ficando, portanto, permanentemente além do alcance da inovação tecnológica.

Com o surgimento de tecnologias cada vez mais sofisticadas, as perguntas foram se tornando mais precisas e o caminho que leva às respostas, mais tangível. Diversos grupos de pesquisadores já deram os passos iniciais para a simulação do cérebro biológico em computadores. O projeto Blue Brain, por exemplo, uma iniciativa conjunta da IBM e da École Polytechnique Fédérale de Lausanne, na Suíça, dedica-se a modelar as funções cerebrais no supercomputador mais rápido da IBM, o Blue Gene, que é uma versão mais atualizada do Deep Blue, o computador que em 1997 derrotou o campeão mundial de xadrez Garry Kasparov. O método seguido pelo Blue Brain não é muito diferente dos cenários que acabo de descrever. Por meio de estudos anatômicos altamente complexos de cérebros reais, os pesquisadores estão acumulando crescentes conhecimentos a respeito da estrutura celular, genética e molecular dos neurônios e suas interconexões. O projeto tem o objetivo de codificar esse conhecimento, que por enquanto ocorre principalmente no nível celular, em modelos digitais simulados pelo computador Blue Gene. Até aqui, os pesquisadores estudam os resultados obtidos em dezenas de milhares de experimentos focalizados em uma região do cérebro dos ratos não maior do que uma cabeça de alfinete — a coluna neocortical — para desenvolver uma simulação tridimensional de cerca de 10 mil neurônios que se comunicam por meio de cerca de 10 milhões de interconexões. As comparações feitas entre as respostas da coluna neocortical de um rato real e as respostas da simulação no computador aos mesmos estímulos mostram uma fidelidade encorajadora por parte do modelo sintético. Isso ainda está longe da ação dos 100 bilhões de neurônios que normalmente atuam no cérebro humano, mas o chefe do projeto, o neurocientista Henry Markram, antecipa que, antes de 2020, o projeto Blue Brain, contando com o aumento projetado de mais de 1 milhão de vezes na velocidade de processamento, conseguirá obter um modelo simulado completo para o cérebro humano. O objetivo do Blue Brain não é produzir a consciência artificial, mas desenvolver um novo instrumento de investigação para o tratamento de várias formas de doença mental. Markram, contudo, colocou-se na vulnerável posição de especular que, quando estiver completo, o Blue Brain poderá perfeitamente ter a capacidade de falar e sentir.

Independentemente dos resultados, essas explorações ativas são essenciais para o desenvolvimento de nossas teorias sobre a mente. Acredito firmemente que a questão de saber qual dentre as perspectivas que competem entre si triunfará, se é que alguma o conseguirá, não pode ser resolvida exclusivamente por meio de especulações hipotéticas. Também na prática os desafios são imediatamente visíveis. Suponha que, um dia, um computador se proclame dotado de consciência. Como saberemos se isso é verdade? É impossível, para mim, verificar a veracidade de uma afirmação como essa, mesmo que ela seja feita por minha própria mulher. Tampouco ela pode fazê-lo com relação a mim. Essa é uma consequência do fato de que a consciência é um assunto íntimo. Mas, como nossas interações humanas produzem abundantes comprovações circunstanciais em apoio da existência dessa capacidade em outros seres humanos, o solipcismo logo se torna absurdo. As interações dos computadores logo podem chegar a esse ponto. Conversar com computadores, consolá-los e persuadi-los pode chegar, um dia, a convencer-nos de que a explicação mais simples para sua aparente capacidade de ter uma percepção autoconsciente é que eles têm realmente percepção e autoconsciência.

Vamos agora assumir o ponto de vista funcionalista e ver aonde ele nos leva.

UNIVERSOS SIMULADOS

Se chegarmos, algum dia, a criar a consciência em bases computacionais, provavelmente alguém desejará implantar as máquinas pensantes em corpos humanos artificiais, com o fim de criar uma espécie mecânica — robôs — que se integraria à realidade convencional. Mas meu interesse aqui se concentra naqueles que se deixariam levar pela pureza dos impulsos elétricos para programar ambientes simulados povoados por seres simulados que existiriam no interior dos computadores. Em vez dos androides C-3PO ou Data, pense no ambiente virtual dos jogos The Sims ou Second Life, mas com habitantes que teriam autoconsciência e mente pronta para reagir. A história das inovações tecnológicas sugere que, de iteração em iteração, as simulações se tornariam cada vez mais realistas, fazendo com que as características físicas e sensoriais dos mundos artificiais alcançassem níveis convincentes de realismo e variabilidade. O criador desse tipo de simulações decidiria se os seres simulados saberiam que existem dentro de um computador. Os seres humanos simulados que inferissem que seu mundo é um programa de computador bem elaborado poderiam sentir-se sequestrados por técnicos simulados, com seus aventais brancos, que os teriam confinado em lugares simulados e fechados. Mas provavelmente a vasta maioria de seres simulados consideraria que a possibilidade de estar em uma simulação seria tola demais para merecer atenção.

Você pode estar tendo essa reação agora mesmo. Ainda que aceite a possibilidade da consciência artificial, pode estar persuadido de que a enorme complexidade de simular civilizações inteiras, ou mesmo uma comunidade menor, coloca essas realizações além do alcance da computação. A esta altura, pode valer a pena ver alguns outros números. Nossos descendentes remotos provavelmente despenderão quantidades cada vez maiores de matéria para formar vastas redes de computadores. Deixe, portanto, que sua imaginação viaje. Pense grande. Os cientistas calculam que, com a tecnologia vigente hoje, um computador de alta velocidade que tivesse o tamanho da Terra seria capaz de executar entre 10^{33} e 10^{42} operações por segundo. Em termos comparáveis, se supusermos ser correta nossa estimativa anterior de que o cérebro humano pode enfrentar 10^{17} operações por segundo, um cérebro humano poderá executar cerca de 10^{24} operações durante todo um período de vida de cem anos. Multiplique esse valor por 100 bilhões, que é o número aproximado de seres humanos que já viveram e vivem em nosso planeta, e o número total de operações efetuado por toda a humanidade em todos os tempos, desde Lucy (meus amigos arqueólogos me dizem que eu deveria chamá-la de "Ardi"), é de cerca de 10^{35}. Usando a estimativa conservadora de 10^{33} operações por segundo, vemos que a capacidade computacional coletiva da espécie humana pode ser igualada com uma rodagem de menos de dois minutos de um computador do tamanho da Terra.

Mas isso ocorreria com a tecnologia de hoje. A computação quântica — o controle de todas as possibilidades distintas representadas em uma onda de probabilidade, de modo a executar múltiplos cálculos simultaneamente — tem a capacidade de aumentar espetacularmente a velocidade de processamento. Embora ainda nos falte muito para que cheguemos a dominar essa aplicação da mecânica quântica, os pesquisadores estimaram que um computador quântico do tamanho de um laptop tem a potencialidade de processar o equivalente a todos os pensamentos humanos formulados desde o aparecimento de nossa espécie em uma mínima fração de segundo.

Simular não só as mentes individuais, mas também as interações entre elas e entre elas e o ambiente em evolução permanente, elevaria a carga computacional em várias ordens de grandeza. Mas uma simulação sofisticada poderia reduzir essa demanda com um impacto mínimo sobre a qualidade. Seres humanos simulados em um planeta Terra também simulado não se incomodariam se o computador simulasse apenas o que existe dentro dos limites do horizonte cósmico. Não podemos ver além disso, de modo que o computador pode perfeitamente ignorar tudo o mais. Mais ainda: a simulação poderá simular as estrelas além do Sol somente durante as noites simuladas e também somente quando o clima local apresentar o céu claro. Quando ninguém estivesse olhando, o simulador celeste do computador não precisaria trabalhar sobre os estímulos necessários a que cada pessoa *possa* olhar para o céu. Um programa suficientemente bem estruturado monitoraria os estados mentais e as intenções de seus habitantes simulados e poderia, assim, antecipar qualquer ato de levantar a cabeça e fornecer, então, a resposta apropriada. O mesmo se aplica à simulação de células, moléculas e átomos. Na maior parte dos casos, eles só seriam necessários para os especialistas simulados que fazem esse tipo de trabalho, e só quando eles estivessem envolvidos no ato de trabalhar. Uma réplica computacional mais econômica da realidade familiar, que ajuste os graus de detalhe segundo as necessidades específicas, seria suficiente.

Esses mundos simulados realizariam com vigor a visão de Wheeler sobre o primado da informação. Basta gerar os circuitos que transportam a informação certa para gerar realidades paralelas que são tão reais para seus habitantes quanto nossa realidade é para nós. Essas simulações constituem a oitava variedade de nossos multiversos, que chamarei de *multiverso simulado*.

VOCÊ VIVE EM UMA SIMULAÇÃO?

A ideia de que os universos possam ser simulados em computadores tem uma longa história, cujo início data da década de 1960, com as sugestões feitas pelo pioneiro da computação Konrad Zuse e pelo guru digital Edward Fredkin. Trabalhei por cinco anos nas férias de verão para a IBM, durante meus tempos de estudante universitário. Meu chefe, o falecido John Cocke, ele próprio um reverenciado especialista em computação, falava com frequência do ponto de vista de Fredkin, segundo o qual o universo não é mais do que um computador gigante que executa algo semelhante a um Fortran* cósmico. Essa ideia pareceu-me então levar o paradigma digital a um extremo ridículo. Passei anos sem lhe dar nenhuma importância — até que encontrei, mais recentemente, uma conclusão simples mas curiosa, do filósofo de Oxford Nick Bostrom.

Para julgar adequadamente a ideia de Bostrom (que Moravec já havia insinuado), comecemos por uma comparação direta entre a dificuldade de criar um universo real e a dificuldade de criar um universo simulado. A criação de um universo real, como já vimos, apresenta enormes obstáculos. E, se conseguíssemos fazê-lo, o universo por nós criado estaria fora de nossa capacidade de vê-lo, o que põe imediatamente em questão a própria motivação de criá-lo.

A criação de um universo simulado é uma operação totalmente diferente. O avanço em direção a computadores cada vez mais poderosos que operam programas cada vez mais sofisticados é inexorável. Mesmo com a tecnologia rudimentar de nossos dias, o fascínio de criar ambientes simulados é forte. Com o aumento de nossas capacidades, é difícil não imaginar um aumento progressivo do interesse nesse sentido. A questão não é saber se nossos descendentes criarão mundos computacionais simulados. Nós já o estamos fazendo. O que não sabemos ainda é o grau de realismo que esses mundos alcançarão. Tampouco sabemos ao certo se existe um obstáculo inerente à produção da consciência artificial. Mas Bostrom, na suposição de que as simulações realistas são possíveis, faz uma observação simples.

Nossos descendentes certamente criarão um número imenso de universos simulados, repletos de seres dotados de autoconsciência e atenção. É fácil imagi-

* Fortran: acrônimo de "IBM Mathematical FORmula TRANslation", que é uma linguagem de programação. (N. R. T.)

nar que, no dia em que for possível para uma pessoa chegar em casa depois do trabalho, instalar-se confortavelmente e ligar um programa do tipo "crie um universo", essa pessoa não só o fará, como o fará com frequência. Pense no que esse cenário pode provocar. Em um dia do futuro, um recenseamento cósmico que registre todos os seres conscientes poderia verificar que o número de seres humanos de carne e osso seria muito menor do que o dos seres conscientes feitos de chips e bytes — ou o que quer que sejam os materiais do futuro. Bostrom sugere ainda que, se a desproporção entre os seres humanos simulados e os seres humanos reais for colossal, será estatisticamente possível pensar que nós *não* estejamos em um universo real. As possibilidades seriam esmagadoramente maiores no sentido de que eu, você e todas as demais pessoas estivéssemos vivendo em uma simulação, talvez criada por historiadores futuros empenhados em uma pesquisa sobre como era a vida na Terra, no século XXI.

Você poderá argumentar que, a essa altura, já mergulhamos de cabeça no atoleiro do ceticismo que havíamos decidido evitar. Uma vez que cheguemos à conclusão de que há uma alta probabilidade de que estejamos vivendo em uma simulação computacional, como poderemos confiar no que quer que seja — mesmo o raciocínio que levou a essa conclusão? A confiança que temos em um grande número de coisas poderia diminuir. O sol nascerá amanhã? Pode ser, desde que quem estiver controlando a simulação não desligue a tomada. Nossas memórias merecem confiança? Aparentemente sim, mas quem estiver no controle poderá ter a mania de alterá-las de vez em quando.

Por outro lado, observa Bostrom, a conclusão de que podemos fazer parte de uma simulação não elimina por completo nossa percepção da realidade subjacente. Mesmo acreditando que somos parte de uma simulação, podemos sempre identificar uma característica que a realidade subjacente certamente possui: ela permite simulações computacionais realistas. Afinal de contas, nós, de acordo com nossa crença, estamos envolvidos em uma. O ceticismo desenfreado causado pela suspeita de que somos seres simulados alinha-se com o próprio conhecimento que temos disso e, portanto, não pode negá-lo. Ele pode ter sido útil quando nos propusemos lançar âncora e declarar a realidade de tudo o que parece real, mas, na verdade, não era necessário. A lógica, por si só, não nos pode assegurar de que não sejamos parte de uma simulação.

A única maneira de evitar a conclusão de que provavelmente estejamos vivendo em uma simulação é trabalhar sobre os pontos fracos intrínsecos do raciocínio. Talvez a consciência não possa ser simulada e ponto final. Ou, talvez, como Bostrom também sugere, as civilizações que estejam a caminho de dominar as tecnologias necessárias à criação de simulações da consciência acabem por voltar essas tecnologias contra elas próprias e cheguem inevitavelmente à autodestruição. Ou talvez, quando nossos descendentes remotos alcançarem a capacidade de criar universos simulados, eles decidam não fazê-lo, quem sabe se por razões morais, ou, simplesmente, porque outros projetos, que hoje não podemos nem imaginar, se revelarão tão mais interessantes que, assim como vimos com relação à criação de universos reais, a criação de universos simulados também será posta de lado.

Essas são algumas dentre as numerosas possibilidades que se anteveem, mas quem sabe se os caminhos que elas abrem são suficientemente largos para que transitemos por eles?* Se não for assim, talvez você queira pôr um pouco de pimenta em sua vida e buscar fazer algo que lhe traga notoriedade. O controlador da simulação, quem quer que seja ele, acaba se cansando com a monotonia. Tornar-se um ponto de atração pode ser um bom caminho para a longevidade.[5]

ALÉM DA SIMULAÇÃO

Se você fizesse parte de uma simulação, poderia chegar a descobri-lo? A resposta depende em grande parte de quem seja o controlador da simulação — que, de agora em diante, denominaremos Simulador — e da maneira pela qual sua simulação tiver sido programada. O Simulador pode, por exemplo, preferir contar a você o segredo. Um dia, quando você estiver no banho, poderá ouvir um suave "ding-ding" e, quando acabar de tirar o resto do xampu dos olhos, verá uma janela flutuante através da qual seu sorridente Simulador apa-

* Outra possibilidade deriva de uma encarnação do problema da medição, que vimos no capítulo 7. Se o número de universos reais (não virtuais) for infinito (se fizermos parte, por exemplo, do multiverso repetitivo, do tipo da colcha de retalhos), haverá, então, um conjunto infinito de mundos como o nosso, em que os habitantes produzem e controlam simulações, o que, por sua vez, leva à criação de um número infinito de mundos simulados. Mesmo que nos possa parecer que o número de mundos simulados é vastamente superior ao dos mundos reais, já vimos no capítulo 7 que a questão de comparar infinitos é traiçoeira.

recerá e se apresentará. Ou talvez essa revelação se dê em escala global, com janelas gigantescas e uma voz de trovão soando em todo o planeta e anunciando que na verdade existe no céu um Programador Todo-Poderoso. Mas, mesmo que seu Simulador seja acanhado e evite o exibicionismo, pistas menos óbvias podem surgir.

As simulações que comportam seres conscientes certamente teriam alcançado o limiar mínimo de fidelidade, mas, como acontece com roupas e objetos, seria muito provável que a qualidade e a consistência variassem. Por exemplo, uma maneira de programar simulações — vamos chamá-la de "estratégia emergente" — teria por base a massa do conhecimento humano acumulado e aplicaria, judiciosamente, as perspectivas pertinentes determinadas pelo contexto específico. Colisões entre prótons em aceleradores de partículas seriam simuladas mediante o emprego da teoria quântica de campos. A trajetória de uma bola chutada seria simulada mediante o emprego das leis de Newton. As reações de uma mãe que observa os primeiros passos do filho seriam simuladas mediante o emprego conjunto de ensinamentos de bioquímica, fisiologia e psicologia. Os atos dos governantes estariam baseados na teoria política, na história e na economia. A estratégia emergente seria uma colcha de retalhos de métodos e abordagens apoiados em diferentes aspectos da realidade simulada e teria de manter consistência interna para que os processos nominalmente construídos em um determinado domínio possam penetrar em outras áreas. Um psiquiatra não precisa saber tudo sobre os processos celulares, químicos, moleculares, atômicos e subatômicos que atuam em correlação com as funções cerebrais — o que é bom para a psiquiatria. Mas, ao simular uma pessoa, o desafio para a estratégia emergente seria mesclar de maneira consistente níveis de informação geral e específica, para que, por exemplo, as funções emocionais e as cognitivas tivessem uma interface adequada com os dados fisioquímicos. Esse tipo de interação interzonal ocorre com relação a todos os fenômenos e sempre obrigou a ciência a buscar explicações mais profundas e unificadas.

Os simuladores que empregassem estratégias emergentes teriam de resolver desencontros decorrentes do uso de diferentes métodos e assegurar-se de que as interações ocorram sem problemas. Isso requereria ajustes e correções que, para um habitante, poderiam parecer mudanças súbitas e surpreendentes no ambiente, sem causa ou explicação aparente. E as interações poderiam fracassar ou carecer de efetividade. As inconsistências resultantes poderiam acumular-se com o tempo e tornar-se tão intensas que o mundo se tornaria incoerente e a simulação se perderia.

Um modo de neutralizar esses desafios seria o uso de uma abordagem diferente — vamos chamá-lo de "estratégia ultrarreducionista" —, no qual a simulação se desenvolveria de acordo com um conjunto único de equações fundamentais, tal como os físicos imaginam que ocorra com o universo real. Tais simulações tomariam como dados iniciais uma teoria matemática da matéria e das forças fundamentais, além da escolha de "condições iniciais" (como eram as coisas no ponto inicial da simulação). O computador faria então com que as coisas evoluíssem com o tempo, evitando assim os problemas decorrentes da mescla de temas que ocorrem na abordagem emergente. Mas as simulações desse tipo encontrariam também seus próprios problemas computacionais, além da enorme carga computacional de simular "tudo", até o comportamento das partículas individuais. Se as equações com que nossos descendentes trabalharem forem similares às nossas, envolvendo números que podem variar continuamente, as simulações terão necessariamente de recorrer a aproximações. Para seguir *exatamente* um número em suas variações contínuas, teríamos de acompanhar seus sucessivos valores até um número infinitamente grande de casas decimais (se uma quantidade varia, por exemplo, de 0,9 para um, ela passaria por números como 0,9; 0,95; 0,958; 0,9583; 0,95831; 0,958317; e assim por diante, o que requer um número arbitrariamente grande de decimais para a precisão total). Essa é uma tarefa que um computador com recursos finitos não pode executar: ele não teria o tempo nem a capacidade de memória suficientes. Então, mesmo que se usassem as equações *mais* profundas, é sempre possível que os cálculos feitos à base de computadores sejam inevitavelmente aproximados, o que leva a erros cumulativos com o passar do tempo.*

Evidentemente, por "erro" refiro-me a um desvio entre o que ocorre na simulação e a descrição inerente às teorias físicas mais sofisticadas que o Simu-

* Mesmo uma teoria que comporte apenas um número finito de estados diferentes dentro de um volume espacial finito (de acordo, por exemplo, com as características da entropia discutidas no capítulo anterior) pode envolver quantidades contínuas como parte de seu formalismo matemático. Esse é o caso da mecânica quântica: o valor da onda de probabilidade pode variar continuamente, mesmo que o número de resultados diferentes e possíveis seja necessariamente finito.

lador tem à sua disposição. Mas, para aqueles que, como você, fazem parte da simulação, as regras matemáticas que orientam o computador *seriam* as leis da natureza. A questão, portanto, não é determinar o grau de aproximação com que as leis matemáticas usadas pelo computador modelam o mundo. Estamos imaginando que você não observa o mundo a partir de dentro de uma simulação. Ao contrário, o problema de um universo simulado é que, quando as aproximações que o computador tem necessariamente que fazer influenciam equações matemáticas exatas, os cálculos facilmente perdem estabilidade. O arredondamento de erros acumulados ao longo de muitíssimas computações pode produzir inconsistências. Você e outros cientistas simulados poderiam obter resultados anômalos em seus experimentos; leis consagradas poderiam começar a gerar previsões carentes de precisão; medições há muito tempo consolidadas, com resultados plenamente confirmados, poderiam começar a produzir respostas diferentes. Por longos períodos, você e seus colegas simulados pensariam ter encontrado, tal como acontecia com seus antepassados remotos em séculos e milênios anteriores, resultados que indicam que sua teoria final não é tão final assim. Vocês fariam um reexame coletivo da teoria, chegando talvez a novas ideias, equações e princípios que descrevem melhor os dados. Mas, supondo que as imprecisões não resultassem em contradições tão fortes a ponto de causar o colapso do sistema, em algum momento você se encontraria em um beco sem saída.

Depois de uma busca exaustiva de possíveis explicações, nenhuma das quais seria capaz de esclarecer plenamente o que estava acontecendo, um pensador iconoclasta poderia sugerir uma ideia radicalmente diferente. Se as leis contínuas que os físicos desenvolveram através dos milênios fossem fornecidas a um poderoso computador digital usado para gerar um universo simulado, os erros acumulados a partir das aproximações inerentes produziriam anomalias exatamente do tipo observado. "Você está dizendo que vivemos em uma simulação de computador?", você perguntaria. "Sim", seu colega responderia. "Mas isso é uma loucura", diria você. "É? Então dê uma olhada aqui." E ele lhe apresentaria um monitor que mostra um mundo simulado, que ele próprio teria programado, usando as mesmas leis da física, e você — tomando fôlego depois do choque de ter visto pela primeira vez um mundo simulado — veria que os cientistas simulados estavam, com efeito, coçando a cabeça por causa do mesmo tipo de dados estranhos que o preocupavam.[6]

Um Simulador que buscasse ocultar-se com maior afinco poderia, é lógico, usar táticas mais agressivas. À medida que as inconsistências começassem a se acumular, ele reiniciaria o programa e eliminaria as anomalias da memória dos habitantes, de modo que seria muito difícil afirmar que uma realidade simulada estaria revelando sua verdadeira natureza através de seus defeitos e irregularidades. E com certeza haveria uma forte pressão para argumentar que inconsistências, anomalias, perguntas não respondidas e impossibilidade de fazer progresso seriam o reflexo de alguma outra coisa além de nossas próprias limitações científicas. A interpretação sensata dessa situação seria que nós, os cientistas, temos de trabalhar mais, ou melhor, e ser mais criativos na busca das explicações. Há, no entanto, uma conclusão séria que resulta deste cenário fantasioso que descrevi. Se e quando efetivamente gerarmos mundos simulados, com habitantes aparentemente conscientes, emergirá uma questão essencial: será razoável crer que ocupamos um lugar especial na história do desenvolvimento científico e tecnológico — que nos tornamos os primeiríssimos criadores de simulações conscientes? *Pode ser* que sim — mas, se nos importarmos um pouco com as probabilidades, devemos considerar explicações alternativas que, no esquema das coisas maiores, não exijam que sejamos tão extraordinários. E existe uma explicação pronta para isso: uma vez que nosso próprio trabalho nos convença de que as simulações conscientes são possíveis, o princípio orientador do "tipo mais comum", discutido no capítulo 7, sugere a existência não só de uma simulação, mas sim de um enorme oceano de simulações, que constitui um multiverso simulado. Se, por um lado, a simulação criada por nós pode ser um marco importante no domínio limitado ao qual temos acesso, por outro lado, no contexto de todo o multiverso simulado, ela não tem nada de especial, pois representa algo que ocorre inúmeras vezes. Uma vez que aceitemos essa ideia, somos levados a considerar que também sejamos uma simulação, já que essa é a condição de existência da ampla maioria dos seres conscientes de tal multiverso.

A possibilidade da consciência artificial e de mundos simulados oferece razões para repensarmos a natureza de nossa própria realidade.

Durante meu primeiro semestre na universidade, inscrevi-me em um curso de introdução à filosofia dado pelo falecido Robert Nozick. A partir da primeira aula, o curso foi uma aventura. Nozick estava terminando seu volumoso livro *Philosophical explanations* e usava seu curso para ensaiar com os alunos a apresentação de muitos dos argumentos principais do livro. Todas as aulas, praticamente, afetavam minha percepção do mundo, por vezes de forma vigorosa. Essa foi uma experiência inesperada — eu pensava que jogar com a realidade fosse privilégio dos cursos de física. E havia também uma diferença essencial entre os dois pontos de vista. As aulas de física desafiavam formulações aprazíveis descrevendo fenômenos estranhos que surgem em domínios totalmente exóticos, onde as coisas acontecem com demasiada rapidez, ou são extremamente pesadas, ou fantasticamente pequenas. As aulas de filosofia, por outro lado, abalavam formulações aprazíveis desafiando as bases da experiência *cotidiana*. Como podemos saber se o mundo existe realmente? Nossas percepções são confiáveis? Que tipo de vínculo une nossas moléculas e átomos de modo a preservar nossa identidade pessoal através do tempo?

Um dia fiquei por perto depois da aula e Nozick me perguntou qual era meu interesse específico. Respondi imediatamente que queria trabalhar com gravidade quântica e teorias unificadas. Normalmente, dizer essas coisas acaba com a conversa, mas, para Nozick, isso representou uma chance de instruir uma jovem mente revelando-lhe uma nova perspectiva. "E qual é o motor de seu interesse?", ele perguntou. Eu lhe disse que queria encontrar verdades eternas que ajudassem a compreender por que as coisas são como são. Fui ingênuo e grandiloquente, é claro. Mas Nozick escutou com atenção e ampliou o alcance da ideia. "Digamos que você encontre a teoria unificada", disse ele. "Você acha que isso realmente daria as respostas que você busca? Você não continuaria sem saber por que uma teoria é melhor do que as outras para explicar o universo?" É claro que ele estava certo, mas respondi que, na busca das explicações, poderia haver um ponto em que acabaríamos tendo de aceitar algumas coisas como dados obrigatórios. Era aí que Nozick queria que eu chegasse. Ao escrever *Philosophical explanations*, ele desenvolvera uma visão alternativa a essa, baseada no que ele chamava de princípio da fecundidade.* É uma tentativa de conseguir explicações sem "aceitar certas coisas como dados obrigatórios"; sem aceitar o que quer que seja, frisava ele, como a força bruta da verdade.

A manobra filosófica aí envolvida é simples: tirar o veneno da questão. Se você quiser evitar a necessidade de explicar por que uma determinada teoria deve ser privilegiada em detrimento de outra, não a privilegie. Nozick sugere que imaginemos que fazemos parte de um multiverso que compreende *todos os universos possíveis*.[7] O multiverso incluiria não apenas as evoluções alternativas decorrentes do multiverso quântico, ou os múltiplos universos-bolhas do multiverso inflacionário, ou os mundos possíveis no contexto dos multiversos das branas, ou do multiverso da paisagem. Isoladamente, nenhum desses universos satisfaria a proposta de Nozick, porque você continuaria a se perguntar: Por que a mecânica quântica? Ou por que a inflação? Ou por que a teoria de cordas? Mas dessa maneira você pode apontar *qualquer* universo possível — feito das espécies atômicas por nós conhecidas, ou exclusivamente de mozarela derretida — e ele terá um lugar para si no esquema de Nozick.

Este é o último multiverso que consideraremos, pois é o mais inclusivo de todos — o mais inclusivo que pode haver. Todos os multiversos já propostos ou ainda por propor são compostos de universos possíveis e farão parte, portanto, deste megaconglomerado, que denominarei *universo máximo*. Sob esse ângulo, se você perguntar por que nosso universo é comandado pelas leis reveladas pelas pesquisas que fazemos, a resposta nos remete de volta ao princípio antrópico: existem outros universos além do nosso; na verdade, todos os universos possíveis, e vivemos neste porque ele está entre os que têm condições de abrigar nossa forma de vida. Nos outros universos em que também poderíamos viver — e haveria muitos, uma vez que, entre outras coisas, certamente poderíamos sobreviver a pequeníssimas alterações nos vários parâmetros fundamentais da física — há outras pessoas, semelhantes a nós, que fazem a mesma pergunta. E a mesma resposta também se aplica a elas. A questão é que o atributo da existência física não confere a um universo nenhum *status* especial, porque no multiverso máximo todos os universos possíveis *existem*. A questão de saber por que um determinado conjunto de leis descreve um

* No original, *principle of fecundity*. (N. R. T.)

universo real — o nosso —, enquanto todos os demais seriam abstrações estéreis, desaparece por completo. Não há leis estéreis. Todos os conjuntos de leis descrevem universos reais.

Curiosamente, Nozick assinalou que dentro de seu multiverso haveria um universo que consiste no nada. Absolutamente nada. Não se trata propriamente de espaço vazio, e sim do nada a que Gottfried Leibniz se referia em sua famosa indagação: "Por que existe algo em vez do nada?". Nozick não percebeu, mas, para mim, essa observação teve uma ressonância particular. Quando eu tinha dez ou onze anos, encontrei-me com a pergunta de Leibniz e achei-a profundamente perturbadora. Ficava andando pelo meu quarto, tentando entender o significado do nada. Às vezes punha a mão na parte de trás da cabeça, pensando que a luta para fazer uma coisa impossível — ver minha mão — pudesse ajudar-me a compreender o significado da ausência total. Mesmo hoje, quando penso no nada absoluto sinto um frio no coração. O nada total, imaginado a partir de nossa perspectiva cheia de tantas coisas reais, implica a mais profunda das perdas. Mas, como o nada também parece ser algo muito mais simples do que o algo — nenhuma lei funcionando, nenhuma matéria existindo, nenhum tempo passando —, a pergunta de Leibniz parece a muitos ser totalmente pertinente. *Por que não existe o nada?* Decidamente, o nada teria sido muito elegante.

No multiverso máximo, *existe* um universo que consiste em nada. Tanto quanto se pode saber, o nada é uma possibilidade perfeitamente lógica que, portanto, deve ser incluída em um multiverso que compreende todos os universos possíveis. A resposta de Nozick a Leibniz, então, é que no multiverso máximo não há um desequilíbrio entre "algo" e "nada" que esteja a reclamar uma explicação. Universos de ambos os tipos fazem parte do multiverso. Um universo de nada não é nada que nos deva causar ansiedade. É só porque nós, seres humanos, somos "algo" que o universo de nada nos parece estranho.

Um teórico, acostumado a falar sobre matemática, vê o multiverso de inclusão total de Nozick como o lugar onde todas as equações matemáticas possíveis alcançam a realização física. É uma versão do conto de Jorge Luis Borges chamado "A Biblioteca de Babel", na qual os livros são escritos na linguagem da matemática e contêm, portanto, todos os encadeamentos de símbolos matemáticos possíveis que façam sentido e não sejam contraditórios entre si.* Alguns desses livros conteriam fórmulas conhecidas, como as equações da relatividade geral e as da mecânica quântica, em suas aplicações referentes às partículas conhecidas da natureza. Mas esses encadeamentos reconhecíveis de símbolos matemáticos seriam, na verdade, extremamente raros. A maior parte dos livros conteria equações que nunca foram escritas e que seriam normalmente consideradas puras abstrações. A ideia do multiverso máximo é corrigir essa perspectiva. Essas equações majoritárias já não estão adormecidas, ao contrário das poucas que têm a sorte de chegar à vida, através da concretização física: cada um dos livros da Biblioteca Matemática de Babel *é* um universo real.

A sugestão de Nozick, com esta estruturação matemática, fornece uma resposta criativa a uma questão debatida há longo tempo. Há séculos, matemáticos e filósofos preocupam-se em definir se a matemática foi descoberta ou inventada. Os conceitos e as verdades da matemática "estão aí", esperando que algum intrépido explorador acabe por encontrá-los? Ou será, já que o mais provável é que esse explorador esteja sentado ante uma escrivaninha com o lápis na mão, escrevendo furiosamente símbolos misteriosos em uma página, que os conceitos e as verdades matemáticas resultantes são inventados e fazem parte de nosso esforço mental de procurar a ordem e seus padrões?

À primeira vista, a maneira tortuosa e sutil pela qual tantos progressos matemáticos encontram sua aplicação em fenômenos físicos constitui uma comprovação evidente de que a matemática é algo real. Os exemplos são abundantes. Da relatividade geral à mecânica quântica, os cientistas perceberam que várias descobertas matemáticas são perfeitamente adequadas para aplicações físicas. A previsão feita por Paul Dirac a respeito do pósitron (a antipartícula do elétron) é um exemplo simples, mas eloquente. Em 1931, após ter resolvido as equações quânticas relativas ao movimento dos elétrons, Dirac viu que a matemática proporcionava uma solução "estranha", que aparentemente descrevia o movimento de uma partícula igual ao elétron, exceto quanto a que sua carga era positiva, enquanto a do elétron é negativa. Em 1932, essa partícula foi descoberta por Carl Anderson por meio de um estudo sobre os raios cósmicos que bombardeiam a Terra a partir do espaço. O que teve início como uma manipulação de símbolos

* Borges escreveu sobre livros que contêm todos os encadeamentos possíveis de símbolos gráficos, sem preocupação com o significado.

matemáticos nos cadernos de Dirac acabou tornando-se, no laboratório, a descoberta experimental da primeira espécie de antimatéria.

Os céticos, contudo, podem contra-argumentar que, de todo modo, a matemática emana a partir de nós próprios. Fomos formados pela evolução para encontrar padrões no ambiente. Quanto melhor o fizermos, mais facilidade teremos para encontrar nosso prato de comida. A matemática, a linguagem dos padrões, surgiu de nossa estrutura biológica. E, com essa linguagem, pudemos sistematizar a busca de novos padrões e fomos muito além daqueles associados a nossa simples sobrevivência. Mas a matemática, como qualquer um dos instrumentos que desenvolvemos e utilizamos através dos tempos, é uma invenção humana.

Minha visão da matemática muda periodicamente. Quando sinto as dores de parto de uma investigação matemática que avança bem, muitas vezes vejo o processo como de descoberta, e não de invenção. Não conheço nenhuma experiência mais excitante do que ver as diferentes peças de um quebra-cabeça matemático encontrarem, de repente, suas posições e formar um quadro único e coerente. Quando isso acontece, o sentimento é que o quadro já existia, como uma grande paisagem até então oculta pela névoa. Por outro lado, quando estudo a matemática de maneira mais objetiva, fico menos convencido. O conhecimento matemático é o produto simbólico de seres humanos versados na linguagem surpreendentemente precisa da matemática. E, tal como é certamente o caso com a literatura criada em uma das línguas naturais do mundo, a literatura matemática é um produto da criatividade e do engenho humanos. Isso não significa que outras formas de vida inteligente não cheguem aos mesmos resultados matemáticos. Isso poderia perfeitamente ocorrer, mas poderia facilmente ser o reflexo das similaridades de nossas experiências, como a necessidade de contar, de intercambiar, de examinar. Pouco provaria, por conseguinte, no sentido de que a matemática tenha uma existência transcendente.

Anos atrás, em um debate público sobre o assunto, afirmei que podia imaginar um encontro com alienígenas durante o qual, em resposta a uma demonstração de nossas teorias científicas, nossos interlocutores retrucassem: "Ah, sim, matemática. Tentamos esse meio por algum tempo, mas depois vimos que era um beco sem saída. Deixe-me explicar como é que ela funciona". Mas, prosseguindo com minhas próprias vacilações, não sei como os alienígenas prosseguiriam essa explicação. E, se a definição da matemática for suficientemente ampla (por exemplo, deduções lógicas decorrentes de um conjunto de premissas), não sei sequer que tipo de resposta *ficaria fora* do âmbito da própria matemática.

O multiverso máximo está indiscutivelmente presente nessa questão. Toda matemática é real no sentido de que toda matemática descreve algum universo real. No conjunto do multiverso, toda matemática será realizada. Um universo governado pelas equações de Newton e povoado apenas por sólidas bolas de bilhar (sem nenhuma estruturação interna) é um universo real; um universo vazio com 666 dimensões espaciais, governado por uma versão das equações de Einstein em muitas dimensões, também é um universo. Se os alienígenas tiverem razão, haveria também universos cuja descrição escapa do âmbito da matemática. Mas não vamos nos debruçar sobre essa possibilidade. Um multiverso que realize todas as equações da matemática já basta para manter-nos ocupados. Isso é o que nos oferece o multiverso máximo.

RACIONALIZAÇÃO DO MULTIVERSO

O ponto em que o multiverso máximo se diferencia das outras propostas de universos paralelos que já vimos está no raciocínio que leva a tomá-lo em consideração. As teorias sobre multiversos dos capítulos anteriores não foram concebidas para resolver um problema ou para responder a uma pergunta. Algumas o fazem, ou, pelo menos, alegam fazê-lo, mas não foram desenvolvidas com esse propósito. Vimos que alguns cientistas teóricos acreditam que o multiverso quântico resolve o problema da medição quântica. Alguns creem que o multiverso cíclico equaciona a questão do começo do tempo. Outros pensam que o multiverso das branas esclarece por que a gravidade é tão mais fraca do que as outras forças. Outros mais acham que o multiverso da paisagem permite uma melhor compreensão do valor observado para a energia escura. E há os que creem que o multiverso holográfico explica dados que resultam da colisão de núcleos atômicos pesados. Mas essas aplicações são secundárias. A mecânica quântica foi desenvolvida para explicar o microcosmo; a cosmologia inflacionária foi desenvolvida para dar sentido às propriedades que observamos no macrocosmo; a teoria de cordas foi desenvolvida para mediar entre a mecânica quântica e a relatividade geral. A possibilidade de que essas teorias gerem multiversos vários é um subproduto.

O multiverso máximo, em contraste, não tem poder explicativo além da suposição do próprio multiverso. Ele alcança precisamente um objetivo: avançar no projeto de encontrar uma explicação de por que o universo obedece a um determinado conjunto de leis matemáticas e não a outro; e realiza esse feito singular precisamente com a introdução do multiverso. Elaborado especificamente para resolver uma questão, o multiverso máximo não parte de uma racionalidade própria e independente como os multiversos discutidos nos capítulos anteriores.

Esse é meu ponto de vista, mas nem todos estão de acordo com ele. Há uma perspectiva filosófica (que vem da escola *realista estrutural* de pensamento) que sugere que os físicos caíram na armadilha de uma falsa dicotomia entre a matemática e a física. É comum que os físicos teóricos digam que a matemática fornece uma linguagem quantitativa para a descrição da realidade física. Eu mesmo venho fazendo isso praticamente em todas as páginas deste livro. Mas talvez, sugere essa perspectiva, a matemática seja mais do que uma simples descrição da realidade. Talvez a matemática *seja* a realidade.

Essa é uma ideia peculiar. Não estamos acostumados a pensar na realidade sólida como produto da matemática intangível. Os universos simulados da seção anterior oferecem uma maneira concreta e esclarecedora de pensar sobre esse ponto. Considere a mais famosa de todas as respostas rápidas, quando Samuel Johnson retrucou a afirmação do bispo Berkeley de que a matéria é uma criação mental dando um chute em uma pedra. Imagine, no entanto, que, sem que o dr. Johnson soubesse, o chute acontecesse no contexto de uma hipotética simulação computacional de alta fidelidade. Nesse mundo simulado, a experiência do dr. Johnson com a pedra seria tão convincente quanto o é na versão histórica. Contudo, a simulação computacional é apenas uma cadeia de manipulações matemáticas que parte do estado de um computador em um determinado momento — um arranjo complexo de bits — e, de acordo com regras matemáticas específicas, faz evoluírem esses bits através de arranjos subsequentes.

Isso significa que, se você decidisse estudar as transformações matemáticas efetuadas pelo computador durante a demonstração do dr. Johnson, veria, na própria matemática, o chute e o recolhimento da perna, assim como o pensamento e a frase famosa: "Eu respondo assim!". E, se você ligasse o computador a um monitor (ou a alguma interface futurística), veria que a dança matemática e coreografada dos bits produz o dr. Johnson dando seu chute.

Mas não permita que as manifestações da simulação — o equipamento computacional, sua interface etc. — obscureçam o fato essencial: se você abrir a máquina, só encontrará matemática. Se as regras matemáticas mudarem, os bits produzirão outra realidade.

E por que, então, parar aí? Colocamos o dr. Johnson em uma simulação apenas porque esse contexto nos propicia uma ponte instrutiva entre a matemática e a realidade do dr. Johnson. Mas o ponto mais profundo dessa perspectiva é que a simulação computacional é um passo intermediário não essencial, um mero apoio mental entre a experiência de um mundo tangível e a abstração das equações matemáticas. A própria matemática — por meio das relações que cria, das conexões que estabelece e das transformações que incorpora — contém o dr. Johnson, seus atos e pensamentos. Você não precisa do computador. Nem dos bits dançantes. *O dr. Johnson está na matemática.*[8]

E, uma vez que você incorpore a ideia de que a própria matemática pode, por meio de sua estrutura intrínseca, dar corpo a todos os aspectos da realidade — mentes conscientes, pedras pesadas, chutes fortes e pés machucados —, será levado a pensar que *nossa* realidade não é nada mais do que a matemática. De acordo com essa maneira de ver, tudo aquilo de que você toma conhecimento — a sensação de segurar este livro, os pensamentos que lhe ocorrem agora, seus planos para o jantar — é a vivência da matemática. A realidade é a maneira como a matemática se apresenta.

Para dizer a verdade, essa perspectiva requer um salto conceitual que nem todos estão prontos a dar. Eu, pessoalmente, não o dei. Mas, para quem o dá, essa visão do mundo concebe a matemática não como algo que existe por si só, mas como a única coisa que existe. Um livro de matemática, seja sobre as equações de Newton, seja sobre as de Einstein, ou outras quaisquer, não se torna real quando atores físicos o materializam. A matemática — todos os aspectos da matemática — é sempre real e independe da materialização. Os diferentes conjuntos de equações matemáticas são diferentes universos. O multiverso máximo é, assim, o subproduto dessa perspectiva sobre a matemática.

Max Tegmark, do MIT, grande promotor do multiverso máximo (a que ele deu o nome de Hipótese do Universo Matemático), justifica essa maneira de ver por meio de uma consideração correlata. A descrição mais profunda do universo não deve requerer conceitos cujo significado dependa da experiência ou da interpretação humanas. A realidade transcende nossa existência e, portanto, não deve depender, em nenhum aspecto fundamental, das ideias que formulamos. O ponto de vista de Tegmark é que a matemática — vista como conjuntos de operações (como a soma) que agem sobre conjuntos abstratos de objetos (como os números inteiros) e estabelece relações entre eles (como 1 + 2 = 3) — é precisamente a linguagem adequada para expressar conclusões que evitam o contágio humano. Mas o que, então, pode distinguir um conjunto de expressões matemáticas do universo que ele descreve? Para Tegmark, a resposta é: nada. Se houvesse alguma característica que distinguisse a matemática do universo, ela teria de ser de natureza não matemática. Se não fosse assim, ela estaria incluída na descrição matemática, o que eliminaria a alegada distinção. Mas, segundo essa linha de pensamento, se a característica fosse de natureza não matemática, ela teria de ter a marca humana, e, assim, não poderia ser fundamental. Portanto, não há nenhuma maneira pela qual se possa fazer a distinção entre o que convencionalmente chamamos de descrição matemática da realidade e sua corporificação física. Ambas são a mesma coisa. Não existe um interruptor que "acenda" a matemática. A existência da matemática é sinônima da existência física. E, como isso seria certo para toda e qualquer matemática, esta é outra via de acesso ao multiverso máximo.

Por mais que todos esses argumentos excitem nossa curiosidade, permaneço cético a esse respeito. Ao avaliar uma proposta referente a um multiverso específico, gosto de ver a existência de um processo, ainda que tentativo — as flutuações do campo do ínflaton, colisões entre mundos-brana, tunelamentos quânticos através da paisagem da teoria de cordas, a evolução de uma onda por meio da equação de Schrödinger —, ao qual podemos atribuir a criação do multiverso. Prefiro ancorar meu pensamento em uma sequência de eventos que possam, ao menos em princípio, resultar no desenvolvimento de um determinado multiverso. É difícil imaginar qual seria esse processo no caso do multiverso máximo. O processo teria de produzir leis matemáticas diferentes em domínios diferentes. No multiverso inflacionário e no multiverso da paisagem, vimos que os detalhes de como as leis da física se manifestam podem variar de um universo para outro. Mas isso acontece devido a diferenças ambientais, tais como os valores de certos campos de Higgs ou a forma das dimensões extras. As equações matemáticas subjacentes, que operam através de todos os universos, são as mesmas. Então, que processo, operando de acordo com um conjunto dado de leis matemáticas, pode modificar essas mesmas leis? Isso parece simplesmente impossível, tal como se o número cinco tentasse desesperadamente ser seis.

Contudo, antes de aceitar essa conclusão, considere o seguinte: podem existir domínios que *parecem* ser comandados por regras matemáticas diferentes. Pense de novo nos universos simulados. Na discussão acima sobre o dr. Johnson, recorri a uma simulação computacional como instrumento pedagógico para explicar como a matemática pode corporificar a essência de uma experiência. Mas, se considerarmos tais simulações em seu pleno direito, como no multiverso simulado, vemos que elas oferecem exatamente o processo de que precisamos. Embora o hardware do computador em que a simulação é executada esteja sujeito às leis normais da física, o mundo simulado, ele próprio, estará baseado nas equações matemáticas escolhidas pelo usuário. De simulação para simulação, as leis matemáticas podem mudar e geralmente mudam.

Como veremos agora, isso proporciona um mecanismo para gerar uma parte particularmente privilegiada do multiverso máximo.

A SIMULAÇÃO DE BABEL

Já assinalei que, para os tipos de equações que geralmente estudamos na física, as simulações computacionais produzem apenas versões aproximadas para os valores numéricos. Normalmente esse é o caso quando o computador digital confronta-se com números contínuos. Por exemplo, na física clássica (supondo, como fazemos na física clássica, que o espaço-tempo é contínuo), uma bola chutada passa por um número infinito de pontos em seu trajeto do pé do jogador até o gol do adversário.[9] Acompanhar a trajetória da bola através de uma infinidade de pontos e uma infinidade de velocidades possíveis em cada um desses pontos estará sempre além de nosso alcance. Na melhor das hipóteses, os computadores podem fazer cálculos altamente refinados, mas sempre aproximados, detectando a bola a cada milésimo, ou milionésimo, ou bilionésimo de centímetro, por exemplo. Isso está muito bem para vários propósitos, mas será sempre uma aproximação. A mecânica quântica e a teoria quântica de campos, ao introduzir diversas formas de descontinuidade, trazem certa ajuda. Mas ambas usam extensamente números de variação contínua (valores das ondas de probabilidade, valores dos campos etc.). O mesmo raciocínio aplica-se a todas as demais equações normais da física. Um computador pode fazer aproximações matemáticas, mas não pode simular as equações com exatidão perfeita.*

Há outros tipos de funções matemáticas, porém, para as quais uma simulação computacional pode ser absolutamente precisa. Elas fazem parte de uma classe chamada *funções computáveis*, que podem ser calculadas por um computador que opere com base em um conjunto finito de diferentes instruções. O computador pode precisar fazer repetidamente o ciclo de todos os passos, mas, mais cedo ou mais tarde, produzirá a resposta exata. Nenhuma originalidade ou novidade é necessária em nenhum dos passos. Trata-se apenas de uma questão de trabalhar com paciência. Na prática, portanto, para simular o movimento de uma bola de futebol, os computadores são programados com equações que são *aproximações computáveis* das leis da física que você aprendeu na escola. (Tipicamente, o espaço e o tempo em forma contínua são aproximados nos computadores por meio de uma malha fina.)

Em contraste com isso, um computador que tente calcular uma função não computável ficará trabalhando indefinidamente, sem chegar a uma resposta, independentemente de sua velocidade ou da capacidade de sua memória. Esse seria o caso de um computador que buscasse determinar a trajetória contínua de uma bola chutada. Em um exemplo mais qualitativo, imagine um universo simulado em que um computador é programado para proporcionar um cozinheiro maravilhosamente bem simulado, capaz de produzir refeições para todos os habitantes simulados que não façam sua própria comida — e apenas para eles. O cozinheiro dedica-se furiosamente a seu trabalho, assando, cozinhando e fritando grandes quantidades de alimentos, o que lhe dá uma fome extraordinária. A questão é: Quem se encarrega de cozinhar para ele?[10] Pense nisso e sua cabeça ficará fervendo. O cozinheiro não poderá preparar sua própria comida, pois *só* trabalha para quem não cozinha para si próprio;

* Quando discutimos o multiverso repetitivo (capítulo 2), ressaltei que a física quântica assegura que em uma região finita do espaço há apenas um número finito de maneiras diferentes em que a matéria pode se organizar. No entanto, o formalismo matemático da mecânica quântica envolve características que são contínuas e que, portanto, assumem um número infinito de valores. Essas características são coisas que não podemos observar diretamente (como a altura de uma onda de probabilidade em um ponto dado). O número de possibilidades é finito apenas com respeito aos diferentes resultados que as medições podem ter.

mas, se ele está entre os que seguem esse requisito, ele deve cozinhar para si. Fique tranquilo porque a cabeça do computador não estará melhor do que a sua. As funções não computáveis são como esse exemplo: elas frustram a capacidade de um computador para completar seus cálculos, o que levaria a simulação que está sendo executada à paralisia. Os universos bem-sucedidos que constituem o multiverso simulado teriam, portanto, que se basear em funções computáveis.

A discussão indica uma superposição entre os multiversos simulado e máximo. Considere uma versão menor do multiverso máximo, que inclua apenas universos que derivem de funções computáveis. Então, em vez de ser postulado como solução para um problema particular — por que este universo é real enquanto outros universos possíveis não o são? —, a versão menor do multiverso máximo pode derivar de um processo. Um exército de futuros usuários de computadores, talvez de temperamento não muito diferente do que mostram os entusiastas do Second Life, poderia fazer proliferar esse multiverso com sua insaciável fascinação por simulações baseadas em equações sempre diferentes. Tais usuários não gerariam todos os universos contidos na Biblioteca Matemática de Babel, porque os que se baseiam em funções não computáveis não chegariam a nascer. Mas os usuários poderiam trabalhar continuamente na ala computável da biblioteca.

O cientista computacional Jürgen Schmidhuber, ampliando ideias anteriores de Zuse, chegou a uma conclusão similar a partir de outro ângulo. Schmidhuber percebeu que, na verdade, é mais fácil programar um computador para gerar todos os universos computáveis possíveis do que programar os computadores individualmente para gerá-los um por um. Para conhecer a razão, imagine a programação de um computador para simular jogos de futebol. Para cada jogo, o volume de informações que você tem de fornecer é amplo: todos os detalhes, físicos e mentais, relativos a todos os jogadores, sobre o estádio, os juízes, o clima e assim por diante. Cada novo jogo que você queira simular exigirá a especificação de outra montanha de dados. Mas, se você resolver simular não um, ou alguns jogos, e sim todos os jogos imagináveis, seu trabalho de programação se torna bem mais simples. Você só precisará formular um programa-mestre que abra caminho sistematicamente através de todas as variáveis possíveis — as que afetam os jogadores, o clima e todas as demais características pertinentes — e fazer rodar o programa. Encontrar um jogo em particular no meio do enorme volume de dados resultante será um verdadeiro desafio, mas você pode estar certo de que, mais cedo ou mais tarde, todos os jogos possíveis aparecerão.

O ponto importante é que, enquanto a especificação de um membro de um conjunto grande requer uma grande quantidade de informações, a especificação do conjunto inteiro pode, muitas vezes, ser bem mais fácil. Schmidhiber descobriu que essa conclusão se aplica a universos simulados. Contratar um programador para simular um conjunto de universos com base em conjuntos específicos de equações matemáticas poderia ser uma saída mais fácil. Assim como o programador dos jogos de futebol, ele poderia optar por um programa único e relativamente pequeno que geraria *todos* os universos computáveis e deixar o computador trabalhar. Em algum lugar, no meio do conjunto fabulosamente grande de universos simulados, o programador encontrará aqueles que era sua missão simular. É claro que pagar por hora de uso do computador nesse caso corresponderia a uma soma igualmente fabulosa. Mas pagar o programador por hora de trabalho seria exequível, porque as instruções destinadas à geração de todos os universos computáveis seriam muito mais reduzidas do que as que se requerem para produzir cada universo em particular.[11]

Qualquer desses dois cenários — muitíssimos usuários simulando muitíssimos universos, ou um único programa-mestre que simule todos eles — constitui o caminho para gerar o multiverso simulado. E, como os universos resultantes teriam por base uma ampla variedade de diferentes leis matemáticas, podemos, de maneira equivalente, pensar nesses cenários como parte da geração do multiverso máximo: a parte que corresponde aos universos baseados em funções matemáticas computáveis.*

* Max Tegmark observou que a totalidade de uma simulação, desenvolvida do começo até o fim, é, ela própria, um conjunto de relações matemáticas. Assim, se se acredita que a matemática como um todo é verdadeira, verdadeiro também será esse conjunto. Por outro lado, nessa perspectiva, não será necessário executar nenhuma simulação computacional, uma vez que as relações matemáticas produzidas por cada uma delas são, por si próprias, verdadeiras. Veja também que o foco na evolução de uma simulação no tempo, ainda que intuitivo, é demasiado restritivo. A computabilidade de um universo deve ser avaliada por meio do exame da computabilidade das relações matemáticas que definem a totalidade de sua história, quer essas relações descrevam os desdobramentos das simulações no tempo, quer não.

O inconveniente de gerar apenas uma parte do multiverso máximo é que essa versão reduzida é menos eficaz para resolver a questão que inspirou, em primeiro lugar, o princípio da fecundidade, de Nozick. Se nem todos os universos possíveis existirão, se o multiverso máximo como um todo não for gerado, ressurgirá a questão de por que algumas equações se tornarão realidade e outras não. Especificamente, ficaríamos imaginando por que os universos baseados em equações computáveis roubariam a cena.

Prosseguindo nos caminhos altamente especulativos deste capítulo, talvez a divisão entre computáveis e não computáveis nos esteja dizendo algo. As equações matemáticas computáveis evitam os problemas levantados em meados do século passado por pensadores do quilate de Kurt Gödel, Alan Turing e Alonzo Church. O famoso *teorema da incompletude*, de Gödel, revela que certos sistemas matemáticos admitem necessariamente afirmações verdadeiras que não podem ser comprovadas dentro do próprio sistema matemático. Há muito tempo os físicos se preocupam com as possíveis implicações dos pontos de vista de Gödel para o trabalho que eles mesmos desenvolvem. A física também poderia ser necessariamente incompleta, no sentido de que algumas características do mundo natural estariam sempre fora do alcance de nossas descrições matemáticas? No contexto do multiverso máximo reduzido, a resposta é não. As funções matemáticas computáveis, por definição, ficam plenamente inseridas no âmbito dos cálculos. São elas as funções que admitem um procedimento pelo qual o computador pode avaliá-las com êxito. Assim, se todos os universos de um multiverso estiverem baseados em funções computáveis, todos eles também serão capazes de contornar o teorema de Gödel. Essa ala da Biblioteca Matemática de Babel, essa versão do multiverso máximo, estaria livre do fantasma de Gödel. Talvez seja essa a verdadeira distinção das funções computáveis.

Nosso universo encontraria um lugar nesse multiverso? Ou seja, se e quando conseguirmos dominar as leis definitivas da natureza, essas leis descreverão o cosmo por meio do uso de funções matemáticas que sejam computáveis? Não falo das funções computáveis aproximadas, como é o caso das leis da física com que trabalhamos hoje, mas de funções exatamente computáveis. Ninguém sabe. Se for assim, os desenvolvimentos da física devem levar-nos a teorias em que não há lugar para nada que seja contínuo. O caráter discreto,* que é a chave do paradigma computacional, deve prevalecer. O espaço certamente nos parece contínuo, mas só pudemos testá-lo até um bilionésimo de bilionésimo de metro. É possível que com sondas mais sofisticadas possamos um dia comprovar que o espaço é fundamentalmente discreto. Por ora, a questão está em aberto. Nossa compreensão também é limitada com relação aos intervalos de tempo. As descobertas relatadas no capítulo 9, que indicam uma capacidade de armazenar informações de um bit por área de Planck em qualquer região do espaço, constituem um grande passo no rumo da descontinuidade. Mas a questão de conhecer os eventuais limites do paradigma digital ainda está longe de resolver-se.[12] Meu palpite é que, qualquer que seja o futuro das simulações conscientes, acabaremos por comprovar que o universo é fundamentalmente discreto.

AS RAÍZES DA REALIDADE

No multiverso simulado, não há ambiguidade quanto a qual universo é "real" — ou seja, que universo está na origem da ramificação de mundos simulados. É aquele em que estão os computadores que, caso entrem em pane, podem causar o fim de todo o multiverso. Um habitante simulado poderia simular seu próprio conjunto de universos em computadores simulados, assim como os habitantes dessas simulações, mas haverá também computadores reais nos quais essas diferentes camadas de simulações aparecem como uma avalanche de impulsos elétricos. Não há incerteza a respeito de que fatos, padrões e leis são, no sentido tradicional, reais: são os que operam no universo-raiz.

Mas os cientistas simulados de todo o multiverso simulado podem ter um ponto de vista diferente. Se esses cientistas tiverem suficiente autonomia — se os simuladores não manipularem as memórias dos habitantes nem interromperem o fluxo natural dos eventos —, então, a julgar por nossas próprias experiências, podemos antecipar que eles farão grandes progressos na descoberta do código matemático que impulsiona seu mundo. E considerarão

* "Discreto", aqui, refere-se à propriedade de podermos contar com números inteiros, 1, 2, 3... O termo será usado nesse sentido no restante do texto. (N. R. T.)

esse código como suas próprias leis da natureza. No entanto, suas leis não serão necessariamente idênticas às que comandam o universo real. Suas leis necessitam apenas ser razoavelmente boas, no sentido de que, quando simuladas em um computador, elas produzam um universo com habitantes conscientes. Se existirem múltiplos conjuntos diferentes de leis matemáticas que se revelem suficientemente boas, bem poderia haver uma população sempre crescente de cientistas simulados que creem em leis matemáticas que, longe de serem fundamentais, foram simplesmente escolhidas pela pessoa que programou sua simulação. Se formos habitantes típicos de um multiverso assim, esse raciocínio sugere que nosso conceito do que é ciência — uma disciplina encarregada de revelar as verdades fundamentais da realidade, as próprias raízes da realidade — ficaria comprometido.

Trata-se de uma possibilidade desconfortável, mas que não chega a me tirar o sono. Enquanto eu não levar o choque de ver uma simulação consciente, não considerarei como séria a proposição de que esteja agora vivendo em uma delas. E, tomando certa distância, mesmo que algum dia seja possível produzir simulações conscientes, o que, por si só, é uma grande dúvida, posso perfeitamente imaginar que, quando a capacitação técnica de uma civilização conseguir criar tal simulação pela primeira vez, a atração que isso despertará será tremenda. Mas quanto tempo duraria essa atração? Suspeito que a novidade de criar mundos artificiais cujos habitantes sejam mantidos à margem do conhecimento de sua condição de simulados acabe desvanecendo-se: afinal, existe um limite para o número de reality shows que há para ver...

Mas, se eu deixar livre o voo de minha imaginação dentro deste território especulativo, meu palpite é que seriam mais duráveis as aplicações que desenvolvam interações entre os mundos simulados e o mundo real. Talvez os seres simulados possam migrar para o mundo real, ou receber, no mundo simulado, os seres biológicos reais que os criaram. Com o tempo, a distinção entre os seres reais e os simulados poderia tornar-se anacrônica. Uniões consistentes como essas me parecem mais prováveis. Nesse caso, o multiverso simulado contribuiria para o reino da realidade — nosso reino da realidade, nossa realidade real — da maneira mais tangível: tornando-se parte do que chamamos de "realidade".

11. Os limites da investigação
Os multiversos e o futuro

Isaac Newton abriu os horizontes da empreitada científica. Descobriu que algumas poucas equações matemáticas podem descrever a maneira como as coisas se movem, tanto aqui na Terra quanto no espaço exterior. Considerando o poder e a simplicidade de suas conclusões, é fácil imaginar que as equações de Newton refletem verdades eternas, gravadas nas rochas cósmicas. Mas o próprio Newton não pensava assim. Ele acreditava que o universo é muito mais rico e misterioso do que aquilo que suas leis implicavam. Na idade madura, ele fez uma reflexão famosa: "Não sei como o mundo me vê, mas, para mim mesmo, acho que fui apenas um garoto que brincava na praia, divertindo-me de vez em quando, encontrando uma pedra mais lisa aqui, ou uma concha mais bonita ali, enquanto o grande oceano da verdade permanece à minha frente, inteiramente desconhecido". Os séculos depois transcorridos confirmaram abundantemente esse pensamento.

Fico feliz com isso. Se as equações de Newton tivessem alcance ilimitado, fossem capazes de descrever precisamente os fenômenos em qualquer contexto, grandes ou pequenos, pesados ou leves, rápidos ou lentos, a odisseia científica subsequente teria assumido um caráter muito diferente. As equações de Newton nos ensinam muito a respeito do mundo, mas, se sua validade fosse ilimitada, o resultado seria um universo com sabor de baunilha em todos os lugares. Uma vez compreendida a física nas escalas cotidianas, o trabalho estaria feito. A mesma história valeria — para cima e para baixo.

Ao dar prosseguimento às explorações de Newton, os cientistas aventuraram-se em reinos que ficam muito além do alcance de suas equações. O que aprendemos requereu mudanças radicais em nosso entendimento da natureza da realidade. Essas mudanças não se fazem sem dificuldades. Elas são observadas com grande atenção pela comunidade científica e muitas vezes encontram fortes resistências. Só quando os elementos de comprovação atingem uma abundância crítica é que os novos pontos de vista são adotados. E é assim que deve ser. Não há por que apressar o julgamento. A realidade pode esperar. O fato crucial, vigorosamente enfatizado pelo progresso teórico e experimental dos últimos cem anos, é que a experiência cotidiana não é um guia confiável para excursões que se estendam além das circunstâncias corriqueiras. Em vista da física radicalmente nova que encontramos na vigência de condições extremas — na relatividade geral, na mecânica quântica e, se ela estiver correta, na teoria de cordas —, o fato de que ideias radicalmente novas se mostram necessárias não chega a ser surpreendente. A premissa básica da ciência é que existem regularidades e padrões em todas as escalas. Mas, como o próprio Newton destacou, não há razão para esperar que os padrões que percebemos diretamente sejam reproduzidos em todas as escalas.

A surpresa seria não encontrar surpresas.

O mesmo se pode dizer, sem dúvida, com relação ao que a física nos revelará no futuro. Uma determinada geração de cientistas não pode nunca saber se a história julgará seu trabalho como uma digressão, como um fascínio passageiro, como um degrau a mais de uma escada ou como a criação de perspectivas que resistirão ao teste do tempo. Essa incerteza local é contrabalançada por um dos aspectos mais gratificantes da física — a estabilidade global. Ou seja, as teorias novas em geral não eliminam as que ficam suplantadas por elas. Como já dissemos, se, por um lado, as novas teorias costumam tornar necessárias certas adaptações às novas perspectivas quanto à natureza da realidade, elas quase nunca tornam irrelevantes as descobertas passadas. Ao contrário, elas as incorporam e ampliam. Por isso mesmo, a história da física mantém uma expressiva coerência.

Neste livro, exploramos um tema que pode vir a constituir o próximo desenvolvimento importante nessa história: a possibilidade de que nosso universo

PROPOSTA DE UNIVERSO PARALELO	DESCRIÇÃO
Multiverso repetitivo	Em um universo infinito, as condições repetem-se necessariamente através do espaço, gerando mundos paralelos.
Multiverso inflacionário	A inflação cosmológica eterna gera uma enorme rede de universos-bolhas, um dos quais seria nosso universo.
Multiverso das branas	No cenário dos mundos-brana da teoria de cordas/teoria-M, nosso universo existe em uma brana tridimensional que flutua em um ambiente de muitas dimensões, potencialmente povoado por outras branas — outros universos paralelos.
Multiverso cíclico	Colisões entre mundos-brana podem manifestar-se como o início de outros big bangs, gerando universos paralelos no tempo.
Multiverso da paisagem	Com a combinação entre a cosmologia inflacionária e a teoria de cordas, as múltiplas formas diferentes das dimensões extras da teoria de cordas dão lugar a muitos universos-bolhas diferentes.
Multiverso quântico	A mecânica quântica sugere que todas as possibilidades incorporadas nas ondas de probabilidade são realizadas em algum universo dentro da vastíssima gama de universos paralelos assim gerados.
Multiverso holográfico	O princípio holográfico afirma que nosso universo é espelhado exatamente por fenômenos que têm lugar em uma distante superfície que o limita, que constituem um universo paralelo fisicamente equivalente ao nosso.
Multiverso simulado	Os saltos tecnológicos sugerem que universos simulados podem, um dia, tornar-se possíveis.
Multiverso máximo	O princípio da fecundidade diz que todo universo possível é um universo real, o que desfaz a questão de saber por que uma determinada possibilidade — a nossa — é especial. Esses universos materializam todas as equações matemáticas possíveis.

Tabela 11.1 *Resumo de várias versões de universos paralelos.*

faça parte de um multiverso. Nossa viagem nos conduziu por nove variações sobre o tema do multiverso, cujo sumário está na tabela 11.1. Embora as várias propostas divirjam francamente nos detalhes, todas elas sugerem que nossa imagem rotineira da realidade é apenas uma parcela de um todo mais amplo. E todas elas ostentam também as marcas indeléveis da engenhosidade e da criatividade humanas. Mas a tarefa de determinar se alguma dessas ideias vai além dos devaneios matemáticos de nossa mente exigirá mais reflexões, conhecimentos, cálculos, experimentações e observações do que as que já pudemos fazer. Uma conclusão sólida sobre se os universos paralelos efetivamente constituirão o novo capítulo da história da física deve, por conseguinte, esperar que se forme a perspectiva que só o tempo pode dar.

Neste livro acontece o mesmo que no metafórico livro da natureza. Neste último capítulo, seria para mim um prazer juntar todas as peças e responder à pergunta mais essencial: universo ou multiverso? Mas não posso. Essa é a natureza dos tópicos que aparecem na fronteira do conhecimento. Em vez disso, com o objetivo de dar uma olhada para ver onde o conceito do multiverso pode nos levar, assim como para ressaltar os pontos principais do lugar onde ele já nos levou, apresento cinco perguntas básicas com as quais os físicos continuarão a defrontar-se nos próximos anos.

O PADRÃO DE COPÉRNICO É FUNDAMENTAL?

As regularidades e os padrões, evidentes nas observações e na matemática, são essenciais na formulação das leis da física. Há outros tipos de padrão que também são reveladores com relação à natureza das leis da física que são aceitas por cada geração sucessiva. Eles indicam como as descobertas científicas transformam as perspectivas da humanidade no que diz respeito a seu lugar na ordem cósmica. No transcurso de quase cinco séculos, a progressão copernicana tem sido um tema dominante. Do movimento diurno do Sol ao movimento noturno das constelações e ao papel principal que cada um de nós desempenha no mundo interior de nossa própria mente, a experiência humana nos dá pistas abundantes no sentido de que constituímos um núcleo central em cuja volta gira o cosmo. Mas os métodos objetivos das descobertas científicas têm corrigido progressivamente essa perspectiva. A cada nova ocasião percebemos que, se não estivéssemos aqui, a ordem cósmica seria basicamente a mesma. Tivemos de abandonar a crença na centralidade da Terra entre nossos vizinhos cósmicos, a centralidade do Sol em nossa galáxia, a Via Láctea, a centralidade desta entre todas as galáxias e até mesmo a centralidade dos prótons, nêutrons e elétrons — o material de que somos formados — na receita do universo. Houve um tempo em que os argumentos contrários às antigas ilusões de grandeza eram vistos como um ataque frontal à dignidade humana. Com a prática, acabamos refinando nossa autoavaliação.

A trilha seguida neste livro nos tem dirigido ao que pode ser a culminação da correção copernicana. Nosso próprio universo pode não ser central na ordem cósmica. Assim como o planeta, a estrela e a galáxia em que habitamos, também nosso universo pode ser apenas um entre inumeráveis outros. A ideia de que a possível realidade do multiverso estenda, e talvez complete, o padrão de Copérnico é motivo de curiosidade. Mas o que eleva o conceito do multiverso acima do reino da especulação gratuita é um fato crucial que temos encontrado reiteradamente. Os cientistas não estão empenhados em buscar maneiras de ampliar a revolução copernicana. Nem estão conspirando em laboratórios secretos para descobrir maneiras de completar o padrão de Copérnico. O que eles têm feito, na verdade, é o que sempre fazem: usando dados e observações como guia, formulam teorias matemáticas destinadas a descrever os componentes fundamentais da matéria e das forças que comandam os processos pelos quais esses componentes comportam-se, interagem e evoluem. É notável que, ao seguir a rota que essas teorias abrem, os cientistas deparem frontalmente com um multiverso após o outro. Faça uma viagem pelos caminhos mais frequentes percorridos pela ciência, preste atenção e você encontrará uma variedade de candidatos a multiversos. É mais difícil evitá-los do que encontrá-los.

Talvez as descobertas futuras nos ensinem a ver com outros olhos a série de correções copernicanas, mas, a partir de nosso ponto de vista atual, quanto mais aumenta nossa compreensão, mais desaparece nossa centralidade. Se as considerações científicas discutidas nos capítulos anteriores continuarem a conduzir-nos a explicações que tenham por base a ideia do multiverso, esta seria a evolução natural no rumo da complementação da revolução copernicana, que já vai cumprindo quinhentos anos.

É POSSÍVEL TESTAR AS TEORIAS CIENTÍFICAS QUE INVOCAM O MULTIVERSO?

Embora o conceito de multiverso se adapte muito bem ao modelo copernicano, ele apresenta uma diferença qualitativa com relação às ocasiões anteriores em que fomos expulsos do palco principal. Como esse conceito invoca domínios que podem estar permanentemente fora de nossa capacidade de investigação — seja pela falta de qualquer grau de precisão, seja pela impossibilidade real e total —, os multiversos aparentemente erguem barreiras substanciais ao conhecimento científico. Independentemente das opiniões que tenhamos a respeito do lugar que corresponde à humanidade na ordem cósmica, existe uma forte adesão à premissa de que as experimentações científicas, as observações e os cálculos matemáticos tornam ilimitada nossa capacidade de aprofundar cada vez mais nossos conhecimentos. Mas, se na verdade somos parte de um multiverso, a expectativa mais razoável é que o máximo que podemos esperar é aprender algo mais a respeito de nosso universo, nosso recanto no cosmo. Mais preocupante ainda é o temor de que, ao invocarmos o multiverso, estejamos entrando no domínio das teorias que não podem ser testadas — teorias que dependem de histórias incompletas, que se limitam a dizer que tudo o que observamos reflete "a maneira como as coisas são aqui".

Como já disse, no entanto, o conceito do multiverso é mais matizado. Vimos vários modos pelos quais uma teoria que envolve um multiverso pode propiciar previsões testáveis. Por exemplo, embora os universos individuais que constituem um determinado multiverso possam diferir consideravelmente entre si, como eles derivam de uma teoria que é comum a todos, pode haver características que sejam compartilhadas por todos. O fato de não encontrarmos essas características comuns, por meio das medições feitas aqui no único universo ao qual temos acesso, seria uma comprovação de que a proposta do multiverso está errada. A confirmação dessas características, por outro lado, especialmente se elas contiverem aspectos novos, aumentaria a confiança na validade da proposta.

Ou então, se não houver características comuns a todos os universos, correlações entre as características físicas podem propiciar outra classe de previsões testáveis. Vimos, por exemplo, que, se todos os universos cujo elenco de partículas inclui o elétron também incluem uma espécie de partícula até aqui não detectada, e se não conseguirmos encontrar a partícula por meio de experimentos realizados aqui em nosso universo, a proposta do multiverso estará descartada. A confirmação, por outro lado, reforçaria a confiança. Correlações mais complexas — por exemplo, os universos cujo elenco de partículas inclui, digamos, todas as partículas conhecidas (elétrons, múons, quarks-up, quarks-down etc.) contêm necessariamente uma espécie nova de partícula — gerariam também previsões testáveis e falseáveis.

Se não for possível estabelecer essas correlações estritas, a maneira segundo a qual as características físicas variam de um universo para outro também pode gerar previsões. Em um multiverso determinado, por exemplo, a constante cosmológica pode ter valores que variam em uma ampla faixa. Mas, se a vasta maioria dos universos tem uma constante cosmológica cujo valor concorda com o que observamos aqui (tal como ilustrado na figura 7.1), a confiança nesse multiverso aumentaria e com razão.

Finalmente, se a maior parte dos universos de um determinado multiverso tem propriedades que diferem das do nosso, há outro diagnóstico a que podemos recorrer. Podemos invocar o raciocínio antrópico e considerar apenas os universos daquele multiverso que podem abrigar nossa forma de vida. Se a vasta maioria dessa subclasse de universos tem propriedades que concordam com as do nosso — se nosso universo for típico entre aqueles cujas condições permitem o desenvolvimento de vidas como as nossas —, aumentaria a confiança no multiverso. Se formos atípicos, não podemos excluir a teoria, mas essa é uma limitação ordinária do raciocínio estatístico. Resultados improváveis podem ocorrer e por vezes ocorrem. Mesmo assim, quanto menos típicos formos, menos firme será a proposta de multiverso em questão. Se, entre todos os universos de um multiverso que são capazes de abrigar a vida, nosso universo chamasse atenção por sua raridade, essa seria uma forte indicação de que a proposta de multiverso pode ser irrelevante.

Portanto, para sondar quantitativamente uma proposta de multiverso é preciso determinar a demografia dos universos que povoam esse multiverso. Não basta saber quais são os universos que a proposta de multiverso pode permitir. Temos de determinar as características específicas dos universos aos quais a proposta dá lugar. Isso requer o entendimento dos processos cosmológicos que dão existência aos vários universos de uma dada proposta de multiverso. As previsões testáveis podem então surgir a partir da maneira pela qual as características variam de um universo para o outro através do multiverso.

Só um exame que se faça entre os diferentes multiversos, um por um, pode determinar se essa sequência de avaliações produz resultados convincentes. Mas a conclusão é que as teorias que envolvem outros universos — domínios em que não podemos penetrar hoje, e talvez nunca — podem proporcionar previsões testáveis e, portanto, falseáveis.

É POSSÍVEL TESTAR AS TEORIAS DE MULTIVERSOS QUE JÁ ENCONTRAMOS?

No decurso das pesquisas teóricas, a intuição da física é vital. Os teóricos têm de navegar por um desconcertante mar de possibilidades. Devo experimentar esta ou aquela equação? Invocar este ou aquele padrão? Os melhores físicos costumam ter impressões e palpites maravilhosos e precisos sobre quais seriam as linhas de pesquisa mais promissoras e quais tendem a ser estéreis. Mas isso ocorre nos bastidores. Quando as propostas científicas são apresentadas, não são julgadas por palpites e impressões. Só há um critério relevante: a capacidade que tem a proposta de explicar ou prever dados experimentais e observações astronômicas.

Aí reside a beleza singular da ciência. Em nossa luta em busca do conhecimento mais profundo, devemos dar a nossa imaginação criativa amplo espaço para a exploração. Devemos estar imbuídos do desejo de fugir das ideias convencionais e das estruturas consolidadas. Mas, ao contrário dos muitíssimos outros campos da atividade humana percorridos por nossos impulsos criativos, a ciência fornece um critério de julgamento final, uma avaliação intrínseca do que está certo e do que não está.

A complicação que existe para a vida científica no final do século XX e no começo do século XXI está no fato de que algumas de nossas ideias teóricas ultrapassaram a capacidade de testar ou observar. A teoria de cordas foi, por algum tempo, o símbolo maior dessa situação. A possibilidade de que façamos parte de um multiverso é um exemplo ainda mais amplo. Já expus um método geral para que uma proposta de multiverso possa ser testada, mas, em nosso nível atual de entendimento, nenhuma das propostas de multiverso já encontradas cumpre com os requisitos. Com o prosseguimento das pesquisas, a situação pode melhorar muito.

Nossa investigação do multiverso da paisagem, por exemplo, está no estágio mais inicial. O conjunto dos universos possíveis segundo a teoria de cordas — a paisagem das cordas — está ilustrado esquematicamente na figura 6.4, mas os mapas detalhados desse terreno montanhoso ainda não foram feitos. Como os antigos navegadores, temos alguma ideia do que está à frente, mas é preciso fazer extensas explorações matemáticas para dispormos de um mapa mais adequado. Com esse conhecimento à mão, o próximo passo será determinar como esses universos potenciais se distribuem pelo correspondente multiverso da paisagem. O processo físico essencial, a criação de universos-bolhas por meio do tunelamento quântico (ilustrado nas figuras 6.6 e 6.7), é bem conhecido em princípio, mas ainda está por ser examinado com maior profundidade quantitativa pela teoria de cordas. Diversos grupos de pesquisa (inclusive o meu próprio) já fizeram o reconhecimento inicial, mas há ainda muito por fazer. Como vimos em capítulos anteriores, várias incertezas similares afligem também as outras propostas de multiversos.

Ninguém sabe se serão necessários anos, décadas ou mais tempo ainda para que possamos extrair, dos pontos de vista observacional e teórico, previsões detalhadas relativas a qualquer multiverso. Se a situação atual persistir, estaremos diante de uma escolha. A definição de ciência — "ciência respeitável" — deve incluir apenas as ideias, os domínios e as possibilidades que estão dentro da capacidade dos seres humanos contemporâneos de testar ou observar? Ou devemos adotar um ponto de vista mais amplo e considerar como "científicas" ideias que poderão ser testáveis por meio de avanços tecnológicos que imaginamos alcançar nos próximos cem anos? Ou nos próximos duzentos anos? Ou em um tempo ainda mais longo? Ou adotamos um ponto de vista ainda mais amplo? Devemos permitir que a ciência siga todo e qualquer caminho que lhe pareça aberto? Viajar em direções que derivam de conceitos experimentalmente confirmados, mas que podem levar nossas teorizações a domínios ocultos que talvez permaneçam para sempre fora do alcance de nossa espécie?

Não há uma resposta clara. É aqui que o gosto científico pessoal sobe ao primeiro plano. Compreendo bem o impulso de limitar as pesquisas científicas às proposições que podem ser testadas agora, ou no futuro próximo. Foi assim, afinal de contas, que construímos o edifício da ciência. Mas acho demasiado estreito confinar nossos pensamentos aos limites arbitrários impostos pelo que somos, por onde estamos e pelo momento em que vivemos. A realidade transcende esses limites e, portanto, deve-se esperar que, mais cedo ou mais tarde, a busca das verdades mais profundas também o faça.

Meu gosto está com o que é mais amplo. Mas eu poderia excluir as ideias que não podem ser testadas significativamente por meio de experimentos ou observações por causa de sua própria natureza intrínseca, e não em decorrência das fragilidades humanas ou de barreiras tecnológicas. Dentre os multiversos que consideramos, só a versão integral do multiverso máximo cai nessa categoria. Se forem incluídos absolutamente todos os universos possíveis, então, o que quer que meçamos ou observemos será aceito e incorporado por ele. Os outros oito multiversos, resumidos na tabela 11.1, evitam esse problema. Cada um deles decorre de uma cadeia de raciocínio bem motivada e lógica e cada um deles está aberto a julgamento. Se as observações proporcionarem comprovações convincentes de que o espaço tem uma extensão finita, o multiverso repetitivo deixará de estar em consideração. Se nossa confiança na cosmologia inflacionária diminuir, talvez porque dados mais precisos da radiação cósmica de fundo em micro-ondas só possam ser explicados se supusermos que as curvas de energia potencial do ínflaton são complexas (e portanto menos convincentes), a proeminência do multiverso inflacionário diminuirá também.* Se a teoria de cordas sofrer um revés teórico, talvez devido à descoberta de uma falha matemática sutil que revele que a teoria é inconsistente (como os pesquisadores inicialmente chegaram a pensar), a motivação em favor dos diversos multiversos que dela decorrem se evaporará. Por outro lado, a observação de padrões da radiação cósmica de fundo em micro-ondas que seriam causados por colisões entre universos-bolhas poderia fornecer comprovações diretas em favor do multiverso inflacionário. Experimentos com aceleradores que buscam partículas supersimétricas, novas concretizações energéticas e miniburacos negros poderiam valorizar o ponto de vista da teoria de cordas e do multiverso das branas, e a comprovação de colisões de bolhas poderia também dar

* Observe, como se viu no capítulo 7, que uma refutação observacional completa da inflação requereria um compromisso da teoria com procedimentos que permitam a comparação de classes infinitas de universos — algo que ainda não foi alcançado. Contudo, a maior parte dos estudiosos está de acordo em que se, por exemplo, os dados da radiação cósmica de fundo em micro-ondas apresentassem aspecto diferente do que aparece na figura 3.4, a confiança na inflação teria despencado, ainda que exista, segundo a teoria, um universo-bolha no multiverso inflacionário no qual esses dados prevalecem.

apoio às hipóteses propiciadas pelo conceito da paisagem. A detecção de vestígios de ondas gravitacionais do início do universo, ou a não detecção deles, poderia oferecer uma diferenciação entre a cosmologia baseada no paradigma inflacionário e a do multiverso cíclico.

A mecânica quântica, com sua hipótese dos Muitos Mundos, dá origem ao multiverso quântico. Se as pesquisas futuras comprovarem que as equações da mecânica quântica, por mais confiáveis que se mostrem até aqui, requerem pequenas modificações para descrever dados mais refinados, esse tipo de multiverso poderia ser excluído. Uma modificação da teoria quântica que comprometa a propriedade da linearidade (na qual nos baseamos no capítulo 8) teria exatamente esse efeito. Notamos também que existem testes em matérias de princípio para o multiverso quântico, experimentos cujos resultados dependem de que o quadro dos Muitos Mundos, de Everett, seja ou não correto. Tais experimentos estão além de nossa capacidade atual e talvez para sempre, mas isso se deve ao fato de que eles são fantasticamente difíceis, e não ao de que alguma característica intrínseca do multiverso quântico os torne essencialmente impraticáveis.

O multiverso holográfico deriva de considerações de teorias consolidadas — a relatividade geral e a mecânica quântica — e recebe forte apoio teórico da teoria de cordas. Cálculos baseados na holografia já estão fazendo contatos tentativos com resultados experimentais do RHIC e todas as indicações são no sentido de que tais vínculos experimentais ganharão em robustez no futuro. Ver o multiverso holográfico como comprovação de uma realidade holográfica ou simplesmente como um instrumento matemático útil é questão de opinião. Precisamos aguardar o desenvolvimento dos trabalhos futuros, teóricos e experimentais, para podermos ter maiores convicções sobre a interpretação física a ser dada.

O multiverso simulado não está baseado em nenhuma estrutura teórica, e sim na incessante expansão do poder computacional. A premissa básica é que a consciência não está essencialmente ligada a um substrato particular — o cérebro —, mas é uma característica emergente de certa variedade de processamento de informações. Trata-se de uma proposição altamente debatível, que provoca argumentos apaixonados de ambos os lados. Talvez as pesquisas futuras sobre o cérebro e sobre a natureza da consciência venham a afetar negativamente a ideia de que as máquinas capazes de pensamento autoconsciente sejam possíveis. Talvez não. Um meio de julgar essa proposta de multiverso é claro, no entanto. Se nossos descendentes um dia observarem um mundo simulado convincente, ou interagirem com ele, ou o visitarem virtualmente, ou se tornarem parte dele, a questão estará praticamente resolvida.

O multiverso simulado, pelo menos em teoria, também poderia ser equiparado a uma versão reduzida do multiverso máximo que incluísse apenas universos baseados em estruturas matemáticas computáveis. Ao contrário da versão integral do multiverso máximo, essa encarnação mais limitada tem uma origem que o coloca acima de uma simples afirmativa. Os usuários, reais ou simulados, que estão por trás do multiverso simulado estarão, por definição, simulando estruturas matemáticas computáveis e terão, assim, a capacidade de gerar essa parte do multiverso máximo.

Obter a base observacional e experimental que permita decidir quanto à validade de qualquer das propostas de multiverso é algo que ainda está bem longe. Mas não é uma impossibilidade. E, como a recompensa potencial é imensa, se a exploração de multiversos for o destino natural das pesquisas teóricas futuras, teremos de seguir esse rumo e ver aonde ele nos levará.

COMO UM MULTIVERSO AFETA A NATUREZA DAS EXPLICAÇÕES CIENTÍFICAS?

Por vezes, a ciência se concentra nos detalhes. Ela nos diz por que os planetas viajam em órbitas elípticas, por que o céu é azul, por que a água é transparente, por que minha mesa de trabalho é sólida. Por mais familiares que sejam esses fatos, é maravilhoso que saibamos explicá-los. Por vezes, a ciência adota uma abordagem mais ampla. Ela revela que vivemos dentro de uma galáxia que contém algumas centenas de bilhões de estrelas, estabelece que nossa galáxia é uma dentre centenas de bilhões de outras e fornece elementos que comprovam a existência de uma energia escura invisível que permeia o universo em todos os seus recantos. Se recuarmos apenas cem anos, a uma época em que se pensava que o universo era estático e continha apenas nossa galáxia, a Via Láctea, veremos que temos pleno direito a celebrar o magnífico quadro que a ciência vem pintando desde então.

E, por vezes, a ciência faz outra coisa. Por vezes, ela nos desafia a reexaminar a maneira pela qual vemos a própria ciência. O arcabouço científico usual, que tem séculos de existência, prescreve que, quando um cientista descreve um sistema físico, ele precisa especificar três coisas. Já vimos todas elas em diversos contextos, mas é conveniente considerá-las em conjunto agora. Em primeiro lugar estão as equações matemáticas que descrevem as leis da física que são pertinentes (por exemplo, as leis do movimento, de Newton, as equações da eletricidade e do magnetismo, de Maxwell, ou a equação de Schrödinger da mecânica quântica). Em segundo lugar, estão os valores numéricos de todas as constantes da natureza que aparecem nas equações matemáticas (por exemplo, as constantes que determinam a força intrínseca da gravidade e da força eletromagnética, ou as que determinam as massas das partículas elementares). Em terceiro lugar, o físico deve especificar as "condições iniciais" do sistema (como a velocidade e a direção com que a bola de futebol é chutada, ou o fato de que um elétron tem 50% de probabilidade de ser encontrado no Túmulo de Grant e outros 50% de ser encontrado em Strawberry Fields). As equações determinam, então, como estarão as coisas em qualquer momento subsequente. Tanto a física clássica quanto a física quântica subscrevem esse arcabouço. A única diferença está em que a física clássica pretende dizer-nos como as coisas estarão em termos absolutos em um dado momento, enquanto a física quântica fornece a probabilidade de que elas estejam de uma maneira ou de outra.

Quando se trata de prever onde a bola chegará, ou como um elétron se moverá em um chip de computador (ou em uma maquete de Manhattan), esse processo de três tempos é comprovadamente eficaz. Mas, quando se trata de descrever a totalidade da realidade, os três passos nos convidam a fazer perguntas mais profundas. Podemos explicar as condições iniciais — como as coisas estavam em algum momento considerado inicial? Podemos explicar os valores das constantes — as massas das partículas, as intensidades das forças etc. — dos quais as leis dependem? Podemos explicar por que um determinado conjunto de equações matemáticas descreve um ou outro aspecto do universo físico?

As várias propostas de multiverso que discutimos têm o potencial de modificar profundamente a maneira pela qual enfocamos essas perguntas. No multiverso repetitivo, as leis da física são as mesmas através dos universos que o constituem, mas os arranjos das partículas diferem uns dos outros: diferentes arranjos das partículas, neste caso, refletem diferentes condições iniciais no passado. Nesse multiverso, portanto, muda a perspectiva com que focalizamos a questão de por que as condições iniciais de nosso universo eram desta ou daquela maneira. As condições iniciais geralmente serão diferentes de um universo para outro, não havendo, por conseguinte, uma explicação fundamental para qualquer arranjo particular. Pedir tal explicação é fazer a pergunta errada; é aplicar a mentalidade de um universo único no ambiente de um multiverso. A pergunta a ser feita visa, então, saber se em algum lugar do multiverso existe um universo no qual o arranjo das partículas, e, portanto, as condições iniciais, concorde com o que vemos aqui. Melhor ainda, podemos demonstrar que esses universos são abundantes? Se assim for, a questão profunda das condições iniciais seria explicada com um levantar de ombros. Nesse multiverso, as condições iniciais de nosso universo não requereriam mais explicações do que o fato de que em algum lugar de Nova York haverá uma loja que tenha seu número de sapato.

No multiverso inflacionário, as "constantes" da natureza podem variar e variam em geral de um universo-bolha para outro. Lembre-se de que no capítulo 3 vimos que as diferenças ambientais — os diferentes valores do campo de Higgs que permeiam cada bolha — geram diferentes massas de partículas e propriedades de forças. O mesmo ocorre no multiverso das branas, no multiverso cíclico e no multiverso da paisagem, nos quais a forma das dimensões extras da teoria de cordas, ao lado de outras diferenças em campos e fluxos, resulta em universos com características diferentes — da massa do elétron à própria existência do elétron, à intensidade do eletromagnetismo, à própria existência da força eletromagnética, ao valor da constante cosmológica e assim por diante. No contexto desses multiversos, pedir explicações para as propriedades das partículas e das forças que observamos é, novamente, fazer a pergunta errada, pois a pergunta provém de um pensamento ligado ao conceito de um universo único. Em vez disso, deveríamos perguntar se em algum desses multiversos existe um universo com as propriedades físicas que observamos no nosso. Melhor ainda seria demonstrar que universos com as características físicas do nosso são abundantes, ou pelo menos entre os universos capazes de abrigar a vida como a conhecemos. Mas, assim como não tem sentido perguntar com *qual* palavra Shakespeare escreveu *Macbeth*, também não tem sentido pedir que as equações *expliquem* a razão dos valores das características físicas particulares que observamos aqui.

Os multiversos simulado e máximo pertencem a outra categoria: não resultam de teorias físicas específicas. Mas também eles têm o potencial de modificar a natureza de nossas indagações. Nesses multiversos, as leis matemáticas que comandam os universos específicos variam. Assim, tal como no caso das variações das condições iniciais e das constantes da natureza, o fato de que as leis variam sugere que não faz sentido pedir explicações para as leis particulares que aqui vigem. Diferentes universos têm leis diferentes e vivemos com as leis que temos porque elas estão entre as que são compatíveis com nossa existência.

Coletivamente, vemos que as propostas de multiversos resumidas na tabela 11.1 tornam prosaicos três aspectos primordiais do arcabouço científico padrão que nos parecem profundamente misteriosos no contexto de um universo único. Em diversos multiversos, as condições iniciais, as constantes da natureza e até mesmo as leis matemáticas já não precisam ser explicadas.

DEVEMOS CRER NA MATEMÁTICA?

Steven Weinberg, ganhador do Prêmio Nobel, disse uma vez: "Nosso erro não é levar demasiado a sério as teorias, mas não levá-las suficientemente a sério. É sempre difícil ver que esses números e equações com que nos entretemos em nossas mesas têm algo a ver com o mundo real".[1] Weinberg se referia às conclusões pioneiras de Ralph Alpher, Robert Herman e George Gamow sobre a radiação cósmica de fundo em micro-ondas, que descrevi no capítulo 3. Embora a radiação prevista seja uma consequência direta da relatividade geral, combinada com a física cosmológica básica, ela só alcançou proeminência depois de ter sido descoberta teoricamente duas vezes, em um intervalo de doze anos, e depois de ter sido detectada observacionalmente graças a uma coincidência feliz.

É certo que a afirmação de Weinberg deve ser aplicada com cuidado. Embora *sua* mesa tenha testemunhado um volume extraordinário de anotações matemáticas que se mostraram relevantes para o mundo real, são relativamente poucas as equações com que nós, os teóricos, nos entretemos e que chegam a alcançar esse nível. Na ausência de resultados experimentais ou observacionais convincentes, a decisão de escolher qual matemática deve ser levada em conta seriamente é tanto uma questão de ciência quanto de arte.

Com efeito, essa questão é crucial para o tema que temos discutido neste livro — a ponto de estar presente na escolha do título do livro. O escopo das propostas de multiverso que constam da tabela 11.1 poderia sugerir um panorama de realidades ocultas. Mas pus o título do livro no singular para refletir o caráter único e singularmente forte do tema que une todos eles: a capacidade atribuída à matemática de revelar verdades secretas sobre o funcionamento do mundo. Séculos de descobertas expressam abundantemente a evidência desse fato. A física passou por revoluções monumentais por seguir com vigor os caminhos ditados pela matemática. A complicada dança de Einstein com a matemática constitui um exemplo revelador.

No final do século XIX, quando James Clerk Maxwell percebeu que a luz era uma onda eletromagnética, suas equações mostraram que a velocidade da luz devia ser de cerca de 300 mil quilômetros por segundo — o que era próximo do valor que já havia sido obtido pelos físicos experimentais. Um detalhe inquietante era que as equações deixavam sem resposta uma dúvida: 300 mil quilômetros com relação a quê? Cientistas trataram de encontrar resposta com a solução improvisada de que haveria uma substância invisível que permeia o espaço, o "éter", que dá o padrão do repouso. Mas no início do século XX Einstein argumentou que os cientistas deveriam levar a equação de Maxwell mais a sério. Se essas equações não se referiam a um padrão de repouso, é porque não havia necessidade de um padrão de repouso. A velocidade da luz, declarou Einstein, com impacto, é de 300 mil quilômetros por segundo com relação *ao que quer que seja*. Embora os detalhes sejam de importância histórica, descrevo esse episódio por sua implicação maior: todos tinham acesso à matemática de Maxwell, mas foi preciso o gênio de Einstein para que ela fosse entendida em sua plenitude. E, com esse movimento, Einstein irrompeu com a teoria da relatividade especial, derrubando séculos de pensamentos sobre o espaço, o tempo, a matéria e a energia.

Durante a década seguinte, enquanto desenvolvia a teoria da relatividade geral, Einstein familiarizou-se intimamente com amplas áreas da matemática, que a maioria dos físicos da época não conhecia, ou conhecia muito pouco. À medida que avançava no rumo das equações finais da relatividade geral, ele revelou um pendor magistral para modelar as construções matemáticas com a mão firme da intuição física. Poucos anos depois, quando recebeu a boa notícia de que as observações do eclipse solar de 1919 confirmavam a previsão da relatividade geral de que a luz das estrelas viajava por trajetórias curvas, Einstein notou, com grande confiança, que, se os resultados tivessem sido diferentes, "ele sentiria pena do Criador, uma vez que a teoria é correta". Estou certo de que, se os dados contrariassem de maneira convincente a relatividade geral, Einstein mudaria de atitude, mas o que ele disse retrata bem a confiança em que a elegante lógica interna, a beleza intrínseca e o potencial amplíssimo de aplicabilidade de um conjunto de equações matemáticas fazem com que elas possam irradiar a realidade.

Havia, contudo, um limite à intenção de Einstein de seguir sua própria matemática. Ele não levou a teoria da relatividade geral "suficientemente a sério", a ponto de acreditar que ela previa a existência de buracos negros e a expansão do universo. Como vimos, outros, como Friedmann, Lemaître e Schwarzschild, aceitaram as equações de Einstein mais profundamente do que ele próprio. E suas conquistas abriram o caminho para as concepções da cosmologia por quase todo um século. Em contraste, durante os últimos vinte anos de sua vida, Einstein dedicou-se por inteiro a pesquisas matemáticas em uma luta apaixonada pelo estupendo prêmio de formular a teoria unificada da física. Quando agora avaliamos esse trabalho, com base no que já aprendemos, é impossível evitar a conclusão de que, durante esses anos, ele deixou-se guiar *demasiadamente* — deixou-se cegar, dizem alguns — pela floresta de equações que o cercava. Assim, até mesmo Einstein, várias vezes na vida, tomou decisões erradas ao escolher quais equações ele levaria suficientemente a sério.

A terceira revolução da física teórica moderna, a mecânica quântica, constitui outro caso diretamente relevante para a história contada neste livro. Schrödinger escreveu sua equação sobre a evolução das ondas quânticas em 1926. Durante décadas a equação foi considerada importante apenas para o domínio das coisas pequenas: moléculas, átomos e partículas. Mas em 1957 Hugh Everett reviveu a aposta de Einstein em Maxwell de cinquenta anos antes: *Leve a matemática a sério*. Everett ponderou que a equação de Schrödinger deveria aplicar-se a todas as coisas, porque todas as coisas materiais, independentemente de seu tamanho, são feitas de moléculas, átomos e partículas subatômicas. E, como vimos, isso o conduziu à abordagem dos Muitos Mundos aplicada à mecânica quântica e ao multiverso quântico. Mais de cinquenta anos depois, ainda não sabemos se a abordagem de Everett estava correta. Mas, ao levar a sério a matemática subjacente à teoria quântica — totalmente a sério —, ele pode ter descoberto uma das revelações mais profundas da exploração científica.

As outras propostas de multiversos também dependem da crença em que a matemática faz parte do tecido da realidade. O multiverso máximo leva essa perspectiva à sua encarnação mais completa: de acordo com o multiverso máximo, a matemática *é* a realidade. Mas, mesmo tendo uma visão menos abrangente da conexão entre a matemática e a realidade, as outras teorias sobre multiversos da tabela 11.1 devem sua origem aos números e às equações com que os cientistas se entretêm em suas mesas de trabalho — assim como quando escrevem em cadernos e em quadros-negros e programam computadores. Seja quando invocam a relatividade geral, a mecânica quântica, a teoria de cordas ou outras formas de pensamento matemático, as ideias que compõem a tabela 11.1 surgem apenas porque acreditamos que as teorizações matemáticas podem levar-nos ao encontro de verdades ocultas. Só o tempo dirá se essa premissa leva as teorias matemáticas demasiado a sério, ou não as leva suficientemente a sério.

Se uma parte ou a totalidade da matemática que nos compeliu a pensar em mundos paralelos mostrar-se pertinente do ponto de vista da realidade, a famosa indagação de Einstein sobre se o universo tem as propriedades que tem simplesmente porque nenhum outro universo é possível, estaria definitivamente respondida: Não. Nosso universo não é o único possível. Suas propriedades poderiam ser diferentes. E em muitas das propostas de multiversos as propriedades dos outros universos membros *seriam* diferentes. Por sua vez, a busca de uma explicação fundamental para o porquê de certas coisas serem como são não teria sentido. Em vez disso, as probabilidades estatísticas ou o mero acaso estariam firmemente implantados em nosso entendimento de um cosmo profundamente vasto.

Não sei se as coisas evoluirão dessa maneira. Ninguém sabe. Mas é somente por meio de um engajamento destemido que podemos aprender sobre nossos limites. É somente por meio da busca racional de teorias, mesmo aquelas que nos levam a domínios estranhos e exóticos, que podemos ter a chance de conhecer a realidade total.

Notas

1. OS LIMITES DA REALIDADE [PP. 13-21]

1. A possibilidade de que nosso universo seja um bloco que flutua em um espaço maior, com mais dimensões, já aparece em um trabalho escrito por dois renomados físicos russos — "Do we live inside a domain wall?", V. A. Rubakov e M. E. Shaposhnikov, *Physics Letters B* 125 (26 de maio de 1983): 136 — e não envolve a teoria de cordas. A versão que focalizarei no capítulo 5 decorre de progressos alcançados na teoria de cordas em meados da década de 1990.

2. DUPLOS SEM FIM [PP. 22-53]

1. A citação provém da edição de março de 1933 de *The Literary Digest*. Vale registrar que a precisão dessa citação foi questionada recentemente pelo especialista dinamarquês em história da ciência Helge Kragh (veja seu livro *Cosmology and controversy*, Princeton: Princeton University Press, 1999), que sugere tratar-se de uma reinterpretação de uma matéria publicada pela *Newsweek* naquele mesmo ano, na qual Einstein se referia à origem dos raios cósmicos. O que, no entanto, é certo, é que naquele ano Einstein já havia abandonado a crença em que o universo fosse estático e aceitava a cosmologia dinâmica que resultava de suas equações originais da relatividade geral.

2. Essa lei nos fala da intensidade da atração gravitacional, F, entre dois objetos, dadas suas massas, m_1 e m_2, e a distância, r, entre eles. Matematicamente, a lei diz: $F = Gm_1m_2/r^2$, em que G é a constante de Newton — um número medido experimentalmente que especifica a intensidade intrínseca da força gravitacional.

3. Para o leitor com inclinação pela matemática, as equações de Einstein são $R_{uv} - \frac{1}{2}g_{uv}R = 8\pi GT_{uv}$, em que g_{uv} é a métrica no espaço-tempo, R_{uv} é o tensor de curvatura de Ricci, R é a curvatura escalar, G é a constante de Newton e T_{uv} é o tensor de energia-momento.

4. Nas décadas que se seguiram à confirmação da relatividade geral, levantaram-se questões quanto à confiabilidade dos resultados. Para que a luz de estrelas distantes que passa rente ao Sol seja visível, as observações tinham de ser efetuadas durante um eclipse solar. Infelizmente, o mau tempo transformou em um desafio a tomada de fotografias claras do eclipse de 1919.* O problema consistia no fato de que Eddington e seus colaboradores poderiam ter sido influenciados pelo conhecimento antecipado do resultado esperado e, em consequência, eliminado, por pouca clareza, um número proporcionalmente maior de fotografias que aparentemente não confirmavam a teoria de Einstein. Um estudo recente e completo, feito por Daniel Kennefick (veja <www.arxiv.org>, artigo arXiv:0709.0685, que, entre outras coisas, leva em conta uma reavaliação das chapas fotográficas tiradas em 1919), argumenta convincentemente no sentido de que a confirmação da relatividade geral em 1919 foi efetivamente legítima.

5. Para o leitor com inclinação pela matemática, as equações da relatividade geral de Einstein reduzem-se, nesse contexto, a $(\frac{da}{a})^2 = \frac{8\pi G\rho}{3} - \frac{k}{a^2}$. A variável *a(t) é* o fator de escala do universo — um número cujo valor, como o nome indica, determina a escala de distância entre objetos (se o valor de *a(t)* difere, em dois momentos diferentes, por um fator de 2, então a distância entre duas galáxias, nesses mesmos momentos, também diferirá por um fator de 2). *G* é a constante de Newton, ρ é a densidade de matéria/energia e *k* é um parâmetro cujo valor pode ser 1, 0, ou -1, dependendo de que a forma do espaço seja esférica, euclidiana ("plana") ou hiperbólica. A forma dessa equação é geralmente atribuída a Alexander Friedmann, sendo, por isso, conhecida como equação de Friedmann.

6. O leitor com inclinação pela matemática deveria observar duas coisas. Em primeiro lugar, na relatividade geral usualmente definimos coordenadas que dependem, elas próprias, da matéria que o espaço contém. Definimos as galáxias como os transportadores das coordenadas (agindo como se cada galáxia tivesse um conjunto particular de coordenadas nela "pintadas" — chamadas coordenadas comóveis). Assim, até mesmo para identificar uma região específica do espaço, geralmente fazemos referência à matéria que o ocupa. Portanto, uma redação mais precisa para o texto seria: A região do espaço que contém um grupo particular de *N* galáxias no tempo t_1 terá um volume maior no tempo posterior t_2. Em segundo lugar, a afirmação intuitivamente sensata relativa a que a densidade da matéria e da energia muda quando o espaço se expande ou se contrai parte de uma suposição implícita relativa à equação de estado para a matéria e a energia. Existem situações, e logo nos encontraremos com uma, em que o espaço pode expandir-se ou contrair-se enquanto a densidade de uma contribuição particular de energia — a densidade de energia da chamada constante cosmológica — permanece a mesma. Com efeito, existem cenários ainda mais exóticos, em que o espaço pode expandir-se enquanto a densidade de energia *aumenta*. Isso pode acontecer porque, em certas circunstâncias, a gravidade pode propiciar uma fonte de energia. O ponto de importância no parágrafo é que, em sua forma original, as equações da relatividade geral não são compatíveis com um universo estático.

* A expedição de Eddington realizou suas observações em Sobral, no Ceará, em 29 de maio de 1919. (N. R. T.)

7. Logo veremos que Einstein abandonou seu universo estático quando se viu confrontado por dados astronômicos que mostravam que o universo está em expansão. Mas vale a pena notar que suas dúvidas com relação ao universo estático são anteriores a essa ocasião. O físico Willem de Sitter mostrou a Einstein que seu universo estático era instável: imagine-o um pouco maior e ele crescerá; imagine-o um pouco menor e ele encolherá. Os físicos evitam soluções que, para persistir, requerem condições perfeitas e imodificáveis.

8. No modelo do big bang, a expansão do espaço é vista de forma comparável à do movimento ascendente de uma bola: a atração da gravidade puxa para baixo a bola que sobe e torna mais lento, assim, seu movimento ascendente. Em nenhum dos dois casos essa movimentação requer uma força repulsiva. Mas você pode perguntar ainda: "Foi seu braço que arremessou a bola para cima; o que, então, terá 'lançado' o universo espacial em seu movimento de expansão?". Voltaremos a esse ponto no capítulo 3, onde veremos que a teoria moderna propõe um breve surto de gravidade repulsiva durante os primeiríssimos momentos da história cósmica. Veremos também que dados mais refinados revelam que a expansão do espaço *não* está ficando mais lenta com o passar do tempo, o que resultou em uma surpreendente e potencialmente profunda ressurreição da constante cosmológica. Nos próximos capítulos trataremos desse tema.

A descoberta da expansão do espaço foi um ponto de inflexão da cosmologia moderna. Além das contribuições de Hubble, esse avanço deveu-se ao trabalho e à percepção de muitos outros, entre os quais Vesto Slipher, Harlow Shapley e Milton Humason.

9. Um toro bidimensional é normalmente apresentado como uma rosquinha, com o centro vazio. Um processo de duas fases mostra que essa representação concorda com a descrição dada no texto principal. Quando declaramos que quando você cruza a borda direita da tela regressa a ela pela borda esquerda, isso equivale a identificar totalmente a borda direita com a esquerda. Se a tela fosse flexível (feita de um plástico fino, por exemplo), essa identificação se tornaria explícita "enrolando-se" a tela em uma forma cilíndrica e juntando-se as duas bordas. Quando declaramos que quando você cruza a borda superior retorna pela borda inferior, isso também equivale a identificar as duas bordas. Podemos tornar isso explícito por meio de uma segunda manipulação, na qual curvamos o cilindro e juntamos as bordas circulares de ambas as bases. A forma resultante tem o aspecto usual de uma rosquinha. Um aspecto enganador dessas manipulações é que a superfície da rosquinha parece curva. Se ela estivesse revestida de um espelho, os reflexos gerados seriam distorcidos. Essa é uma consequência do fato de que estamos representando o toro como um objeto que existe no interior de um ambiente tridimensional. Intrinsecamente, como superfície bidimensional, o toro não é curvo. É plano, como fica claro quando ele é representado como uma tela de video game. Por essa razão, no texto principal concentro-me na descrição mais fundamental, como uma forma cujas bordas se identificam par a par.

10. O leitor com inclinação pela matemática notará que, quando falo de "um processo cuidadoso de juntar lâminas, ou fatias", refiro-me a tomar os cocientes de espaços de recobrimento simplesmente conexos por vários grupos de isometria discretos.

11. A quantidade citada vale para a era atual. No universo primitivo, a densidade crítica era mais alta.

12. Se o universo fosse estático, a luz que estivesse viajando há 13,7 bilhões de anos e só agora chegasse a nós teria, efetivamente, sido emitida a uma distância de 13,7 bilhões de anos-luz. Em um universo em expansão, o objeto que emitiu a luz continua a afastar-se duran-

te os bilhões de anos em que a luz viajava. Quando recebemos a luz, o objeto estará, portanto, a uma distância maior — bem maior — do que 13,7 bilhões de anos-luz. Um cálculo direto, feito com base na relatividade geral, mostra que o objeto (supondo que ele ainda exista e tenha continuado a viajar pelo espaço) estaria agora a uma distância de 41 bilhões de anos-luz. Isso quer dizer que, quando olhamos para o espaço, podemos, em princípio, ver luzes provenientes de fontes que estão agora até a 41 bilhões de anos-luz de distância. Nesse sentido, o universo observável tem um diâmetro de cerca de 82 bilhões de anos-luz. A luz proveniente de objetos que estão mais afastados do que essa medida não terá ainda tido tempo suficiente para alcançar-nos e está, portanto, fora de nosso horizonte cósmico.

13. Em linguagem informal, podemos dizer que, devido à mecânica quântica, as partículas sempre experimentam o que gosto de chamar de "flutuação quântica": um tipo inescapável de vibração quântica aleatória que transforma em aproximada a noção de que a partícula tenha posição e velocidade (momento) definidas. Nesse sentido, modificações na posição/velocidade que sejam tão pequenas que cheguem a confundir-se com as flutuações quânticas incorporam-se ao "ruído" da mecânica quântica e não são significativas.

Empregando uma linguagem mais precisa, se multiplicarmos a imprecisão da medida da posição pela imprecisão da medida do momento, o resultado — a incerteza — será sempre maior do que um número denominado *constante de Planck*, nome dado em homenagem a Max Planck, um dos pioneiros da física quântica. Em particular, isso implica que as resoluções mais finas da medida da posição de uma partícula (baixa imprecisão na medida da posição) implicam necessariamente uma alta incerteza na medida de seu momento e, por associação, de sua energia. Uma vez que a energia é sempre limitada, o grau de resolução da medida da posição é também sempre limitado.

Note também que sempre aplicaremos esses conceitos em domínios espaciais finitos — geralmente em regiões que tenham o tamanho do horizonte cósmico atual (como veremos na próxima seção). Uma região de tamanho finito, ainda que grande, implica uma incerteza máxima nas medidas de posição. Se se supõe que uma partícula esteja em uma determinada região, a incerteza de sua posição certamente não é maior do que o tamanho dessa região. Esse limite máximo à incerteza da posição estabelece, portanto, devido ao princípio da incerteza, uma quantidade mínima de incerteza na medida do momento — ou seja, uma resolução limitada na medida do momento. Visto em conjunto com a resolução limitada da medida da posição, isso significa a redução de um número infinito a um número finito de diferentes configurações possíveis da posição e da velocidade de uma partícula.

Você ainda pode ter dúvidas a respeito da barreira que impede a construção de um artefato capaz de medir a posição de uma partícula com precisão cada vez maior. Trata-se, novamente, de uma questão de energia. Como se vê no texto principal, se se quer medir a posição de uma partícula com precisão cada vez maior, será necessário empregar uma sonda cada vez mais refinada. Para determinar se existe uma mosca na sala, basta acender a luz difusa da sala. Para determinar se um elétron está em uma cavidade, é necessário iluminá-lo com o feixe estreito de um laser potente. E, para determinar a posição do elétron com precisão cada vez maior, é preciso que o laser seja cada vez mais potente. Ora, quando um laser cada vez mais potente alcança o elétron, ele introduz uma perturbação cada vez maior na velocidade do elétron. Assim, o resultado final é que o aumento da precisão na determinação da posição de uma partícula ocorre ao custo de enormes mudanças na velocidade dela — e, por conseguinte, mudanças enormes também na energia dessa partícula. Como existe, e sempre existirá, um limite à quantidade de energia que uma partícula pode ter, existe também um limite para a resolução com que se pode medir sua posição.

A limitação da energia em um domínio espacial limitado acarreta uma resolução finita para a medida tanto da posição quanto da velocidade.

14. A maneira mais direta de fazer esse cálculo é invocar um dado que descreverei em termos não técnicos no capítulo 9: a entropia de um buraco negro — o logaritmo do número de diferentes estados quânticos — é proporcional à área de sua superfície, medida em comprimentos de Planck ao quadrado. Um buraco negro que preenchesse nosso horizonte cósmico teria um raio de cerca de 10^{28} centímetros, cerca de 10^{61} comprimentos de Planck. Sua entropia seria, portanto, de 10^{122} comprimentos de Planck ao quadrado. Assim, o número total de estados quânticos diferentes é aproximadamente igual a 10 elevado à potência 10^{122}, ou seja, $10^{10\backslash 122}$.

15. Você pode estar se perguntando por que não estou incorporando também os campos. Como veremos, partículas e campos são expressões complementares. Um campo pode ser descrito em termos das partículas que o compõem, assim como uma onda do mar pode ser descrita em termos das moléculas de água que a constituem. A escolha pelo uso de uma das duas expressões é basicamente matéria de conveniência.

16. A distância que a luz pode percorrer em um determinado intervalo de tempo depende sensivelmente da taxa à qual o espaço se expande. Em capítulos posteriores encontraremos dados que indicam que a taxa da expansão espacial está em aceleração. Assim sendo, há um limite para as distâncias que a luz pode percorrer através do espaço, mesmo que esperemos um tempo arbitrariamente longo. As regiões mais distantes do espaço estariam afastando-se de nós tão rapidamente que a luz que emitimos não poderá alcançá-las. Do mesmo modo, a luz por elas emitida tampouco pode nos alcançar. Isso significaria que o tamanho dos horizontes cósmicos — a porção do espaço com a qual podemos intercambiar sinais luminosos — não cresceria indefinidamente. (Para o leitor com inclinação pela matemática, as fórmulas essenciais estão no capítulo 6, nota 7.)

17. G. Ellis e G. Bundrit estudaram domínios duplicados em um universo infinito clássico; J. Garriga e A. Vilenkin estudaram esses domínios no contexto quântico.

3. ETERNIDADE E INFINITO [PP. 54-94]

1. Um ponto de separação com relação aos trabalhos anteriores foi a perspectiva de Dicke, que enfocava a possibilidade de um universo oscilante, que passaria repetidamente por uma série de ciclos — big bang, expansão, contração, contração extrema, novo big bang. Em qualquer ciclo dado, haveria uma radiação remanescente permeando o espaço.

2. Vale a pena observar que, embora não tenham motores a jato, as galáxias geralmente têm movimentos, além do que resulta da expansão do espaço — trata-se, tipicamente, do resultado das forças gravitacionais intergalácticas, assim como do movimento intrínseco da nuvem giratória de gás de que as galáxias se formam. Tais movimentos denominam-se *velocidade peculiar* e em geral são suficientemente pequenos para poder ser ignorados em termos cósmicos.

3. O problema do horizonte é sutil e minha descrição da solução dada pela cosmologia inflacionária é, até certo ponto, não ortodoxa. Portanto, devo elaborar um pouco mais a questão, para os leitores interessados. Voltemos, inicialmente, ao problema. Considere duas regiões do céu estrelado que estejam tão distantes uma da outra que nunca se terão comunicado. Digamos, concretamente, que cada região tenha um observador equipado com um termostato que controla a temperatura em sua região. Os observadores querem que as duas regiões tenham a mesma temperatura, mas, como eles nunca puderam comunicar-se, não sabem como ajustar seus termostatos. O pensamento natural é supor que, como bilhões de anos atrás os observadores estavam muito mais próximos um do outro, teria sido fácil para eles, naquele tempo, estabelecer contato e assegurar, desse modo, que ambas as regiões tivessem a mesma temperatura. Contudo, como o texto principal esclarece, na teoria padrão do big bang esse raciocínio não funciona. Aqui está uma explicação mais detalhada. Na teoria padrão do big bang, o universo está em expansão, mas, por causa da atração da gravidade, a *taxa* de expansão se desacelera com o tempo. É um processo semelhante ao que ocorre quando se lança uma bola ao ar. Durante a fase da subida, ela inicialmente se afasta com rapidez, mas, por causa da atração gravitacional da Terra, sua velocidade se reduz progressivamente. A desaceleração da expansão espacial tem um efeito profundo. Usarei a analogia da bola arremessada para explicar a ideia essencial. Imagine uma bola que suba durante, digamos, seis segundos. Como a velocidade inicial, quando a bola sai de sua mão, é grande, ela poderia cobrir a metade da extensão da subida em apenas dois segundos, mas, como a velocidade diminui, ela leva quatro segundos para completar a outra metade. No ponto médio do intervalo de tempo, três segundos, a bola estará, portanto, *além* do ponto médio da distância. O mesmo ocorre com uma expansão espacial que se desacelera com o tempo: no ponto médio da história cósmica, nossos dois observadores estariam separados por *mais* da metade da distância que os separa atualmente. Pense a respeito do que isso significa. Os dois observadores estariam mais próximos um do outro no ponto médio do passado, mas a comunicação entre eles seria mais difícil, e não mais fácil. Os sinais enviados por um dos observadores disporiam da metade do tempo para fazer contato, mas a distância que esses sinais teriam de percorrer seria de *mais* da metade da distância atual. Dispor da metade do tempo para estabelecer comunicação através de mais da metade da separação atual tornaria o contato mais difícil.

A distância entre os objetos é, assim, apenas um dos fatores a considerar quando analisamos a possibilidade de que eles se influenciem mutuamente. A outra consideração essencial é quanto tempo transcorreu desde o big bang, pois isso limita o espaço pelo qual qualquer influência poderia ter-se manifestado. No big bang padrão, embora todas as coisas estivessem realmente mais próximas no passado, o universo também se expandia com maior rapidez e, em termos proporcionais, as influências não teriam tido o tempo necessário para exercer-se.

A solução oferecida para cosmologia inflacionária é inserir nos momentos iniciais da história cósmica uma fase em que a taxa de expansão do espaço não decresce como a velocidade da bola arremessada ao ar. Em vez disso, a expansão espacial começa vagarosamente e ganha velocidade continuamente. A expansão acelera-se. De acordo com esse mesmo raciocínio, no ponto médio dessa fase inflacionária nossos dois observadores estariam separados por uma distância *menor* do que a metade da distância existente ao final dessa fase. Eles teriam, então, a metade do tempo para comunicar-se através de menos da metade da distância, pelo que a comunicação entre eles seria mais fácil no período inicial. De modo geral, a expansão acelerada significa que, quanto mais remoto o tempo pesquisado, em termos proporcionais, haveria mais — e não menos — tempo para que as influências se exercessem. Isso teria permitido às regiões que hoje estão demasiado distantes ter se comunicado no universo primitivo e explicaria a temperatura comum que elas exibem hoje.

Como a expansão acelerada resulta em uma expansão espacial total muito maior do que na teoria padrão do big bang, as duas regiões teriam estado *muito* mais próximas uma da outra ao iniciar-se a inflação do que em um momento comparável de acordo com a teoria padrão. Essa disparidade no tamanho do universo inicial é uma maneira equivalente de compreender por que a comunicação entre as regiões mais distantes, que teria sido impossível na teoria padrão do big bang, pode ocorrer facilmente na teoria inflacionária. Se, em um momento dado após o início, a distância entre duas regiões é menor, é mais fácil que elas tenham intercambiado sinais entre si.

Levando a sério as equações da expansão e estendendo-as a períodos extremamente próximos ao início (para uma definição clara imagine que o espaço tem a forma esférica), vemos também que as duas regiões se teriam separado inicialmente com maior rapidez no big bang padrão do que no modelo inflacionário: essa seria a razão pela qual elas teriam estado muito mais separadas no big bang padrão do que na teoria inflacionária. Nesse sentido, o esquema inflacionário envolve um período de tempo durante o qual a taxa de separação entre essas regiões é mais lenta do que no esquema usual do big bang.

Muitas vezes, nas descrições da cosmologia inflacionária, o foco se concentra no aumento fantástico da velocidade de expansão, com relação ao modelo convencional, e não nessa diminuição da velocidade inicial da expansão. A diferença nas descrições ocorre em função dos diferentes aspectos físicos que se decida comparar entre os dois esquemas. Se compararmos as trajetórias de duas regiões a uma determinada distância uma da outra nos primeiros momentos do universo, então, na teoria inflacionária, essas regiões se separarão muito mais rapidamente do que na teoria padrão do big bang. Também agora elas estão muito mais separadas na teoria inflacionária do que no big bang convencional. Mas, se considerarmos duas regiões que estejam agora a uma determinada distância uma da outra (como as duas regiões em lados opostos do céu estrelado sobre as quais nos concentramos), a descrição dada aqui é pertinente. Ou seja, nos primeiríssimos momentos do universo, essas regiões estavam muito mais próximas uma da outra e se separavam muito mais vagarosamente, em uma teoria que invoque a expansão inflacionária, do que em outra teoria que não o faça. O papel da expansão inflacionária é compensar o início lento impelindo essas regiões a afastar-se cada vez mais rapidamente, possibilitando, assim, que elas cheguem à mesma localização no céu que teriam na teoria padrão do big bang.

Um tratamento mais completo do problema do horizonte incluiria uma especificação mais detalhada das condições das quais surge a expansão inflacionária, assim como o processo subsequente por meio do qual, por exemplo, a radiação cósmica de fundo em micro-ondas é gerada. Mas a discussão ressalta a diferença essencial entre uma expansão acelerada e outra desacelerada.

4. Observe que, ao apertar o saco de batatas, você injeta energia em seu interior e, como tanto a massa quanto a energia dão origem à curvatura gravitacional, o aumento do peso se deverá, em parte, ao aumento da energia. Contudo, o fato é que o aumento da própria pressão também contribui para o aumento do peso. (Observe também que, para sermos precisos, devemos imaginar que estamos fazendo esse "experimento" em uma câmara de vácuo, de modo a não precisarmos considerar as forças de empuxo devidas ao ar que envolve o saco.) Em circuns-

tâncias corriqueiras, o aumento é mínimo. Em ambientes astrofísicos, no entanto, ele pode ser significativo. Com efeito, ele tem um papel que ajuda a compreender a razão pela qual, em certas situações, as estrelas necessariamente entram em colapso e formam buracos negros. As estrelas geralmente mantêm sua estabilidade por meio do equilíbrio entre a pressão de dentro para fora, gerada por processos nucleares que ocorrem no cerne da estrela, e a força centrípeta da gravidade, gerada pela massa da estrela. Quando a estrela esgota o combustível nuclear, a pressão positiva decresce e a estrela se contrai. Isso faz com que todos os seus componentes se aproximem cada vez mais, aumentando, assim, a atração gravitacional. Para evitar o aumento da contração, se torna necessário um aumento da pressão para fora (que se denomina pressão positiva, como se vê no parágrafo seguinte do texto principal). Mas a pressão positiva adicional também gera uma atração gravitacional adicional, o que torna ainda mais urgente um novo acréscimo de pressão positiva. Em certas situações, isso leva a uma espiral de instabilidade e o próprio fator de que a estrela normalmente depende para contrabalançar a contração gravitacional — a pressão positiva — dá uma contribuição tão intensa à contração que o colapso gravitacional completo se torna inevitável. A estrela implodirá e formará um buraco negro.

5. Na abordagem da inflação que acabo de descrever, não há uma explicação fundamental para o fato de que o valor do campo do ínflaton começa no alto da curva de energia potencial nem para a razão pela qual a curva de energia potencial tem a forma particular que apresenta. Essas são premissas de que a teoria parte. Versões subsequentes da inflação, sobretudo uma desenvolvida por Andrei Linde e denominada *inflação caótica*, indicam que uma forma mais comum de curva de energia potencial (uma forma parabólica sem seções planas que surge das equações matemáticas mais simples para a curva de energia potencial) também pode gerar a expansão inflacionária. Para dar início à expansão inflacionária, o valor do campo do ínflaton também precisa estar no alto da curva de energia potencial, mas as condições extremamente quentes do universo primitivo causariam naturalmente esse efeito.

6. Para o leitor diligente, quero acrescentar um detalhe a mais. A rápida expansão do espaço na cosmologia inflacionária provoca um resfriamento substancial (assim como uma rápida compressão do espaço, ou de qualquer outra coisa, provoca um surto de aumento da temperatura). Mas, com o fim da inflação, o campo do ínflaton oscila ao redor do mínimo de sua curva de energia potencial, transferindo sua energia para uma chuva de partículas. Esse processo se denomina "reaquecimento" porque as partículas assim produzidas têm energia cinética e em consequência alcançam certa temperatura. Como o espaço continua a se estender, com a expansão mais normal (não inflacionária) do big bang, a temperatura da chuva de partículas cai progressivamente. O ponto importante, no entanto, é que a uniformidade estabelecida pela inflação proporciona condições uniformes para esses processos e gera, portanto, resultados uniformes.

7. Alan Guth tinha consciência do caráter eterno da inflação. Paul Steinhardt escreveu sobre sua realização matemática em certos contextos. Alexander Vilenkin trouxe-a à luz em termos gerais.

8. O valor do campo do ínflaton determina a quantidade da energia e da pressão negativa que se distribui pelo espaço. Quanto maior for a energia, tanto maior será a taxa de expansão do espaço. Por sua vez, a rápida expansão do espaço provoca uma contrarreação no próprio campo do ínflaton: quanto mais rápida for a expansão do espaço, maior será a violência das flutuações do valor do campo do ínflaton.

9. Vejamos aqui uma questão que pode ter ocorrido a você e à qual retornaremos no capítulo 10. Com a expansão inflacionária, a energia total do espaço aumenta: quanto maior for o volume do espaço preenchido com o campo do ínflaton, tanto maior será a energia total (se o espaço for infinitamente grande, a energia também será infinita. Nesse caso, devemos falar da energia contida em uma região finita do espaço, à medida que ela aumenta de tamanho). Isso leva naturalmente à seguinte pergunta: Qual é a fonte dessa energia? Para a situação análoga com a garrafa de champanhe, a fonte da energia adicional na garrafa provém da força exercida por seus músculos. Que força faz esse papel na expansão do cosmo? A resposta é: a gravidade. Assim como seus músculos são o agente que permite a expansão do espaço disponível no interior da garrafa (fazendo subir a rolha), a gravidade é o agente que faz com que se expanda o espaço disponível no cosmo. O que é preciso ter em mente é que a energia do campo gravitacional pode ser arbitrariamente negativa. Considere duas partículas que vão ao encontro uma da outra devido à sua própria atração gravitacional mútua. A gravidade faz com que as partículas se aproximem mutuamente de maneira cada vez mais rápida, o que faz com que sua energia cinética se torne cada vez mais positiva. O campo gravitacional pode suprir essa energia positiva às partículas porque a gravidade pode usar sua própria reserva energética, que, com esse processo, torna-se arbitrariamente negativa: quanto mais próximas uma da outra estiverem as partículas, tanto mais negativa se torna a energia gravitacional (do mesmo modo, tanto mais positiva seria a energia que você teria de injetar para superar a força da gravidade e separar as partículas novamente). Portanto, a gravidade funciona como um banco que tem uma linha de crédito inesgotável e que pode, assim, emprestar quantidades infinitas de dinheiro. O campo gravitacional pode fornecer quantidades infinitas de energia porque sua própria energia pode tornar-se cada vez mais negativa. Essa é a fonte de energia de que se vale a expansão inflacionária.

10. Usarei a expressão "universo-bolha", embora a imagem de um "universo-bolso", que se abre no interior do ambiente permeado com o ínflaton, também seja adequada (este último termo foi cunhado por Alan Guth).

11. Para o leitor com inclinação pela matemática, uma descrição mais precisa do eixo horizontal da figura 3.5 é a seguinte: considere a esfera bidimensional que compreende os pontos do espaço ao tempo em que os fótons da radiação cósmica de fundo em micro-ondas começaram a flutuar livremente. Como acontece com toda 2-esfera, um conjunto adequado de coordenadas nesse local é dado pelas coordenadas angulares de um sistema polar de coordenadas esféricas. A temperatura da radiação cósmica de fundo em micro-ondas pode então ser vista como uma função dessas coordenadas angulares e pode, assim, ser decomposta em uma série de Fourier que usa como base os harmônicos esféricos usuais $Y(\theta,\phi)$. O eixo vertical da figura 3.5 relaciona-se com o tamanho dos coeficientes para cada modo da expansão — a direita do eixo horizontal corresponde às menores separações angulares. Para detalhes técnicos, veja, por exemplo, o excelente livro de Scott Dodelson, *Modern cosmology* (San Diego: Academic Press, 2003).

12. Para sermos um pouco mais precisos, pode-se dizer que não é a intensidade do campo gravitacional, por si mesma, que determina a desaceleração do tempo, mas sim a intensidade do potencial gravitacional. Por exemplo, se você estivesse em uma cavidade esférica no centro de uma estrela não sentiria força gravitacional alguma, mas, por estar no fundo de um poço de potencial gravitacional, o tempo passaria mais devagar para você do que para quem estivesse fora da estrela.

13. Esse resultado (e ideias intimamente relacionadas a ele) foi obtido por diversos pesquisadores em diferentes contextos e foi articulado mais explicitamente por Alexander Vilenkin e também por Sidney Coleman e Frank De Luccia.

14. Em nossa discussão a respeito do multiverso repetitivo, você poderá lembrar-se de que tomamos como premissa que os arranjos das partículas variariam aleatoriamente de um retalho para outro. A conexão entre o multiverso repetitivo e o multiverso inflacionário também permite sustentar essa premissa. Um universo-bolha forma-se em uma região quando o valor do campo do ínflaton cai. Quando isso acontece, a energia armazenada pelo ínflaton converte-se em partículas. O arranjo específico dessas partículas em qualquer momento escolhido é determinado pelo valor exato do ínflaton durante o processo de conversão. Mas, como o campo do ínflaton está sujeito a flutuações quânticas, seu valor, ao cair, estará sujeito a variações aleatórias — as mesmas variações aleatórias que dão lugar ao padrão de manchas um pouco mais quentes e um pouco mais frias que aparece na figura 3.4. Se considerarmos essas flutuações em todas as manchas de um universo-bolha, elas implicam, portanto, que o valor do ínflaton mostra variações quânticas aleatórias. E essa aleatoriedade leva à aleatoriedade da distribuição resultante das partículas. Essa é a razão pela qual podemos esperar que qualquer arranjo de partículas, como o que é responsável por tudo o que vemos aqui e agora, seja replicado com a mesma frequência de qualquer outro (ou seja, podemos esperar que todos os arranjos possíveis de partículas sejam replicados com a mesma frequência).

4. A UNIFICAÇÃO DAS LEIS DA NATUREZA [PP. 95-133]

1. Agradeço a Walter Isaacson pelas comunicações pessoais relativas a esta e a várias outras questões históricas referentes a Einstein.

2. Com um pouco mais de detalhe, os insights de Glashow, Salam e Weinberg sugeriam que a força eletromagnética e a força fraca eram aspectos de uma *força eletrofraca*, teoria que foi confirmada por experimentos realizados em aceleradores ao final da década de 1970 e início da década de 1980. Glashow e Georgi avançaram um passo a mais e sugeriram que a força eletrofraca e a força nuclear forte eram aspectos de uma força ainda mais fundamental, esquema a que se dá o nome de *grande unificação*. A versão mais simples da grande unificação, contudo, foi descartada, uma vez que os cientistas não conseguiam observar uma de suas previsões: que o próton deveria decair em longos períodos de tempo. Há, no entanto, muitas outras versões da grande unificação que permanecem experimentalmente viáveis, uma vez que, por exemplo, a taxa prevista para o decaimento dos prótons é tão mínima que os experimentos atuais ainda não têm a sensibilidade suficiente para detectá-lo. Não obstante, mesmo que a grande unificação não seja ratificada pelos dados, já não há dúvida de que as três forças não gravitacionais podem ser descritas com a mesma linguagem matemática da teoria quântica de campos.

3. A descoberta da teoria de supercordas desencadeou uma série de iniciativas teóricas correlacionadas, em busca de uma teoria unificada das forças da natureza. Em particular, a *teoria quântica de campos supersimétrica* e sua extensão gravitacional, a *supergravidade*, vêm sendo rigorosamente desenvolvidas desde meados dos anos 1970. Ambas têm por base o novo princípio da *supersimetria*, descoberto no contexto da teoria de supercordas, mas trabalham com a

supersimetria em termos de teorias convencionais de partículas puntiformes. Discutiremos brevemente a supersimetria ainda neste capítulo, mas, para o leitor com inclinação pela matemática, quero observar aqui que a supersimetria é a última das simetrias disponíveis (além da simetria por rotações, por translações, da simetria de Lorentz e, de um modo mais geral, a simetria de Poincaré) para uma teoria não trivial de partículas elementares. Ela põe em relação partículas que na mecânica quântica têm diferentes spins e estabelece um parentesco matemático profundo entre partículas que comunicam forças e as partículas que formam a matéria. A supergravidade é uma extensão da supersimetria que inclui a força gravitacional. Nos primeiros tempos das pesquisas sobre a teoria de cordas, os cientistas perceberam que os esquemas da supersimetria e da supergravidade surgiam a partir de análises da teoria de cordas a baixas energias. Nesse nível energético, a extensão física da corda em geral não chega a ser percebida e ela aparece como uma partícula puntiforme. De modo correspondente, como veremos neste capítulo, a matemática da teoria de cordas, quando aplicada a processos de baixa energia, transforma-se na da teoria quântica de campos. Os cientistas descobriram que, uma vez que a supersimetria e a gravidade sobrevivem a essa transformação, a teoria de cordas, a baixas energias, dá origem à teoria quântica de campos supersimétrica e à supergravidade. Mais recentemente, como veremos no capítulo 9, o vínculo entre a teoria quântica de campos supersimétrica e a teoria de cordas ganhou ainda mais profundidade.

4. O leitor bem informado pode discordar de minha afirmação de que todos os campos estão associados a partículas. Seria mais adequado dizer que as pequenas flutuações de um campo em torno de um mínimo local de seu potencial são geralmente interpretadas como excitações das partículas. Isso é o que precisamos saber para a discussão que estamos começando. O leitor informado notará também que localizar uma partícula em um ponto é, por si só, uma idealização, uma vez que seriam necessárias — por causa do princípio da incerteza — quantidades infinitas de momento e de energia para fazê-lo. Recordemos novamente o ponto essencial de que na teoria quântica de campos, em princípio, não há limite para a exatidão da localização de uma partícula.

5. De um ponto de vista histórico, desenvolveu-se uma técnica matemática conhecida como *renormalização* para dominar as implicações quantitativas das flutuações quânticas dos campos, fortes e de pequena escala (com alta energia). Quando aplicada às teorias quânticas de campos das três forças não gravitacionais, a renormalização remediou as quantidades infinitas que surgiam em diversos cálculos, o que permitiu que os cientistas fizessem previsões fantasticamente precisas. No entanto, quando essa técnica foi usada sobre as flutuações quânticas do campo gravitacional, ela se mostrou ineficaz e não conseguiu remediar os infinitos que surgiam nos cálculos quânticos que envolviam a gravidade.

Segundo um ponto de vista mais atualizado, esses infinitos são considerados de maneira bastante diferente. Os físicos chegaram à conclusão de que, no caminho que leva a um entendimento cada vez mais profundo das leis da natureza, a atitude sensata a tomar é que todas as propostas que se fazem — se é que são pertinentes — são provisórias e normalmente sua capacidade de descrever os fenômenos físicos só chega até certo ponto da escala de comprimento, ou da escala de energia. Além desse ponto, os fenômenos estão fora do âmbito da própria proposta. Se aceitarmos essa perspectiva, será, então, uma tolice tentar estender a teoria a distâncias menores do que as que estão em sua área de aplicabilidade — ou a energias que estão acima de sua área de aplicabilidade. E com esses limites inerentes (como descrito no texto principal) não surge nenhum infinito. Ao contrário, os cálculos são feitos no contexto de uma teoria cuja faixa de aplicabilidade está circunscrita desde o início. Isso quer dizer que a capacidade de fazer previsões está limitada a fenômenos que existem dentro dos limites da teoria: a distâncias demasiado pequenas, ou a energias demasiado altas, a teoria não oferece nenhuma informação. O objetivo último de uma teoria completa de gravidade quântica seria superar os limites inerentes e fazer previsões quantitativas em qualquer escala.

6. Para ter uma ideia da origem desses números específicos, veja que a mecânica quântica (discutida no capítulo 8) associa uma onda a uma partícula. Quanto mais pesada for a partícula, mais curto será seu comprimento de onda (a distância entre duas cristas sucessivas). A relatividade geral de Einstein também associa um comprimento a qualquer objeto — o tamanho até o qual o objeto teria de ser comprimido para tornar-se um buraco negro. Quanto mais pesado for o objeto, maior será esse tamanho. Imagine, então, que começamos com uma partícula descrita pela mecânica quântica e vamos pouco a pouco aumentando sua massa. Ao longo desse processo, a onda quântica da partícula vai se tornando mais curta e seu "tamanho de buraco negro" vai ficando maior. Quando a massa chegar a certo nível, o comprimento quântico da onda e o tamanho do buraco negro serão iguais, o que marca uma massa e um tamanho em que tanto as considerações da mecânica quântica quanto as da relatividade geral são relevantes. Se transformarmos esse experimento mental em quantitativo, a massa e o tamanho são os que estão contidos no texto principal — respectivamente, a massa de Planck e o comprimento de Planck. Antecipando desenvolvimentos futuros, no capítulo 9 discutiremos o *princípio holográfico*. Esse princípio usa a relatividade geral e a física dos buracos negros para propor um limite muito particular ao número de graus de liberdade físicos que podem existir em qualquer volume de espaço (uma versão mais sofisticada da discussão do capítulo 2 referente de diferentes arranjos de partículas que pode haver em um volume de espaço; mencionado também na nota 14 do capítulo 2). Se esse princípio estiver correto, o conflito entre a relatividade geral e a mecânica quântica pode surgir antes que as distâncias se tornem pequenas e as curvaturas se tornem grandes. Um volume enorme que contenha mesmo uma baixa densidade de gás de partículas poderia ter, segundo as previsões da teoria quântica de campos, bem mais graus de liberdade do que o permitido pelo princípio holográfico (que depende da relatividade geral).

7. O spin da mecânica quântica é um conceito sutil. Especialmente na teoria quântica de campos, em que as partículas são vistas como pontos, é difícil compreender o próprio sentido de "spin". O que acontece é que os experimentos mostram que as partículas podem ter uma propriedade intrínseca que se comporta como uma quantidade imutável de momento angular. Além disso, a teoria quântica mostra — e os experimentos confirmam — que as partículas em geral têm momentos angulares que são apenas múltiplos inteiros de uma quantidade fundamental (a constante de Planck dividida por dois). Como os objetos clássicos que têm spin têm também um momento angular intrínseco (que, no entanto, não é imutável e muda com a alteração da velocidade rotacional do objeto), os teóricos tomaram emprestado o termo "spin" e o aplicaram a essa situação quântica análoga. Daí vem a expressão "momento angular de spin". O spin, ou seja, a rotação de um pião de brinquedo nos dá uma razoável imagem mental, contudo é mais preciso imaginar que as partículas não são definidas apenas pela massa, carga elétrica e cargas nucleares, mas também pelo momento angular intrínseco e imutável de seu spin. Assim

como aceitamos que a carga elétrica de uma partícula é uma de suas características definidoras, os experimentos estabelecem que o mesmo é válido para o momento angular do spin.

8. Lembre-se de que a tensão entre a relatividade geral e a mecânica quântica provém das potentes flutuações quânticas do campo gravitacional que sacodem o espaço-tempo com tal violência que os métodos matemáticos tradicionais não as suportam. A incerteza quântica nos diz que essas flutuações tornam-se cada vez mais fortes à medida que examinamos o espaço em escalas cada vez menores (que é a razão por que não percebemos essas agitações na vida cotidiana). Especificamente, os cálculos mostram que são as flutuações altamente energéticas em distâncias menores do que a escala de Planck que fazem com que a matemática enlouqueça (quanto menor for a distância, maior será a energia das flutuações). Como a teoria quântica de campos descreve as partículas como pontos, sem extensão espacial, as distâncias a que essas partículas reagem podem ser arbitrariamente pequenas e, por conseguinte, as flutuações quânticas que elas experimentam podem ter quantidades arbitrárias de energia. A teoria de cordas põe fim a isso. As cordas *não* são pontos e têm extensão espacial. Isso implica a existência, até mesmo por princípio, de um limite mínimo para as distâncias que podem ser acessíveis, pois uma corda não pode trafegar por distâncias menores do que ela própria. Por sua vez, o limite menor das escalas que podem ser alcançadas traduz-se em um limite máximo ao grau de energia que as flutuações podem atingir. Esse limite revela-se suficiente para domar os desvios matemáticos e permitir que a teoria de cordas seja capaz de reconciliar a mecânica quântica e a relatividade geral.

9. Se um objeto fosse verdadeiramente unidimensional, não poderíamos vê-lo diretamente, pois ele não teria uma superfície sobre a qual os fótons pudessem refletir-se e não teria a capacidade de produzir seus próprios fótons através de transições atômicas. Portanto, quando uso no texto principal o verbo "ver", quero referir-me, na verdade, a qualquer tipo de observação ou experimentação que possa ser usado para buscar os sinais da extensão espacial de um objeto. O importante, portanto, é que qualquer extensão espacial menor do que o poder de resolução do procedimento experimental não poderá ser percebida pelo experimento.

10. "What Einstein never knew", documentário *NOVA*, 1985.

11. Mais precisamente, o componente do universo mais relevante para nossa existência seria completamente diferente. Como as partículas familiares e os objetos que elas constituem — estrelas, planetas, pessoas etc. — não chegam a perfazer 5% da massa do universo, uma desconstrução como essa não poderia afetar mais do que uma pequena parte do universo, ao menos em termos de massa. No entanto, em termos dos efeitos sobre a vida como a conhecemos, a mudança seria profunda.

12. Existem algumas restrições fracas que as teorias quânticas de campos impõem a seus parâmetros internos. Para evitar certas classes de comportamento físico inaceitável (violações das leis básicas de conservação, violações de certas transformações de simetria e outras mais), pode haver vínculos sobre as cargas (elétricas e também nucleares) das partículas da teoria. Adicionalmente, para assegurar que em todos os processos físicos a soma das probabilidades seja igual a um, ou 100%, também pode haver vínculos sobre as massas das partículas. Mas, mesmo com esses vínculos, persiste uma ampla latitude com relação aos valores permitidos para as propriedades das partículas.

13. Alguns pesquisadores notarão que, embora nem a teoria quântica de campos nem o estágio atual de nosso conhecimento da teoria de cordas propiciem uma explicação para as proprie-

dades das partículas, o problema é mais urgente no caso da teoria de cordas. Essa questão não é simples, mas, para o leitor com mentalidade técnica, aqui vai o resumo. Na teoria quântica de campos, as propriedades das partículas — suas massas, para dar um exemplo concreto — são dadas por números que são inseridos nas equações da teoria. O fato de que as equações da teoria quântica de campos permitem que esses números variem é a maneira matemática de dizer que a teoria não determina as massas das partículas, mas apenas as toma como premissas. Na teoria de cordas, a flexibilidade nas massas das partículas tem origem matemática similar — as equações permitem que os números variem livremente —, mas a manifestação dessa flexibilidade é mais significativa. Os números que variam livremente — ou seja, números que podem ser alterados sem nenhum custo em energia — correspondem à existência de partículas sem massa. (Usando a linguagem das curvas de energia potencial apresentada no capítulo 3, consideremos uma curva de energia potencial que seja completamente plana, uma linha horizontal. Assim como andar por um terreno perfeitamente plano não provoca nenhum impacto sobre sua energia potencial, modificar o valor desse campo não teria custos em termos de energia. Como a massa de uma partícula corresponde à curvatura da curva de energia potencial de seu campo quântico em torno de seu mínimo, os quanta desses campos não têm massa.) Números excessivos de partículas sem massa são uma característica particularmente incômoda para qualquer teoria que se proponha, uma vez que existem limites rígidos para essas partículas, que provêm dos dados dos aceleradores e das observações cosmológicas. Para que a teoria de cordas se mostre viável, é imperativo que essas partículas adquiram massa. Em anos recentes, várias descobertas mostraram maneiras em que isso pode acontecer. Elas têm a ver com fluxos que podem passar pelos furos das formas de Calabi-Yau das dimensões extras. Discutiremos aspectos desses desenvolvimentos no capítulo 5.

14. Não é impossível que os experimentos forneçam dados que contrariem a teoria de cordas. A estrutura dessa teoria assegura que certos princípios básicos têm de ser respeitados por todos os fenômenos físicos. Entre eles estão o da *unitaridade* (a soma de todas as probabilidades de todos os resultados possíveis de um experimento deve ser igual a um) e o da *invariância local de Lorentz* (em um domínio suficientemente pequeno, as leis da relatividade especial são válidas), assim como aspectos mais técnicos, como a *analiticidade* e o da *simetria cruzada** (o resultado das colisões de partículas tem de depender do momento de tais partículas de uma maneira que respeite um conjunto particular de critérios matemáticos). Se encontrássemos indicações firmes — talvez no Grande Colisor de Hádrons — de que qualquer desses princípios esteja sendo violado, seria um grande desafio tratar de conciliar tais dados com a teoria de cordas. (Também seria um desafio tratar de conciliar esses dados com o Modelo Padrão da física de partículas, que também incorpora esses princípios, mas a premissa subjacente é que o Modelo Padrão deve dar lugar a uma nova física, nos níveis mais altos de energia, uma vez que essa teoria não incorpora a gravidade. Os dados que conflitem com qualquer dos princípios enumerados seriam argumentos no sentido de que essa nova física não é a teoria de cordas.)

15. É comum falar-se do centro de um buraco negro como se fosse uma posição no espaço. Mas não é. É um momento no tempo. Quando se cruza o horizonte de eventos de um buraco negro, o tempo e o espaço (a direção radial) trocam de papel. Se você cair em um buraco negro,

* No original, *crossing symmetry*. (N. R. T.)

por exemplo, seu movimento radial representa o progresso no tempo. Desse modo, você é sugado em direção ao centro do buraco negro da mesma maneira pela qual é empurrado em direção ao próximo momento do tempo. O centro de um buraco negro, nesse sentido, é semelhante a um último momento no tempo.

16. Por diversas razões, a entropia é um conceito-chave na física. No caso em discussão, a entropia é usada como instrumento de diagnóstico para determinar se a teoria de cordas está deixando de fora algum aspecto físico essencial na descrição que faz dos buracos negros. Se assim fosse, o grau de desordem dos buracos negros que a matemática das cordas está calculando seria impreciso. O fato de a resposta concordar exatamente com os cálculos que Bekenstein e Hawking fizeram, valendo-se de considerações muito diferentes, é sinal de que a teoria de cordas captou com êxito a descrição física fundamental. Esse é um resultado muito encorajador. Para mais detalhes, veja *O universo elegante*, capítulo 13.

17. O primeiro indício desse emparelhamento entre formas de Calabi-Yau proveio do trabalho de Lance Dixon e, de forma independente, de Wolfgang Lerche, Nicholas Warner e Cumrun Vafa. Meu trabalho com Ronen Plesser descobriu um método para produzir os primeiros exemplos concretos desses pares, que denominamos *pares espelhados*,* assim como denominamos *simetria espelho*** a relação entre eles. Plesser e eu também mostramos que cálculos difíceis em um dos membros de um par espelhado, envolvendo detalhes aparentemente impenetráveis, como o número de esferas que podem ser colocadas dentro da forma, podem ser substituídos por cálculos muito mais praticáveis na forma espelhada. Esse resultado foi tomado por Philip Candelas, Xenia de la Ossa, Paul Green e Linda Parkes e posto em ação. Eles desenvolveram técnicas destinadas a calcular explicitamente a igualdade que Plesser e eu havíamos estabelecido entre as fórmulas "difíceis" e "fáceis". Usando a fórmula fácil, eles extraíram informações sobre a parceira difícil, inclusive os números associados à colocação de esferas, mencionados no texto principal. Nos anos que se seguiram, a simetria espelho tornou-se, ela própria, um campo de pesquisas e muitos resultados importantes foram obtidos. Para uma história mais completa, veja Shing-Tung Yau e Steve Nadis, *The shape of inner space* (Nova York: Basic Books, 2010).

18. A afirmação de que a teoria de cordas conseguiu fundir a mecânica quântica e a relatividade geral apoia-se em uma pletora de cálculos que se tornaram ainda mais convincentes com os resultados que cobriremos no capítulo 9.

5. UNIVERSOS-BOLHAS EM DIMENSÕES PRÓXIMAS [PP. 134-61]

1. Mecânica clássica: $\vec{F} = m\vec{a}$. Eletromagnetismo: $d * F = * J; dF = 0$. Mecânica quântica: $H\psi = i\hbar\frac{d\psi}{dt}$. Relatividade geral: $R_{\mu\upsilon} - \frac{1}{2}g_{\mu\upsilon}R = \frac{8\pi G}{c^4}T_{\mu\upsilon}$.

2. Refiro-me aqui à *constante de estrutura fina*, $\alpha = e^2/\hbar c$, cujo valor numérico (em níveis de energia típicos para os processos eletromagnéticos) é de cerca de 1/137, que corresponde aproximadamente a 0,0073.

* Em inglês são chamados de *mirror pairs*. (N. R. T.)

** Em inglês é chamada de *mirror symmetry*. (N. R. T.)

3. Witten argumentou que quando o acoplamento das cordas de tipo I é colocado em nível alto, a teoria se transforma no tipo Heterótica-O, com acoplamento baixo, e vice-versa. A de Tipo IIB, com acoplamento alto, transforma-se *nela própria*, mas com acoplamento baixo. Os casos da Heterótica-E e do Tipo IIA são um pouco mais sutis (veja *O universo elegante*, capítulo 12, para mais detalhes), mas o quadro geral é que todas as cinco teorias participam de uma rede de inter-relações.

4. Para o leitor com inclinação pela matemática, o que é especial a respeito das cordas, componentes unidimensionais, é que a física que descreve seus movimentos é um grupo de simetria de dimensão infinita. Ou seja, quando uma corda se move, ela percorre uma superfície bidimensional e, portanto, o funcional de ação a partir do qual as equações de movimento são derivadas é uma teoria quântica de campos bidimensional. Do ponto de vista clássico, essas ações bidimensionais são conformalmente invariantes (invariantes por transformações de escala que preservem ângulos das superfícies bidimensionais), e, na mecânica quântica, essa simetria pode ser preservada pela imposição de diversas restrições (como quanto ao número de dimensões espaço-temporais através das quais a corda se move — ou seja, as dimensões do espaço-tempo). O grupo de simetria de transformações conformes tem dimensão infinita, o que se revela necessário para assegurar que a análise quântica perturbativa de uma corda em movimento seja matematicamente consistente. Por exemplo, o número infinito de excitações de uma corda em movimento que, se não fosse assim, teria norma negativa (decorrente da assinatura negativa do componente temporal da métrica do espaço-tempo) pode ser excluído por "rotação", usando-se o grupo de simetria de dimensão infinita. Para mais detalhes, o leitor pode consultar M. Green, J. Schwarz e E. Witten, *Superstring theory*, volume 1 (Cambridge: Cambridge University Press, 1988).

5. Como acontece com muitas descobertas importantes, deve-se dar o crédito justo a todos aqueles cujo trabalho ajudou a formular suas bases, assim como àqueles que tornaram manifesta sua importância. Entre os que tiveram esse papel na descoberta das branas, no contexto da teoria de cordas, estão: Michael Duff, Paul Howe, Takeo Inami, Kelley Stelle, Eric Bergshoeff, Ergin Szegin, Paul Townsend, Chris Hull, Chris Pope, John Schwarz, Ashoke Sen, Andrew Strominger, Curtis Callan, Joe Polchinski, Petr Hořava, J. Dai, Robert Leigh, Hermann Nicolai e Bernard DeWitt.

6. O leitor diligente poderá argumentar que o multiverso inflacionário é capaz de também encapsular o tempo de um modo fundamental, uma vez que, afinal de contas, a fronteira de nossa bolha marca o início do tempo em nosso universo. Isso é verdade, mas o que quero salientar aqui é algo mais geral: os multiversos que discutimos até aqui decorrem de análises que têm por foco essencial processos que ocorrem por todo o espaço. No multiverso que vamos discutir agora, o tempo é um aspecto central desde o início.

7. Alexander Friedmann, *The world as space and time*, 1923, publicado em russo, de acordo com a referência de H. Kragh, em "Continual fascination: The oscillating universe in modern cosmology", *Science in Context* 22, nº 4 (2009): 587-612.

8. Em um detalhe interessante, os autores do modelo cíclico do mundo-brana invocam uma aplicação especialmente utilitária da energia escura (a energia escura será discutida com maior profundidade no capítulo 6). Na última fase de cada ciclo, a presença de energia escura nos mundos-brana assegura a concordância com as observações atuais a respeito da expansão ace-

lerada. A expansão acelerada, por sua vez, dilui a densidade da entropia, o que arma o cenário do ciclo cosmológico seguinte.

9. Valores altos para os fluxos tendem também a desestabilizar uma determinada forma de Calabi-Yau para as dimensões extras. Ou seja, os fluxos tendem a fazer com que a forma de Calabi-Yau aumente de tamanho, o que rapidamente leva a um conflito com o critério de que as dimensões extras não sejam visíveis.

6. PENSAMENTO NOVO SOBRE UMA ANTIGA CONSTANTE [PP. 162-204]

1. George Gamow, *My world line* (Nova York: Viking Adult, 1970); J. C. Pecker, Carta ao Editor, *Physics Today*, maio de 1990, p. 117.

2. Albert Einstein, *The meaning of relativity* (Princeton: Princeton University Press, 2004), p. 127. Note que Einstein emprega a expressão "membro cosmológico", para o que hoje denominamos "constante cosmológica". Em nome da clareza, fiz essa alteração no texto principal.

3. *The collected papers of Albert Einstein*, editado por Robert Schulmann e outros (Princeton: Princeton University Press, 1998), p. 316.

4. Naturalmente, algumas coisas realmente *mudam*. Como assinalado nas notas do capítulo 3, as galáxias geralmente têm baixas velocidades, além da que deriva da própria expansão do espaço. No decurso do tempo, nas escalas cosmológicas, esses movimentos adicionais podem alterar as posições relativas e podem também provocar diversos eventos astrofísicos interessantes, como colisões e fusões entre galáxias. Para o fim de explicar as distâncias cósmicas, no entanto, esses movimentos podem ser simplesmente ignorados.

5. Existe uma complicação que não afeta a essência da ideia que expliquei, mas que é relevante quando se fazem as análises científicas descritas. À medida que os fótons viajam desde uma supernova até nós, sua densidade numérica dilui-se, tal como descrito. Ocorre, contudo, outra diminuição à qual eles estão sujeitos. Na próxima seção, descreverei como a expansão do espaço faz com que o comprimento de onda dos fótons também aumente e, em contrapartida, sua energia diminua — um efeito denominado, como veremos, *desvio para o vermelho*. Como aí explicado, os astrônomos usam os dados do desvio para o vermelho para calcular o tamanho do universo quando os fótons estavam sendo emitidos, o que é um passo importante para a determinação da variação da expansão do espaço através do tempo. Mas o aumento do comprimento de onda dos fótons — e a diminuição de sua energia — produz outro efeito: acentua o enfraquecimento da luz de uma fonte distante. Assim, para determinar com exatidão a distância de uma supernova por meio da comparação entre seu brilho aparente e o intrínseco, os astrônomos devem levar em conta não apenas a diluição da densidade numérica dos fótons (como descrito no texto principal), mas também a diminuição adicional de energia que provém do desvio para o vermelho. (Com maior precisão ainda: esse fator adicional de diluição deve ser aplicado duas vezes. O segundo fator do desvio para o vermelho reflete o fato de que o ritmo de chegada dos fótons também é afetado pela expansão cósmica.)

6. Quando bem interpretada, a segunda proposta de resposta para o significado da distância que está sendo medida também pode ser considerada correta. No exemplo da expansão da superfície da Terra, as três cidades, Nova York, Austin e Los Angeles, afastam-se umas das outras,

mas todas elas continuam a ocupar os mesmos lugares de sempre no planeta. As cidades se separam porque a superfície se expande e não porque alguém as coloca sobre uma plataforma e as leva para outro lugar. Do mesmo modo, como as galáxias se separam devido à expansão do cosmo, elas também continuam a ocupar os mesmos lugares de sempre no espaço. Você pode imaginar que elas estejam amarradas ao tecido do espaço. Quando o tecido se estica, as galáxias se afastam, mas todas elas permanecem presas ao mesmo ponto onde sempre estiveram. Assim, embora a segunda e a terceira respostas pareçam diferentes, na verdade não o são. Uma focaliza a distância entre nós e o local onde uma galáxia distante estava eras atrás, quando a supernova emitiu a luz que agora nos chega; a outra focaliza a distância que existe agora entre nós e a posição atual da galáxia. A galáxia está posicionada agora no mesmo local do espaço onde estava há bilhões de anos. Só se ela se movesse *através* do espaço, em vez de apenas acompanhar a expansão espacial, é que sua localização mudaria. Nesse sentido, a segunda e a terceira respostas são, na verdade, iguais.

7. Para o leitor com inclinação pela matemática, eis como se faz o cálculo da distância — agora, no tempo t_{agora} — que a luz percorreu desde que foi emitida no tempo $t_{\text{na emissão}}$. Trabalharemos no contexto de um exemplo em que a parte espacial do espaço-tempo é plana, de modo que a métrica pode ser descrita como $ds^2 = c^2dt - a^2(t)dx^2$, em que $a(t)$ é o fator de escala do universo no tempo t e c é a velocidade da luz. As coordenadas que usamos denominam-se *comóveis*. Na linguagem desenvolvida neste capítulo, essas coordenadas podem ser vistas como as palavras que indicam os locais em um mapa estático, enquanto o fator de escala dá a informação contida nas legendas do mapa.

A característica especial da trajetória seguida pela luz é que $ds^2 = 0$ (o que equivale a que a velocidade da luz seja sempre c) em todo o seu percurso, o que implica que $|dx| = \frac{cdt}{a(t)}$, ou, em um intervalo de tempo finito, como o que existe entre $t_{\text{na emissão}}$ e t_{agora}, seja: $\int |dx| = \int_{t_{na\ emiss\tilde{a}o}}^{t_{agora}} \frac{cdt}{a(t)}$.

O lado esquerdo da equação dá a distância que a luz percorre através do mapa estático entre a emissão e agora. Para transformar esse dado na distância através do espaço real, devemos modificar a escala da fórmula por meio do fator de escala de hoje. Assim, a distância total que a luz percorreu é igual a $a(t_{\text{agora}}) \int_{t_{na\ emiss\tilde{a}o}}^{t_{agora}} \frac{cdt}{a(t)}$. Se o espaço não se estivesse expandindo, a distância total da viagem seria $\int_{t_{na\ emiss\tilde{a}o}}^{t_{agora}} cdt = c\,(t_{\text{agora}} - t_{\text{na emissão}})$, como seria de esperar. Ao calcular a distância percorrida em um universo em expansão, vemos, então, que cada segmento da trajetória da luz é multiplicado pelo fator $\frac{a(t_{agora})}{a(t)}$, que é a quantidade pela qual esse segmento se estirou, desde o momento em que a luz o atravessou até agora.

8. Com maior precisão, cerca de $7{,}12 \times 10^{-30}$ gramas por centímetro cúbico.

9. A conversão é $7{,}12 \times 10^{-30}$ gramas por centímetro cúbico = $7{,}12 \times 10^{-30}$ gramas por centímetro cúbico × ($4{,}6 \times 10^4$ massas de Planck/grama) × ($1{,}62 \times 10^{-33}$ centímetros/comprimento de Planck)^3 = $1{,}38 \times 10^{-123}$ massas de Planck/volume cúbico de Planck.

10. Para a inflação, a gravidade repulsiva que consideramos foi intensa e breve. Isso se explica pela enorme energia e pela pressão negativa insuflada pelo campo do ínflaton. No entanto,

modificando-se a curva de energia potencial de um campo quântico, a quantidade de energia e de pressão negativa com que ele contribui pode ser diminuída, produzindo, assim, uma expansão acelerada suave. Adicionalmente, o ajustamento adequado da curva de energia potencial pode prolongar esse período de expansão acelerada. Um período suave e prolongado de expansão acelerada é o que é necessário para explicar os dados das supernovas. Contudo, o valor pequeno, mas diferente de zero, da constante cosmológica continua a ser a explicação mais convincente que surgiu até aqui, mais de dez anos depois de que a expansão acelerada foi observada pela primeira vez.

11. O leitor com inclinação pela matemática deve notar que cada uma dessas flutuações contribui com uma energia que é inversamente proporcional a seu comprimento de onda, o que assegura que a soma total de todos os comprimentos de onda possíveis produz uma quantidade infinita de energia.

12. Para o leitor com inclinação pela matemática, o cancelamento ocorre porque a supersimetria emparelha bósons (partículas cujo spin é um número inteiro) e férmions (partículas cujo spin é metade de um número inteiro [ímpar]). Disso resulta que os bósons são descritos por meio de variáveis comutativas e os férmions por variáveis anticomutativas. Essa é a razão do sinal negativo de suas flutuações quânticas.

13. Embora goze de ampla aceitação na comunidade científica a afirmação de que alterações nas características físicas de nosso universo seriam incompatíveis com a vida como a conhecemos, alguns cientistas sugerem que a faixa de compatibilidade entre tais características e a vida pode ser mais ampla do que se supõe. Já se escreveu muito sobre isso. Veja, por exemplo, John Barrow e Frank Tipler, *The anthropic cosmological principle* (Nova York: Oxford University Press, 1986); John Barrow, *The constants of nature* (Nova York: Pantheon Books, 2003); Paul Davies, *The cosmic jackpot* (Nova York: Houghton Mifflin Harcourt, 2007); Victor Stenger, *Has science found God?* (Amherst, Nova York: Prometheus Books, 2003); e as referências contidas nessas obras.

14. Com base no material apresentado nos capítulos anteriores, você poderia pensar imediatamente que a resposta seja um claríssimo "sim". Você poderia dizer: "Considere o multiverso repetitivo, cuja extensão espacial infinita contém um número infinito de universos". Mas é preciso ter cuidado. Mesmo com um número infinito de universos, a lista das diferentes constantes cosmológicas presentes pode não ser longa. Se, por exemplo, as leis inerentes não possibilitam muitos valores diferentes para as constantes cosmológicas, então, qualquer que seja o número de universos, apenas um pequeno número de constantes cosmológicas possíveis alcançaria a realização. Assim, a pergunta verdadeira é (a) se existem leis da física que podem dar origem a um multiverso; (b) se o multiverso assim gerado contém muito mais do que 10^{124} universos diferentes; e (c) se as leis asseguram que o valor da constante cosmológica varia de um universo para o outro.

15. Esses quatro autores foram os primeiros a demonstrar por completo que, por meio de escolhas judiciosas de formas de Calabi-Yau e dos fluxos que percorrem seus furos, podem-se conceber, na teoria de cordas, modelos que apresentam constantes cosmológicas pequenas e positivas, como requerem as observações. Juntamente com Juan Maldacena e Liam McAllister, esse grupo escreveu posteriormente um trabalho muito influente sobre como combinar a cosmologia inflacionária e a teoria de cordas.

16. Mais precisamente, esse terreno montanhoso existiria em um espaço com cerca de quinhentas dimensões, cujas direções independentes — eixos — corresponderiam a diferentes fluxos de campo. A figura 6.4 é uma descrição muito simples, mas dá uma ideia das relações entre as diversas formas das dimensões extras. Além disso, quando falam da paisagem das cordas, os físicos em geral supõem que o terreno montanhoso inclui, além dos possíveis valores dos fluxos, todos os tamanhos e formas possíveis (as diferentes topologias e geometrias) das dimensões extras. Os vales da paisagem das cordas são localidades (formas específicas para as dimensões extras e os fluxos que elas transportam) em que um universo-bolha pode estabelecer-se naturalmente — lugares semelhantes àqueles em que uma bola repousaria em um terreno montanhoso real. Em termos de sua descrição matemática, os vales são valores mínimos (locais) da energia potencial associada às dimensões extras. Do ponto de vista clássico, quando um universo-bolha alcança, em dimensões extras, uma forma que corresponde a um vale, essa configuração já não mudaria nunca mais. Do ponto de vista da mecânica quântica, contudo, veremos que eventos de tunelamento podem acarretar modificações na forma das dimensões extras.

17. Um tunelamento quântico em direção a um pico mais alto é possível, mas substancialmente menos provável, de acordo com os cálculos quânticos.

7. A CIÊNCIA E O MULTIVERSO [PP. 205-34]

1. A duração da expansão da bolha antes da colisão determina o impacto e a consequente desordem provocada por ele. Essas colisões também causam um desenvolvimento interessante que tem a ver com o tempo e que se relaciona com o exemplo de Trixie e Norton, no capítulo 3. Quando duas bolhas colidem, suas superfícies externas — onde a energia do campo do ínflaton é alta — entram em contato. Na perspectiva de uma pessoa que esteja em uma das duas bolhas que se chocam, o valor alto da energia do ínflaton corresponde aos primeiros momentos no tempo, próximos ao big bang da bolha. Assim, as colisões entre bolhas ocorrem no início da vida de cada universo, e essa é a razão por que as ondulações produzidas podem afetar um outro processo de evolução do universo primitivo — a formação da radiação cósmica de fundo em micro-ondas.

2. Consideraremos a mecânica quântica de maneira mais sistemática no capítulo 8. Como veremos então, a afirmação que fiz, "flutuam fora da arena da realidade", pode ser interpretada em diversos níveis. O que tenho em mente aqui é uma interpretação que, conceitualmente, é a mais simples: a equação da mecânica quântica supõe que as ondas de probabilidade em geral não existem nas dimensões espaciais da experiência comum. Elas atuam em um ambiente diferente, que leva em conta não só as dimensões espaciais cotidianas, mas também o *número* das partículas que estão sendo descritas. Esse ambiente é chamado *espaço de configuração* e está explicado, para o leitor com inclinação pela matemática, na nota 4 do capítulo 8.

3. Se a expansão acelerada do espaço que observamos não for permanente, em algum momento do futuro a expansão do espaço se desacelerará. Tal desaceleração permitiria que a luz proveniente de objetos que hoje estão além de nosso horizonte cósmico chegue até nós. Nosso horizonte cósmico cresceria. Seria então mais peculiar ainda sugerir que domínios que hoje estão fora de nosso horizonte não sejam reais, uma vez que no futuro teríamos acesso a eles.

(Talvez você se lembre de que, ao final do capítulo 2, observei que os horizontes cósmicos ilustrados na figura 2.1 crescerão com o passar do tempo. Isso é verdade no contexto de um universo em que o ritmo da expansão do espaço não se torne mais rápido. No entanto, se a expansão for acelerada, há distâncias maiores que nunca poderemos ver, não importa quanto tempo esperemos. Em um universo em expansão acelerada, os horizontes cósmicos não podem ter um tamanho maior do que o que é determinado matematicamente pela taxa de aceleração.)

4. Aqui está um exemplo concreto de um aspecto que pode ser comum a todos os universos de um multiverso particular. No capítulo 2, notamos que os dados disponíveis indicam com vigor que a curvatura do espaço é zero. No entanto, por razões matemáticas técnicas, os cálculos dizem que todos os universos-bolhas do multiverso inflacionário têm curvatura negativa. Genericamente falando, as formas espaciais desenhadas por um mesmo valor do ínflaton — formas determinadas pela ligação de números iguais na figura 3.8b — parecem-se mais com batatas fritas industriais do que com formas planas. Mesmo assim, o multiverso inflacionário permanece compatível com as observações porque quando uma forma qualquer se expande, sua curvatura diminui: a curvatura de uma bola de gude é óbvia, mas a curvatura da Terra levou milênios para ser descoberta. Se nosso universo-bolha tiver sofrido uma expansão suficientemente ampla, sua curvatura poderia ser negativa, mas tão ínfima que as medições que podemos fazer hoje não conseguem diferenciá-la do zero. Isso dá lugar a um teste potencial. Se observações futuras mais precisas determinarem que a curvatura do espaço é muito pequena, mas *positiva*, essa seria uma indicação de que não fazemos parte de um multiverso inflacionário, como argumentam B. Freivogel, M. Kleban, M. Rodríguez Martínez e L. Susskind (veja "Observacional consequences of a landscape", *Journal of High Energy Physics* 0603, 039 [2006]). A medição de uma curvatura de $1/10^5$ seria um forte indício contrário ao tipo de transição por tunelamento quântico (capítulo 6) que, segundo se crê, povoaria a paisagem das cordas.

5. Muitos cosmólogos e teóricos de cordas trataram desse tema, entre os quais Alan Guth, Andrei Linde, Alexander Vilenkin, Jaume Garriga, Don Page, Sergei Winitzki, Richard Easther, Eugene Lim, Matthew Martin, Michael Douglas, Frederik Denef, Raphael Bousso, Ben Freivogel, I-Sheng Yang e Delia Schwartz-Perlov.

6. Uma ressalva importante é que se, por um lado, o impacto de mudanças modestas em algumas constantes pode ser deduzido com segurança, mudanças de maior envergadura em um número maior de constantes tornam a tarefa muito mais difícil. É pelo menos possível que essas mudanças significativas em diversas das constantes da natureza cancelem mutuamente seus efeitos, ou atuem em conjunto, de maneiras novas, sendo, assim, compatíveis com a vida como a conhecemos.

7. Com um pouco mais de precisão: se a constante cosmológica for negativa, mas muito pequena, o tempo de colapso teria sido suficientemente longo para permitir a formação de galáxias. Para facilitar as coisas, estou passando por cima dessa sutileza.

8. Outro ponto digno de nota é que os cálculos que descrevi foram feitos sem uma escolha específica do tipo de multiverso. Por seu lado, Weinberg e seus colegas propuseram um multiverso em que as características podiam variar e calcularam a abundância de galáxias em cada um dos universos componentes. Quanto mais galáxias tivesse o universo, maior era o peso que Weinberg e seus colaboradores atribuíam às suas propriedades nos cálculos que faziam sobre as características médias que um observador típico encontraria. Mas, como eles não fizeram uma

ligação com nenhuma teoria específica sobre o multiverso, seus cálculos necessariamente deixaram de levar em conta a probabilidade de que um universo com estas ou aquelas propriedades seria efetivamente encontrado no multiverso (ou seja, as probabilidades que discutimos na seção anterior). Universos que tivessem constantes cosmológicas e flutuações primevas situadas em certas faixas poderiam estar aptos para a formação de galáxias, mas, se esses universos forem raros em determinado multiverso, seria muito difícil que nos encontrássemos em um deles.

Para tornar os cálculos praticáveis, Weinberg e colaboradores argumentaram que, como a faixa dos valores da constante cosmológica que eles estavam considerando era bastante estreita (entre zero e 10^{-120}), a probabilidade intrínseca de que esses universos existissem em um determinado multiverso não deveria variar demasiado, assim como a probabilidade de que você venha a encontrar um cachorro que pese 29,99997 quilos, ou 29,99999 quilos, não representa uma diferença substancial. Eles supuseram, então, que todos os valores da constante cosmológica que estivessem na estreita faixa que é consistente com a formação de galáxias têm a mesma probabilidade intrínseca. Com nosso entendimento rudimentar da formação de multiversos, essa parece ser uma primeira abordagem razoável. Mas os trabalhos subsequentes questionaram a validade dessa premissa e ressaltaram que o cálculo completo tem de avançar mais, através do comprometimento com uma proposta definida de multiverso e da determinação da distribuição real de universos com diversas propriedades. Um cálculo antrópico autocontido que dependa de um número mínimo de premissas é a única maneira de julgar se essa abordagem acabará gerando frutos com poder explicativo.

9. O próprio significado da palavra "típico" é complexo, pois depende de como o definimos e medimos. Se usarmos o número de crianças ou de carros como delimitadores, chegamos a uma espécie de família americana "típica". Se usarmos outras escalas, como o interesse pela física, o gosto por óperas ou a participação política, a caracterização da família "típica" variará. E o que vale para a família americana "típica" deve valer também para os observadores "típicos" do multiverso. A consideração de fatores que vão além do simples tamanho da população produz noções diferentes do que seja "típico". Por outro lado, isso afetaria as previsões quanto à probabilidade de que vejamos esta ou aquela propriedade em nosso universo. Para que um cálculo antrópico pudesse ser verdadeiramente convincente, ele teria de resolver essa questão. Alternativamente, como indicado no texto principal, as distribuições teriam de ser tão aguçadas, que as variações entre um e outro universo capaz de abrigar a vida seriam mínimas.

10. O estudo matemático de conjuntos com um número infinito de membros é rico e bem desenvolvido. O leitor com inclinação pela matemática pode estar familiarizado com o fato de que as pesquisas que datam desde o século XIX estabeleceram que existem diferentes "tamanhos" ou, o que é mais comum, diferentes "níveis" de infinitos. Ou seja, uma quantidade infinita pode ser maior do que outra. O nível de infinitos que dá o tamanho do conjunto que contém todos os números inteiros denomina-se $\aleph_0$. George Cantor demonstrou que esse infinito é menor do que a do conjunto dos números reais. Em linhas gerais, se tentarmos comparar o conjunto de números inteiros com o de números reais, esgotaremos necessariamente o primeiro antes do segundo. E, se considerarmos o conjunto de todos os subconjuntos dos números reais, o nível desse infinito aumentará ainda mais.

Em todos os exemplos que discutimos no texto principal, o infinito que importa é $\aleph_0$, porque estamos lidando com conjuntos infinitos de objetos contáveis e distintos uns dos outros — ou seja, conjuntos de números inteiros. No sentido matemático, portanto, todos os exemplos têm o mesmo tamanho: a totalidade de seus componentes é descrita pelo mesmo nível de infinito. Todavia, para a física, como logo veremos, uma conclusão desse tipo não seria propriamente útil. O objetivo, na verdade, é encontrar um esquema de motivação física para comparar conjuntos infinitos de universos que produzam uma hierarquia mais refinada, que reflita a abundância relativa, por todo o multiverso, de diferentes aspectos físicos, em comparação uns com os outros. Uma abordagem típica dos físicos para desafios como esse é primeiro fazer comparações entre subconjuntos finitos dos conjuntos infinitos pertinentes (uma vez que, nos casos finitos, todas as questões enigmáticas se dissolvem), e então permitir que os subconjuntos incluam números cada vez maiores, chegando, por fim, aos conjuntos infinitos. O problema é encontrar uma maneira fisicamente justificável de escolher os subconjuntos finitos para fazer as comparações e, a seguir, conseguir que essas comparações continuem a fazer sentido à medida que os subconjuntos cresçam.

11. Atribuem-se também outros êxitos à inflação, inclusive a solução do *problema do monopolo magnético*. Nas tentativas de englobar as três forças não gravitacionais em uma estrutura teórica unificada (conhecida como *grande unificação*), os pesquisadores verificaram que a matemática resultante implica a formação, logo depois do big bang, de um grande número de monopolos magnéticos. Essas partículas seriam, na verdade, o polo norte de um ímã, sem o correspondente polo sul (ou vice-versa). Mas essas partículas nunca foram encontradas. A cosmologia inflacionária explica a ausência dos monopolos notando que a breve mas intensíssima expansão do espaço logo após o big bang teria diluído sua presença em nosso universo a praticamente zero.

12. Existem hoje diferentes pontos de vista quanto à magnitude desse desafio. Alguns veem o problema da medição como uma questão técnica difícil que, uma vez resolvida, propiciará à cosmologia inflacionária um detalhe importante. Outros (por exemplo, Paul Steinhardt) expressaram a crença de que a resolução do problema da medição requererá um percurso tão afastado da formulação da cosmologia inflacionária que a estrutura resultante terá de ser interpretada como uma teoria cosmológica completamente nova. Minha opinião, sustentada também por um grupo pequeno mas crescente de pesquisadores, é que o problema da medição faz parte de um problema profundo que está na própria raiz da física, cuja resolução poderá requerer a modificação substancial de ideias fundamentais.

8. OS MUITOS MUNDOS DA MEDIÇÃO QUÂNTICA [PP. 235-90]

1. Tanto a tese original de Everett, de 1956, quanto a versão reduzida de 1957 encontram-se em *The many worlds interpretation of quantum mechanics*, editado por Bryce S. DeWitt e Neill Graham (Princeton: Princeton University Press, 1973).

2. Em 27 de janeiro de 1998, tive uma conversa com John Wheeler, quando discutimos aspectos da mecânica quântica e da relatividade geral que eu abordaria em *O universo elegante*. Antes de entrarmos no tema propriamente científico, Wheeler observou como era importante, especialmente para os teóricos mais jovens, encontrar a linguagem correta para expressar suas conclusões. Naquela época, tomei aquilo apenas como o conselho de um sábio, talvez inspirado

pelo fato de eu ser um "jovem teórico" que expressara interesse em usar uma linguagem comum para descrever coisas da matemática. Ao ler a história iluminada de *The many worlds of Hugh Everett III*, de Peter Byrne (Nova York: Oxford University Press, 2010), vi que Wheeler dera ênfase ao mesmo tema quarenta anos antes, quando de seu envolvimento com Everett, mas em um contexto em que as apostas eram bem mais altas. Em resposta ao primeiro esboço da tese de Everett, Wheeler lhe disse que ele precisava "libertar-se dos problemas com as palavras, e não com o formalismo" e alertou-o quanto à "dificuldade de expressar em palavras cotidianas as nuances de esquemas matemáticos que estão tão distantes da realidade diária; às contradições e mal-entendidos que se formam; e à carga e responsabilidade tão pesadas de escrever tudo de maneira que esses mal-entendidos não possam surgir". Byrne ressalta com vigor que Wheeler estava dividido entre sua admiração pelo trabalho de Everett e seu respeito pela estrutura da mecânica quântica que Bohr e muitos outros físicos renomados se haviam esforçado tanto por construir. Por um lado, ele não queria que as ideias de Everett fossem sumariamente desprezadas pela velha guarda, seja porque a apresentação pudesse ser considerada demasiado ambiciosa, seja pelo emprego de palavras expressivas (como em universos que se "dividem"), que pudessem parecer fantasiosas. Por outro lado, Wheeler não queria que as correntes tradicionais da física pudessem achar que ele estivesse abandonando o formalismo quântico, de inegável êxito, e promovendo um assalto injustificável a ele. O compromisso que Wheeler estava impondo a Everett e à sua dissertação era conservar a matemática que ele desenvolvera, mas referir-se a seu significado e sua utilidade em um tom mais suave e conciliador. Ao mesmo tempo, Wheeler incentivou claramente Everett a visitar Bohr e apresentar-lhe pessoalmente a tese em um quadro-negro. Everett fez exatamente isso, mas o que ele imaginou como duas semanas de confronto intelectual foram apenas umas poucas conversas improdutivas. Nem as mentes nem as posições se alteraram.

3. Permita-me esclarecer uma imprecisão. A equação de Schrödinger mostra que os valores atingidos por uma onda quântica (ou, no jargão do meio, a função de onda) podem ser positivos ou negativos; de modo geral, os valores podem ser números complexos. Eles não podem ser interpretados diretamente como probabilidades — que significado teria uma probabilidade negativa, ou complexa? Na verdade, as probabilidades estão associadas ao *quadrado da magnitude* da onda quântica em um local determinado. Do ponto de vista matemático, isso significa que, para determinar a probabilidade de que uma partícula seja encontrada em um determinado local, tomamos *o produto entre o valor da onda naquele ponto e seu complexo conjugado*. Esse esclarecimento aplica-se também a uma importante questão correlata. Os cancelamentos entre ondas que se superpõem são vitais para a criação de um padrão de interferência. Mas, se as próprias ondas fossem propriamente descritas como ondas de probabilidade, esses cancelamentos não poderiam ocorrer porque as probabilidades são números positivos. Contudo, como agora vemos, as ondas quânticas não têm apenas valores positivos. Isso permite a ocorrência de cancelamentos entre números positivos e negativos e, de modo geral, entre números complexos. Como só precisaremos das características qualitativas dessas ondas, para facilitar a discussão no texto principal não farei distinções entre uma onda quântica e a onda de probabilidade a ela associada (obtida a partir de sua magnitude elevada ao quadrado).

4. Para o leitor com inclinação pela matemática, note que a onda quântica (*função de onda*) de uma partícula de massa grande se conformaria à descrição que dei no texto principal. Contu-

do, objetos de grande massa em geral são compostos de muitas partículas e não apenas de uma. Nessa situação, a descrição em termos de mecânica quântica é mais complicada. Em particular, você pode ter pensado que todas as partículas podem ser descritas por uma onda quântica definida na mesma grade de coordenadas que empregamos para uma única partícula — usando os mesmos três eixos espaciais. Mas não é assim. A onda de probabilidade toma como argumento a *posição possível* de cada partícula e produz a probabilidade de que as partículas ocupem essas posições. Em consequência, a onda de probabilidade existe em um espaço com três eixos para cada partícula — ou seja, no total, três vezes mais eixos do que partículas (ou dez vezes mais, se levarmos em conta as dimensões espaciais extras da teoria de cordas). Isso significa que a função de onda para um sistema composto de n partículas fundamentais é uma função de valor complexo cujo domínio não é o espaço tridimensional comum, mas sim um espaço de $3n$ dimensões. Se o número de dimensões espaciais não for três e sim m, o número 3 nessas expressões seria substituído por m. A esse espaço dá-se o nome de *espaço de configuração*. Ou seja, no cenário geral, a função de onda seria um mapa $\psi : \Re^{mn} \rightarrow C$. Quando dizemos que tal função de onda tem um pico agudo, queremos dizer que esse mapa teria suporte em uma pequena bola de mn dimensões dentro desse domínio. Note, especialmente, que as funções de onda em geral não existem nas dimensões espaciais da experiência diária. É apenas no caso idealizado da função de onda de uma partícula única e completamente isolada que esse espaço de configuração coincide com nosso ambiente espacial familiar. Note também que, quando digo que as leis quânticas mostram que a função de onda extremamente localizada para objetos de grande massa traça a mesma trajetória que as equações de Newton implicam para o próprio objeto, pode-se pensar na função de onda como a descrição do centro de movimento da massa do objeto.

5. A partir dessa descrição, você poderia concluir que existe uma infinidade de locais em que o elétron pode ser encontrado: para calcular adequadamente a variação gradual da onda quântica seria necessário um número infinito de formas aguçadas, cada uma das quais associada a uma possível posição do elétron. Como isso se relaciona com o capítulo 2, em que discutimos a existência de um número finito de diferentes configurações para as partículas? Para evitar constantes qualificações que teriam importância mínima para os pontos que estou explicando neste capítulo, não dei relevo ao fato que vimos no capítulo 2, de que, para obter a localização do elétron com precisão cada vez maior, seu aparelho de medida teria de acionar quantidades cada vez maiores de energia. Como nas situações físicas reais o acesso à energia é finito, a resolução é, portanto, imperfeita. Para as ondas quânticas aguçadas, isso significa que, em qualquer contexto de energia finita, as agulhas têm largura diferente de zero. Por sua vez, isso implica que, em qualquer domínio que tem fronteiras (como um horizonte cósmico), existe um número finito de localizações diferentes mensuráveis para o elétron. Além disso, quanto mais finas forem as agulhas (quanto mais fina for a resolução da posição da partícula), tanto mais largas serão as ondas quânticas que descrevem a energia da partícula, o que ilustra as imprecisões causadas pelo princípio da incerteza.

6. Para o leitor com inclinação pela filosofia, observo que a história de dois níveis para a explicação científica que esbocei é tema de discussões e debates filosóficos. Para ideias e discussões correlatas, veja Frederick Suppe, *The semantic conception of theories and scientific realism* (Chicago: University of Illinois Press, 1989); James Ladyman, Don Ross, David Spurrett e John Collier, *Every thing must go* (Oxford: Oxford University Press, 2007).

7. Os físicos por vezes falam informalmente a respeito da existência de um número infinito de universos associados à abordagem dos Muitos Mundos para a mecânica quântica. Certamente, existe um número infinito de formas possíveis de ondas de probabilidade. Mesmo para um local único do espaço é possível variar continuamente o valor de uma onda de probabilidade, de modo que ela possa ter um número infinito de valores possíveis. No entanto, as ondas de probabilidade não são atributos físicos de um sistema, aos quais tenhamos acesso direto. Em vez disso, as ondas de probabilidade contêm informações a respeito dos diferentes desfechos possíveis de uma situação dada, os quais não têm de ser, necessariamente, um número infinito. Especificamente, o leitor com inclinação pela matemática notará que a onda quântica (a função de onda) existe em um espaço de Hilbert. Se esse espaço de Hilbert tiver um número finito de dimensões, haverá, então, um número finito de diferentes resultados possíveis para as medições no sistema físico descrito por essa função de onda (ou seja, qualquer operador hermitiano tem um número finito de diferentes autovalores possíveis). Isso implicaria um número finito de mundos para um número finito de observações ou medições. Acredita-se que o espaço de Hilbert associado à estrutura física existente em qualquer volume espacial finito e limitado a uma quantidade finita de energia tem, necessariamente, um número finito de dimensões (ponto ao qual voltarei no capítulo 9), o que sugere que o número dos mundos seja também finito.

8. Veja Peter Byrne, *The many worlds of Hugh Everett III* (Nova York: Oxford University Press, 2010), p. 177.

9. Com o passar dos anos, diversos pesquisadores, entre os quais estão Neill Graham, Bryce DeWitt, James Hartle, Edward Farhi, Jeffrey Goldstone e Sam Gutmann, David Deutsch, Sidney Coleman, David Albert e outros, inclusive eu próprio, depararam independentemente com um fato matemático notável, que parece essencial para a compreensão da natureza das probabilidades na mecânica quântica. Para o leitor com inclinação pela matemática, este é o fato: Seja $|\psi\rangle$ a função de onda de um sistema quântico, um vetor que é um elemento do espaço de Hilbert, H. A função de onda de n cópias idênticas do sistema é, portanto, $|\psi\rangle^{\otimes n}$. Seja A um operador hermitiano qualquer, com autovalores α_k e autofunções $|\lambda_k\rangle$. Seja $F_k(A)$ o operador de "frequência" que conta o número de vezes que $|\lambda_k\rangle$ aparece em um determinado estado em $H^{\otimes n}$. O resultado matemático é então $\lim_{n\to\infty}\left[F_k(A)|\psi\rangle^{\otimes n}\right]=|\langle\psi|\lambda_k\rangle|^2|\psi\rangle^{\otimes n}$. Ou seja, à medida que o número de cópias idênticas do sistema cresce sem limites, a função de onda do sistema composto aproxima-se de uma autofunção do operador de frequência, com um autovalor de $|\langle\psi|\lambda_k\rangle|^2$. Esse é um resultado notável. Ser uma autofunção do operador de frequência significa que, no limite dado, a fração de vezes que um observador que esteja medindo A encontrará α_k será $|\langle\psi|\lambda_k\rangle|^2$ — o que parece ser a derivação mais direta da famosa regra de Born para as probabilidades na mecânica quântica. Na perspectiva dos Muitos Mundos, isso sugere que os mundos em que a fração de vezes em que α_k é observado e não concorda com a regra de Born possuem uma norma de espaço de Hilbert igual a zero no limite de um n arbitrariamente grande. Nesse sentido, parece que as probabilidades na mecânica quântica têm uma interpretação direta na abordagem dos Muitos Mundos. Todos os observadores nos Muitos Mundos verão resultados cujas frequências concordam com as da mecânica quântica padrão, exceto um conjunto de observadores cuja norma do espaço de Hilbert vai se tornando cada vez mais insignificante à medida que n se aproxima do infinito. Ainda que isso pareça promissor, se olhar-

mos melhor, veremos que não chega a ser convincente. Em que sentido podemos dizer que um observador com uma norma de espaço de Hilbert pequena, ou uma norma que tende a zero quando n tende ao infinito, não tem importância, ou não existe? Queremos dizer que esses observadores são anômalos ou "improváveis", mas como marcar um limite entre a norma de espaço de Hilbert de um vetor e essas caracterizações? Um exemplo torna manifesta essa questão. Em um espaço de Hilbert bidimensional, que tenha, digamos, estados de spin-up* $|\uparrow\rangle$ e de spin-down $|\downarrow\rangle$, considere um estado $|\psi\rangle = 0,99|\uparrow\rangle + 0,14|\downarrow\rangle$. Esse estado produz uma probabilidade de medir o spin-up de cerca de 0,98 e de 0,02 para o spin-down. Se considerarmos n cópias desse sistema de spin, $|\psi\rangle^{\otimes n}$, então, à medida que n tende ao infinito, a vasta maioria dos termos na expansão desse vetor tem mais ou menos o mesmo número de estados de spin-up e spin-down. Assim, do ponto de vista dos observadores (cópias do físico experimental), a vasta maioria verá spin-ups e spin-downs em uma proporção que não concorda com as previsões da mecânica quântica. Apenas os pouquíssimos termos que, na expansão de $|\psi\rangle^{\otimes n}$, tenham 98% de spin-ups e 2% de spin-downs são consistentes com a expectativa da mecânica quântica. O resultado acima nos diz que esses estados são os únicos com normas diferentes de zero no espaço de Hilbert quando n tende ao infinito. Em algum sentido, portanto, a vasta maioria dos termos da expansão de $|\psi\rangle^{\otimes n}$ (a vasta maioria das cópias do físico experimental) tem de ser considerada "não existente". O desafio está em compreender, se é que isso é possível, o que isso significa.

Também encontrei, de maneira independente, o resultado matemático descrito acima enquanto preparava aulas para um curso de mecânica quântica que estava dando. Foi uma sensação notável ver a interpretação probabilística da mecânica quântica aparecer de uma maneira aparentemente direta a partir do formalismo matemático — posso imaginar que todos os físicos da lista (veja a página 411) que encontraram esse resultado antes de mim tenham tido a mesma experiência. Fico surpreso de ver como esse resultado é pouco conhecido pela corrente principal da física. Não conheço, por exemplo, nenhum livro-texto normal sobre física quântica que o inclua. Minha opinião sobre o resultado é que o melhor é vê-lo como (1) uma forte motivação matemática para a interpretação probabilística dada por Born à função de onda — se Born não houvesse "adivinhado" essa interpretação, a matemática teria levado alguém a encontrá-la; (2) uma verificação de consistência da interpretação da probabilidade — se esse resultado matemático *não* se sustentasse, isso seria um desafio à coerência interna da interpretação probabilística da função de onda.

10. Tenho usado a expressão "raciocínios de tipo zaxtariano" para denotar um esquema em que as probabilidades entram em função da ignorância de todos os habitantes dos Muitos Mundos sobre qual é o mundo em que eles vivem. Lev Vaidman sugeriu que levemos mais em conta certas particularidades do cenário zaxtariano. Ele argumenta que as probabilidades entram na abordagem dos Muitos Mundos pela janela temporal entre o físico experimental que completa uma medição e a leitura do resultado. Os céticos contra-argumentam que isso não está de acordo com as regras: a função da mecânica quântica, e da ciência em geral, é fazer previsões a respeito do que *acontecerá* em um experimento, e não a respeito do já *aconteceu*. Além disso, pa-

* Spin-up corresponde a "spin para cima", que significa que uma medição do spin forneceria o valor $\frac{\hbar}{2}$. Spin-down corresponde a "spin para baixo", e a medição forneceria o valor $\frac{-\hbar}{2}$. (N. R. T.)

rece precário para os alicerces das probabilidades quânticas ficar na dependência do que parece ser um intervalo de tempo evitável: se um cientista tiver acesso imediato ao resultado de seu experimento, as probabilidades quânticas pareceriam então correr o perigo de ficar fora do quadro. (Para uma discussão detalhada, veja David Albert, "Probability in the Everett picture", em *Many Worlds: Everett. Quantum theory, and reality*, eds. Simon Saunders, Jonathan Barrett, Adrian Kent e David Wallace [Oxford: Oxford University Press, 2010] e "Uncertainty and probability for branching selves", Peter Lewis, <philsciarchive.pitt.edu/archive/00002636>.) Uma última questão relevante para a sugestão de Vaidman e também para este tipo de probabilidade da ignorância é a seguinte: quando lanço ao ar uma moeda no contexto familiar de um universo único, a razão pela qual digo que há 50% de chance de que a moeda marque "cara" está em que, se, por um lado, experimento um só resultado, há dois resultados que eu *poderia* haver experimentado. Suponha, contudo, que eu feche os olhos e imagine que acabo de medir a posição do elétron de Manhattan. Sei que o mostrador de meu detector anunciará ou Strawberry Fields, ou o Túmulo de Grant, mas não sei qual dos dois. Você, então, me confronta e diz: "Brian, qual é a probabilidade de que seu mostrador diga Túmulo de Grant?". Para responder, penso no lançamento da moeda e, no mesmo momento em que penso seguir o mesmo raciocínio, hesito: "Hmmm. Há realmente dois resultados que *eu* poderia haver experimentado? O *único* detalhe que me diferencia do outro Brian é o que diz meu mostrador. Imaginar que meu mostrador possa apresentar uma leitura diferente é imaginar que eu não sou eu. É imaginar que sou o outro Brian". Assim, mesmo sem saber o que diz meu mostrador, *eu — esta pessoa que está falando pela minha cabeça neste momento* — não poderia ter experimentado nenhum outro resultado. Isso sugere que minha ignorância não se presta ao raciocínio probabilístico.

11. Supõe-se que os cientistas sejam objetivos em seus julgamentos. Mas não tenho problemas em admitir que, em razão de sua concisão matemática e de suas profundas implicações para com a realidade, eu gostaria que a abordagem dos Muitos Mundos fosse correta. Ao mesmo tempo, mantenho um sadio ceticismo, alimentado pelas dificuldades na integração das probabilidades nesse esquema, de modo que continuo totalmente aberto a linhas alternativas de ataque. Duas delas propiciam finais felizes para a discussão que se dá no texto principal. Uma trata de desenvolver a abordagem incompleta de Copenhague, transformando-o em uma teoria completa. A outra tem a ver com os Muitos Mundos, sem os muitos mundos.

A primeira alternativa, conduzida por Giancarlo Ghirardi, Alberto Rimini e Tullio Weber, tenta dar sentido ao esquema de Copenhague modificando a matemática de Schrödinger, de maneira que ela possa *permitir* que as ondas de probabilidade entrem em colapso. Isso é mais fácil de dizer do que de fazer. As modificações não deveriam afetar as ondas de probabilidade para as coisas pequenas, como as partículas, ou os átomos, uma vez que não desejamos alterar os êxitos da teoria nesse campo. Mas deveriam fazê-lo, e com estrondo, quando objetos grandes, como os equipamentos de laboratório entram em ação, causando o colapso das ondas de probabilidade associadas. Ghirardi, Rimini e Weber desenvolveram uma matemática que faz exatamente isso. A consequência é que, com as equações por eles modificadas, a medição realmente causa o colapso da onda de probabilidade e põe em movimento a evolução apresentada na figura 8.6.

A segunda alternativa, desenvolvida inicialmente pelo príncipe Louis de Broglie na década de 1920 e décadas depois por David Bohm, começa por uma premissa matemática que faz ressonância com Everett. A equação de Schrödinger deve sempre, em qualquer circunstância, governar a evolução das ondas quânticas. Portanto, na teoria de De Broglie e Bohm, as ondas de probabilidade evoluem exatamente como o fazem na abordagem dos Muitos Mundos. A teoria de De Broglie e Bohm segue adiante e propõe a ideia que assinalei antes como errada: na abordagem de De Broglie e Bohm, todos — menos um — dos vários mundos encapsulados em uma onda de probabilidade são mundos meramente *possíveis*. Só um deles é assinalado como real.

Para conseguir isso, o esquema descarta o tradicional haikai quântico de onda *ou* partícula (um elétron é uma onda até ser medido, quando então passa a ser uma partícula) e propõe um quadro que contempla ondas *e* partículas. Ao contrário da visão quântica convencional, De Broglie e Bohm veem as partículas como entidades mínimas e localizadas que viajam por trajetórias definidas e geram uma realidade semelhante à da tradição clássica — comum e sem ambiguidades. O único mundo "real" é aquele que as partículas habitam, com posições únicas e definidas. As ondas quânticas desempenham, então, um papel muito diferente. Em vez de abranger uma multidão de realidades, a onda quântica age no sentido de *guiar o movimento das partículas*. Ela conduz as partículas aos lugares em que a onda é grande, o que torna provável que elas sejam efetivamente encontradas nesses lugares, e não a outros lugares em que a onda é pequena, o que torna menos provável que as partículas sejam encontradas aí. Para caracterizar bem o processo, De Broglie e Bohm precisavam de uma equação adicional que descrevesse o efeito de uma onda quântica sobre uma partícula, o que faz com que, em seu esquema, a equação de Schrödinger, embora não seja suplantada, compartilhe o palco com um outro ator matemático. (O leitor com inclinação pela matemática poderá ver essas equações abaixo.)

Por muitos anos, a palavra de ordem era que a abordagem de De Broglie e Bohm não merecia consideração, por portar excesso de bagagem — não só essa segunda equação, mas também uma lista com o dobro dos componentes, uma vez que contempla tanto as partículas quanto as ondas. Mais recentemente, vem ocorrendo um crescente reconhecimento de que tais críticas têm de ser contextualizadas. Como explicado pelo trabalho de Ghirardi-Rimini-Weber, até mesmo uma versão modesta da abordagem de Copenhague, porta-estandarte da física quântica, requer uma segunda equação. Além disso, a inclusão tanto das ondas quanto das partículas gera um enorme benefício: restaura a noção de que os objetos se movem de um lugar para outro por trajetórias definidas — uma volta a um aspecto básico e familiar da realidade que os copenhaguistas levaram todos a abandonar um pouco depressa demais. Os técnicos criticam também a abordagem de De Broglie e Bohm por ser *não local* (a nova equação mostra que influências exercidas em um local parecem afetar instantaneamente lugares distantes) e por ser difícil conciliá-la com a relatividade especial. A força da primeira crítica fica reduzida com o reconhecimento de que mesmo a abordagem de Copenhague tem características não locais, que, ademais, foram confirmadas experimentalmente. A segunda, referente à relatividade, é, no entanto, uma questão importante que ainda não foi inteiramente resolvida.

Em parte, a resistência à teoria de De Broglie e Bohm surgiu porque seu formalismo matemático nem sempre foi apresentado da forma mais direta. Aqui está, para o leitor com inclinação pela matemática, a derivação mais direta da teoria.

Comece com a equação de Schrödinger para a função de onda de uma partícula: $H\psi = i\hbar\frac{\partial\psi}{\partial t}$, em que a densidade da probabilidade de que a partícula esteja na posição x, $\rho(x)$, é dada pela equação-padrão $\rho(x)=|\psi(x)|^2$. Imagine, a seguir, a atribuição de uma trajetória definida para a partícula, com a velocidade em x dada por uma função $v(x)$. Que condição física essa função da velocidade deve satisfazer? Certamente, ela deve assegurar a conservação da probabilidade: se a partícula se move à velocidade $v(x)$ de uma região a outra, a densidade de probabilidade deve ajustar-se devidamente: $\frac{\partial \rho}{\partial t} + \frac{\partial(\rho v)}{\partial x} = 0$. A resolução de $v(x)$ agora é direta: $v(x,t) = \frac{-1}{\rho(x,t)} \int \frac{\partial \rho}{\partial t} = \frac{\hbar}{m} \mathrm{Im}\left(\frac{\psi^* \frac{\partial \psi}{\partial x}}{\psi^* \psi}\right)$, em que m é a massa da partícula.

Juntamente com a equação de Schrödinger, essa última equação define a teoria de De Broglie e Bohm. Note que a última equação é não linear, mas isso não tem consequências para a equação de Schrödinger, que mantém por completo sua linearidade. A interpretação correta é, então, que essa abordagem destinada a preencher as lacunas deixadas pela abordagem de Copenhague acrescenta uma nova equação que depende não linearmente da função de onda. Todo o poder e toda a beleza da equação de onda anterior, a de Schrödinger, é inteiramente preservada.

Posso acrescentar ainda que a generalização para muitas partículas é imediata: no lado direito da nova equação, colocamos a função de onda do sistema de muitas partículas: $\psi(x_1, x_2, x_3, \ldots x_n,)$, e, ao calcular a velocidade da k^a partícula, tomamos a derivada com respeito à k^a coordenada (trabalhando, para maior comodidade, em um espaço unidimensional; para mais dimensões, aumentamos o número de coordenadas). Essa equação generalizada manifesta a não localidade da abordagem: a velocidade da k^a partícula depende instantaneamente das posições de todas as outras partículas (uma vez que as coordenadas das localizações das partículas são os argumentos da função de onda).

12. Aqui está um exemplo concreto de experimento de princípio para distinguir as abordagens de Copenhague e dos Muitos Mundos. O elétron, como todas as demais partículas elementares, tem uma propriedade conhecida como *spin*. Assim como um pião gira em torno de um eixo, um elétron também o faz, com uma diferença significativa: a taxa de rotação desse spin (independentemente da direção do eixo) é sempre a mesma. Trata-se de uma propriedade intrínseca do elétron, como a massa e a carga elétrica. A única variável refere-se a que o spin pode dar-se no sentido horário, ou no anti-horário com relação a um eixo determinado. Se o sentido for o anti-horário, dizemos que se trata de um *spin-up*. Se o sentido for o horário, dizemos que se trata de um *spin-down*. Em consequência da incerteza quântica, se o spin do elétron em torno de determinado eixo estiver bem definido — digamos, se houver 100% de certeza de que o spin é *up* em torno do eixo z — então, o spin em torno do eixo x será incerto, com 50% de probabilidade para o spin-up e para o spin-down. O mesmo ocorre com relação ao eixo y.

Imagine, então, que começamos com um elétron cujo spin em torno do eixo z seja 100% up e que em seguida medimos o spin em torno do eixo x. Segundo a abordagem de Copenhague, se encontrarmos o spin-down, isso significa que a onda de probabilidade do spin do elétron colapsou: a possibilidade do spin-up desaparece da realidade, restando apenas a agulha probabilística do spin-down. Segundo a abordagem dos Muitos Mundos, por outro lado, tanto o resultado do spin-up quanto o do spin-down ocorrem e, portanto, a possibilidade do spin-up sobrevive intacta.

Para decidir entre os dois quadros imagine o seguinte: depois de medirmos o spin do elétron em torno do eixo x, mande alguém fazer a *reversão* completa da evolução física. (As equações fundamentais da física, inclusive a de Schrödinger, são invariantes com relação à reversão no tempo, o que significa, em particular, que, pelo menos em princípio, qualquer evolução pode ser revertida. Veja *O tecido do cosmo* para uma discussão aprofundada sobre esse ponto.) Essa reversão se aplicaria a tudo: o elétron, o equipamento e tudo o mais que faça parte do experimento. Assim, se a abordagem dos Muitos Mundos for correta, uma medição subsequente do spin do elétron em torno do eixo *z* deve produzir, com 100% de certeza, o valor com o qual começamos: spin-up. No entanto, se a abordagem de Copenhague for correta (com isso, quero referir-me a uma versão sua que seja matematicamente coerente, como a formulação de Ghirardi-Rimini-Weber), encontraríamos uma resposta diferente. Copenhague diz que, com a medição do spin do elétron em torno do eixo *x*, que resulta em spin-down, a possibilidade de um spin-up fica aniquilada e é eliminada do livro de contas da realidade. Assim, com a reversão da medição, não voltamos ao ponto de partida porque perdemos de maneira permanente uma parte da onda de probabilidade. Com a posterior medição do spin do elétron em torno do eixo *z*, já não há 100% de certeza de que obtenhamos a mesma resposta com a qual começamos. Em vez disso, há uma chance de 50% de que sim e 50% de que não. Se fizéssemos o mesmo experimento repetidas vezes, e se a abordagem de Copenhague for correta, em média, em 50% das vezes não retomaríamos a mesma resposta que obtivemos inicialmente para o spin do elétron em torno do eixo *z*. Evidentemente, o desafio está em conseguir reverter por completo uma evolução física. Mas, em princípio, esse é um experimento que propiciaria um insight a respeito de qual das duas teorias está correta.

9. BURACOS NEGROS E HOLOGRAMAS [PP. 291-334]

1. Einstein fez cálculos no contexto da relatividade geral para provar matematicamente que as configurações extremas de Schwarzschild — que hoje denominaríamos buracos negros — não podiam existir. A matemática que orientou os cálculos estava invariavelmente correta. Mas ele usou premissas adicionais que, dada a intensa contração do espaço e do tempo que o buraco negro causaria, acabam sendo demasiado restritivas. Em essência, isso deixou fora de cogitação a possibilidade de uma implosão da matéria. Essas premissas significam que a formulação matemática de Einstein não tinha a latitude necessária para revelar a possibilidade de que os buracos negros sejam reais. Mas essa era uma característica da abordagem usada por Einstein e não uma indicação sobre se os buracos negros podem ou não podem formar-se. O pensamento moderno deixa claro que a relatividade geral permite as soluções que incluem os buracos negros.

2. Uma vez que um sistema atinja a configuração de entropia máxima (como o vapor, a uma temperatura fixa, que se distribui uniformemente por toda a caldeira), ele terá esgotado a capacidade de aumentar sua entropia. Assim, a forma mais precisa da frase é dizer que a entropia tende a aumentar até alcançar o valor mais alto que o sistema pode suportar.

3. Em 1972, James Bardeen, Brandon Carter e Stephen Hawking elaboraram as leis matemáticas que governam a evolução dos buracos negros e verificaram que as equações tinham a mesma forma das da termodinâmica. Para fazer a tradução entre os dois conjuntos de leis, a única coisa necessária era colocar a expressão "área do horizonte do buraco negro" no lugar de "entropia" (e vice-versa), e "gravidade na superfície do buraco negro" no lugar de "temperatura". Assim, para que a ideia de Bekenstein persista — para que essa similaridade não seja apenas

uma coincidência e sim um reflexo do fato de que os buracos negros têm entropia —, os buracos negros também teriam de ter uma temperatura diferente de zero.

4. A razão da mudança aparente da energia está longe de ser óbvia. Ela depende de uma conexão íntima entre a energia e o tempo. Pode-se pensar na energia de uma partícula como a velocidade de vibração de seu campo quântico. Se observarmos que o próprio significado de velocidade invoca o conceito de tempo, a existência de um relacionamento entre a energia e o tempo torna-se clara. Ora, os buracos negros têm um profundo efeito sobre o tempo. Do ponto de vista externo ao buraco negro, o tempo parece passar mais devagar para um objeto que se aproxime do horizonte de eventos de um buraco negro; e deixa de passar por completo quando ele atinge o próprio horizonte. Ao cruzar-se o horizonte, o tempo e o espaço trocam de papel: dentro do buraco negro, a direção radial torna-se a direção do tempo. Isso implica que dentro do buraco negro a noção de energia positiva coincide com o movimento na direção radial no rumo da singularidade do buraco negro. Quando o membro de um par de partículas que têm energia negativa cruza o horizonte de eventos, ele efetivamente cai em direção ao centro do buraco negro. Assim, a energia negativa que ele possuía, do ponto de vista de um observador distante do buraco negro, transforma-se em energia positiva, do ponto de vista de um observador que esteja dentro do buraco negro. Isso faz do interior dos buracos negros um lugar onde essas partículas podem existir.

5. Quando um buraco negro se encolhe, a área da superfície de seu horizonte de eventos se encolhe também, o que conflita com a afirmação de Hawking de que a área total da superfície aumenta. Lembre-se, no entanto, de que o teorema da área de Hawking baseia-se na relatividade geral clássica. Agora, estamos levando em conta os processos quânticos e chegando a uma conclusão mais refinada.

6. Sendo um pouco mais preciso, trata-se do número mínimo de perguntas de sim ou não cujas respostas especificam definidamente os detalhes microscópicos do sistema.

7. Hawking descobriu que a entropia é a área do horizonte de eventos em áreas de Planck, dividida por quatro.

8. Apesar de todas as informações que este capítulo dará, a questão da composição microscópica do buraco negro ainda está por resolver-se. Como mencionei no capítulo 4, Andrew Strominger e Cumrun Vafa descobriram que se se diminuir gradativamente (de um ponto de vista matemático) a intensidade da gravidade, certos buracos negros transformam-se em conjuntos específicos de cordas e branas. Contando o número de rearranjos possíveis desses componentes, Strominger e Vafa recuperaram, da maneira mais explícita até aqui alcançada, a famosa fórmula de Hawking para a entropia dos buracos negros. Mesmo assim, eles não conseguiram descrever os componentes para maiores intensidades da força gravitacional, ou seja, quando o buraco negro se forma na realidade. Outros autores, como Samir Mathur e diversos colaboradores seus, avançaram outras ideias, como a possibilidade de que os buracos negros sejam o que eles denominam "bolas de pelos"* — acumulações de cordas vibrantes espalhadas pelo interior do buraco negro. Essas ideias permanecem tentativas. Os dados que discutiremos posteriormente neste capítulo (na seção "Teoria de cordas e holografia") expõem alguns dos insights mais profundos sobre essa questão.

* No original, *fuzz balls*. (N. R. T.)

9. Mais precisamente, a gravidade pode ser cancelada em uma região do espaço quando se entra em um estado de movimento de queda livre. O tamanho da região depende das escalas nas quais o campo gravitacional varia. Se o campo gravitacional variar apenas nas escalas maiores (ou seja, se o campo gravitacional for uniforme, ou quase uniforme), o movimento de queda livre cancelará a gravidade em uma ampla região do espaço. Mas, se o campo gravitacional variar em escalas de pequenas distâncias — as escalas do corpo humano, por exemplo —, então a gravidade pode cancelar-se em seus pés e continuar a fazer-se sentir em sua cabeça. Isso se torna particularmente grave com o prosseguimento de sua queda porque o campo gravitacional vai ficando cada vez mais forte nas imediações da singularidade do buraco negro e cresce abruptamente à medida que você se aproxima dela. A rapidez da variação significa que não há como cancelar os efeitos da singularidade, a qual, por fim, esticará seu corpo até desfigurá-lo, pois o efeito da gravidade sobre seus pés, se você estiver mergulhando como se estivesse em pé, será progressivamente maior do que sobre sua cabeça.

10. Essa discussão exemplifica a descoberta, feita em 1976 por William Unruh, que liga seu movimento ao das partículas que você encontra. Unruh descobriu que se você se acelerar através de um espaço vazio, encontrará uma chuva de partículas a uma temperatura determinada por seu próprio movimento. A relatividade geral nos instrui a determinar o estado de aceleração em comparação com a unidade de referência estabelecida por observadores em queda livre (veja *O tecido do cosmo*, capítulo 3). Assim, um observador distante que não esteja em queda livre verá a radiação que o buraco negro emite; um observador em queda livre não a verá.

11. Um buraco negro se forma se a massa M no interior de uma esfera de raio R for maior do que $c^2R/2G$, em que c é a velocidade da luz e G é a constante de Newton.

12. Na realidade, quando a matéria entra em colapso sob seu próprio peso e o buraco negro se forma, o horizonte de eventos geralmente fica localizado no interior da fronteira da região que estamos discutindo. Isso significa que não teríamos, até aí, chegado ao máximo da entropia que a própria região pode conter. Isso pode ser facilmente remediado. Lance mais matéria no buraco negro, fazendo com que o horizonte de eventos cresça e ultrapasse a fronteira original da região. Como a entropia voltaria a crescer durante todo o transcurso desse processo um pouco mais elaborado, a entropia da matéria colocada dentro da região seria menor do que a do buraco negro que preenche a região, ou seja, do que a área da superfície da região, medida em áreas de Planck.

13. G. 't Hooft, "Dimensional reduction in quantum gravity". Em *Salam Festschrift*, editado por A. Ali, J. Ellis e S. Randjbar-Daemi (River Edge, N. J.: World Scientific, 1993), pp. 284-96 (QCD161:C512:1993).

14. Discutimos que a luz "cansada", ou "exausta", é uma luz cujo comprimento de onda se alargou (pelo desvio para o vermelho) e cuja frequência vibratória se reduziu por haver consumido a energia ao escapar do buraco negro (ou ao escapar de qualquer fonte de gravidade). Tal como em processos cíclicos mais familiares (a órbita da Terra em torno do Sol; a rotação da Terra ao redor de seu eixo etc.), a vibração da luz pode ser usada para definir o tempo transcorrido. Com efeito, as vibrações de luz emitidas por átomos excitados de césio-133 são agora usadas pelos cientistas para *definir* a duração de um segundo. A frequência vibratória mais vagarosa da luz cansada implica, portanto, que a passagem do tempo nas proximidades de um buraco negro — vista por um observador distante — também é mais vagarosa.

15. Nas descobertas mais importantes da ciência, o resultado final deriva de um conjunto de resultados anteriores. Esse é o caso também aqui. Além de 't Hooft, Susskind e Maldacena, os pesquisadores que ajudaram a abrir o caminho para chegar a essa conclusão e desenvolver suas consequências incluem Steve Gubser, Joe Polchinski, Alexander Polyakov, Ashoke Sen, Andrew Strominger, Cumrun Vafa, Edward Witten e muitos outros.

Para o leitor com inclinação pela matemática, a expressão mais precisa da conclusão de Maldacena é a seguinte: Seja N o número de 3-branas na pilha de branas e seja g o valor da constante de acoplamento na teoria de cordas do Tipo IIB. Quando gN é um número pequeno, muito menor do que 1, a estrutura física é bem descrita por cordas de baixa energia que se movem na pilha de branas. Tais cordas, por sua vez, são bem descritas por uma particular teoria quântica de campos em quatro dimensões, supersimétrica e conformalmente invariante. Mas, quando gN é um número grande, essa teoria de campos tem um acoplamento forte, o que torna difícil seu tratamento analítico. Contudo, nesse regime, a conclusão de Maldacena é que é possível usar a descrição de cordas que se movem na geometria próxima ao horizonte da pilha de branas, que é $AdS_5 \times S^5$ (espaço de anti-de Sitter pentadimensional vezes a 5-esfera). O raio desses espaços é controlado por gN (especificamente, o raio é proporcional a $(gN)^{1/4}$), e, assim, para um gN grande, a curvatura de $AdS_5 \times S^5$ é pequena, o que faz com que os cálculos da teoria de cordas sejam praticáveis (em particular, eles têm uma boa aproximação por meio de cálculos feitos em uma modificação específica da gravidade einsteiniana). Por conseguinte, quando o valor de gN varia de pequeno a grande, a estrutura física descrita pela teoria quântica de campos em quatro dimensões, supersimétrica e conformalmente invariante transforma-se em uma que é descrita por uma teoria de cordas em dez dimensões com $AdS_5 \times S^5$. Essa é a chamada correspondência AdS/CFT (espaço anti-de Sitter/teoria de campos conforme).

16. Embora a comprovação integral da argumentação de Maldacena ainda não esteja a nosso alcance, nos anos recentes, a conexão entre o bulk e as descrições da fronteira vem sendo cada vez mais bem compreendida. Identificou-se, por exemplo, uma classe de cálculos cujos resultados são precisos para qualquer valor da constante de acoplamento. Os resultados podem, assim, ser estabelecidos explicitamente desde os valores pequenos até os grandes. Isso abre uma janela com relação ao processo de "transformação" através do qual a descrição de uma estrutura física a partir da perspectiva do espaço maior converte-se em uma descrição na perspectiva da fronteira e vice-versa. Esses cálculos mostraram, por exemplo, como cadeias de partículas em interação, na perspectiva da fronteira podem transformar-se em cordas na perspectiva do bulk — uma interpolação particularmente convincente entre as duas descrições.

17. Mais precisamente, esta é uma variação da conclusão de Maldacena, modificada de maneira que a teoria quântica de campos na fronteira não seja a que surgiu originalmente em suas pesquisas, e sim uma que se assemelha muito à cromodinâmica quântica. Essa variação também gera modificações paralelas na teoria do bulk. Especificamente, seguindo o trabalho de Witten, a alta temperatura da teoria da fronteira traduz-se por um buraco negro na descrição interior. Por sua vez, o dicionário entre as duas descrições mostra que os difíceis cálculos de viscosidade do plasma de quark-glúon traduzem-se pela resposta do horizonte de eventos do buraco negro a deformações particulares — um cálculo técnico, mas praticável.

18. Outra abordagem para a obtenção de uma definição completa da teoria de cordas provém de um trabalho anterior em uma área denominada teoria Matricial (outro significado pos-

sível para o "M" de teoria-M), desenvolvida por Tom Banks, Willy Fischler, Steve Shenker e Leonard Susskind.

10. UNIVERSOS, COMPUTADORES E REALIDADE MATEMÁTICA [PP. 335-74]

1. O número que cito, 10^{55} gramas, representa o conteúdo do universo observável hoje, mas em épocas cada vez mais remotas do passado a temperatura desses componentes seria mais alta e, portanto, eles conteriam mais energia. O número 10^{65} gramas é uma estimativa melhor daquilo que seria necessário reunir em um grão mínimo para reproduzir a evolução de nosso universo quando ele tinha cerca de um segundo de existência.

2. Você poderia pensar que, uma vez que sua velocidade tem de ser sempre menor do que a velocidade da luz, sua energia cinética também tem de ser necessariamente limitada. Mas não é assim. Quando sua velocidade se aproxima cada vez mais da velocidade da luz, sua energia vai aumentando cada vez mais. De acordo com a relatividade especial, ela não tem limites. Matematicamente, a fórmula para sua energia é: $E = mc^2/\sqrt{1-\frac{v^2}{c^2}}$, em que c é a velocidade da luz e v é sua velocidade. Como se vê, quando v se aproxima de c, E torna-se arbitrariamente grande. Note também que a discussão se dá a partir da perspectiva de alguém que observa sua queda, como alguém parado na superfície da Terra. A partir de sua perspectiva, enquanto você estiver em queda livre, está estacionário e toda a matéria circundante ganha velocidade crescente.

3. Com o nível atual de nosso entendimento, existe um grau significativo de flexibilidade nessas estimativas. A quantidade de "dez gramas" provém da seguinte consideração: pensa-se que a escala de energia na qual a inflação ocorre é de algo como 10^{-5} vezes a escala da energia de Planck. Esta última é cerca de 10^{19} maior do que a massa de um próton. (Se a inflação ocorresse em uma escala de energia mais alta, os modelos elaborados sugerem que as manifestações das ondas gravitacionais produzidas no universo primitivo já teriam sido detectadas.) Em unidades mais convencionais, a escala de Planck é de cerca de 10^{-5} gramas (pequena para os padrões cotidianos, mas enorme para as escalas da física das partículas elementares, em que essas energias seriam transportadas por partículas individuais). A densidade de energia de um campo de ínflaton teria sido, então, de cerca de 10^{-5} gramas acumulados em cada volume cúbico cuja dimensão linear é estabelecida em cerca de 10^5 vezes o comprimento de Planck (lembre-se de que, por causa da incerteza quântica, a energia e a escala de comprimento são inversamente proporcionais entre si), o que significa algo como 10^{-28} centímetros. O total de massa/energia transportado por esse campo do ínflaton em um volume com 10^{-26} centímetros de lado é, portanto, 10^{-5} gramas/(10^{-28} centímetros)^3 × (10^{-26} centímetros)^3, o que corresponde a cerca de dez gramas. Os leitores de *O tecido do cosmo* talvez se lembrem de que lá usei um valor ligeiramente diferente. A diferença deriva da premissa de que a escala de energia do ínflaton era ligeiramente mais alta.

4. Hans Moravec, *Robot: Mere machine to transcendent mind* (Nova York: Oxford University Press, 2000). Veja também Ray Kurtzweil, *The singularity is near: When humans transcend biology* (Nova York: Penguin, 2006).

5. Veja, por exemplo, Robin Hanson, "How to live in a simulation", *Journal of Evolution and Technology* 7, nº 1 (2001).

6. A tese de Church-Turing argumenta que qualquer computador do chamado tipo universal de Turing pode simular as ações de outro, sendo, então, perfeitamente razoável que um computador que esteja dentro da simulação — e que, por conseguinte, é, ele próprio, simulado pelo computador-pai que administra toda a simulação — execute tarefas particulares equivalentes às que são executadas pelo computador-pai.

7. O filósofo David Lewis desenvolveu uma ideia similar por meio do que ele denomina Realismo Modal. Veja *On the plurality of worlds* (Malden, Mass.: Wiley-Blackwell, 2001). Contudo, a motivação de Lewis ao apresentar todos os universos possíveis difere da de Nozick. Lewis queria um contexto em que, por exemplo, hipóteses que não correspondem à realidade (como "Se Hitler tivesse ganhado a guerra, o mundo seria hoje muito diferente") seriam representadas.

8. John Barrow apresentou um argumento similar em *Pi in the sky* (Nova York: Little, Brown, 1992).

9. Tal como explicado na nota 10 do capítulo 7, o tamanho deste infinito excede o do conjunto infinito dos números inteiros, 1, 2, 3,... etc.

10. Essa é uma variação do famoso paradoxo do Barbeiro de Sevilha, em que o barbeiro faz a barba de todas as pessoas que não fazem a própria barba. A pergunta, então, é: quem faz a barba do barbeiro? Normalmente se supõe que o barbeiro é um homem, para evitar a resposta fácil de que se trata de uma mulher, que, portanto, não precisa barbear-se.

11. Schmidhuber nota que uma estratégia eficiente seria usar o computador-mestre para fazer com que cada universo simulado evolua no tempo de maneira articulada: o primeiro universo seria atualizado uma vez a cada dois passos do computador; o segundo universo seria atualizado uma vez a cada dois passos dos que restam; o terceiro universo seria atualizado uma vez a cada dois passos não utilizados com os dois primeiros universos; e assim por diante. Afinal, com um número arbitrariamente grande de passos, todos os universos computáveis evoluiriam no tempo.

12. Uma discussão mais refinada sobre funções computáveis e não computáveis incluiria também *funções computáveis no limite*. Essas são funções para as quais há um algoritmo finito que as calcula com precisão crescente. É o caso, por exemplo, da produção dos algarismos de π: um computador pode produzir cada algarismo sucessivo de π, mesmo que nunca chegue ao fim da computação. Assim, conquanto π seja, estritamente falando, não computável, ele é computável no limite. A maior parte dos números reais, contudo, não é como π. Eles não só não são computáveis como também não são computáveis no limite.

Quando consideramos simulações "bem-sucedidas", devemos incluir as que estão baseadas em funções computáveis no limite. Em princípio, uma realidade convincente pode ser gerada pela produção parcial de um computador que avalie funções computáveis no limite.

Para que as leis da física sejam computáveis, ou ao menos computáveis no limite, a dependência tradicional dos números reais teria de ser abandonada. Isso se aplicaria não só ao espaço e ao tempo, normalmente descritos mediante o uso de coordenadas cujos valores abrangem os números reais, mas também a todos os demais componentes matemáticos usados pelas leis. A intensidade de um campo eletromagnético, por exemplo, não poderia variar em números reais, mas somente em um conjunto de valores discretos. O mesmo é válido com relação à probabilidade de que um elétron esteja em um lugar ou em outro. Schmidhuber ressaltou que todos os cálculos que os físicos fizeram em toda a existência envolvem a manipulação de símbolos discretos (escritos em papel, em quadros-negros ou em computadores). Assim, embora sempre se tenha pensado que a totalidade dessa obra científica é construída com base nos números reais, na prática não é assim. O mesmo se aplica a todas as quantidades que já foram medidas. Nenhum instrumento tem precisão infinita, de modo que nossas medições sempre envolvem resultados numéricos discretos. Nesse sentido, todos os êxitos da ciência física podem ser vistos como êxitos de um paradigma digital. Talvez, então, as próprias leis da realidade sejam, de fato, computáveis (ou computáveis no limite).

Existem muitas perspectivas diferentes quanto à possibilidade de uma "física digital". Veja, por exemplo, *A new kind of science*, de Stephen Wolfram (Champaign, Ill.: Wolfram Media, 2002), e *Programming the universe*, de Seth Lloyd (Nova York: Alfred A. Knopf, 2006). O matemático Roger Penrose crê que a mente humana está baseada em processos não computáveis, pelo que o universo em que habitamos tem de envolver funções matemáticas não computáveis. Desse ponto de vista, nosso universo não recai no paradigma digital. Veja, por exemplo, *The emperor's new mind* (Nova York: Oxford University Press, 1989) e *Shadows of the mind* (Nova York: Oxford University Press, 1994).

11. OS LIMITES DA INVESTIGAÇÃO [PP. 375-92]

1. Steven Weinberg, *The first three minutes* (Nova York: Basic Books, 1973), p. 131.

Sugestões de leitura

O tema dos universos paralelos abrange uma ampla gama de material científico. Há um crescente conjunto de obras que focalizam diversos aspectos desse material, na maior parte dos casos dirigidas ao público não especializado, mas muitas vezes adequado também aos que têm formação específica. Além das referências que constam das notas, aqui está um conjunto de livros, dentre os muitos bons livros que já foram escritos, que podem ajudar o leitor a continuar a explorar os tópicos discutidos em *A realidade oculta*.

ALBERT, David. *Quantum mechanics and experience*. Cambridge (EUA): Harvard University Press, 1994.

ALEXANDER, H. G. *The Leibniz-Clarke correspondence*. Manchester: Manchester University Press, 1956.

BARROW, John. *Pi in the sky*. Boston: Little, Brown, 1992.

______. *The world within the world*. Oxford: Clarendon Press, 1988.

______ e TIPLER, Frank. *The anthropic cosmological principle*. Oxford: Oxford University Press, 1986.

BARTUSIAK, Marcia. *The day we found the universe*. Nova York: Vintage, 2010.

BELL, John. *Speakable and unspeakable in quantum mechanics*. Cambridge (Inglaterra): Cambridge University Press, 1993.

BRONOWSKI, Jacob. *The ascent of man*. Boston: Little, Brown, 1973 [*A escalada do homem*. São Paulo: Martins Fontes, 1979].

BYRNE, Peter. *The many worlds of Hugh Everett III.* Nova York: Oxford University Press, 2010.

CALLENDER, Craig e HUGGETT, Nick. *Physics meets philosophy at the Planck scale.* Cambridge (Inglaterra): Cambridge University Press, 2001.

CARROLL, Sean. *From eternity to here.* Nova York: Dutton, 2010.

CLARK, Ronald. *Einstein: The life and times.* Nova York: Avon, 1984.

COLE, K. C. *The hole in the universe.* Nova York: Harcourt, 2001.

CREASE, Robert P. e MANN, Charles C. *The second creation.* New Brunswick: Rutgers University Press, 1996.

DAVIES, Paul. *Cosmic jackpot.* Boston: Houghton Mifflin, 2007.

DEUTSCH, David. *The fabric of reality.* Nova York: Allen Lane, 1997.

DEWITT, Bryce e GRAHAM, Neill (orgs.). *The many-worlds interpretation of quantum mechanics.* Princeton: Princeton University Press, 1973.

EINSTEIN, Albert. *The meaning of relativity.* Princeton: Princeton University Press, 1988.

______. *Relativity.* Nova York: Crown, 1961.

FERRIS, Timothy. *Coming of age in the Milky Way.* Nova York: Anchor, 1989.

______. *The whole shebang.* Nova York: Simon & Schuster, 1997.

FEYNMAN, Richard. *The character of physical law.* Cambridge (EUA): MIT Press, 1995.

______. *QED.* Princeton: Princeton University Press, 1986.

GAMOW, George. *Mr. Tompkins in paperback.* Cambridge (Inglaterra): Cambridge University Press, 1993.

GLEICK, James. *Isaac Newton.* Nova York: Pantheon, 2003.

GRIBBIN, John. *In search of the multiverse.* Hoboken, N. J.: Wiley, 2010.

______. *Schrödinger's kittens and the search for reality.* Boston: Little, Brown, 1995.

GUTH, Alan H. *The inflationary universe.* Reading, Mass.: Addison-Wesley, 1997.

HAWKING, Stephen. *A brief history of time.* Nova York: Bantam Books, 1988 [*Uma breve história do tempo.* Rio de Janeiro: Rocco, 2002].

______. *The universe in a nutshell.* Nova York: Bantam Books, 2001 [*O universo numa casca de noz.* Rio de Janeiro: Nova Fronteira, 2009].

ISAACSON, Walter. *Einstein.* Nova York: Simon & Schuster, 2007 [*Einstein: Sua vida, seu universo.* São Paulo: Companhia das Letras, 2007].

KAKU, Michio. *Parallel worlds.* Nova York: Anchor, 2006.

KIRSCHNER, Robert. *The extravagant universe.* Princeton: Princeton University Press, 2002.

KRAUSS, Lawrence. *Quintessence.* Nova York: Perseus, 2000.

KURZWEIL, Ray. *The age of spiritual machines.* Nova York: Viking, 1999 [*A era das máquinas espirituais.* São Paulo: Aleph, 2007].

______. *The singularity is near.* Nova York: Viking, 2005.

LEDERMAN, Leon e HILL, Christopher. *Symmetry and the beautiful universe.* Amherst, N. Y.: Prometheus Books, 2004.

LIVIO, Mario. *The accelerating universe.* Nova York: Wiley, 2000.

LLOYD, Seth. *Programming the universe.* Nova York: Knopf, 2006.

MORAVEC, Hans. *Robot.* Nova York: Oxford University Press, 1998.

PAIS, Abraham. *Subtle is the Lord.* Oxford: Oxford University Press, 1982 [*Sutil é o Senhor... A ciência e a vida de Albert Einsten.* Rio de Janeiro: Nova Fronteira, 1995].

PENROSE, Roger. *The emperor's new mind.* Nova York: Oxford University Press, 1989 [*A mente nova do rei.* São Paulo: Campus, 1991].

______. *Shadows of the mind.* Nova York: Oxford University Press, 1994.

RANDALL, Lisa. *Warped passages.* Nova York: Ecco, 2005.

REES, Martin. *Before the beginning.* Reading, Mass.: Addison-Wesley, 1997.

______. *Just six numbers.* Nova York: Basic Books, 2001.

SCHRÖDINGER, Erwin. *What is life?* Cambridge (Inglaterra): Canto, 2000 [*O que é vida?* São Paulo: Unesp, 1997].

SIEGFRIED, Tom. *The bit and the pendulum.* Nova York: John Wiley & Sons, 2000 [*O bit e o pêndulo.* São Paulo: Campus, 2000].

SINGH, Simon. *Big bang.* Nova York: Fourth Estate, 2004 [*Big bang.* Rio de Janeiro: Record, 2006].

SUSSKIND, Leonard. *The black hole war.* Nova York: Little, Brown, 2008.

______. *The cosmic landscape.* Nova York: Little, Brown, 2005.

THORNE, Kip. *Black holes and times warps.* Nova York: W. W. Norton, 1994.

TYSON, Neil deGrasse. *Death by black hole.* Nova York: W. W. Norton, 2007.

VILENKIN, Alexander. *Many worlds in one.* Nova York: Hill and Wang, 2006.

VON WEIZSÄCKER, Carl Friedrich. *The unity of nature.* Nova York: Farrar, Straus and Giroux, 1980.

WEINBERG, Steven. *Dreams of a final theory.* Nova York: Pantheon, 1992 [*Sonhos de uma teoria final: A busca das leis fundamentais da natureza.* Rio de Janeiro: Rocco, 1996].

______. *The first three minutes.* Nova York: Basic Books, 1993 [*Os três primeiros minutos.* Rio de Janeiro: Guanabara Dois, 1980].

WHEELER, John. *A journey into gravity and spacetime.* Nova York: Scientific American Library, 1990.

WILCZEK, Frank. *The lightness of being.* Nova York: Basic Books, 2008.

______ e DEVINE, Betsy. *Longing for the harmonies.* Nova York: W. W. Norton, 1988.

YAU, Shing-Tung e NADIS, Steve. *The shape of inner space.* Nova York: Basic Books, 2010.

Índice remissivo

Os números de páginas em *itálico* referem-se a ilustrações

Nota sobre o autor

Brian Greene formou-se na Universidade Harvard e completou o doutorado na Universidade de Oxford, onde obteve o título de "Rhodes Scholar". Foi para o Departamento de Física da Universidade Cornell em 1990, onde se tornou professor catedrático em 1995, e transferiu-se para a Universidade Columbia em 1996, onde leciona física e matemática. Deu palestras, em nível técnico e em nível de divulgação, em mais de 25 países e tem firme reputação em virtude de diversas descobertas pioneiras no campo da teoria de supercordas. Seu primeiro livro, *O universo elegante*, vendeu mais de 1 milhão de exemplares no mundo inteiro e foi finalista para a escolha do Prêmio Pulitzer. Seu segundo livro, *O tecido do cosmo*, passou 25 semanas na lista dos mais vendidos do *New York Times*. Mora em Andes, no estado de Nova York, e na cidade de Nova York.